Walter und Lao Russell

Radioaktivität – Das Todesprinzip in der Natur

Walter und Lao Russell

Radioaktivität

Das Todesprinzip in der Natur

aus dem Amerikanischen übersetzt
und mit Anmerkungen versehen
von Dagmar Neubronner

Titel des amerikanischen Originals:
Atomic Suicide –
What Radioactivity is
Why and How it Kills
What to do about it
1957, The University of Science and Philosophy
Swannanoa, P.O. Box 520
Waynesboro, Virginia 22980, USA
Tel.: 001-800-882-5683 – Fax: 001-540-942-8705
www.philosophy.org

Deutsche Erstausgabe

Genius Verlag
D-28757 Bremen
info@genius-verlag.de
www.genius-verlag.de
www.walter-russell.de

Übersetzung: Dagmar Neubronner
Korrektorat und Layout: Tilman Neubronner
Titelbild: »Dying Planet« und »Last Painting«, Ölgemälde von Walter Russell

Druck: Finidr, Tschechische Republik
1. Auflage 2006
ISBN 3-934719-17-1

Der Bewahrung der Menschheit
in der gefahrvollen Stunde ihrer drohenden Auslöschung
ist dieses Buch in Demut gewidmet.

Die Frage, ob Radioaktivität als Energiequelle für die Welt benutzt werden darf oder nicht, steht und fällt mit nur einem Kriterium: Kann die Wissenschaft die Radioaktivität benutzen und gleichzeitig das organische Leben vor der Auslöschung bewahren? Wir behaupten: Sie kann es nicht.

Die Autoren

Inhalt

ZWEITER BRIEF DES PETRUS

Kapitel Drei, Vers Zwölf

„...dass ihr wartet und eilet
zu der Zukunft des Tages des Herrn,
an welchem die Himmel vom Feuer zergehen
und die Elemente
vor Hitze schmelzen werden!“

Einführung

Ein offener Brief an eine Welt in Furcht: Welche Autorität haben wir im Hinblick auf das neue wissenschaftliche und kosmische Wissen, das in diesem Buch mitgeteilt wird?

von

Lao Russell

Liebe Leserin, lieber Leser,

eine sehr schwere Verantwortung ruht auf den Schultern und dem Gewissen eines jeden, der es wagt, ein solches Buch wie dieses zu schreiben, zu einer Zeit, wo die Welt das, was die Kernspaltung scheinbar verheißt, nämlich Energie, so dringend braucht. Wir sind uns dieser Tatsache vollkommen bewusst, aber der liebevolle Dienst am Mitmenschen steht vor allem anderen.

Unser Universum ist auf Liebe gegründet. Daher müssen die Handlungen des Menschen ebenfalls auf dem Prinzip der Liebe beruhen. Wir haben kein anderes Motiv, dieses Buch zu schreiben, als unseren Mitmenschen zu dienen. Wir verfügen über neues Wissen, das dafür geeignet ist, eine dauerhafte Zivilisation zu erbauen – auf der Grundlage der gegenwärtigen Zivilisation, die sich seit dem Jahr 1900 mit hoher Geschwindigkeit zu einem weiteren finsteren Mittelalter entwickelt. Während der letzten fünfzig Jahre ist diese Zivilisation tiefer gefallen, als sie sich in den acht Jahrhunderten zuvor erhoben hat.

Die Kriege der letzten vierzig Jahre waren der Hauptgrund für die Entwicklung der Kernspaltung. Unser Energiebedarf stand gar nicht an erster Stelle. Er war sekundär, aber die technische Entwicklung der Kernspaltung setzt sich fort, offenbar in der Gewissheit, dass die eingestandenen Gefahren vermeidbar seien. Wir jedoch wissen, dass sie unvermeidbar sind und können unseren Mitmenschen den kosmischen Grund dafür sagen, *warum* die Nutzung der Atomenergie, wie sie derzeit geplant ist, diese Erde für viele Jahrtausende in einen wüsten, ozeanlosen Felsbrocken verwandeln wird.

Dieses neue Wissen wurde uns nicht gegeben, damit wir es für uns behalten. Es wurde uns gegeben, damit wir es im Dienst an unsere Mitmenschen weitergeben. Im Lichte unserer Erkenntnis, dass die gesamte Menschheit eine universale Bruderschaft bildet, reichen wir dieses Wissen nun weiter. Wir hoffen, dass es den Menschen nicht nur von seiner beabsichtigten Selbstvernichtung abhalten wird, sondern auch zu einer Umkehr führt in der Art, wie wir Menschen miteinander umgehen. So, wie wir es derzeit tun, läuft die Menschheit auf einen weiteren Sündenfall zu. Wir hoffen zu ihrer Rettung beizutragen, indem wir einen besseren Weg zur Erfüllung des Menschheitsideals einer geeinten Welt weisen.

Wir glauben auch, dass dieses neue Wissen dem Menschen die benötigte Energie, die er jetzt auf so gefährliche Weise zu erlangen sucht, nicht vorenthalten wird, sondern ihm stattdessen die bessere und überreich vorhandene, ungefährliche Energiequelle zugänglich macht, welche die Natur in dieser Stufe seiner Entfaltung für ihn vorgesehen hat.

Unser Wissen ist göttlich inspiriert und auf diesen Tag und dieses Zeitalter abgestimmt. Alles epochale Wissen ist göttlich inspiriert. Sie können dieses Buch überhaupt nicht lesen, ohne göttlich re-inspiriert zu werden und seine fundamentalen Wahrheiten zu erkennen, obwohl diese Wahrheiten dem heutigen Denken vielleicht um tausend Jahre voraus sind und demzufolge in völligem Widerspruch dazu stehen.

In Liebe zu unseren Mitmenschen und unserer wunderschönen Erde präsentieren wir diese Lösung lang verborgener epochaler Rätsel, damit Sie in ruhiger Meditation tief *innerlich darüber nachdenken.*

I

Viele Weltführer glauben ernsthaft, die Kernspaltung könne ohne Gefahr industriell genutzt werden und es sei möglich, die Menschheit vor den Gefahren, die mit der Nutzung der Atomenergie zugegebenerweise einhergehen, zu schützen. Wir glauben jedoch, dass eine solche Nutzung alles organische Leben auf diesem Planeten für viele Jahrhunderte zerstören wird.

Beim Kauf dieses Buches haben Sie sich vermutlich gefragt, mit welcher Berechtigung wir es wagen, ein Buch zu schreiben, das die Weisheit einer militärischen oder zivilen Nutzung der Kernenergie in Frage stellt. Die Tatsache, dass Sie sich dieses Buch gekauft haben, zeigt gleichzeitig, dass Sie jemand sind, der *denkt* und die Inhalte mit offenem Geist lesen wird.

Dieses Buch enthält die dynamische Antwort auf »das Rätsel des Universums«. Sie stellt das Wissen und die Kraft bereit, alle Materie und Bewegung zu lenken und das Geheimnis von Leben und Tod, Wachstum und Zerfall zu lösen, nach dem der Mensch gesucht hat, ohne es je zu finden. *Solange sich der Mensch von dem abhängig macht, was seine Sinne ihm zeigen, um etwas über die URSACHE der WIRKUNGEN (auf letztere sind seine Wahrnehmungen begrenzt) zu erfahren, wird er diese Geheimnisse niemals lösen.* In der Geschichte der Wissenschaft wird bis heute empirisches Wissen, das heißt Wissen, das durch sinnesbezogene Beobachtung gewonnen wurde, als der einzige verlässliche Beweis angesehen, der zu Schlussfolgerungen berechtigt. Diese Annahme ist ein kolossales Fehlurteil, denn keine einzige Wirkung in der Natur ist, was sie zu sein *scheint.* Auf diese Weise wird der Mensch die Antwort auf die Geheimnisse des Universums niemals finden.

Die Zeit ist jedoch gekommen, wo der Mensch die richtige Antwort erfahren muss, sonst werden alle Menschen von diesem Planeten verschwinden. Diese ungeheuerliche Aussage treffen wir nicht leichtfertig. Mein Mann und ich wissen gut, wie lächerlich wir uns machen würden, wenn wir nicht in der Lage wären, diese scheinbar absurde Behauptung so zu untermauern, dass sie zu transzendentem Wissen wird. Wir würden so etwas nicht behaupten und auch dieses Buch nicht schreiben, wenn es nicht darum ginge, dass der Mensch dieses Wissen in entscheidenden Tagen seiner Geschichte dringend braucht – und jeder Moment, der verstreicht, könnte der letzte Augenblick des Menschen auf der Erde gewesen sein.

Ich werde Ihnen den Hintergrund unserer Berechtigung, dieses Buch zu verfassen, so knapp wie möglich darlegen; sie wird überdies auf jeder Seite dieses Buches Schritt für Schritt bewiesen. Wir sind uns völlig darüber im Klaren, dass unsere Autorität in uns selbst liegt. Sie müssen daher zunächst etwas über uns erfahren. Das würde Ihre erste Frage sein.

Mein Mann, Dr. Walter Russell – der heute 86 Jahre alt ist[1] – ist ein ungewöhnlicher Mensch. Schon bevor er dreißig Jahre alt war, hatte er internationales Ansehen erworben und war von neun europäischen Ländern für seine meisterhaften Kunstwerke hoch geehrt worden. Wenn man ihn nach äußeren Kriterien beurteilt, könnte er der Mann genannt werden, der in seinen verschiedenen Bestrebungen weltweit am meisten erreicht hat, und daher wird er oft der vielseitigste Mann Amerikas genannt.

Ein kurzer Blick auf seinen Werdegang wird diese scheinbar überzogene Behauptung rechtfertigen. Ohne eine andere Schulbildung als die ersten Grundschuljahre in einer Landschule ist er ein meisterhafter Maler, Bildhauer, Architekt, Komponist und Musiker, Autor, Philosoph, Humanist und Wissenschaftler geworden und hat auf jedem einzelnen dieser Gebiete Außerordentliches geleistet.

Bereits mit dreizehn Jahren verdiente er sich Geld als Kirchenorganist. Noch ehe er sechzehn wurde, hatte er über hundert Melodien komponiert, von denen eine Paderewski[2] so gefiel, dass er sie aufschrieb und meinen Mann einlud, sie mit dem Boston Symphony Orchestra bei einer von dessen Proben zu spielen. Die Illustrationen des neunzehnjährigen Walter Russell weckten das Interesse von Mark Twain[3], woraus eine lebenslange Freundschaft erwuchs, und sein Mark Twain-Denkmal wurde das bedeutendste bildhauerische Meisterwerk meines Mannes. Andere berühmte Denkmäler von ihm sind das Denkmal der Vier Freiheiten und das Charles Goodyear-Denkmal. Mit dreißig galt er als meisterhafter Kinder-Porträtist und erhielt den Auftrag, die zwölf schönsten Kinder Amerikas auszuwählen und für das Ladies Home Journal[4] zu malen.

Lange vorher, 1895, wurde mein Mann Leiter der bedeutenden humanistischen Bewegung, die 1875 von Herbert Spencer[5], Ralph Waldo Emerson[6], Walt Whitman[7], Edwin Markham[8], John Burroughs[9], Oliver Wendel Holmes[10], Andrew Carnegie[11] und Richard Watson Gilder[12] gegründet worden war und zunächst als »The Twilight-Club« (Dämmerungs-Club) bekannt wurde, bis Alexis Carrel[13] ihn »The Science of Man« (Die Wissenschaft vom Menschen) nannte, als die er heute noch bezeichnet wird, und wir sind immer noch seine Leiter und Lehrer.[14] Während der zwölf Jahre, die Thomas Watson[15] und mein Mann zusammenarbeiteten, um die Ethik und Moral, die dort entwickelt worden waren, in der Geschäftswelt zu verbreiten, wurde der Club als »Gesellschaft für Künste und Wissenschaften« in das Vereinsregister eingetragen.

Bevor Mr. Watson eine führende Rolle bei dieser großen moralischen Bewegung spielte, gründete mein Mann zusammen mit Theodore Roosevelt[16], Dan Beard[17], Rudyard Kipling[18], Sir Arthur Conan Doyle[19] und Edwin Markham die Pfadfinderbewegung, in England durch Lord Baden-Powell[20] und in Amerika durch Dan Beard.

Der Moral-Code nach Spencer basierte auf der Rechtschaffenheit eines guten Bürgers und dem Dienst am Menschen. Die Leitung meines Mannes brachte schnell bedeutende Früchte wie den Rotary-Club, die Kiwanis, die Lions und andere Clubs hervor[21]. Mit der Hilfe von Adolph Ochs[22] folgten Sweet Shop Elimination[23], Compulsory Schooling[24], Advertising Censorship[25] und Better Business Bureau[26]. Adolph Ochs war der Eigentümer der New York Times und arbeitete jahrelang mit meinem Mann zusammen[27], um diese neue Note von Humanismus und Moral in der Geschäftswelt zu verbreiten. Eine Liste der bedeutenden Erzieher und Wissenschaftler, Männern, die mit meinem Mann während der mehr als vierzig Jahre seiner aktiven Arbeit zur Verbesserung der menschlichen Beziehungen in der Wirtschaft zusammengearbeitet haben, würde viele Seiten füllen. Immerhin gehören dazu solche Männer wie Dr. Nicholas Murray Butler, Hamlin Garland, Calvin Coolidge, Richard Le Gallienne, Mark Twain, John Dewey, Herny Holt, Robert Collier, Howard Chandler Christy, Edwin Markham, James Howard Bridge, Rudyard Kipling, George Gould, Louis Tiffany, Ernest Thompson Seton, Nikola Tesla, Thomas Edison, Walter Damrosch, Michael Pupin, Theodore Roosevelt, Dr. Lee de Forest, Adolph Ochs, A. Cressy Morrison, Robert Andrews Millikan, Thomas J. Watson, Dr. Henry Norris Russell, Otto Kahn, J. Pierpont Morgan, Dr. Albert A. Michaelson, Cass Gilbert, Gen. Coleman Du Pont, Douglas L. Elliman, Jamers A. Mears, Whitney Warren, George Gray Barnard, Thomas Hastings, Mrs. Harry Payne Whitney, Cornelius Vanderbilt, Oswald Spengler, Alexis Carrel, Eugene Grace, Irvin S. Cobb, Irvin Bacheller, John Phillip Sousa, Victor Herbert, Charles De Kay, Sophie Irene Lieb, August Hecksher, Dr. H. H. Sheldon, Dr. Harvey Rentschler, Gerard V. Swope und viele andere. Briefe, handschriftliche Urkunden und andere historische Dokumente von vielen dieser Prominenten sind hier in Swannanoa[28] zu besichtigen.

Die Anhebung der moralischen Standards im Geschäftsleben während der zwölf Jahre, in denen Mr. Thomas Watson und mein Mann hierfür so eng zusammenwirkten, würde auf der Ebene von Geschäfts- und gesellschaftlicher Moral sehr deutlich fühlbar werden, wenn sie mit der Kraft, in der sie demonstriert wurde, sichtbar gemacht werden könnte.

Die Liebe meines Mannes zur Schönheit veranlasste ihn, unter Bürgermeistern großer Städte die Idee von schönen Alleen zu verbreiten, die an Städten und Stadtzentren vorbeiführten. Der Bronx River Parkway wurde die erste Frucht dieser Inspiration, die um die Welt gegangen ist. In den sieben Jahren seiner Präsidentschaft der Gesellschaft für Künste und Wissenschaften stiftete mein Mann als Preis für die Ingenieure des Bronx River Parkway, die sich von seiner Idee hatten inspirieren lassen, Gold- und Bronzemedaillen. Kopien dieser Medaillen sind ebenfalls ein Teil der Dauerausstellung in Swannanoa.

Es würde ein ganzes Buch füllen, alle Leistungen Walter Russells aufzuzählen. Daher werde ich Ihnen nur in aller Kürze mitteilen, dass er architektonisch herausragende Gebäude, Verwaltungszentren und Appartementhäuser im Wert von etwa achtzig Millionen Dollar entworfen hat, ohne jemals Architektur studiert oder ein Ingenieursstudium absolviert zu haben.[29] Allein in New York wurden nach seinen Entwürfen Atelier- und Appartementgebäude im Wert von dreißig Millionen Dollar gebaut, darunter die Künstlerkolonie auf der West 67th Street, wo er in einem dieser Gebäude, dem *Hotel Des Artistes*, viele Jahre wohnte. Er entwarf das Hotel Pierre in der 290 Park Avenue und gab den Impuls zur Gründung von Wohnungskooperativen in New York. Auch konzipierte er die Idee für das Duplex-, Triplex- und Penthouse-Appartement.[30]

Er wurde offizieller Porträtist für Präsident Theodore Roosevelt, Gouverneur Ames von Massachusetts und viele andere Prominente und ihre Familien. Bis zu seinem sechsundfünfzigsten Lebensjahr hatte er noch nie bildhauerisch gearbeitet. Danach schuf er Büsten von vielen Prominenten wie Thomas Edison, Mark Twain, Franklin D. Roosevelt, Viktor Herbert, John Philip Sousa und vielen anderen, sowie zahlreiche Skulpturen. Er schrieb etliche Bücher, darunter *The Bending of the Twig, The Age of Innocence, The Sea Children, The Universal One, The Russell Genero Radiative Concept, The Secret of Light* (dt. Geheimnis des Lichtes), *The Book of Early Whisperings und The Russell Cosmogony.*

In der Wissenschaft war Dr. Russell der erste, der die Existenz von Plutonium, Neptunium, Deuterium und Tritium der Welt bekannt machte – worauf wir später zurückkommen werden –, auch wenn er diesen bis dato unbekannten Elementen, wie Sie in den beigefügten Diagrammen sehen, andere Namen gab.

Es ist daher kein Wunder, dass er so oft der moderne Leonardo da Vinci und Meister der Künste genannt wurde. Es ist eine merkwürdiges zwischenmenschliches Phänomen, dass Menschen, die ihrer Zeit so weit voraus sind, herabgewürdigt, unterdrückt und sogar gekreuzigt werden. Solche bedeutenden Seelen sind die großen Mystiker, welche die Menschen, die nicht verstehen, »Spinner« und Träumer nennen. Praktisch jedes Genie von Weltrang war für seine Nachbarn ein »Spinner«. Der arme Leonardo musste seine Erfindungen in versiegelten Kellergewölben vergraben, wie Nikola Tesla meinem Mann es ebenfalls empfahl, damit wenigstens die Nachwelt von seinen »verrückten« Ideen und Inspirationen würde profitieren können.

Mein Mann hat die gleiche Vielseitigkeit unter Beweis gestellt, wie sie sich in Leonardo da Vincis Leben gezeigt hat. In Swannanoa – unserem Heim auf einem Hügel in Virginia – habe ich, soweit es mir möglich war, sein wissenschaftliches Werk gesammelt, das er für die Nachwelt zusammengestellt hat, und auch sein künstlerisches Werk; die Fülle und Qualität seiner Arbeiten macht deutlich, dass Allwissen und Allmacht in jedem Menschen liegen, der sich dieser göttlichen Kraft in seinem Inneren bewusst wird.

Ein besonders hervorstechendes Merkmal von Walter Russell ist die Tatsache, dass er in seinem ganzen Leben niemals müde war – bis unmittelbar vor seinem Tod. Wie hart er auch arbeitete, physisch oder geistig, er trug eine innere Freudigkeit in sich, die Müdigkeit unmöglich machte, bis der Schlaf sein Recht forderte.

Mein Mann ist ein lebendes Beispiel für die vollständige Meisterschaft, die jeder Mensch erwerben kann, der BEWUSST MIT DEM GÖTTLICHEN arbeitet und lebt, in vollständigem Gewahrsein der göttlichen Gegenwart in jedem Augenblick. Dank der Kraft, die ihm von der universalen Quelle zuteil wurde, erlangte er Meisterschaft in jeder Kunst, in der er sich ausdrücken wollte. Er bewies dies sogar im Sport und wurde ein anerkannter Meister in der Dressur arabischer Hengste, die er für die »Hohe Schule« und als gute Reitpferde ausbildete.

Das kleine Buch, das Glenn Clark über meinen Mann geschrieben hat, trug im Original den Titel: »Der Mann, der die Geheimnisse des Universums anzapfte«, und dies ist ein sehr treffender Titel (dt. Walter Russell – Vielfalt im Einklang).

Viele von Ihnen haben den sichtbaren Beweis seiner Kunstwerke gesehen und zahllose andere Dinge, die er geschaffen hat, kennen gelernt, aber von seinen bedeutenden Beiträgen zur Naturwissenschaft hat die Welt bisher keine Kenntnis genommen. Ich möchte daher einige dieser Beiträge aufzählen, damit Ihnen Walter Russells großartige Beiträge zur Wissenschaft bewusst werden und Sie die Quelle kennen lernen, aus der er dieses entscheidende neue wissenschaftliche Wissen bezog, das wir in »Radioaktivität – das Todesprinzip in der Natur« dargelegt haben.

Dr. Russell versuchte bereits 1926, sein wissenschaftliches Wissen der Welt zu geben. Er veröffentliche zwei Diagramme, die vor dem Wasserstoff noch weitere unsichtbare Elemente in drei Oktaven enthielten sowie die transuranischen Elemente, die heute die Grundlagen der radioaktiven Kernspaltung sind. Er sandte diese Diagramme an die gesamte wissenschaftliche Welt, erhielt jedoch keinerlei Anerkennung für diesen Beitrag zur Wissenschaft, mit dem er auf der Grundlage von Mendelejews unvollständigem Periodensystem der Elemente[31] entscheidende Neuerungen formulierte. In diesem Buch finden Sie diese beiden Diagramme, die einen solchen tief greifenden Wandel in der wissenschaftlichen Praxis vorweggenommen haben – *darunter auch das Atomzeitalter, das dreizehn Jahre später daraus hervorging* und die Entdeckung der inkorrekt als »Isotope« bezeichneten Nachbarn des Wasserstoffs. *Es handelt sich dabei nicht um Isotope, denn mein Mann hatte sie als vollwertige Elemente dargestellt – was sie auch sind.* Die neuen Namen, die diesen Elementen bei ihrer späteren Isolation im Labor gegeben wurden, stehen in den Abbildungen 1 und 2 neben den Positionen dieser Elemente und ihren von Walter Russell mit Copyright geschützten Namen.

Die Diagramme meines Mannes – plus zahlreiche Vorträge, die er drei Jahre lang hielt – haben letztlich die Arbeit vieler Labors beeinflusst. Doch erst 1941, als schweres Wasser, Deuterium, Tritium, Neptunium isoliert worden waren, erhielt er eine Anerkennung für seine Leistung. Er wurde für diese Diagramme zum Doktor der Naturwissenschaften ernannt, von der *American Academy of Sciences,* einer Organisation, die Auszeichnungen oder Doktortitel für besondere Leistungen an Menschen verlieh, die keinen Doktor von einer Universität erhalten konnten, weil sie nicht an einer Universität Naturwissenschaften studiert hatten, zum Beispiel an Edison oder Marconi.[32]

Diese kostbaren neuentdeckten Elemente, die Russell zum eigentlichen Vater des Atomzeitalters machen, erhielten, als sie dann endlich isoliert wurden, nicht die Namen, die er per Copyright für sie festgelegt hatte. Aus diesem Grund ist mein Mann niemals als derjenige anerkannt worden, der als erster ihre Existenz der Welt bekannt gemacht hatte.

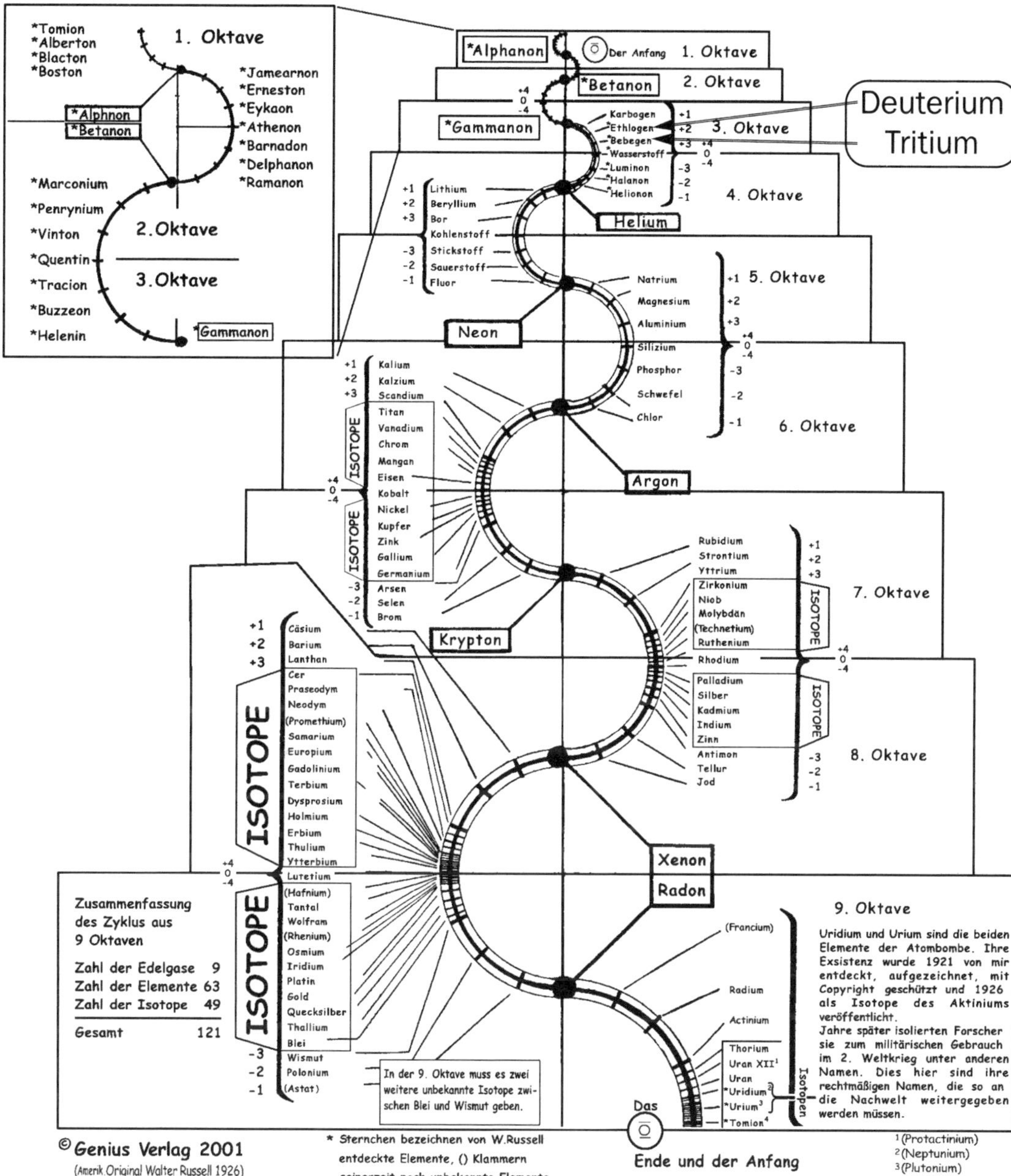

DAS PERIODENSYSTEN NACH RUSSELL

NR. 1

Er arbeitete jahrelang hart und drängte solche Forschungslaboratorien wie Westinghouse, Union Carbide, General Electric und andere, diese Elemente zu isolieren. Gleichzeitig setzte Walter Russell sich intensiv dafür ein, die Rolle des freien Wasserstoffs als Energielieferant zu erforschen. Jedoch bestanden große Vorbehalte dagegen, neues Wissen zu akzeptieren, das außerhalb des überkommenen Musters lag, noch dazu von jemandem, der kein anerkannter Wissenschaftler war.

Walter Russell sagte den großen weltweiten Bedarf an einem unerschöpflichen Treibstoff voraus, der nicht transportiert, importiert oder gelagert werden müsste. Er versuchte Forschung und Wissenschaft davon zu überzeugen, dass *freier Wasserstoff der natürliche Treibstoff für das jetzt anbrechende Zeitalter ist. Er kann aus der Atmosphäre mit großer Einfachheit hergestellt werden, wenn der Mensch nur seine Vorstellungen von Materie und Energie ändert, welche die Transmutation bisher unmöglich machen, und neue Konzepte entwickelt, die in diesem Buch in Umrissen dargestellt werden.* Wir wissen, dass dieses Wunder innerhalb weniger Monate bewerkstelligt werden könnte, wenn Menschen mit Vision und Macht ihren Geist für den größten Theoriewechsel in der gesamten Geschichte öffnen würden.

Seit 1926 hat Walter Russell unablässig versucht, der Wissenschaft zu vermitteln, dass die wahre Natur des Universums sich in ihren bisherigen Theorien nicht widerspiegelt. Er wusste, dass die Naturwissenschaft erst fähig werden würde, die Materie durch Transmutation zu beherrschen, wenn sie sich von ihren bisherigen, nicht naturgemäßen Vorstellungen lösen und wahrheitsgemäßere Theorien zugrundelegen würde. Doch je mehr er versuchte, sein neues Wissen weiterzugeben, umso stärker wurde es unterdrückt. Eine Anzahl hervorragender Naturwissenschaftler mit großem Weitblick waren tief beeindruckt und teilweise überzeugt, empfanden jedoch, dass die tiefsitzende wissenschaftliche Tradition einen so grundlegenden Paradigmenwechsel derzeit nicht zulasse. Zu diesen Männern gehörten Thomas Edison, Dr. Harvey Rentschler, Dr. Herbert Bender, Dr. H. H. Sheldon von der Universität New York, Dr. Henry Norris Russell von der Princeton Universität und A. Cressy Morrison von der Union Carbide Company. Nikola Tesla[33] war vollkommen davon überzeugt, dass das elektrische Wissen meines Mannes den Vorgängen in der Natur entsprach, aber es unterschied sich so sehr vom etablierten Gedankemuster, dass Tesla ihm empfahl, dieses Wissen tief unter der Erde zu versiegeln mit der Anweisung, es in tausend Jahren zu öffnen, wenn die menschliche Intelligenz sich so weit entfaltet haben würde, dass sie in der Lage sei, dieses Wissen aufzunehmen.

Periodizität ist ein Merkmal aller natürlichen Phänomene

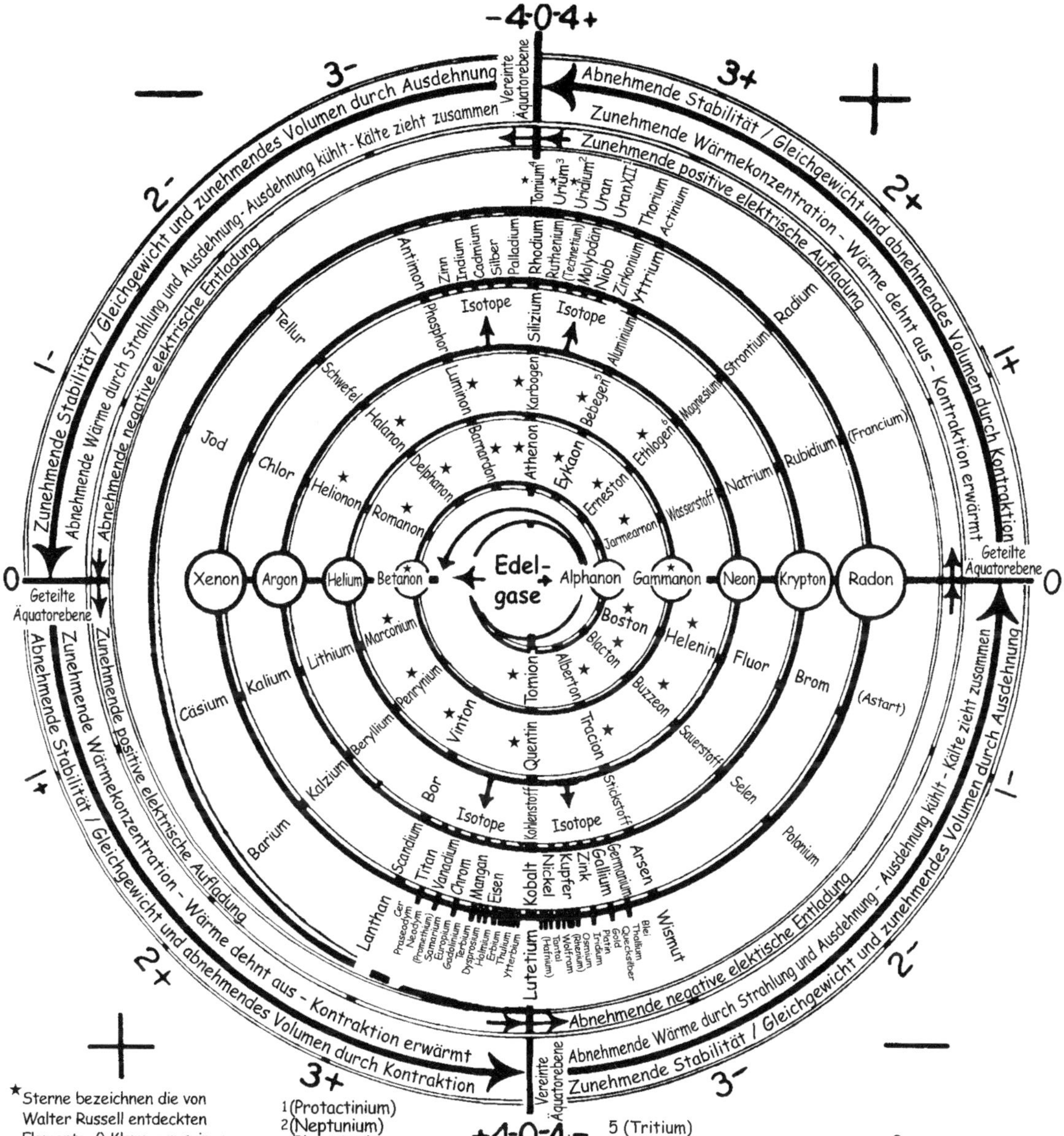

*Sterne bezeichnen die von Walter Russell entdeckten Elemente, () Klammern seinerzeit noch unbenannte Elemente.

1(Protactinium)
2(Neptunium)
3(Plutonium)
4(Americium)

5 (Tritium)
6 (Deuterium)

DAS PERIODENSYSTEN NACH RUSSELL

NR. 2

II

So ergeht es jedem Menschen, der seiner Zeit voraus ist. Es ist die Erfahrung aller Genies und besonders aller Mystiker, die tausend oder noch mehr Jahre vor ihrer Zeit in die Welt kommen.

Es ist eine Geschichte von Kreuzigung, Bestrafung und Folterqualen, die unsterbliche Geister wie Sokrates, Jesus, Galileo, Leonardo, Spinoza, Shakespeare, Jeanne d'Arc, Baha'u'llah, Robert Paine, Billy Mitchell, Alexander Graham Bell, Nikola Tesla, Charles Goodyear, die Wright Brüder oder General Douglas McArthur erleiden mussten.

Der gewöhnliche Durchschnittssterbliche mag die wenigen Mystiker und Genies, die in die Welt gekommen sind, verlachen, verspotten, ins Lächerliche ziehen, unterdrücken oder ignorieren, aber er kann nicht leugnen, dass alle großen Fortschritte der Menschheitskultur durch solche Genies zustande kamen und jede bedeutende Epoche durch ihre Mystiker eingeleitet wurde.

Wir schlagen heutzutage niemanden mehr ans Kreuz, wir verbrennen niemanden auf dem Scheiterhaufen und foltern niemanden auf dem Rad. Doch auf einer anderen Ebene gehen wir heute genauso vor, wie zum Beispiel mit Billy Mitchell[34], der versuchte, uns vor Pearl Harbour zu bewahren, oder mit Charles Goodyear, der uns eine neue Welt schenkte, sein Kind jedoch aufgrund fehlender mitmenschlicher Unterstützung in den Wäldern begraben musste.[35] Die Unterdrückung des bedeutenden wissenschaftlichen Wissen, das mein Mann der Welt gab, kann ihn nicht verletzen, aber sie kann die Welt verletzen, wenn sie dadurch für weitere zwei- oder dreitausend Jahre in der Tretmühle von harter Arbeit, Krieg, Hunger und Angst versklavt bleibt – sollte die Zivilisation auf der Erde noch so lange existieren. Zwei- oder dreitausend Jahre deshalb, weil das Wissen um das unsichtbare, lenkende Universum der URSACHE nur durch Erleuchtete mit Kosmischem Bewusstsein zur Menschheit kommen kann – und solche in höchstem Maße Erleuchtete wurden bisher nur alle paar Tausend Jahre geboren. Ein solches Wissen kann niemals auf dem Weg der Sinneswahrnehmungen erlangt werden, denn die Sinne beobachten nur physische WIRKUNGEN der Schöpfung, ohne in der Lage zu sein, deren URSACHE im Schöpfer ausfindig zu machen. Diese Tatsache wird von den meisten Wissenschaftlern nicht verstanden. Albert Einstein allerdings verstand sie, denn er sagte einmal, dass es sein größter Wunsch wäre, die Erleuchtung ins Kosmische Bewusstsein zu erfahren. Dem Durchschnittsmenschen ist diese größte aller menschlichen Erfahrungen so wenig bekannt, dass es ihm schwer fällt zu verstehen, wie ein einzelner Mensch – noch dazu ein Künstler – ein so ungeheures wissenschaftliches Wissen besitzen kann. Die Tatsache, dass Walter Russell nur die Grundschule besucht hat und auch die Tatsache, dass er all sein wissenschaftliches Wissen in neununddreißig Tagen und Nächten 1921 erworben hat, sprach daher eher gegen ihn. Denn kosmische Enthüllungen der Mystiker begreift die Menschheit unserer Tage so wenig, dass der Begriff »Mystiker« für den Durchschnittsmenschen einen verächtlichen Beiklang hat. Mein Mann gehört zu den wenigen Mystikern, denen in großen Zeitabständen während entscheidender Krisenphasen der Menschheit ein vollständiges Erkennen des Schöpfers und des Schöpfungsprozesses gegeben wurde, damit sie die Menschheit durch das Weitergeben ihres höheren Wissens von der Allmacht des Menschen retten können. *Es ist eine verstörende Tatsache, dass gerade jetzt eine solche Katastrophenphase für unsere Zivilisation gekommen ist.*

Die Menschheit im Allgemeinen erkennt nicht, dass sie sich intellektuell gesehen immer noch in ihrer Kindheit befindet und unsere eigentliche spirituelle Entfaltung noch vor uns liegt. Darum ist es für die meisten Menschen schwierig, einen Menschen zu verstehen, der sich seiner kosmischen Allmacht und Allwissenheit bereits bewusst geworden ist.

Mein Mann, Dr. Walter Russell, ist ein höchster Eingeweihter. Gott gab ihm eine innersensorische Wahrnehmung, die rundum dreihundertsechzig Grad des Lichtspektrums umfasst. Er kann in die Atome hinein »sehen«, ohne ein Mikroskop oder ein Zyklotron zu benutzen – und in alle Sterne und Sternennebel im Weltraum, ohne ein Teleskop oder ein Spektroskop zu verwenden. Darüber hinaus kann er die Geometrie des Raumes sehen und weiß um sie, und die Mittel, durch die das unsichtbare Universum das sichtbare Universum absolut lenkt. *Das bedeutet: Das Rätsel des Universums, das Geheimnis des Auftauchens der Materie aus dem Raum und ihres Verschlucktwerdens vom Raum ist für ihn so klar wie das Sonnenlicht.*

Vielleicht wird das Wunder dieses Buches deutlich, wenn ich kurz über das Kosmische Bewusstsein spreche. Tatsächlich erwachte dieses Bewusstsein bei meinem Mann erst mit dem großen Ereignis von 1921, als ein mächtiger Lichtblitz sein Bewusstsein vom Sitz der Wahrnehmung in seinem Körper trennte, ähnlich wie es bei Paulus damals geschah, und neununddreißig Tage und Nächte war er ganz Geist; er war sich seines Körpers zwar bewusst und benutzte ihn auch, aber wie etwas vollständig von sich Getrenntes.

Dr. Richard Maurice Bucke[36] erlebte diese Erfahrung für einen kurzen Moment, der blitzschnell vorbei war. Sie dauerte nur ein paar Sekunden, verwandelte ihn aber so, dass er sein Leben daran setzte, dieses Ereignis zu untersuchen und ein Buch über die siebenunddreißig bekannten Fälle in der gesamten Geschichte schrieb, von denen nur einer ein höchster Erleuchteter war. Ein höchster Erleuchteter ist jemand, dem Allwissenheit des Kosmos gegeben ist. Seine innere Visionskraft umfasst dreihundertsechzig Grad des Spektrums, anstatt auf die normale Sinneswahrnehmung von etwa zwanzig Grad begrenzt zu sein. Dieses weitverbreitete Buch hat viele Menschen mit dem Phänomen der Erleuchtung vertraut gemacht. Alle Menschen erleben Erleuchtung ständig in kleinem Maßstab, erkennen sie aber nicht. *Jeder Erleuchtungsblitz, den ein Mensch erlebt, ist eine kosmische Botschaft.* Er ist Wissen, das vom allgegenwärtigen Geist Gottes zum allgegenwärtigen Geist des Menschen kommt. Ein Genie steht beständig in direkter Kommunikation mit Gott, obwohl sich manche der Bedeutung dieser Kommunikation nicht vollständig bewusst sind, wie mein Mann sich bis zu seiner großen Erleuchtung im Alter von neunundvierzig Jahren der Bedeutung seines »Gehens und Redens mit Gott« nicht vollständig bewusst war. Seit seinem siebten Lebensjahr hatte er eine Anzahl kleinerer Erleuchtungen erlebt.

Mein Mann war zum Zeitpunkt seiner Erleuchtung ein berühmter neunundvierzigjähriger Porträtmaler, der fünfzigtausend Dollar pro Jahr verdiente. Dazu kamen seine Einkünfte aus Architektur und den anderen Künsten, die manchmal hundertfünfzigtausend Dollar erreichten. Das war seine Lage am 10. Mai 1921. Bis zu dieser Zeit wusste er nicht das Geringste über Astronomie, Chemie, Elektrizität oder den Aufbau der Materie und hatte auch gar kein besonderes Interesse daran, etwas über Naturwissenschaft zu erfahren. Er war eine Künstlerseele. Stellen Sie sich dann die überraschende Tatsache vor, dass er während jenes zeitlosen Blitzes, in dem er ausschließlich Geist wurde, mit einem Mal alles wusste, was er heute über den Kosmos und über die göttlichen Vorgänge weiß, auch das vollständige Wissen um Gott und Gottes Allgegenwart im Menschen. Der Geist WEISS. Er *lernt* nicht. Allwissen ist für einen Erleuchteten zeitlos.

Er durfte sich erst nach neununddreißig Tagen und Nächten wieder ganz mit seinem Körper vereinen, denn er hatte viel aufzuschreiben im Hinblick auf die gegenwärtigen Nöte des Menschen, derentwegen er dieses Wissen erhielt. In dieser Zeit wurde ihm offenbart, dass weltweites Leid aufgrund von Mangel und Bevölkerungswachstum bei einem Schrumpfen der zugänglichen natürlichen Ressourcen den Menschen dazu veranlassen würden, sich selbst zu zerstören. Das neue Wissen wurde ihm gegeben, um diese Selbstzerstörung zu verhindern. Er erhielt spezielle Hinweise zu den bevorstehenden Kriegen und die Anweisung, sich bis 1946 weiter vorzubereiten und die ihm gegebene Botschaft erst danach zu veröffentlichen. Ihm wurde deutlich gemacht, dass die Menschheit erst auf seine Botschaft, welche alle überkommenen Überzeugungen zunichte machte, hören würde, wenn sie hinreichend gelitten habe, um die Gefahr, in der sie sich befand, zu erkennen.

Während dieser neununddreißig Tage schrieb er vierzigtausend unsterbliche Worte in vielen Fragmenten, ohne eine einzige Korrektur. Er fertigte auch Hunderte chemischer, elektrischer und astronomischer Zeichnungen an. Viele seiner astronomischen Zeichnungen wurden von dem bekannten Astronomen Dr. Henry Norris Russell und einem mathematischen Assistenten auf ihre Richtigkeit geprüft. Eine von ihnen war ein Diagramm und stellte das gesamte Sonnensystem jenes Tages dar. Bei der Überprüfung stellte sich heraus, dass jeder Planet genau dort eingezeichnet war, wo er sich an dem betreffenden Tag in Bezug auf alle anderen befinden sollte. Andere Zeichnungen von Kometenlaufbahnen wurden in gleicher Weise an den Universitäten in Columbia und Swathmore überprüft, aber während der letzten fünfunddreißig Jahre sind viele dieser Berichte verloren gegangen, nur in Princeton blieben einige erhalten. Diese Schriftstücke und Zeichnungen werden nach und nach zusammengestellt, und zwei Bände von ihnen sind bereits als »Die Botschaft der Göttlichen Iliade« in Kapiteln wie dem »Buch der Liebe«, »Buch der Ruhe«, »Buch der Schönheit«, »Buch des Verlangens« und so weiter veröffentlicht worden. Zusätzlich zu diesen bedeutenden Niederschriften notierte Walter Russell viele Seiten persönlicher Hinweise im Hinblick auf seine eigenen Handlungen und speziell über den weltweiten Bedarf an einem neuen Treibstoff, der den Menschen in zwei Stufen gegeben werden würde. *Der erste Schritt sei die Transmutation der Atmosphäre in freien Wasserstoff und dann, Generationen später, die Transformierung der Sonnenstrahlung in solare Energieerzeugung als ultimativer Energiequelle des Menschen. Dies würde den Menschen nicht nur von der Abhängigkeit von irdischen Ressourcen befreien, sondern ihm auch die vollständige Macht geben, Regen zu verursachen, wo immer er wünscht, über der Wüste oder über einer Wiese, und Wirbelstürme aufzulösen, noch während sie sich bilden.*

Während dieser Periode der Abtrennung der Sinneswahrnehmung vom Bewusstsein war die Familie meines Mannes sehr besorgt, weil er sich so vollständig wie möglich abschottete und überhaupt kein Interesse mehr an den Alltagsgeschäften zeigte. Dr. Willard H. Rogers – bekannter Arzt und Chemiker seiner Zeit – sowie Charles A. Boston – Präsident der New Yorker Anwaltskammer – wurden gebeten, Walter Russell zu untersuchen und die notwendigen Papiere für seine Einweisung in eine psychiatrische Klinik auszustellen. Mein Mann hatte sich für lange Zeit vor seiner Familie hinter den geschlossenen Türen seines Ateliers und Übungsraumes verschanzt, wo er unermüdlich schrieb und Tag und Nacht Diagramme zeichnete. Er erzählte mir, wie schwierig es für ihn gewesen sei, in zusammenhängenden Sätzen mit irgendjemandem zu sprechen, denn er war so tief auf das Eine konzentriert, dass es für ihn schwer war, »auf kleine Worte zu hören« und ihnen Bedeutung beizumessen.

Seine Aufzeichnungen und Diagramme lagen überall verstreut herum, und als die beiden Intellektuellen sie sorgfältig untersucht hatten, sagte der Arzt: »Ich wusste gar nicht, dass Walter ein so tiefes chemisches Wissen besitzt, aber diese Diagramme gehen über mein Wissen aus diesem Bereich hinaus.« Der Anwalt, der ein bekannter Gelehrter der Klassik war, sagte: »Ein geisteskranker Mensch ist immer unlogisch, aber diese Schriften sind nicht nur logisch, sondern übertreffen Walt Whitman an Schönheit und Logik, und Logik hat kein Mensch, der nicht ein großer Dichter oder Philosoph ist.« So kam es, dass sie sich nicht nur weigerten, die Einweisungspapiere zu unterzeichnen, sondern äußerten, hier geschehe etwas, das sie nicht verstünden und es sei besser, darauf zu warten, bis Walter Russell von den großen Höhen, in denen er offensichtlich weile, schließlich in seine vorherige Normalität herabsteigen würde. So geschah es auch nach und nach, doch es dauerte noch volle drei Monate, bis diese Normalität wieder erreicht war.

Das Merkwürdigste an seiner Transformation war für seine Familie und die engen Freunde allerdings sein völliges Desinteresse an Geld oder an der kommerziellen Verwertung seiner Kunst. Von diesem Erlebnis an galt sein aller erster Gedanke stets seiner langen Vorbereitung darauf, die göttliche Botschaft an die Menschheit weiterzugeben. Da er Sprache und Terminologie der Naturwissenschaft nicht kannte, musste er lernen, in dieser Sprache zu sprechen, um sein Wissen mitzuteilen. Er musste die Namen der Elemente lernen, die er Kosmisch als Oktavtöne kannte in ihrem Wellenrhythmus von 0-1-2-3-4-0-4-3-2-1-0.

Er wusste, dass es dem Menschen am meisten Not tat, die Struktur seines Universums zu erkennen, denn das Periodensystem nach Mendelejew sagte ihm, dass der Mensch die Existenz der drei unsichtbaren Raumoktaven vor der Kohlenstoffoktave nicht einmal vermutete. Russell fragte sich, warum der Mensch sich ein Universum vorstellen konnte, das sich von der reifen Stufe dichter Festigkeit aus aufbaute, wie der Kohlenstoff sie darstellt, ohne vorher die gasförmigen Stufen zu durchlaufen.

Sechs Jahre lang arbeitete Dr. Russell Tag und Nacht, um das vervollständigte System der chemischen Elemente, wie sie hier publiziert werden, zu erstellen und um die Sprache und Terminologie der Naturwissenschaft soweit zu lernen, dass er sein erstes epochales Werk schreiben konnte: »DAS UNIVERSALE EINE«. Seine Periodensysteme schickte er an etwa achthundert führende Wissenschaftler und Universitäten weltweit, ohne, wie bereits festgestellt, jemals eine Antwort oder auch nur eine Empfangsbestätigung zu erhalten.

Dieses Buch steht gegenwärtig nicht mehr zur Verfügung, aber die Cambridge University hat eine vollständige Fotokopie aus dem Exemplar der New Yorker Öffentlichen Bücherei, und wir haben von vielen anderen Fotokopien gehört, die von anderen Originalen erstellt worden sind. Wir haben auch gehört, dass eine Kopie zum Preis von fünfhundert Dollar verkauft und für eine andere noch weit mehr geboten wurde. Das Buch wird jedoch nicht wieder aufgelegt werden, denn mein Mann war damals noch nicht darauf vorbereitet, in Worte zu fassen, was er in seiner wortlosen Essenz wusste.[37]

III

Das Vorstehende umreißt kurz die Persönlichkeit eines Menschen, der mit neuem Wissen erleuchtet ist. Dieses Wissen könnte unsere Welt in nur zehn Jahren um dreitausend Jahre nach vorne bringen, wenn jene mit *inneren* Ohren auf die Botschaft hören, die wir ihnen in diesem Buch zu geben bestrebt sind.

Seit der Zeit seiner großen Erleuchtung 1921 hatte mein Mann bis zum März 1946 hingebungsvoll allein gearbeitet in seinem unermüdlichen Streben, im Menschen die Erkenntnis der bis dahin unbekannten kosmischen Gesetze zu erwecken. Das schwierigste Unterfangen ist es, *neues* Wissen zu geben, denn der Mensch widersetzt sich jeder Veränderung und denkt, das, was er im Moment habe, sei das Beste, was es im Leben gebe. Traditionelle Lehren sind so stark im Menschen verankert, dass es leichter ist, sich diese Ideen zu merken und sie zu wiederholen, als in Richtung auf einen Wandel zu denken oder zu schlussfolgern. Doch diese Lehren waren vor tausend Jahren wegweisend, sind aber im Laufe der inzwischen verstrichenen Zeit archaisch geworden.

Der erste physische Kontakt zwischen uns entstand durch das inzwischen berühmte Büchlein von Glenn Clark mit dem Titel »Walter Russell – Vielfalt im

Einklang«.[38] Ein lieber Freund gab es mir im Monat seines Erscheinens. Die Geschichte unserer Begegnung nach diesem ersten Kontakt wird in einem anderen Buch erzählt werden, aber diese Einführung – oder die indirekte Begegnung über dieses kleine Buch – war so unausweichlich, wie die Tatsache, dass die Nacht dem Tage folgt. Als ich die Worte meines – künftigen – Mannes las, die in dem Büchlein zitiert wurden, *wusste* ich, dass die Erfüllung meiner Bestimmung gekommen war. Zum ersten Mal in meinem Leben fand ich in den Worten eines anderen die *Bestätigung* meines eigenen inneren *Wissens*. Ich erkannte in ihm jenes All-Licht, das auch in mir war und wusste, dass von nun an unsere beiden Wege vereint sein mussten.

Es wird gesagt, dass Erleuchtete einander immer erkennen, unabhängig von den benutzten Worten. Als ich Bruchstücke seines wissenschaftlichen Wissens las, die in diesem Buch enthalten waren, erkannte ich, was auch mir während meiner eigenen Erleuchtung bekannt gemacht worden war – genauer gesagt, was er über Gottes Universum gesagt hatte, welches der Mensch als »leeren Raum« bezeichnet. Gott hatte zu mir gesagt: *»Du wirst Raum kennen lernen, aber niemals Leere.«* Glenn Clark hatte berichtet, wie Gott meinen Mann zum Gipfel erhoben und ihm dort die Geheimnisse des Universums in ihrer reichen Fülle offenbart hatte, die in dem liegen, was in der Sinneswahrnehmung der Menschen nur leerer Raum ist. Die sofortige Überzeugung, dass sein Denken und meines wie die beiden Ausschläge eines Pendels waren und die starke Intuition, dass unsere Botschaft an die Zivilisation genau das war, worauf ich seit dem Alter von drei Jahren vorbereitet worden war, sowie das lebenslange innere Wissen, dass ich meine Botschaft gemeinsam mit einem anderen Menschen erfüllen würde, gaben mir die vollständige Gewissheit, dass hier die Erfüllung meines Schicksals lag. Unverzüglich rief ich Walter Russell aus einer anderen Stadt an und war nicht im Mindesten überrascht, ihn sagen zu hören: »Ich erkenne deine Stimme. Ich habe sie seit vielen Jahren in mir gehört. Ich komme sofort zu dir.«

Als er kam, begannen wir sofort, langfristige Pläne dafür auszuarbeiten, wie wir seine und meine Botschaft als eine gemeinsame Botschaft der Welt geben könnten, obwohl Walter Russell damals bereits auf die Fünfundsiebzig zuging. Dies scheint fast unglaublich, aber so war es tatsächlich. Wir beiden wussten, dass unser Schicksal eines war und wir erkannten einander als Erleuchtete. Das war genug. Von jenem Moment an waren unser beider Leben und alles, was wir besaßen, der Erfüllung dessen gewidmet, wozu wir beide den inneren Auftrag empfangen hatten.

Gott arbeitet auf geheimnisvollen Wegen, um Seine Wunder zu vollbringen. Es ist erstaunlich, wie wenig der Mensch seine beständige Nähe zu Gott erfasst. Das individuelle und kollektive Schicksal des Menschen ist für den Schöpfer in jedem Augenblick so sehr von Bedeutung, wie einem Maler jeder Pinselstrich wichtig ist. Gott gibt seine Liebe der Menschheit unter anderem so, dass er Genies und Erleuchtete in die Welt schickt, damit sie die geistige Natur des Menschen erwecken, und zwar durch neues Wissen um die göttliche All-Einheit des Menschen mit Seinem Schöpfer. Seit der Mensch begonnen hat, Bewusstsein zu entwickeln, sind immer wieder solche Boten gekommen, und jeder hat seine besondere Arbeit gehabt, die er für den Menschen tun musste, auch wenn für seinen Dienst am Menschen das Kreuz in der ein oder anderen Form auf ihn wartete.

Die Aufgabe meines Mannes besteht darin, den Menschen ein dynamisches Wissen um Gott zu vermitteln, indem er das Wissen um Gottes unsichtbares Universum und die Vorgänge bei der beständigen Erschaffung des sichtbaren Universums weitergibt. Der Zweck der langen Vorbereitung meines Mannes auf die Veröffentlichung seines Wissens liegt darin, das Licht im Menschen zu einem Wissen um seine eigene Göttlichkeit zu erwecken.

Meine Aufgabe besteht darin, der Menschheit eine lebendige Philosophie zu vermitteln, die auf der wissenschaftlichen Erkenntnis der Liebe und der göttlichen Wege sowie der Vorgänge in Bezug auf Paarbildung beruht und die dem Menschen noch unbekannt ist. Die Zivilisation kann in ihren menschlichen Beziehungen erst Gleichgewicht finden, wenn diese Prinzipien der gleichwertigen Partnerschaft angewendet werden.

Meine besondere Aufgabe besteht darin, die Menschheit weiterzubringen, indem der Welt das Wissen um ihre Mutter gegeben wird, wie die Welt es nie hatte; die Welt kann erst vereint werden, wenn sie diese Mutter gefunden hat. Gott erschafft Seine Ideen paarweise und platziert eine Hälfte jeder Idee in deren anderen Hälfte. Das ist ein grundlegendes Prinzip der Schöpfung; es basiert auf dem Prinzip des Gleichgewichtes im Geben und Zurückgeben von Liebe.

Mit wurde bekannt gemacht, dass wir, solange diese großartige Weltheimat des Menschen vom Mann beherrscht wird, Kriege, Uneinigkeit und jenen Mangel an Liebe erleben würden, welcher die Familien, in denen der Mann herrscht und die Frau unterdrückt wird, immer begleitet. Die rückständigen Länder der Welt sind jene, welche ihre Frauen unterdrücken. Der Fortschritt in jedem Land misst sich daran, wie sehr Mann und Frau als geistig gleichwertig angesehen werden. Der Mann erinnert sich immer noch an sein Töten im Überlebenskampf der Urzeit, während die Frau sich an ihre Fähigkeit erinnert, Leben zu geben. Die Herrschaft des Mannes erbaut eine unmögliche Zivilisation, die auf der männlichen Hälfte von Gottes ausgewogener Idee basiert. Mir wurde aufgetragen, die göttliche Idee insgesamt ins Gleichgewicht zu bringen, indem innerhalb der Paare, die eine dauerhafte Zivilisation ausmachen, Gleichgewicht hergestellt wird.

Insofern verstanden wir beide, dass sowohl Walters »Botschaft der Göttlichen Iliade« als auch meine Botschaft des ausgleichenden Mutterprinzips erst wirklich Frucht tragen könnten, wenn beide Botschaften geistig bevatert und bemuttert würden, im Einklang mit Gottes Vorgehen in allen Dingen. Daher verstand ich voll und ganz die tiefe Bedeutung der Worte, die Walter an mich richtete: »Endlich bist du gekommen, um mein Werk für den Menschen zu bemuttern, damit ich deines bevatere, denn unsere Botschaft für den Menschen ist noch ungeboren und wartet auf unsere Einheit.«

Dies war der Zweck meiner langen Vorbereitung, welche ihre ersten Früchte trug in meinen Büchern »God Will Work With You But Not For You«[89], »Menschliche »The Scientific Answer to Human Relations« sowie im »Fernstudienkurs Kosmisches Bewusstsein – transformierendes Studium von universalem Gesetz, natürlicher Wissenschaft und lebendiger Philosophie«, den mein Mann und ich gemeinsam verfassten.

Es ist inspirierend zu wissen, dass die Frucht des Samens, den wir bisher gesät haben, sich in den zehn Jahren, in denen wir gemeinsam auf unserem Berggipfel in Swannanoa[39] gearbeitet haben, um die ganze Welt ausgebreitet hat. Damit waren wir Vater und Mutter für die Botschaften, die uns gegeben wurden, und gaben sie als eine Einheit der Welt.

Wir fanden Swannanoa, welches inzwischen von vielen Tausend Menschen besucht worden ist. Im November 1948 überführten wir aus der Carnegie Hall in New York, wo mein Mann zur Zeit unserer ersten Begegnung lebte, und wo wir die erste Zeit nach unserer Hochzeit wohnten, sechsunddreißig Tonnen Skulpturen, Gemälde und so weiter nach Virginia. Hier erschufen wir in sechs Monaten einen Schrein der Schönheit, der inzwischen als »Gipfelparadies« Berühmtheit erlangt hat. Wir stellten die Schönheit des edlen, alten Mamorpalastes und seiner wunderbaren Gärten wieder her und füllten sie mit den Gemälden und Skulpturen meines Mannes. Außerdem richtete ich zehn große, glasbedeckte Tische für die Archivierung und Ausstellung der historischen und anderen erstaunlichen Lebensdokumente meines Mannes ein, darunter auch seine Ehrungen durch verschiedene Länder Europas und Hunderte von Briefen und Autogrammen bedeutender Zeitgenossen aus aller Welt, die ihm entweder Porträt gesessen oder ihn in seinem Studio besucht hatten. Ein besonders interessanter Tisch ist den kontroversen Leserbriefen und Artikeln pro und kontra seiner wissenschaftlichen Konzepte gewidmet, welche die New York Times über einen langen Zeitraum hinweg abgedruckt hatte.[40]

Die Sammlung soll verdeutlichen, welch große Höhen ein Mensch erreichen kann, der seine Allmacht erkannt hat und bewusst mit der göttlichen Geisteskraft zusammenarbeitet, die in ihm ruht, anstatt sich auf seine Sinne zu beschränken. Es ist sehr befriedigend für uns, so viele Menschen zu erleben, die lange meditative Stunden hier verbrachten, ein inneres Ankommen empfanden und nun die Bedeutung der Worte Jesu verstehen: »Suche das Königreich des Himmels in dir.«

So geben wir den Menschen Gottes Botschaft und demonstrieren sie durch das Werk eines einzigen Mannes, der wissentlich mit Gott zusammengearbeitet hat, seit er sieben Jahre alt ist. Diese Potenzierung unseres gemeinsamen Wunsches, jenen Geniefunken zu erwecken, der in allen Menschen schläft, brachten meinem Mann neues Leben. Er hat sich mit jedem Jahr verjüngt, und jedes Jahr brachte ihm die Vollendung neuer Beiträge für die Entwicklung der Welt. Er malt und bildhauert noch immer und hat eine Anzahl von Meisterwerken vollendet, darunter eine wunderbare Büste von George Washington. Unsere Hauptarbeit allerdings lag im gemeinsamen Schreiben und Lehren. Unser Fernstudienkurs ist bereits um die Welt gegangen und hat das Leben vieler Menschen in allen Berufen und unterschiedlichen Religionen transformiert. Er vermittelt das neue kosmische Wissen über die Beziehungen des Menschen – zum Menschen, zu Gott und zur Natur –, und dieses Wissen braucht der Mensch, um Meister seines Schicksals zu werden.

Aufgrund des Widerstandes der wissenschaftlichen Welt – den wir natürlich nachvollziehen können – empfanden wir es als sinnvoller, unser Wissen nach und nach an jene zu geben, die sich danach sehnen und seine Wahrheit erkennen – obwohl es auf diese Weise sehr viel länger dauert, bis genügend Menschen uns dabei unterstützen, einer neuen Ära in der Entfaltung der Menschheit zur Geburt zu verhelfen.

Wir haben unsere Schriften mit Hunderten von Diagrammen illustriert – vorher hatte mein Mann bereits beschlossen, sie in einem Safe zu begraben. Ich wollte dies nicht zulassen, denn ich wusste, dass die Not der Menschheit JETZT groß ist und dass es keine Zeit zu verlieren gab, wenn wir in der größten Menschheitsnot bereit sein wollten.

Zehn Jahre lang haben wir unermüdlich gearbeitet, einzig und allein mit dem Ziel, das Wissen weiterzugeben, das die gesamte Menschheit vor der Selbstzerstörung bewahren kann. Unser letzter Beitrag ist dieses Buch. Das in ihm enthaltene neue Wissen um Gottes Wege und die Art und Weise, wie natürliche Prozesse ablaufen, *kann* dem glorreichsten und üppigsten Leben zur Geburt verhelfen, das der Mensch je gekannt hat. Das Zeitalter der TRANSMUTATION ist gekommen, aber es kann erst Wirklichkeit werden, wenn die Vorstellung des Menschen von der Natur unseres Universums den tatsächlichen Vorgängen in der Natur entspricht und wenn der Mensch erkennt, dass *unser Universum kein Materie-Energie-Stoff-Universum ist, sondern ein tönendes Geist-Bewegungs-Universum.*

Die dreißig Jahre, in denen mein Mann sich scheinbar aussichtslos abmühte, hatten nicht – wie bei so vielen – Groll in ihm entstehen lassen, weil er vollkommen verstand, dass ein so großer Übergang und eine Umkehr der überkommenen Vorstellungen unmöglich waren. Sie müssen bedenken, dass er von der Naturwissenschaft nicht einfach verlangte, ihre Vorstellungen vom Universum *ein wenig* zu ändern, sondern dass er verlangte, sie sollten *alles über Bord werfen.* Er versuchte tatsächlich, die Naturwissenschaft von den heutigen Vorstellungen um zwei- oder dreitausend Jahre nach vorne zu katapultieren. Er hatte daher beschlossen, Nikola Teslas Rat anzunehmen und sein Wissen im Smithsonian Institute[41] zu versiegeln, bis die Menschheit geistig hinreichend entfaltet sein würde, um es aufnehmen zu können. Damit war er intensiv beschäftigt, als Gott meine Schritte in diese Notsituation lenkte. Ich war ebenfalls darauf vorbereitet worden, meine Aufgabe zu erfüllen, und diese bestand darin, das Werk JETZT fortzusetzen, denn die Welt braucht es JETZT – nicht in tausend Jahren. Es war kein Zufall, dass Gott mich zu meinem Mann schickte, genau zwei Monate vor dem Zeitpunkt, wo die vollständige Botschaft der Menschheit gegeben werden sollte [Geheimnis des Lichtes] und er meine Unterstützung am dringendsten brauchte, denn er hatte die äußerste Grenze seines physischen und finanziellen Durchhaltevermögens erreicht.

Meine eigene kosmische Erleuchtung, die mir von der Allmacht, Allwissenheit und Allgegenwärtigkeit des Raumes erzählte anstatt von seiner vorgeblichen Leere, beinhaltete jenes Wissen, das Sie in diesem Buch ausführlich offenbart finden; wir bezeichnen es als DAS UNIVERSALE VAKUUM. Dieses Wissen kann nur zu jenen kommen, deren innere Wahrnehmung über die Sinne hinausreicht in den Kosmos, wie es bei uns der Fall ist. Es ist, wie Sie auf diesen Seiten erkennen werden, Wissen, das noch nicht zur Erde gekommen ist.

Meine Entscheidung, dass unsere Arbeit jetzt nicht aufhören dürfe, auch wenn vielleicht erst eine zukünftige Menschheit wirklich bereit dafür ist, wurde stark von dem mir gegebenen Wissen beeinflusst, dass die Welt bis zum Jahr 1960 immer mehr leiden würde. Ich wusste, es würde dann entweder einen epochalen Übergang im Weltdenken geben müssen, oder die Zeit danach würde den kulturellen Zerfall der letzten fünfzig Jahre fortsetzen und zur letzten Stunde des Menschen werden. Noch dazu fand ich dasselbe Wissen in den Hinweisen, die 1921 meinem Mann gegeben worden waren. Er skizzierte den gesamtem Pfad des Menschen von 1921 bis 1960 in diesen Hinweisen, die vor allem von Kriegen, Katastrophen und Hass berichteten. Dies alles würde so viel Leid mit sich bringen, dass der Mensch letztlich bereit würde, auf Gott zu hören und so seinen Weg aus der Angst dieser Welt zu finden. In diesen Hinweisen wurde Walter Russell klar und deutlich darüber informiert, dass jedes Imperium, das durch die Eroberung von Schwächeren reich geworden war, unweigerlich wieder verarmen würde, weil sich die Schwachen erheben würden, um die Starken zu schlagen.

Alles, was ihm – und mir – vorhergesagt wurde, ist bereits geschehen. Jede reiche Nation ist im Umfang ihrer Reichtümer verschuldet, und Rationierungen sind an die Stelle von Überfluss getreten. Für jeden Menschen, der getötet hat, sind zehn aus seiner eigenen Sippe gestorben. Weltweit haben sich die Versklavten erhoben, um ihre Herren und Gottes Platz im menschlichen Herzen zu vernichten und um eine Brutalität in die Welt zu bringen, wie sie, selbst während der dunkelsten Zeitalter, bisher unbekannt war. So finden wir uns in einer Welt, wie sie uns – jedem auf seine eigene Art – ausgemalt wurde – eine Welt der Angst, die sich für wohlhabend hält – eine Welt des Hungers nach Treibstoff, der wieder rationiert werden muss – eine Welt, die so entzweit ist, Nachbar gegen Nachbar und Volk gegen Volk, dass jede Nation sich bis an die Zähne bewaffnet hat, um zu verhindern, dass sie unterjocht wird. Jede Tür ist doppelt abgeschlossen, und in den Städten patrouilliert die Polizei, um in diesem Zeitalter der größten Verbrechen in der gesamten Menschheitsgeschichte Plünderungen zu verhindern.

Ich schrieb das Buch »The Scientific Answer to Human Relations«[42], um zu demonstrieren, wie reiche Imperien, die auf der Grundlage von Raub und Piraterie errichtet wurden, völlig verarmten, weil sie das Gesetz der Liebe missachtet hatten. Wieder einmal versucht eine Nation, die ganze Welt zu versklaven. Wie oft müssen noch ganze Zivilisationen zerfallen, bis der Mensch herausfindet, dass eine solche Verleugnung Gottes in der Natur nicht funktioniert?

Viele der Ereignisse, die jetzt stattfinden, haben wir in unseren früheren Schriften vorhergesagt, aber es gelingt uns nicht, die inneren Ohren jener zu erreichen, welche sich der Flut der selbst geschaffenen Menschheitskatastrophen entgegenstemmen könnten. Darum muss die Botschaft meines Mannes an die Naturwissenschaft und meine an die Menschheit weiter verbreitet werden. Wir müssen den Menschen weiter Transmutation vermitteln, um ihnen die Herrschaft über Bewegung zu geben, und gemeinsam müssen wir ihnen meine Menschheitsbotschaft einer lebendigen Philosophie weitergeben, damit eine neue, dauerhafte Zivilisation der menschlichen Einheit und Fülle geboren werden kann.

Ich weiß sehr gut, dass es Gottes Plan war, uns beide gemeinsam zu erleuchten, damit wir Seine Botschaft an die Menschheit in dieser schrecklichen Stunde bevatern und bemuttern, denn das Kosmische Bewusstsein arbeitet immer in dieser Weise. Alle Lebewesen, die von Ihm erschaffen werden, sind Paare aus Partnern, die sich zu Einem vereinen müssen, um sich auszutauschen und zu vervielfältigen. Genauso wird auch jede Idee und jede Kraft – und sogar die Liebe – vom Kosmischen Bewusstsein in Form von Paarlingen erschaffen, die sich zu einer Einheit vereinen müssen, um sich auszutauschen und zu vermehren. *Wenn die Liebe gleichwertig gibt und zurückgibt, sind ihre Paarbildungen von Dauer, aber wenn sie nimmt, kann keine Macht der Erde solche Partnerschaften zusammenhalten. Das ist das Problem in der heutigen Welt.* Und darum hat Gott uns zu einer Einheit vereint: damit wir unsere Kraft vervielfachen, um Seine Botschaft weiterzugeben.

Als Humanistin habe ich in meiner lebendigen Philosophie gelehrt, dass eine ausgewogene Paarbildung die Kraft von Mann und Frau tausendfach über das hinaus vervielfacht, was einer alleine tun könnte, während falsche Paarbildungen in menschlichen Beziehungen genau dasselbe anrichten, was Sprengstoff in fehlgepaarten chemischen Beziehungen anrichtet. Aufgrund unseres vollständigen Wissens um diese Dinge und um die unbegrenzte Kraft, die uns unsere Vereinigung verleiht, um die Not sowohl der Naturwissenschaft als auch der zwischenmenschlichen Beziehungen zu stillen, zogen wir uns in die Einsamkeit unseres Berggipfels zurück, um den Samen dieses neuen Wissens zu säen und ihn nach und nach in die Herzen jener Tausenden zu senken, die nach dem kosmischen Wissen suchen, das in diesem Zeitalter geboren wird.

Das Wissen, das der Mensch am meisten braucht, um zu überleben und um seine Umgebung aktiv zu gestalten, ist *wissenschaftliches Wissen um unser Universum und eine lebendige Philosophie, die alle Menschen zu einer Bruderschaft vereint. Unser Ziel bei der Herausgabe dieses neuen Wissens ist eine Ehe zwischen Naturwissenschaft und Religion, welche der Welt jenen Frieden, jenes Glück und jene Kultur bringen kann, wie sie nur das vollständige Gewahrsein des göttlichen Lichtes, das in allen Menschen wohnt, mit sich bringt.*

Auch mein Buch »God Will Work With You But Not For You« schrieb ich, um die Menschheit zu warnen, dass sie aus *Mangel an Wissen über den Menschen* und über die *Natur des Universums* ihren eigenen Untergang herbeiführt. Ausführlich wird in diesem Buch erläutert, wie sich der Mensch auf seiner langen Reise aus dem Dschungel des physischen Überlebenskampfes zu seinem allwissenden Gipfel des Kosmischen Bewusstseins erst physisch und dann geistig entfaltet. Kein anderes Buch hat diese Geschichte je so erzählt, denn sie war nicht bekannt. Einzig und allein der Verbreitung dieses Wissens haben wir unser Leben geweiht.

Während Alexis Carrel in der Humanistengruppe meines Mannes mitarbeitete[43], schrieb er »Der Mensch, das unbekannte Wesen«, um der Welt deutlich zu machen, dass der Mensch über sich selbst am wenigsten weiß. In diesem Buch heißt es: *»Die Wissenschaft vom Menschen ist die wichtigste und unbekannteste aller Wissenschaften.«* Edwin Markham war von derselben Überzeugung so durchdrungen, dass er denselben Gedanken in folgenden Worten zum Ausdruck brachte: *»Vergeblich bauen wir die Stadt, wenn wir nicht zuerst den Menschen bauen.«* Mein Mann sagte, mein Buch »God Will Work With You But Not For You«[89] könne auch den Titel »Der Mensch, das bekannte Wesen« tragen, denn es schließt genau die Lücke, auf die Alexis Carrel und Edwin Markham hingewiesen haben.

Unser Fernstudienkurs der Wissenschaft vom Menschen könnte gleichermaßen das Bedürfnis erfüllen, aus »Gott, dem unbekannten Wesen« »Gott, das bekannte Wesen« zu machen, denn genau diesen Dienst erweist der Kurs nach und nach seinen Studenten in aller Welt. *Gott war nie dynamisch bekannt aus dem einzigen Grund, dass die Struktur Seines Universums nie bekannt war.* Eines kennen bedeutet beide kennen, denn *die Schöpfung geht aus ihrem Schöpfer hervor und kehrt zu Ihm zurück.*

Dies bringt mehr Klarheit als die Lehrbuchaussagen, nach denen Materie aus dem Raum auftaucht und wieder vom Raum verschluckt wird. Wir planten, dieses Wissen um den Schöpfer und Seine Schöpfung zu verbreiten, indem wir es nach und nach dem Bewusstsein von geistig entfalteten, suchenden Menschen zugänglich machten, die dafür offen waren. So würden schließlich alle Menschen die wahre Natur Gottes und Seines Universums erfahren. Dieser Weg war allerdings zu langsam, um die sichere Auslöschung allen organischen Lebens zu verhindern, sollte es der Kernspaltung erlaubt werden, sich so weit auszubreiten, dass der Mensch die Kontrolle verliert. In diesem Fall würden riesige Wanderungsbewegungen in die Regionen von Arktis und Antarktis nötig werden, jedenfalls für die wenigen Menschen, die möglicherweise die tödliche Heimsuchung überleben, an deren Heraufbeschwörung der Mensch derzeit in dem Glauben arbeitet, er würde das Leben fördern. Darum mussten wir unseren Plan ändern und dieses Buch JETZT schreiben.

Während meiner lebenslangen Arbeit als Humanistin und Philosophin bin ich mit der Seele der Menschen in allen Ländern und allen gesellschaftlichen Schichten in Berührung gekommen. Ich habe die Angst in der universalen Seele gespürt und den Hunger in den Körpern von Zweidritteln der Menschheit, die nie etwas anderes kannten als Hunger. Ich habe die landwirtschaftlich nutzbaren Gebiete der Erde schrumpfen sehen, während die Weltbevölkerung wächst und die Wüsten sich ausdehnen und habe die Sorgen der Wissenschaft erwogen, wie die weiteren Milliarden in Zukunft ernährt werden können. Ich habe jenen zugehört, die behaupteten, weitere Kriege müssten die wachsende Weltbevölkerung dezimieren, und das schmerzte mich in tiefster Seele, denn ich habe die fatalistische Haltung der Asiaten erlebt in ihrer Akzeptanz des Hungers als etwas, wo nicht zu helfen ist. Es ist daher kaum ein Wunder, dass ich fühlte, nur Wissen allein könnte dieses Problem lösen und den Hunger unmöglich machen, indem der Mensch wirklich verstünde, dass die *Herrschaft des Menschen über alle Dinge nicht physische Herrschaft durch Eroberung bedeutet, sondern geistige Herrschaft durch Verstehen.*

Ich habe die medizinische Welt behaupten hören, die künstliche Erzeugung von Ernährungskomponenten wie Zucker, Stärke, Fett, Proteinen und Kohlenhydraten sei auf ewig unmöglich, aber Walter Russell weist uns darauf hin, dass Synthese etwas anderes ist als Transmutation und dass alle Dinge, die auf dieser Erde von Gott erschaffen werden, auch vom Menschen erschaffen werden können, *wenn* er weiß, *wie* Gott erschafft. Gott synthetisiert nicht. Während jener neununddreißig Tage im Mai und Juni 1921 wurde Walter

Russell der vollständige Schöpfungsprozess Gottes bewusst gemacht. Dieser ist sehr einfach und kann in wenigen Worten formuliert werden:

Gott unterteilt die Ruhe Seiner allgegenwärtigen Einheit in miteinander verbundene Paare und vervielfacht gleichzeitig ihre Kraft, damit sie Seine Allmacht und Allwissenheit durch schnelle zentripetale Bewegung nachahmen.

Dann vereinigt Er Seine Paarlinge, damit sie Seine Einheit nachahmen und vervielfacht gleichzeitig die Geschwindigkeit ihrer zentrifugalen Bewegung, bis sie in Seiner allgegenwärtigen Ruhe verschwinden.

Das ist die einfache Grundlage der Schöpfung. Es ist nicht schwer, sie zu verstehen und ihre Komplexität anzuwenden, wenn man die obige Aussage wirklich verstanden hat. Seit fünfunddreißig Jahren hat mein Mann sich bemüht, die Anwendung dieses Wissens zu vermitteln, gegen den Widerstand einer Welt, die glaubt, dass die Energie, welche Bewegung erschafft, *in der Bewegung liegt,* während sie doch in Wirklichkeit *in ihrem Schöpfer liegt.* Außerdem glaubt die Welt, Stofflichkeit wäre *real* und sieht nicht, dass sie reine Illusion ist, die durch schnelle Bewegung erschaffen wird, um Stofflichkeit *vorzutäuschen.*

Diese Dinge verbreiten wir allmählich, indem wir die Wissenschaft vom Menschen lehren. Auf den folgenden Seiten werden wir sie in Kürze darstellen. *Wir hoffen, dass wir ausführlich genug sind, um die Welt davon zu überzeugen, dass die Konsequenz des Mangels an Wissen um den Schöpfer und Seine Schöpfung der sichere Tod ist. Für diesen Mangel ist noch ungenügende Entfaltung der inneren Wahrnehmung des Menschen verantwortlich.* Genauso werden um Nahrung geführte Kriege die Menschheit dezimieren, wenn wir nicht lernen, wie wir uns über die Notwendigkeit erheben können, die begrenzten fossilen Ressourcen der Erde für unseren beständig wachsenden Bedarf an Wärme und Energie zu verbrauchen. Was für eine Tragödie wäre es, wenn ein solches Wissen, wie wir es hier in entscheidender Zeit der Welt zugänglich machen, nicht genutzt würde, um dem Menschen die ihm verheißene innere »Herrschaft über die ganze Erde« zu verleihen.

Abschluss

Wir leben in einer verwirrenden Welt voller Geheimnisse, die der Mensch seit Äonen zu lösen versucht hat. Das Wissen wird der sich entfaltenden Intelligenz des Menschen jedoch langsam zugänglich. Furcht ist die Strafe und das Los jedes Menschen, bis Wissen die Angst beseitigt. In der Zwischenzeit hält wenig Wissen und viel Mysterium die Furcht in der gesamten Menschheit lebendig und aus der Furcht davor, was seinem Körper widerfahren könnte, entstehen Gier, Habsucht, Hass und Feindschaft.

Der Mensch trat diesen Weg im tiefsten Urwald an. Damals wusste er nichts und fürchtete alles, von der Lawine bis zum Wirbelsturm, von den Raubtieren seines Urwaldes bis zu jedem anderen Menschen. In dem Maße, wie das Wissen in die Welt kam, begann die Furcht zu weichen, und die Liebe erhielt ein wenig Raum in den Beziehungen zwischen Menschen.

Der Mensch weiß immer noch sehr wenig über sein Universum und seinen Schöpfer, und so fürchtet er sich weiterhin, hasst, erobert und tötet aus Habgier. Diese Habgier vergiftet immer noch einen großen Teil der zwischenmenschlichen Beziehungen, und der Mensch macht sich Feinde, weil er um seine ewige Bruderschaft und Einheit mit allen anderen Menschen nicht weiß.

In diesem Buch werden wir nach und nach neue Türen zu neuem Wissen über unser Universum öffnen und offenbaren, dass Gott kein Mysterium ist, sondern eine ständig gegenwärtige Wirklichkeit. Wenn dem Menschen seine eigene Beziehung zu Gott und zu seinen Mitmenschen wirklich klar ist, werden Angst, Gier, Hass und Feindschaft von der Erde verschwinden, so dass die Liebe herein kann. Nur dieses Wissen wird die Menschheit von ihrer gegenwärtigen uneinigen, angsterfüllten Stufe transformieren auf eine Ebene der Einheit, in welcher Absicht des Schöpfers und Sehnsucht des Menschen sich im Ideal der Einen Welt erfüllen werden.

Teil I

Radioaktivität

–

Das Todesprinzip in der Natur

von

Dr. Walter und Lao Russell

Vorbemerkung

Ein weiser Politiker, dessen Name wir nicht wiedergeben können, sagte einmal: »Wenn wir nur wüssten, was unsere Welt in Schwierigkeiten bringt, könnten wir diese Ursache vielleicht beheben. Das Problem ist, dass wir die Ursache nicht kennen.«

Das stimmt. Dazu sind wir unseren Primatentagen noch zu nahe. Wir sind als geistige Wesen noch nicht hinreichend entwickelt, um die Tatsache zu erkennen, dass die Ursache unserer Schwierigkeiten auf der Welt in der einen nackten Tatsache liegt, dass wir unserem Primatenstadium noch zu nahe sind, um zu wissen, wie man eine dauerhafte Grundlage erbaut.

Derzeit befinden wir uns allerdings in einem Übergangsstadium, denn zahlreiche Menschen sind bei der Entfaltung ihres geistigen Wesens bereits weit fortgeschritten. Sie sind die Saat der zukünftigen kosmischen Zeitalter. An sie richten wir unsere Worte, um ihnen mitzuteilen, wie es wirklich um die Welt bestellt ist. Solche Menschen werden verstehen, auch wenn unsere Worte für den Durchschnittsmenschen keine Bedeutung haben. Nur durch solche Menschen kann die Welt in dieser Zeit höchster Gefahr transformiert werden, wenn dies denn überhaupt möglich ist. Wir hoffen es, aber die Welt ist in den letzten fünfzig Jahren weiter zurückgefallen, als sie in den acht Jahrhunderten davor emporgestiegen ist.

Kapitel 1
Was ist Atomenergie?

Bei der Beantwortung dieser Frage sollten Sie immer im Gedächtnis behalten, dass Gott Liebe ist und dass dieses Universum auf Liebe basiert. Aktion und Reaktion müssen in der Natur immer im Gleichgewicht sein, damit die sinnvolle Absicht des Schöpfers ausgeführt wird.

Liebe, durch Aktivität zum Ausdruck gebracht, bedeutet ausgewogene Erfüllung ihres eigenen Gesetzes von gleichwertigem Geben und Zurückgeben. Auf diesem Prinzip ist unser zweckmäßiges Universum begründet. Was das Gesetz sinnvoll erfüllt, ist gut. Es hat Bestand und wird auf ewig wiederholt in einer Vermehrung dessen, was der Mensch als GUT bezeichnet. Jede Handlung des Menschen, die auf Liebe gründet, ist eine Erfüllung des Gesetzes und damit GUT – und wird sich auf ewig fortpflanzen.

Unsere Vorgehensweise bei der Beantwortung dieser bedeutungsschweren Frage basiert auf Liebe zum Wohle des Menschen. Wenn sie zweckmäßig ist, wird sie GUTES in die Welt bringen zu dessen endloser Wiederholung, denn so arbeitet die Natur. Wenn sie nicht ausgewogen ist und dem Wesen des geordneten Wachstums in der Natur nicht entspricht, bedingt diese Abtrennung vom GUTEN die Aufhebung unseres Tuns. Dies ist der Weg, wie die Natur in Erfüllung ihres Einen Gesetzes alles Unrhythmische und Sinnlose auflöst.

Was ist Atomenergie? Was ist diese große Kraft, die nun zur Anhebung unseres Lebensstandards genutzt werden soll? Um diese Frage ringt die ganze Welt. Die Welt will es wissen, weil im Herzen des Menschen große Furcht wohnt, verbunden mit dem Gefühl, diese Kraft sollte *nicht* benutzt werden, ohne dass er weiß, warum er so fühlt. Warum Radioaktivität nicht benutzt werden sollte, können wir nur verstehen, wenn wir wissen, was Radioaktivität IST – und was sie BEWIRKT.

Wir werden dies in einem einzigen kurzen Absatz formulieren. Dann werden wir diese Aussage das ganze Buch hindurch ausführen, damit Sie die Bedeutung dieser Aussage vollständig verstehen. Wenn Sie den nun folgenden Absatz lesen, denken Sie daran, dass die höchsten Bestrebungen der Menschheit darin bestehen zu lernen, *wie wir lange und in der Fülle unserer Kraft leben* und ein solches Leben über die Jahrhunderte hinweg auf ewig wiederholen können.

Strahlung ist das Todesprinzip. Alles in der Natur stirbt normalerweise, indem es allmählich seine Wärme abstrahlt. Radioaktivität ist das explosive, schnelle Todesprinzip. Die Entdeckung der Radioaktivität ermöglicht es dem Menschen, schnell zu sterben und seine Fortpflanzung auf Jahrhunderte hinaus zu verhindern.

Hier haben Sie die vollständige Antwort in wenigen Worten. VERVIELFACHTER TOD ist der neue Segen, den der Menschen in unserem Zeitalter zur Fortführung des Lebens beizutragen glaubt. Natürlich verstehen Sie den vorstehenden Absatz noch nicht, aber Instinkt und Intuition in Ihnen sind stark genug, dass Sie sich davor *fürchten*. Der Grund, dass Sie den Satz nicht verstehen liegt darin, dass Ihnen noch nicht klar ist, was die Dinge lebendig macht und was sie sterben lässt.

Die gesamte Antwort auf diese äußerst wichtige Frage liegt in dem Wissen, was KÖRPER LEBENDIG MACHT UND WAS SIE STERBEN LÄSST. Dies kann nicht in wenigen Worten mitgeteilt werden. Wenn wir es Ihnen sagen, müssen wir Ihnen auch erklären, wie Gott Materie *elektrisch* aufbaut und auflöst. Eine kurze Antwort würden Sie nicht verstehen. Die bedeutendsten Geister unter den Menschen haben seit Jahrhunderten versucht, dieses Lebensprinzip zu entdecken. Wenn wir es für Sie und die gesamte Menschheit vollständig beantworten, werden Sie Ihr Universum und alle seine Geheimnisse vollständig verstehen. Diese Mitteilung muss allerdings schrittweise erfolgen und den Zweck dieses Buches berücksichtigen, nämlich dynamisch überzeugend und unwiderlegbar zu erklären, dass der Preis, den der Mensch für die Nutzung der Atomenergie bezahlen wird, seine eigene unausweichliche Auslöschung ist.

Die Natur hat eine unglaublich ausgewogene Rhythmik in ihren geordneten Schöpfungsprozessen. Es ist für Mensch und Tier gleichermaßen gut, dieser Rhythmik zu gehorchen. Wenn wir ihr zuwider handeln oder sie durch Unkenntnis durchbrechen, bestraft nicht die Natur uns für diese Verletzung. Unsere eigene Unwissenheit bestraft uns. Die Nutzung der Atomenergie zur Erzeugung einer größeren Wärme, als es in geordneter und normaler Weise für die Umwelt angemessen ist, verstößt genauso gegen die geordneten natürlichen Abläufe, als würde der Mensch das Gesetz der Schwerkraft verletzen, indem er versucht, auf direktem Weg auf den Grund des Grand Canyons zu gelangen. Kein Mensch würde das tun, weil er wüsste, dass dies seinen Tod bedeutet. Die industrielle Nutzung der Atomenergie ist eine so große Verletzung der naturgemäßen Wege, wie die Leugnung der Schwerkraft es wäre. Und das eine wie das andere bedeutet für den, der das Gesetz verletzt, den sicheren Tod

Wir wissen, dass der Mensch das göttliche Gesetz nicht absichtlich missachtet. Es gibt nur einen einzigen anderen Grund, warum er es tut: Er weiß nicht, was er tut. Das Gesetz wirkt sich jedoch so unwiderruflich und unausweichlich auf denjenigen aus, der es bewusst missachtet, wie auf den, der es nicht besser weiß. Der Mensch weiß zugegebenerweise nicht, was er tut. Lange Zeit hat er im Keim oder in den kleinsten Materieeinheiten nach dem Lebensprinzip gesucht. Er hat es dort nie gefunden und wird es dort auch nie finden. Er hat auch nach dem Prinzip des Todes gesucht. *Dieses hat er nun gefunden, ohne es zu wissen.*

Wissen Sie, WARUM Sie leben und WIE Sie lebendig bleiben? Wissen Sie, WARUM Sie sterben und WIE? Wissen Sie, wohin Sie gehen, wenn Sie sterben oder was mit Ihrer Identität nach dem Tod geschieht? Nein, diese Dinge wissen Sie noch nicht. Die Menschheit hat sich geistig noch nicht weit genug entfaltet, um ihre ewige Identität zu erkennen oder zu wissen, dass ein Mensch nicht sterben kann. *Die ganze Problematik liegt in der Tatsache, dass die Menschen nicht wissen, was Leben und Tod sind. Auch wissen sie nicht, dass sie mit ihrem neuen Plan, die Radioaktivität zu nutzen, den natürlichen Todesprozess unterstützen, der anstatt des Lebens das Sterben fördert.* Dieser Plan ist dem Naturgesetz der Liebe entgegengesetzt. Wir werden Ihnen alles sagen, was Sie über Leben, Tod und Unsterblichkeit schon immer wissen wollten, so dass Sie die Dimension des Verbrechens begreifen werden, das der Mensch im Begriff ist, gegen sich selbst zu begehen.

Der Mensch kennt sein Universum noch nicht. Er weiß nicht, wie es entstanden ist und auch nicht, wie es in den Raum hinein verschwindet und wieder neu erscheint. In der Schöpfung gibt es einen universalen Prozess und eine Antriebskraft für die Energie, welche die Schöpfung erschafft. Derselbe Prozess gilt für die Erschaffung des »Lebens« und dessen Verschwinden im »Tod« gleichermaßen, sowohl in Ihrem Körper wie im gesamten Universum. Kennen Sie diesen Prozess? Kennen Sie Ihr Universum und Gottes Verhältnis dazu – und zu Ihnen? Glauben Sie nicht, dass Sie mit mehr Kraft und Weisheit leben könnten, wenn Sie diese Dinge wüssten? Wir sind sicher: Wenn Politiker und leitende Industrielle davon Kenntnis hätten, wüssten sie auch, dass sie das Todesprinzip nicht benutzen können, um dem Leben zu dienen.

Das vorliegende Buch behandelt das Prinzip von Leben und Tod, bezogen auf den Körper des Menschen und auf den Körper Gottes – das Bewegungs-Universum. Es befasst sich auch mit der Unsterblichkeit des Menschen und seiner geistigen Herrschaft über seine geordneten und normalen Lebens-

und Todesvorgänge, und es beantwortet klar und eindeutig die uralte Frage: »Where Do I Go When I Die?«

Während der unmissverständlichen Darlegung der beiden Wege von Leben und Tod in diesem Buch werden Sie erkennen, dass die unerlaubte Nutzung des Todesprinzips in der Absicht, dem Leben zu dienen, den Tod auf diesem Planeten vervielfachen wird, bis nicht ein Grashalm mehr übrig ist. Unsere Aussagen beschreiben ein Bild des Grauens. Sie erscheinen unglaublich und unmöglich. Es liegt in unserer Verantwortung, Ihnen zu beweisen, dass sie nicht nur möglich sind, sondern unausweichlich. Dies können wir nur, indem wir Sie JETZT mit einem Wissen über Leben, Tod und Unsterblichkeit vertraut machen, das so noch nie bekannt war.

II

Die so genannten tödlich giftigen Gase aus den radioaktiven Elementen in den Reaktoren und in den Abfallprodukten werden in Beton eingeschlossen und im Meer versenkt, um *das menschliche Leben vor ihrer eingestandenen Gefährlichkeit zu schützen.* Die eigentliche Tücke einer industriellen Nutzung der Kernspaltung liegt darin, dass diese radioaktiven Elemente in ihrer ursprünglichen unterirdischen Umgebung keine Gifte sind, sondern dort einem notwendigen Zweck dienen und dazu beitragen, organisches Leben auf diesem Planeten zu ermöglichen. *Der Mensch macht sie giftig, indem er sie aus ihrer angestammten Umgebung entfernt und sie naturwidrig in eine Umgebung bringt, die dafür ungeeignet ist.*

Tiere und Pflanzen brauchen die dünne Humusschicht auf der Erdkruste, um zu leben. Der Boden braucht Humus, Stickstoff, Kohlendioxid, Sauerstoff und Wasser. Die so genannten tödlich radioaktiven Gifte bereiten den Boden für sauerstoffabhängiges Leben vor, indem sie zahllose Milliarden mikroskopischer Explosionen in den Felsformationen unter der Erdoberfläche verursachen, die dann Wasser und andere für das Leben notwendige Stoffe freisetzen. Das ist alles GUT. An ihrem angemessenen Platz in der Natur erfüllen die radioaktiven Stoffe ihre notwendigen und nützlichen Zwecke. Sie sind entscheidend wichtig dort, wo sie sich natürlicherweise befinden. Sie dienen dem Menschen, wenn sie sich unter der Erde befinden und in Gestein eingeschlossen sind. *Aber wenn wir sie dort ausgraben und Tonnen harmlosen Felsgesteins zu wenigen Gramm des tödlichen freien Metalls verdichten, wie dies bei de Herstellung von Uranbrennstäben geschieht, machen wir die Erde für den Menschen unbewohnbar.*

Denken Sie daran, wie viele Hunderte von Jahrmillionen die Natur wirken musste, um Planeten aus festen Felsen und Metallen so weit zu zersetzen, dass genügend Zersetzungsmaterial und eine Atmosphäre entstanden, um organisches Leben zu ermöglichen. Der Merkur hat keine Atmosphäre, und es gibt dort keinen einzigen Grashalm. Die Felsoberfläche ist so heiß, dass Blei dort schmelzen würde. Die Venus ist ebenfalls ein heißer Felsbrocken, aber dort hat eine Bodenbildung begonnen, und wahrscheinlich gibt es dort jetzt auch Wasser, aber nur als Wasserdampf, denn die Temperatur auf der Venus liegt über dem Siedepunkt. Unsere Erde besitzt Erdkrume und eine Atmosphäre, die für einfache Lebensformen hinreichend war, schon seit sie einen Abstand von hundert bis hundertzwanzig Millionen Kilometern von der Sonne erreicht hat[44]. Dies haben die radioaktiven Metalle ermöglicht. Sie gehören unter die Erde, genauso wie die Körper toter Lebewesen unter die Erde gehören. *Radioaktive Metalle sind tote und sterbende Körper.* Das wusste der Mensch bisher noch nicht. Zweiundzwanzig dieser Elemente werden zu Killermetallen, wenn wir sie aus ihrer unterirdischen Felsenumgebung in die überirdische Umgebung des Menschen bringen.

Es gibt viele Metalle, die für uns nicht schädlich sind, wie Eisen, Kupfer, Gold, Silber und etliche andere. Dies verdeutlichen wir im nächsten Kapitel in Abbildung 5. Sie können unter Tausenden von *lebenden* Menschen leben, ohne vergiftet zu werden, aber Sie können nicht vom Atem lebender Menschen leben, ohne an deren Gift zu sterben. Sie können tatsächlich auch von Ihrer eigenen Ausatmung nicht leben. Sie würden bald an Ihrem eigenen Gift sterben. Tote und sterbende Metalle aus der Erde zu graben, wo ihre Ausatmungsprodukte fruchtbaren Boden für organisches Leben bereitstellen, ist so, als würden wir tote Tiere von dort ausgraben, wo sie in lebendiges pflanzliches und tierisches Leben transformiert werden. Jeder Bauer muss Totes unter die Erde geben, um darüber Leben zu ernten.

Das Ehepaar Curies erhielt aus vielen Tonnen Erde ein paar Gramm Radium. Diese wenigen Gramm toter Metalle würden jeder Ihrer Körperzellen den sicheren, schnellen Tod bringen, wenn Sie etwas davon in die Tasche stecken würden, aber sie würden Ihnen nicht im Geringsten schaden, wenn Sie auf der Erde über ihnen schlafen würden. Die radioaktiven Metalle geben ihren schnellen Tod an die Felsen weiter, in die sie zu dem Zweck eingebettet sind, die Felsen zu Erdreich und Wasser auszudehnen, und so das Leben zu bemuttern. *Sie sollten nicht aus der Erde gegraben werden, um menschliche Wesen zu schnellem Tod auszudehnen.* Wenn Sie ein gutes Beispiel für den Zweck der radioaktiven Metalle im Leben haben wollen, der wohltätig für die Menschheit ist, schauen Sie sich die großen, nackten Felsgebirge des (amerikanischen) Westens an, die erst ein paar Millionen Jahre alt sind. Vergleichen Sie diese Gebirge mit den erdbedeckten, von Bäumen bestandenen, viel älteren östlichen Bergen wie dem Blue Ridge, den White Mountains und den Cats Kills, die von einer hohen Schicht Bodenkrume bedeckt sind und wo es Wasserfälle und Quellen in Hülle und Fülle gibt.

Wasser und Erdboden sind abgebauter und sterbender Felsen. Sie sind buchstäblich tote Felsen. Überall in der Natur entspringt das Leben aus dem Tod, und wenn das Leben über dem Erdboden tot ist, gibt es dem Tod der Erde neues Leben. Dies sind die Dinge, welche die Menschheit wissen muss. *Sie weiß zu wenig über Leben und Tod und wie die beiden sich miteinander austauschen, damit der Tode lebe und das Leben sterbe.* Das ist ein so fundamentaler Teil der Naturabläufe, dass Sie an all diesen Vorgängen sehr viel mehr Interesse hätten, wenn Sie über diesen einen mehr nachdenken würden. Bedenken Sie zum Beispiel, dass in dem Augenblick, wo ein Pfirsich in der Obstschale auf Ihrem Tisch überreif wird, die Fruchtfliegen über ihm schweben. Sie wurden aus ihm geboren, und auch andere weniger komplexe Lebensformen wurden aus ihm geboren, genauso wie Millionen Mikroben und andere primitive Lebensformen in Ihrem lebendigen Körper geboren werden und noch komplexere aus Ihrem toten Körper hervorgehen werden. *Nicht Ihr gesamter Körper ist die ganze Zeit über vollständig lebendig. Ein Teil von ihm ist immer tot oder stirbt gerade, bis zum Punkt Ihrer höchsten Reife. Nach diesem Wendepunkt befinden sich alle in einem langsamen Sterbeprozess.* Die Millionen Mikroben, die noch auf Leben in Ihnen warten, sind für Sie harmlos, solange Sie Ihren Körper hinreichend aufladen können, um Ihr Leben vor deren Tod zu schützen. Ungefähr ein Kilogramm Ihres Körpers stirbt jeden Tag, und die Millionen toter Zellen, die sich in diesem Kilogramm befinden, würden Ihren lebendigen Körper töten, wenn Sie diese wieder in Ihren Stoffwechsel zurückführen würden. *Haben Sie darüber je nachgedacht?* Große Städte besitzen umfangreiche Kläranlagen, um die Menschen genau davor zu schützen.

Haben Sie jemals bedacht, dass jede Einatmung Sie *mit der Kraft zu leben auflädt,* und dass jede Ausatmung Tod bedeutet? Das bedeutet, dass Sie beständig dreißig oder vierzig Mal pro Minute leben und sterben. Noch merkwürdiger – wenn Sie einmal tief darüber nachdenken – ist die Tatsache, dass all das in Ihnen, was lebt, nicht giftig für Sie ist; im Gegensatz zu jedem Bestandteil Ihres Körpers, der nicht lebt. Sie atmen *lebendigen* Sauerstoff ein, der von der Erde und ihrem Laubwerk zu Ihnen kommt. Der Sauerstoff stirbt in Ihnen, und Sie atmen ein tödliches Gift aus, welches als Kohlendioxid bezeichnet wird.

Für den Boden ist dieses Kohlendioxid jedoch nicht giftig. Für den Boden ist es Nahrung. Die Erde atmet diese Nahrung ein und atmet sie als Sauerstoff aus, der für die Erde giftig ist, für Sie aber Leben bedeutet. *Haben Sie darüber je nachgedacht?* Haben Sie je bedacht, dass alles Wasser, das Sie trinken, die Luft, die Sie atmen und die Lebensmittel, die Sie essen, aus dem toten und zerfallenden Körper unseres Planeten stammen und dass jeder lebendige Körper, der stirbt und zur Erde zurückkehrt, die Erde mit erneuertem Leben auflädt? Wahrscheinlich haben Sie darüber nie nachgedacht. Wir bitten Sie, dies jetzt zu tun, damit Sie den nächsten Schritt bei der Erläuterung von Leben, Tod und Unsterblichkeit begreifen und außerdem beginnen, Ihr Universum kennen zu lernen.

Dies ist der nächste Schritt. Wir haben Ihnen vor Augen geführt, wie Ihr Körper gleichzeitig lebt und stirbt. Sie müssen nun wissen, dass dies bei allen Körper im gesamten Universum in jeder Hinsicht genauso ist, ob es sich um Elektronen, Zellen, Felsen, Metalle, Bäume, Menschen, Planeten oder Sonnen handelt. Alle leben und sterben in derselben Weise. Alle atmen den aufladenden Lebensatem ein und den entladenden Todesatem aus. Alle komprimieren Wärme und polarisieren, wenn sie einatmen, dehnen sich aus, kühlen ab und depolarisieren, wenn sie ausatmen.

Warum ist das so? Alle Körper werden aus – und von – elektrischen Wellen gemacht, und jede Eigenschaft des elektrischen Stromes ist ein Abwechseln von Leben und Tod. Die gesamte Schöpfung lebt und stirbt in ständiger Abfolge. Betrachten Sie vor diesem Hintergrund den Körper dieser Erde in der gleichen Art wie Ihren eigenen Körper. Teile des Erdkörpers sind tot, und andere Teile liegen im Sterben, genauso wie Teile Ihres Körpers tot sind und andere im Sterben liegen. Der leichte Zerfall eines überreifen Pfirsichs wird Ihnen nicht schaden, während das Essen eines vollständig verfaulten Pfirsichs Sie umbringen könnte. So sind auch die »überreifen« chemischen Elemente der Erde, die noch nicht zu weit vom Kohlenstoff entfernt sind, nicht schädlich für Sie, aber je weiter sie über den Kohlenstoff hinausgehen, umso schädlicher werden sie und umso weniger können Sie sich vor dem schnellen Tod, der von ihnen ausgeht, bewahren (siehe Abbildung 5, Seite 62). Dies ist die Lektion von Leben und Tod, die Sie zuerst lernen müssen. Schritt für Schritt werden Sie den gesamten Prozess kennen lernen. Dann werden Sie dafür bereit sein zu erfahren und vollständig zu verstehen, »wohin Sie gehen, wenn Sie sterben«.[45]

Nun denken Sie über Leben und Tod eines Planeten ebenso nach, wie Sie über Leben und Tod Ihres eigenen Körpers nachdenken würden. Sie wissen genau,

Abbildung 3a: Jupiter

Abbildung 3b: Mars

dass Ihr eigener Körper sich bis zu einem Höhepunkt der Reife – etwa mit vierzig Jahren – entwickelt, wo er kraftvoller ist als in jedem anderen Alter. Das bedeutet, dass jede Zelle in Ihrem Körper kraftvoller ist, als es dieselbe Zelle mit sechzig oder achtzig Jahren sein kann. Mit vierzig sind Ihre Körperzellen echte Kugeln und kleine, schnell drehende Ringe. Mit sechzig sind die Zellen an ihren Polen sehr stark abgeflacht, wie unsere Erde auch, und ihre Oberflächen werden runzlig, mit vielen Ringen wie beim Jupiter, genauso wie ein alterndes Gesicht Falten bekommt. Mit achtzig werden die Ringe tatsächlich an den Äquatoren abgeworfen, wie die Ringe des Saturn. Diese Ringe sind tote Zellen von Saturns noch lebendem Körper. Ein alter Mensch von neunzig Jahren lebt immer noch, aber alle seine Zellen sterben schneller, als er sie ersetzen kann. Es ist wichtig, dass Sie dies verstehen. Ihre Autobatterie wird Ihnen helfen, das gesamte Prinzip der langen, langsamen Sterbejahre zu begreifen. Wenn sie sich auflädt, während Sie mit dem Auto fahren, zeigt dies, dass ihre Kraft, Leben zu erzeugen, größer ist als ihre Kraft, durch Entladung zu degenerieren. Im hohen Alter überwiegt bei allen Dingen – ob Mensch, Elektron oder Planet – die Entladung des Lebensstromes dessen Aufladung, obwohl weiterhin *in geringem Umfang* auch Aufladung stattfindet.

Wir zeigen in diesem Buch Bilder von Mars, Jupiter und Saturn, um drei Phasen dieses langsamen Sterbens zu verdeutlichen. Sie alle erzeugen Leben aus den Drücken der Sonne, aber sie sterben schneller, als sie leben können (siehe Abbildungen 3 und 4).

Die Erde ist eine sterbende Zelle, die von der Sonne abgeworfen wurde. Sie kann ihre Kugelform nicht beibehalten. Sie flacht sich an den Polen ab und kann nicht im Gleichgewicht mit ihrem Sonnensystem bleiben, indem sie auf der Ebene des Sonnenäquators verbleibt. Sie befindet sich in den frühen Anfangsstadien der Vorbereitung auf den Abwurf weiterer Ringe, die sich – so wie der erste, den sie abgeworfen hat – aufwinden und zu Monden werden. Das Wachstum von Wüsten um den Äquator der Erde ist die erste frühe Phase dieser Periode. Der Mars ist schon sehr viel älter. Er hat immer noch Wasser, aber das sauerstoffabhängige Leben auf ihm nähert sich seinem Ende. Die Wüsten nehmen einen großen Teil seiner Oberfläche ein, und er ist noch stärker abgeflacht als die Erde.

Als gutes Beispiel für einen alten Planeten schauen Sie sich den runzligen, ausgedehnten, abgeflachten Körper des Jupiter an. Er hat schon viele Ringe abgeworfen und ist dabei, noch weitere abzuwerfen. Die Natur wirft Ringe immer in Vierergruppen ab. In der Nähe der Jupiteroberfläche sehen Sie eine Serie von Ringen, die sich zu Monden aufgewunden haben. Merkur, Venus, Erde und Mars sind die letzte Serie von Ringen, die von unserer Sonne abgeworfen wurde. Jupiter hat sich zum vermutlich Drei- bis Vierfachen seiner ursprünglichen Größe ausgedehnt und wirbelt mit ständig zunehmender Geschwindigkeit seinem zentrifugalen Tod entgegen. Beim noch weiter abgeflachten Saturn sehen Sie drei aus seiner nächsten Vierer-Serie von Ringen, die sich noch nicht um ein neu etabliertes Schwerkraftzentrum aufgewunden haben. Wenn Sie sich so klarmachen, wie Planeten und Sonnen sterben, wird Ihnen auch klar, wie Ihr eigener Körper stirbt.

Der obige Gedankengang soll Ihnen helfen, vollständig zu begreifen, dass der Mensch gegenwärtig versucht, auf der Oberfläche dieses Planeten, welcher seit so vielen Äonen versucht hat, eine Umgebung für das Leben aufzubauen, eine Umgebung des Todes zu schaffen. Er erschafft eine veränderte Umgebung, in der tierisches und pflanzliches Leben unmöglich bestehen kann. Wir möchten Ihnen zeigen, warum radioaktive Spaltung in großen Mengen und Sauerstoff nicht gemeinsam existieren können. Diese Elemente sind vollständig lebendig, solange sie sich in dem ihnen gemäßen Umfeld befinden. Aus dieser Umgebung herausgenommen, werden sie zu ihren eigenen Leichen. Wenn wir diese riesigen Reaktorleichen über die ganze Welt verteilen und die zahllosen Milliarden mikroskopischer Leichen ebenfalls, so dass wir sie mit jedem Atemzug, mit jedem Bissen und mit jedem Schluck zu uns nehmen, wird dies schließlich so sein, als würden wir gezwungen, einen allmählich anwachsenden Prozentsatz unserer tödlich giftig gewordenen verbrauchten Atemluft wieder einzuatmen.

III

Im Folgenden müssen wir im Zusammenhang mit Radioaktivität und Tod sehr ausführlich über FLAMMEN sprechen. Die Flamme ist der Gipfelpunkt der Schöpfung. Sie ist maximales Leben und gleichzeitig maximaler Tod. Ihre Strahlung bringt Leben hervor, aber ihr Körper *verbraucht* es. Der Reifepunkt der gesamten Schöpfung kommt in flammenden Sonnen zum Ausdruck. Sonnen sind Kohlenstoff, zur Weißglut erhitzt. Kohlenstoff ist gefrorenes Feuer. Feuer ist eine Druckstufe jenseits der maximalen Komprimierung, die ein Körper erträgt. Feuer ist die Wirkung der Explosion, welche die Komprimierung an diesem Gipfelpunkt freisetzt. Komprimierung erwärmt. *Feuer ist maximale Hitze.*

Das Leben kann ohne Wärme nicht existieren. Es wird durch Wärme erschaffen und braucht sie. *Strahlung* gibt uns diese Wärme, sie ist gut für uns. Sie wärmt uns auf bis zu unserer normalen Temperatur. Sie dehnt unsere Körperzellen aus, im perfekten Einklang mit ihren Abfolgen von Komprimierung. Sie stellt den Einklang zwischen den Rhythmen unseres Atems und Herzschlags her.

Radioaktivität gibt uns mehr Wärme, als wir ertragen können. Sie sendet Millionen von Geschossen aus Alphastrahlung in unseren Körper, die sich dort unser Leben lang anreichern, unsere Temperatur erhöhen und unseren gesamten Stoffwechsel neu einstellen, bis unsere Körperzellen aufgrund ihrer eigenen angesammelten Wärme explodieren und sich über das Normale hinaus ausdehnen. Schon die leichteste Veränderung unserer normalen Körpertemperatur bedeutet Fieber, welches den gesamten Organismus in Mitleidenschaft zieht. Fieber ist ein Übermaß an Wärme und bedingt, dass Körperzellen und rote Blutkörperchen sich ausdehnen. Schon zu viel Wärme von der Sonne bewirkt dies: Sie dürfen sich den lebensspendenden Strahlen der Sonne nicht zu lange aussetzen, denn sonst werden sie todbringend. Darüber sollten wir ebenfalls intensiv nachdenken, denn wir brauchen eine angemessene Temperatur in unserem Lebensraum, was unmöglich wird, wenn unsere gegenwärtige normale Umgebung durch zahllose Milliarden von Alpha- und Radon-Strahlen verändert wird. Das ständige Bombardement mit diesen Strahlen führt zu Leukämie, Knochenkrebs, Missbildungen und vielem anderen, bis wir durch langsame Ausdehnung sterben. Eine »tödliche Dosis« beschleunigt diesen Ausdehnungsprozess lediglich.

Alle Dinge sterben an Wärmeausdehnung. Nur so kann ein Körper sterben, ob es sich dabei um Ihren Körper handelt oder um den Körper der Sonne. *Alle Dinge in der Natur sterben normalerweise durch langsame Ausdehnung. Radio-*

aktivität ist vervielfachte Ausdehnung, die durch vervielfachte Komprimierung verursacht wurde. Sie bewirkt beim Menschen, dass er an explosionsartig schneller Ausdehnung stirbt. Feuer wird durch maximale Komprimierung verursacht. Feuer ist der ultimative Verzehrer aller Körper. Wenn Sie nur diese Tatsache im Gedächtnis behalten, während wir fortschreiten, werden Sie leichter verstehen, WARUM und WIE dieser Planet bald eine öde Wüste werden wird, wenn die Radioaktivität in großem Ausmaß genutzt wird. Sie werden auch begreifen, WARUM und WIE der Mensch unseren Planeten teilweise – zu einer Nova – oder vollständig zu Millionen von Bruchstücken explodieren lassen kann.

Glauben Sie nicht einen Moment lang, Planeten und Sonnen könnten nicht explodieren. Sie explodieren ständig. Es gibt Tausende von Novas am Himmel, und der Weltraum ist angefüllt mit zahllosen Bruchstücken explodierter Planeten, die wir als Asteroiden und Meteoriten bezeichnen. Dies sind unregelmäßig geformte Klumpen. Die Natur erschafft ihre Formen nicht in Klumpen. Sie erschafft nur Ringe und Kugeln, welche sie dann zu geometrischen Formen kristallisiert, aber zuerst müssen sie Ringe und Kugeln sein.

Die große, bisher unbekannte Merkwürdigkeit bei aller Materie ist, dass alle Materie explodieren *will*, sie *will* sterben. Leben ist eine Anstrengung. Sterben ist mühelos. *Materie wird nicht von innen durch die Anziehung der Schwerkraft zusammengehalten, wie allgemein angenommen, sondern sie wird durch eine Kraft zusammengedrückt, die von außen in Richtung auf ihr Zentrum ausgeübt wird.* Aus diesem Grund ist das Leben schwer aufrechtzuerhalten, und es ist leicht, zu sterben, weil das Leben sterben will. Diese Tatsache läuft dem modernen Glauben der Wissenschaft, nach dem ein materieller Kern das Atom zusammenhält, vollständig zuwider. So arbeitet die Natur nicht. Atome haben keine Kerne. *Die Natur erschafft ihre Atome genau so, wie Sie Luft in einen Reifen pumpen.* Das ist harte Arbeit. Sie pumpen die Luft von außen in die Reifenmitte hinein. Dann verschließen Sie das Ventil, um die Luft *einzusperren*. Wenn die Luft nicht in dieser Weise im Reifen eingeschlossen wäre, würde sie, ohne dass Sie sich dafür anstrengen müssen, wieder ausströmen. Sie braucht keine Hilfe bei der Ausdehnung. Sie braucht nur Hilfe bei der Komprimierung.

Materie ist eine Abnormität. *Die Normalität dieses Universums ist ein Zustand der Ruhe – ein Gleichgewicht.* Materie ist kein Gleichgewicht. Sie ist ein erschaffener Zustand, der ein widerstrebendes Gleichgewicht unterteilt. Diese Unterteilung führt zu ungeheuren Spannungen. Spannungen sind im universalen Gleichgewicht nicht normal. Spannungen tragen ein großes Verlangen nach einem Nachlassen dieser Spannung in sich. Zerfall, Tod, Entladung, Explosionen und Feuer geben der Materie diese Erlösung aus der Spannung, nach der sie sich sehnt. Vergegenwärtigen Sie sich, dass der primäre Wunsch der gesamten Schöpfung darin besteht, durch Unterteilung des universalen Gleichgewichtes den Geist zum Ausdruck zu bringen. Vergegenwärtigen Sie sich auch, dass der Wunsch, wieder zum normalen universalen Gleichgewicht zurückzukehren, genauso intensiv ist. Die Aufteilung eines Gleichgewichts erfordert Arbeit. Die Rückkehr in die Normalität des universalen Gleichgewichtes erfordert keine Arbeit. Daher ist es schwer zu leben, aber leicht zu sterben. Radioaktivität macht allen Körpern das Leben noch schwerer, indem sie die Spannungen löst und die Körper so zum Sterben bringt.

Weiter hinten in diesem Buch werden Sie herausfinden, dass jedes Atom genau so aufgebaut ist wie Ihr Autorreifen. Es ist ein elektrisch komprimierter Ring mit einem Loch darin (siehe Abbildung 41, Seite 148). Die Natur muss ihre komprimierten Ringe versiegeln, um diese Komprimierung einzusperren, genauso wie Sie es beim Reifen tun müssen, aber der Verschluss, den sie benutzt, um den Ring zu versiegeln, ist die ewige Kälte des Raumes, die jeden einzelnen Ring in einer gefrorenen Kruste einschließt. Das hält die Wärme im Inneren versiegelt, wie bei unserer Erde. Es erscheint merkwürdig, von der gefrorenen Kruste der Sonne zu sprechen, aber sie ist trotzdem gefroren, denn sonst würde die Sonne explodieren.

Alle Atome sind einzelne Untereinheiten. Alle diese einzelnen Untereinheiten kombinieren sich in jeder Oktave und bauen spiralige Atomsysteme, wie die Weltraumnebel oder Kohlenstoff in einer Oktave oder eine Kraftschleife in einem elektrischen Strom. Alle Atom-Ringe kollidieren und vereinigen vier Paare von sich zu einer Kugel (siehe Abbildung 29). Dies werden Sie später noch genauer verstehen, aber ein anfängliches Verständnis wird Ihnen jetzt helfen, das Prinzip des schnellen Todes zu verstehen, nach dem radioaktive Strahlung eingesperrte Materie schnell entweichen lässt, genauso wie ein Funke eingesperrtes Dynamit schnell entweichen lässt.

Dies widerspricht jeder wissenschaftlichen Tradition und Vorstellung. Es wird Ihnen allerdings das ganze Buch hindurch bewiesen werden, denn unser gesamtes Anliegen beruht darauf. Wenn die derzeitige schulwissenschaftliche Annahme, dass ein Atom von innen zusammengehalten wird, richtig ist, dann haben wir kein berechtigtes Anliegen, und diese Schrift ist wertlos. *Wenn unser Wissen richtig ist, nach dem alle Materie wie ein Pulverfass voller Dynamit ist, das nichts sehnlicher wünscht, als aus seiner erzwungenen Gefangenschaft erlöst zu werden und nur die rechte Art von Zündholz braucht, um zu ex-*

plodieren, werden Sie sehen, dass radioaktive Spaltung dieses Zündholz ist, und unser Buch sind von unschätzbarem, rettendem Wert für die Menschheit.

Wenn demnach jede Zelle in Ihrem Körper explodieren will und die Nutzung der Radioaktivität in unserer Atmosphäre Millionen und Abermillionen von tödlichen Radon- und Alpha-»Zündhölzern« freisetzt, die Ihren Körperzellen zur Explosion verhelfen und Sie genügend davon einatmen, können Sie genauso wenig weiterleben, wie Ihr Reifen die Luft halten könnte, wenn Sie das Ventil öffnen. Es ist bereits ein Fall bekannt, wo ein Laborarbeiter entwichenes radioaktives Gas einatmete. Es hieß, er hätte eine tödliche Dosis abbekommen und könne nicht überleben. *Natürlich konnte er nicht überleben, denn die gesamte Menschheit und auch die Vegetation der Erde können nicht überleben, wenn in allem Wasser, das wir trinken, allem Essen, das wir zu uns nehmen und in jedem Atemzug mikroskopisch kleine »Zündhölzer« aus Strontium, Barium, Radium und Plutonium millionenfach enthalten sind.* Einige unserer Zellen werden beständig explodieren. Strontium wird zu Knochenkrebs führen und schrecklich missgebildete Kinder hervorbringen. Radium und Plutonium wird uns töten, indem es unsere roten Blutzellen frisst und Opfer der Leukämie in millionenfacher Höhe verursacht.[46] Wir werden Ihnen im Weiteren die detaillierten Gründe dafür nennen, aber wir müssen Ihnen nicht erzählen, was Zyankali Ihnen antut, denn das wissen Sie. Wir müssen Ihnen auch nicht erzählen, was Chlorgas Ihnen antut, das tödlichste Gas, denn auch das wissen Sie. Was können uns Plutoniumstrahlen antun? Dr. Ralph E. Lapp[47], eine anerkannte Autorität, sagt uns, dass sie eine Million Mal tödlicher sind als Chlorgas. Was kann Plutonium dem Planeten antun? Plutonium hat eine Halbwertszeit von vierundzwanzigtausend Jahren. Es ist gut möglich, dass die Erde so lange oder noch viel länger eine Wüste bleibt. Das organische Leben müsste sich von Anfang an wieder neu »entwickeln«.

Dies könnte wirklich geschehen, wenn Tausende von Reaktoren über die ganze Welt verteilt würden, denn jeder Reaktor verfügt über einen Uranbrennstab, der zehn Tonnen schwer ist. Das bedeutet, wir hätten Tausende von selbst erschaffenen Monstern in unserer Mitte, gegen die wir hilflos wären. Wir könnten uns ihnen nicht einmal nähern, um sie zu zerstören. Vielleicht würde die Menschheit ihren großen Irrtum erkennen, bevor die Welt mit Atomkraftwerken übersät ist, deren Schutzhüllen genauso gefährlich werden wie sie selbst. Aber höchstwahrscheinlich werden doch so viele gebaut werden, dass um des nackten Überlebens willen riesige Wanderungsbewegungen in den höchsten Norden nötig werden. Große Städte würden veröden und zig Millionen Menschen würden sterben, weil Nahrung, Wasser und Luft kontaminiert sind. Das Steinzeitleben, zu dem die wenigen Überlebenden an den Nord- und Südpolen der Erde - unter den dann gemäßigten Klimabedingungen dort – gezwungen wären, würde die Zivilisation um viele Jahrtausende zurückwerfen, denn das Leben wäre Tausende Kilometer im Umkreis ungeschützter Kernbrennstäbe völlig unmöglich.

Einer der größten Irrtümer beim Reaktorbau ist die Verwendung von Aluminiumröhren als Uranbehälter. Aluminium wird im Vergleich zu Silber, Gold oder irgendeinem anderen Metall auf der blauen Seite des Spektrums[48] sehr schnell mit radioaktivem Tod aufgeladen. Stahl befindet sich zwar auf der roten Seite, aber seine Dichte ist so viel größer als Aluminium, dass er für diesen Zweck besser geeignet wäre. Nickel wäre noch besser als Stahl, denn Nickel befindet sich auf der blauen Seite. Doch alle Schutzschilder um Uran und Plutonium – aus welchem Material auch immer – sind nur ein vorübergehender Notbehelf. Die Zeit wird kommen, wo die Schutzschilder genauso gefährlich sind wie die Kerne. Es kann gar nicht anders sein. Das mag einige Zeit dauern, aber wenn diese Zeit gekommen ist, wird die größte Völkerwanderung der Menschheitsgeschichte stattfinden, und ihr Weg wird mit Millionen von Toten gepflastert sein; sie werden hauptsächlich an Leukämie – der dann allgegenwärtigen Menschheitsgeißel – gestorben sein.

Was die Entdeckung der großen Gefahr verzögern könnte, so dass noch mehr Plutoniumbrennstäbe entstehen, ist die Tatsache, dass die Wissenschaftler nach den Gefahren des Fall-outs und anderen radioaktiven Bedrohungen in Bodennähe suchen. *Die größte Gefahr liegt in der Anreicherung von Radioaktivität in einer Höhe von zwölf bis zwanzig Kilometern Höhe. Dies wird offenbar ignoriert. Bereits jetzt ist die obere Atmosphäre mit tödlicher Radioaktivität aufgeladen, für die wir die Rechnung erst später erhalten werden. Das geht langsam, und wir werden in einem späteren Jahrhundert dafür zu zahlen haben, selbst wenn die Atomenergiepläne heute ad acta gelegt würden.* Darum ist es möglich, dass viele Reaktoren ans Netz gehen, bevor wir entdecken, welche Gefahr von ihnen ausgeht. Es ist unmöglich, einen Reaktor wieder zu zerstören, denn man kann sich ihm nicht nähern. Plutonium und Uranbrennstäbe können nur dadurch zerstört werden, dass sie in der Weise wieder verteilt werden, wie es die Natur tut. Da dies völlig unmöglich ist, bleibt dem Menschen als einzige Rettungsmöglichkeit, vor ihnen zu fliehen und es den Jahrhunderten zu überlassen, die Erde, die vom Menschen verwüstet wurde, wieder in einen Ort des Lebens zu verwandeln.

Zu dem hohen Preis, den wir bald für den Fall-out aus der oberen Atmosphäre auf die Erde zahlen werden, zitieren wir den englischen *Manchester Guardian*

Weekly von Mai 1956: »Seit Beginn der Aufzeichnungen hat sich die Menge an radioaktivem Strontium, das auf England herab gefallen ist, versechsfacht. 1948 waren auf jede Quadratmeile des Landes etwa zweitausendstel Gramm Radium gefallen. Seit damals hat sich die Rate der Ablagerungen erhöht, und nun sinkt jedes Jahr eine Menge nieder, die fast sechstausendstel Gramm Radium je Quadratmeile entspricht. Und es kommt noch viel mehr. ... Die radioaktive Strahlung ist in zwölf Kilometern Höhe zweihundert Mal größer als auf der Erdoberfläche. Jedes Jahr sinken vermutlich zwischen zehn und zwanzig Prozent davon auf die Erde.«

WARUM töten diese radioaktiven Elemente so erbarmungslos, wo andere uns nicht schaden? Wir werden Ihnen diese Frage ganz genau beantworten, aber gegenwärtig sagen wir Ihnen nur, dass *diese Elemente nicht töten, wenn sie dort gelassen werden, wo die Natur sie vorgesehen hat, damit sie den wohltätigen Dienst vollbringen, für den sie geschaffen wurden.* An dem ihnen gemäßen Ort sind sie wohltätig und helfen tatsächlich, unser Trinkwasser zu erschaffen, und den Humus, der uns Nahrung gibt. Der göttliche Plan ist gut. Wenn der Mensch diesen Plan durcheinander bringt, erschafft er für sich selbst das, was er als »schlecht« bezeichnet.

Wir wollen Ihnen anhand eines Beispiels verdeutlichen, was wir meinen. Es ist gut und gesund für Sie, auf einem großen Granitblock zu sitzen, wenn die Sonne warm auf Sie herabscheint. Alle seine Strahlen sind gut, denn sie sind im normalen Gleichgewicht mit den Pulsfrequenzen jeder Zelle in Ihrem Körper. Wenn Sie diesen hundert Tonnen schweren Granitblock »bombardieren« und ihn auseinandernehmen, erhalten Sie vierhundert Gramm Uran und ein Kilo Thorium. Wenn Sie sich darauf setzen, werden Sie an den in Ihren Körperzellen verursachten Explosionen schnell sterben. Sie können auch andere Metalle aus diesem Granitblock herausholen, die Sie nicht schädigen werden. Sie erhalten zweihundertundfünfzig Kilo Titan, vierzig Kilo Mangan, fünfunddreißig Kilo Chrom, zwanzig Kilo Nickel, fünf Kilo Wolfram, zweieinhalb Tonnen Eisen und vier Tonnen Aluminium. Um zu erläutern, WARUM diese Tonnen von Metallen Ihnen nicht schaden und WARUM die paar Gramm Thorium und Uran Ihnen aber sehr wohl schaden, ist es jetzt notwendig zu erkennen, in welcher Beziehung LEBEN und TOD organischer Körper zu den Elementen der Materie stehen, aus denen sie zusammengesetzt sind.

Aus diesem Grund wiederholen wir noch einmal *die großartige, einfache und elementare Tatsache, dass jeder Tod durch Expansion, also durch Ausdehnung, und alles Leben durch Komprimierung verursacht wird.* Wir wiederholen auch, dass alles Leben zutiefst leben möchte, aber hart arbeiten muss, um hinreichend aufgeladen zu bleiben und das Leben aufrecht zu erhalten, während der Tod seinen Wunsch zu sterben ohne Anstrengung erfüllen kann. Es erfordert Zeit und viel Mühe, einen Körper mit Leben aufzuladen, aber eine Entladung kann zeitlos und ohne Anstrengung geschehen. Der Blitz eines Kurzschlusses ist ein gutes Beispiel für diese Tatsache. Wenn Sie Ihren Überlegungen diesen neuen Gedanken zugrunde legen, werden Sie dessen Natürlichkeit und große Bedeutung erkennen. Tod bedeutet Ruhe oder Ende der Bewegung. Klang ist Bewegung, die durch Anstrengung erzeugt wird, aber ohne Anstrengung erstirbt. Es ist eine Anstrengung für Sie, aufzustehen und zu arbeiten, aber es ist keine Anstrengung für Sie, mit Arbeiten aufzuhören und sich auszuruhen. Es ist eine Anstrengung, einen Eisenstab zu erhitzen, aber der Eisenstab wird mühelos abkühlen. Sie müssen daher erkennen, dass alle Dinge normalerweise und natürlicherweise ohne Hilfe sterben. *Das ist Strahlung. Vervielfachte Ausdehnung bedeutet, dass Materie dabei unterstützt wird, sich schnell auszudehnen, und genau dies ist Radioaktivität. Der Gebrauch der Kernspaltung vervielfacht daher die Schwierigkeiten von Lebewesen, am Leben zu bleiben, indem es sie stark dabei unterstützt, zu sterben.*

Wir legen in diesem Buch dar, wie der Mensch durch Wissen Herr des Lebens sein kann, statt aufgrund seiner Unwissenheit vom Tod beherrscht zu werden. Um zu erkennen, wie diese Herrschaft zu erlangen ist, müssen wir uns die tiefe Bedeutung der oben dargelegten grundlegenden Fakten klarmachen, indem wir dem natürlichen Tod eine normale Expansion zuordnen und dem schnellen Tod eine beschleunigte. Fügen Sie hierzu weitere Details. Sagen Sie nicht, ein Mensch sei an Arsenvergiftung gestorben, denn in den nützlichen Dingen der Natur, die ihren Zwecken dienen müssen, liegt keine Giftigkeit. *Ein solcher Mensch starb an beschleunigter Ausdehnung, weil er in Kontakt mit einer höheren elektrischen Stromspannung kam, als sein Körper ertragen konnte. Das war die Ursache seines Todes. Es war elektrische Hinrichtung durch Radioaktivität.*

Dieses Beispiel passt auf alle radioaktiven Wirkungen, die wir in diesem Buch beschreiben werden. Die tödliche Dosis radioaktiver Strahlung, die den bereits erwähnten Laborarbeiter tötete, war kein Gift, und sein Tod war auch nicht chemisch bedingt. Er erlag einer langsamen elektrischen Hinrichtung, die zwei Wochen brauchte, um seine Zellen so sehr auszudehnen, dass er starb. Vor dem nächsten einfachen Schritt in unserer Darlegung wollen wir Sie nochmals daran erinnern, dass unser Bewegungs-Universum vollständig elektrisch ist.

Jede Wirkung, welcher Natur auch immer, ist von der Grundlage her elektrisch. Was immer in irgendeiner Weise geschieht, stammt aus dem elektrischen Strom. *Wenn wir nur eine einzige Welleneinheit des elektrischen Stromes kennen, wissen wir alles über den Aufbau der Materie und die Ursache jeder Bewegungswirkung.*

Wir weisen unsere Studenten beständig darauf hin, dass das Geheimnis der Schöpfung in der Oktavwelle liegt. Lernen Sie also die Welle kennen. Wir sagen unseren Studenten, die Ärzte oder Chemiker, Anwälte, Metallkundler, Astronomen oder Erfinder sind, dass sie zuallererst Elektriker sein müssen. Wir sagen dasselbe auch dem Humanisten, dem Dichter oder dem Missionar. Seien Sie zuallererst Elektriker. Lernen Sie den elektrischen Strom kennen, wenn Sie Menschen, Materie oder Ihr Schicksal lenken möchten. Der Chemiker und der Musiker benutzen dieselbe tonale Oktavtonleiter. Auch der Seelsorger, der ihre Rhythmen kennt, ist viel besser in der Lage, menschliche Probleme ins Gleichgewicht zu bringen. Wir sagen allen Menschen in allen Berufen und allen Lebensumständen, vom Politiker bis zum Landarbeiter: »Wenn Sie Ihr Bewegungs-Universum kennen lernen wollen, Ihre eigene Beziehung zu ihm und Ihre Herrschaft darüber, lernen Sie zuerst gründlich den Kreislauf eines elektrischen Stromes kennen und den ruhenden Angelpunkt, aus dem er sein Dasein erfährt.«

Das tiefste Geheimnis von Leben und Tod

Wir werden nun für Sie niederschreiben, was wie ein unauflösbares Paradox erscheint oder eine Unmöglichkeit der Natur, aber trotzdem ist es grundlegend. Bitte prägen Sie es Ihrem Bewusstsein nun unauslöschlich ein. Sie werden es nach und nach vollständig begreifen, wenn andere bislang unbekannte Grundgesetze der Natur Ihnen in diesem Buch allmählich enthüllt werden. Es lautet folgendermaßen:

Alle materiellen Körper, organisch wie anorganisch, leben und wachsen durch sich beschleunigende Bewegung. Sie sterben und zerfallen ebenfalls durch sich beschleunigende Bewegung.

Diese ewige Tatsache der Natur hat dem Menschen immer überdeutlich vor Augen gestanden, ohne dass er sie erkannt hätte. Selbst einem so großer Denker und Beobachter wie Albert Einstein entging sie, als er 1905[49] seine Gleichung schrieb, die feststellt, dass schnelle Bewegung das elektrische Potential *vervielfacht*. Diese Tatsache der Natur ist wahr, aber da es genauso wahr ist, dass die schnelle Bewegung das Potenzial *unterteilt,* ist seine gesamte Gleichung als Gesetz wertlos, denn eine halbe Wahrheit, die sich selbst aufhebt, kann kein ewiges Gesetz sein.

Es darf nicht verwundern, dass diese Naturgegebenheit der Beobachtung durch die Sinne entging, denn der Mensch ist an die Tatsache gewöhnt, dass Wirkungen durch langsame Bewegung verschwinden und dass der Tod vom Aufhören der Bewegung gekennzeichnet ist. Aber den Sinnen darf nicht getraut werden. Wenn Sie das obige Postulat vollständig verstehen, werden Sie auch die unglaubliche Todesgeschwindigkeit der Plutoniumstrahlen begreifen, die bei ungefähr zweihundertachtzigtausend Kilometern pro Sekunde liegt.

Die größte Geschwindigkeit der Natur beträgt dreihunderttausend Kilometer pro Sekunde. Das ist die *aufbauaktive* Geschwindigkeit, in der Lichtwellen sich fortpflanzen, um *lebendige* Materiekörper zu erschaffen. Bei der Erschaffung von Materie beginnt die aufbauaktive, polarisierende, zentripetale Geschwindigkeit, die vervielfacht, um Feststoffe zu erschaffen, in der ersten Oktave bei Null und erreicht ihre maximale aufbauaktive Geschwindigkeit von dreihunderttausend Kilometern pro Sekunde beim Kohlenstoff, welcher der Reifungshöhepunkt der Schöpfung ist. *Dies ist die sich beschleunigende Geschwindigkeit, die das Potenzial vervielfacht. Sie ist zentripetal.* Von dort nimmt ihre radioaktive, depolarisierende, zentrifugale Geschwindigkeit zu, ausgehend von Null, und erreicht kurz jenseits von Plutonium am Amplitudenpunkt der neunten Oktavwelle dreihunderttausend Kilometer pro Sekunde. *Das ist die zunehmend höhere Geschwindigkeit, die Potenzial unterteilt, um die Materie beim Sterben zu unterstützen. Sie ist zentrifugal.* Bis fast zu diesem Punkt hat das Wort *Fusion* die Stelle der *Verbrennung* eingenommen, aber jenseits davon ist die Todesgeschwindigkeit so groß, dass das Wort *Spaltung* geprägt wurde, um sie zu bezeichnen. Die Geschwindigkeit der Spaltungsflamme verursacht in etwa einem Hundertmillionstel einer Sekunde einen Kurzschluss. Die wirkliche Geschwindigkeit könnte abgeschätzt werden, indem man die Lichtgeschwindigkeit durch die Zeitspanne teilt, die das Licht für eine einzige Wellenfrequenz braucht.

So beenden wir eine weitere Lektion bei der Entfaltung Ihres Verständnisses von der Bedeutung des vervielfachten Todes, bevor wir wieder neue Tore öffnen für ein noch erweitertes Verständnis vom wahren Wesen unseres Universums.

IV

Zusammenfassung

Neues Denken ist sehr schwierig. Wir machen es Ihnen leichter verständlich, indem wir es mit einfachen Worten und in kleinen Schritten mitteilen. Das Leben im menschlichen Körper entspricht dem Leben in Ihrer Autobatterie. So lange, wie ihre elektrische Aufladung die Entladung übersteigt, lebt die Batterie – und lebt der Mensch, und beider Kraft nimmt zu. Wenn die Entladung die Aufladung übersteigt, verlieren beide ihre Vitalität und sterben langsam. Dies gilt genauso für eine Blume wie für einen Menschen, ein Atom oder eine flammende Sonne. Alle Dinge leben und wachsen aufgrund ihrer Fähigkeit, genug Wärme zu erzeugen, um ihre Körper mit ihrer normalen Spannung aufzuladen *und nicht mehr.* Jeder lebendige Körper hat eine Normaltemperatur und eine normale Pulsfrequenz, die konstant sein muss, damit er leben und wachsen kann. Der Tod beginnt mit der leichtesten Störung dieser Normalität. Schon ein Grad überschüssiger Wärme jenseits von 37° C bringt den gesamten menschlichen Stoffwechsel durcheinander. Dieses eine Grad Fieber ist ein Fünftel auf seinem Weg zum Tod. Das gilt für alles. *Unser Planet hat bereits ein Grad Fieber, verursacht durch Radioaktivität.* Dieses eine Grad hat bereits den Stoffwechsel der Erde so weit durcheinander gebracht, dass viele Fische in den Meeren in kältere Gewässer ausgewandert sind. Er führt dazu, dass Eiskappen und Gletscher schmelzen. *Zehn weitere Grad radioaktiven Fiebers verwandeln diesen Planeten in eine öde Wüste.*

Alle Dinge sterben und zerfallen, wenn sie nicht mehr in der Lage sind, den elektrischen Komprimierungsdruck hinreichend fortzusetzen, um ihre Normalität zu bewahren. Alle lebendigen Körper *komprimieren.* Alle sterbenden Körper *dehnen* sich aus. Diese erste Lektion über Leben und Tod sollte nicht schwer zu verstehen sein, denn Komprimierung und Expansion sind die beiden einzigen Auswirkungen von Bewegung und Kraft in unserem gesamten Universum. Und alle Dinge in unserem Universum ziehen sich auf ewig abwechselnd zusammen und dehnen sich wieder aus. Ihr Herzschlag, Ihr Atem und das Pulsieren jeder Zelle in Ihrem Körper, komprimieren und expandieren beständig in festgelegten Rhythmen. Jede Untereinheit hat ihre eigenen rhythmischen Normalfrequenzen, und jede einzelne ist dabei nicht nur im Gleichgewicht mit dem Ganzen, sondern auch im Gleichgewicht mit ihrer normalen Umgebung.

Betrachten Sie einen lebendigen Menschen in seiner normalen Umgebung von Temperatur und Druck, der einem Stromstoß von zehntausend Volt ausgesetzt wird. Diese ungeheure Abnormalität dehnt jede Zelle in seinem Körper so plötzlich aus, dass sie heftig explodiert. Alle sich ausdehnenden Körper explodieren beständig, aber langsam und über lange Zeiträume hinweg. Für diese langsame Expansion verwenden wir nicht das Wort Explosion. Wenn ein Baum vermodert, der fünfzig Jahre braucht, um wieder Erde zu werden, sagen wir nicht, dass er explodiert. Wenn Sie ihn verbrennen, ist das Feuer eine Reihe schneller Explosionen, die in zwei Stunden bewerkstelligen, was nach Absicht der Natur fünfzig Jahre dauern sollte.

Betrachten Sie Ihre Autobatterie auf diese Weise. Da dünne Drähte benutzt werden, explodiert die Ladung in Ihrer Batterie langsam. Sie können Hunderte von Kilometern fahren, weil diese langsamen allmählichen Explosionen Ihre Batterie allmählich entladen. Wenn Sie allerdings beide Batteriepole mit einem dicken Draht verbinden, entladen Sie die gesamte Batterie auf einen Schlag. Ein strahlender Blitz glühend heißer Flammen erscheint aus einer Umgebung, die vorher kalt war. Das ist Radioaktivität. *Radioaktivität vervielfacht die Frequenzen langsamer, unsichtbarer Strahlung zu schneller, sichtbarer, radioaktiver Fusion.*

Ein anderes Beispiel: Wenn Sie einen Wolframdraht mit einem Seidenfaden umwickeln, ihn dann in eine Vakuumröhre stecken und einen Strom von hunderttausend Volt hindurchschicken, sehen Sie einen strahlend weißen Blitz intensiv weißen, heißen Lichtes, der nur ungefähr eine Millionstel Sekunde dauert. Dieses Licht ist so heiß, dass der Wolframdraht sofort explodiert. Nichts als Heliumgas bleibt in der Röhre übrig. Auch diese radioaktiv vervielfachten Spannungsfrequenzen sind so schnell, dass der Seidenfaden nicht einmal angesengt wurde.

Feuer und Radioaktivität sind eins. Feuer bedeutet immer schnellen Tod. Kohle stirbt langsam durch langsamen Verlust von Wärme, während sie im Boden ist. Sie braucht Tausende von Jahren, um sich hinwegzustrahlen, während ein Feuer dasselbe in einer Stunde bewerkstelligt. Wenn Sie die Frequenzen der Flamme vervielfachen, vervielfachen Sie genauso ihre Kraft, den Tod von allem zu beschleunigen. Ein Schwefelstreichholz wird keine heiße Flamme hervorbringen. Es wird Holz *langsam* verbrennen, aber nicht in der Lage sein, Eisen zu entzünden. Die heißere Flamme des Acetylenbrenners[50] wird Eisen entzünden, aber nicht in der Lage sein, Granit oder Beton zu entflammen. Wenn Sie die radioaktive Kraft der Flamme noch weiter vervielfachen, indem Sie eine Oxy-Acetylenflamme benutzen, können Sie selbst Granit oder Beton »elektrisch töten«. Diese Materialien fangen Feuer und verschwinden langsam.

Diese große radioaktive Hitze und vervielfachten Frequenzen sind allerdings nichts im Vergleich zu der intensiven Hitze, welche die nukleare Spaltung mit Plutonium, Barium, Radium und anderen radioaktiv explosiven Elementen hervorbringt. Sie sind etwas ganz anderes als die Flammenkraft eines Schwefelzündholzes. Die radioaktiven Elemente erzeugen so schnell eine so große Hitze, dass in *einer Millionstel Sekunde* Millionen Tonnen von Felsen tief unten in einer Insel zerstört werden und weitere Millionen Tonnen Meerwasser *verdampfen.*[51] Die so in einem Sekundenbruchteil erzeugte Hitze ist größer als im heißesten Teil unserer Sonne. *Das meinen wir, wenn wir die Radioaktivität als schnellen Tod beschreiben.*

Wenn es möglich wäre, einen hundert Tonnen schweren Brocken der Sonne auf unsere Erde zu transportieren, würde er durch sie hindurchfallen, wie ein Geschoss die Atmosphäre durchdringt. Nennen Sie es Radioaktivität, Spaltung, Fusion oder wie Sie wollen, ihr Naturprinzip ist die Erlösung eines gefrorenen Körpers aus seiner Gefangenschaft, indem die ihn bindenden Spannungen gelöst werden. Radioaktivität ist das Entspannungsprinzip der Natur. Radioaktivität ist die Überführung dichter Materie in ihren natürlichen Gleichgewichtszustand.

Kapitel 2
Wie Radioaktivität tötet

I

Da wir meditierend an unserem Kaminfeuer sitzen, wollen wir unsere Vorstellungskraft ein wenig wandern lassen. Hier sitzen wir in vollkommener Bequemlichkeit. Unser Zimmer ist warm. Wir können zu Bett gehen, wenn wir es möchten, und bequem die ganze Nacht schlafen. Wir sind nicht hungrig. Unser Körper ist gesund. Unsere Temperatur liegt bei 36,5° Celsius – wie es sein sollte. Unser Puls geht normal – wie er sein soll. Alles an uns ist normal. Wir können morgens aufstehen, frühstücken, mit einem bereit stehenden Auto in die Stadt fahren, die Arbeit des Tages und die Entspannung des Abends planen – ohne Angst vor Störung –, denn in unserem gesamten Umfeld ist alles so normal wie zuhause. Das wünschen wir uns, danach strebt die gesamte Zivilisation, nicht wahr? Ist es nicht eine Tatsache, dass menschliches Glück, Gesundheit, Sicherheit, Gedeihen und alle wertvollen Dinge auf der Normalität unserer Umgebung und unserer zwischenmenschlichen Beziehungen beruhen?

Unsere Körpertemperatur könnte nicht bei 36,5 ° Celsius bleiben, wenn dieser Planet zehn Kilometer näher zur Sonne geschoben würde. Unsere Temperatur würde steigen. Wir würden hohes Fieber bekommen. Natürlich wäre eine solche Verschiebung nicht möglich, aber ein entsprechender Effekt könnte durch den Gebrauch der Kernspaltung bewirkt werden. Unser normales Leben könnte ganz leicht unglücklich und gefährlich werden, wenn die Wasserversorgung der Stadt verseucht würde; durch hundert andere Dinge, die unserem Zuhause, unserer Stadt, unserem Volk oder unserem Planeten geschehen könnten, kann unsere gesamte Normalität durcheinander gebracht werden.

Typhus-, Polio-, Pocken- und viele andere Epidemien stören das normale Wachstum von Individuen und Völkern. Zwei Drittel der Bevölkerung Mitteleuropas wurden von der Pest dahingerafft. Ein Krieg könnte Sie morgen aus Ihrem bequemen Zuhause treiben, aus Ihrem Bett, von Ihrer Arbeit und Ihrer Entspannung. Ihre erwünschte Normalität kann blitzartig beendet werden und an ihre Stelle kann eine Ausnahmesituation treten, die Sie nicht wünschen. Eine glückliche ungarische Familie in einem gemütlichen Zuhause ist vielleicht eine Stunde später tot, im Gefängnis oder nach Sibirien verbannt. Das alles kann passieren. Dies ist der ganzen Welt vertraut. Niemand bleibt unberührt

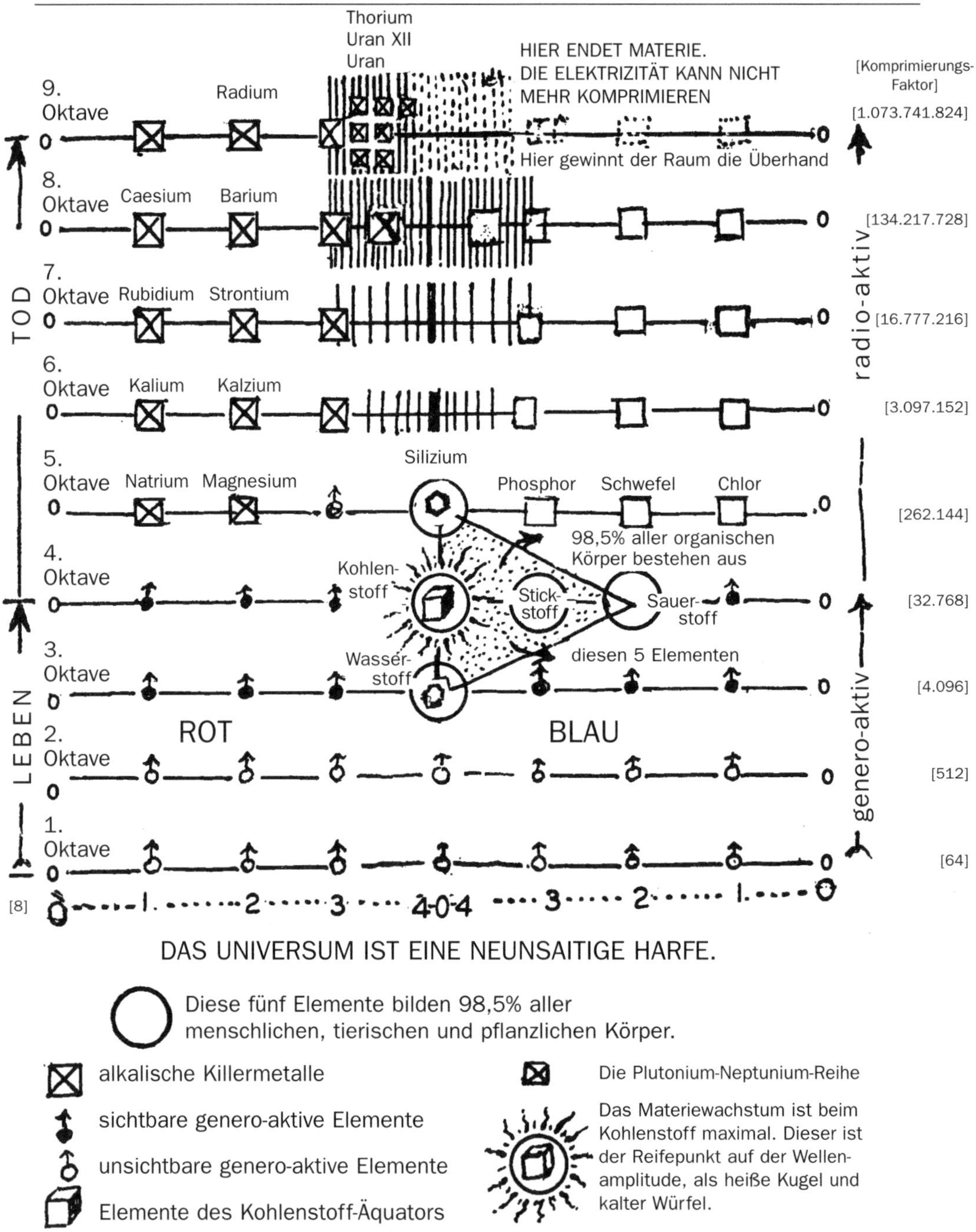

Abbildung 5

Die neun Oktaven der Materie. Unser elektrisches Universum ist eine Harfe mit neun Wellensaiten. Sie produziert Materie durch die Schwingung ihrer Saiten, genauso wie eine Harfe Töne produziert. Verschiedene »Substanzen« oder »Stoffe« und verschiedene »Töne« sind analog. Alle Materie besteht aus tonalen Schwingungen. Materie hat keine Substanz.

von den Störungen der Normalität, welche das große, geordnete, rhythmische Wachstum verwirrt haben, das die Natur für alle Wesen vorsieht und ihnen auch gibt, wenn sie mit der Natur kooperieren, indem sie jenen normalen Rhythmus der geordneten Entfaltung aller Geschöpfe beibehalten.

Die Normalität der Umgebung ist eine Notwendigkeit aller Schöpfung. Edelweiß wächst nicht im Tal. Niemand würde versuchen, in Kanada tropische Früchte anzubauen, und Polarbären könnten in Florida nicht überleben. Wenn Sie wüssten, dass bestimmte Handlungen des Menschen die Normalität unserer Umwelt so verändern würden, dass sie eine Pestepidemie hervorriefen, würden Sie sich sicherlich mit allen Ihren Nachbarn zusammenschließen, um dies zu verhindern. Die Pest wäre jedoch eine milde und flüchtige Erscheinung verglichen mit dem, was nun für die Menschheit geplant wird, denn die Pest würden viele überleben, und zukünftige Jahrhunderte würden sie vergessen. *Das ist bei der radioaktiven Spaltung anders, denn niemand würde überleben, der sie vergessen könnte.* Wir möchten Ihnen erklären, warum sauerstoffabhängige Pflanzen und tierisches Leben für zwanzig- oder dreißigtausend Jahre nicht wieder auf dieser Erde erscheinen können, wenn dieser Menschheitsplan zur Ausführung gelangt.

II

Wir bemühen wieder Ihre Vorstellungskraft im Hinblick auf Ihre bequeme und sichere Situation im universalen Haus der Menschheit und des sonstigen organischen Lebens. Um die Position des organischen Lebens in unserem Universum zu verdeutlichen, haben wir die Gesamtheit der Schöpfung in einem Diagramm dargestellt.

Abbildung 5 erzählt die gesamte Schöpfungsgeschichte und zeigt Ihr sicheres Haus inmitten seiner gefährlichen Umgebung, auf die wir Sie später hinweisen werden. Das sichere Haus in unserem Universum wird durch ein Dreieck angezeigt, das die Grenzen seiner Sicherheit markiert. Auf dem Diagramm sehen Sie es rechts der Mitte. Dieses Dreieck bildete die Begrenzung Ihrer sicheren Umwelt. Darüber können Sie nicht hinausgehen, denn in der weiteren Umgebung Ihres Hauses gibt es zweiundzwanzig bösartige Killer, die für Sie unsichtbar sind. Sie brauchen allerdings vor Ihnen keine Angst zu haben, denn die Natur hat sie sehr gut gesichert; keiner dieser Killer kann Sie verletzen, da sie fest eingeschlossen sind. *Der Mensch beabsichtigt nun, den Plan der Natur zu ändern und diese Killer loszulassen, sogar in Ihrem Haus. Diese Killer sind die unsichtbaren metallischen Todesstrahlen aus ultramikroskopischen, giftigen Metallgeschossen, die mit einer Geschwindigkeit von etwa zweihundertsechzigtausend Kilometer pro Sekunde jede Zelle Ihres Körpers durchdringen.*

Diese Killermetalle, die sich bald millionenfach und unzählbar vervielfachen werden, lauern in Ihrem Trinkwasser, weil das Grundwasser überall, wo radioaktive Elemente benutzt werden, von vergrabenem Atommüll verseucht werden wird. Sie lauern in Ihren Lebensmitteln, denn aus jedem Grashalm gelangen sie in das Fleisch, das Sie essen und in die Milch, die Sie trinken. Sie lauern in jedem Atemzug, den Sie nehmen und sinken aus den sich immer mehr anreichernden Schichten in der oberen Atmosphäre von Jahr zu Jahr in größeren Mengen auf die Erde. Suchen Sie keinen Trost in der Versicherung, Sie könnten davor Schutz finden. *Sie können davor nicht mehr geschützt werden, als Sie die Trockenheit der Erde bewahren könnten, wenn es regnet. Auch kann nicht verhindert werden, dass die Temperatur des gesamten Planeten steigt; dies allein verändert die Verhältnisse auf der Erde so, dass Leben unmöglich wird.*

III

Das Universum ist mit einer neunsaitigen Harfe vergleichbar, wobei es auf jeder Saite neun Töne gibt. In unserem Diagramm (Abbildung 5) sind der Einfachheit halber alle Saiten gleich lang dargestellt. In der Natur ist die unterste Saite die längste, nach oben hin werden sie bis zur neunten allmählich kürzer. Genauso ändern sich auch die tonalen Positionen und Frequenzen auf jeder Saite. Der Ton auf jeder Saite ist eine Oktave höher als auf der nächst niedrigeren Saite. Sie werden feststellen, dass jede Saite mit einer Null beginnt und mit einer Null endet. Dies sind Grundtöne jeder Oktave, die Kathoden zu jeder elektrischen Anode. Sie werden als Edelgase bezeichnet, also Helium, Neon, Argon, Krypton und so weiter. *Sie sind die Saat und das höchste Geheimnis aller Materie.* In ihnen liegt die Antwort auf das große Geheimnis von Leben und Tod, das wir in Kapitel 11 dieses Buches vollständig erklären werden, nachdem wir auf den bis dahin folgenden Seiten die Grundlagen gelegt haben.

Betrachten Sie die weißen Tasten eines Klaviers. Hier gibt es nur sieben Töne. Jeder achte Ton entspricht wieder dem Anfangston, nur eben eine Oktave höher. Der Grund für diesen Wechsel liegt ausschließlich in der Mathematik von Drücken. Der Komprimierungsdruck hat mit jeder neuen Oktave wieder eine Position erreicht, wo die Schwingungsfrequenzen sich in der dritten Potenz vervielfachen. Wenn Sie eine Orgelpfeife oben verschließen, indem Sie zum Beispiel ein Buch auf die Öffnung legen, werden Sie feststellen, dass der Ton genau eine Oktave höher springt.

Ähnlich wie bei einer Harfe sind die Frequenzen der niedrigen Spektraltöne auf der kosmischen Harfe so niedrig, dass die menschlichen Sinne sie erst ab der dritten Saite wahrnehmen können. Bis 1926 war erst einer dieser Töne entdeckt worden, aber zu diesem Zeitpunkt wurde das Periodensystem der Elemente nach Russell (siehe Einführung, Abbildungen 1 und 2, Seiten 17 und 19) veröffentlicht, welches alle Oktavtöne dieser dritten Oktave vervollständigt. Auch wurde die bis zur Herausgabe des Russell-Systems 1926 gebräuchliche Tabelle als das Mendelejew-Periodensystem der Elemente bezeichnet. In jener Darstellung war Wasserstoff das einzige Element, das in der ansonsten leeren, dritten Oktave gezeigt wurde, eine Unmöglichkeit, da die Natur alle Untereinheiten in Paaren erschafft und alle Oktaven in Viererpaaren. *Die Russell-Diagramme beheben diesen Mangel.* Außerdem wurden Wasserstoff und seine Oktave ohne ein vorangehendes Edelgas dargestellt. Dies ist in der Natur genauso unmöglich, wie das Wachsen eines Baumes ohne einen Samen unmöglich ist. Darüber hinaus wurde der Wasserstoff in die erste Spalte gesetzt, anstatt in die vierte Spalte unter den Kohlenstoff. Man war nie auf die Idee gekommen, dass es sich beim Wasserstoff um Kohlenstoff handelt, nur eine Oktave tiefer, so wie Silizium ebenfalls Kohlenstoff ist, nur eine Oktave höher.

Der Grund, dass jeder in der selben Spalte folgende Ton bei den chemischen Elementen eine Oktave höher liegt, ist ausschließlich auf erhöhten Druck zurückzuführen. Sie können das nachvollziehen, wenn Sie in einer verschlossenen Röhre, in die Sie eine Pfeife eingebaut haben, Luft komprimieren. Je mehr Luft Sie hineinpumpen, umso höher erklingt die Pfeife, wenn Sie das Ventil an der Pfeife öffnen. Wenn Sie einen Draht spannen, geschieht dasselbe. Dieselbe Harfensaite kann in vielen Tönhöhen erklingen, je nachdem, wie stark Sie die Saite spannen. An dem Punkt, wo die Saitenspannung der ersten Oktave, neun Mal mit der Zahl der Oktave, also acht, multipliziert wurde, sind – auf der neunten Saite – Schwingungsfrequenz und Druckintensität um unglaubliche 1.073.741.824 Mal größer als auf der ersten Saite.[52]

Sie können sich die extremen, explosiven Drücke der Radium- und Plutoniumgeschosse besser vorstellen, wenn Sie sich die Druckverhältnisse klarmachen. Probieren Sie es aus. Beginnen Sie bei acht. Indem Sie acht potenzieren, erhalten Sie [auf der Amplitude der ersten Oktave] vierundsechzig, dann fünfhundertzwölf, dann 4096. Als nächstes kommt die Kohlenstoffoktave mit einem Druck von 32.768. Dies sind die für uns und alles organische, pflanzliche und tierische Leben normalen Drücke.[53] Mit der weiteren Potenzierung dieser Drücke wird es für uns gefährlich. Stickstoff zum Beispiel ist phosphorhaft, wenn er ein Mal potenziert wird und arsenisch, wenn er ein weiteres Mal potenziert wird. Stickstoff ist notwendig für Sie, aber Phosphor und Arsen werden den Stickstoff Ihres Körpers augenblicklich »auffressen« und Sie durch ihre radioaktive Ausdehnung töten.[54]

Sauerstoff, mit acht multipliziert, wird zu Schwefel und entspricht dann 262.144 Druckeinheiten. Schwefel tötet Sie jedoch, denn er ist der sterbende Körper des Sauerstoffs, und Sie können nicht Ihren sterbenden Körper essen. Wenn Sie Schwefel anzünden, verbraucht er Sauerstoff. Wenn Sie Sauerstoff fünf Mal potenzieren, gelangen Sie zur tödlichen Oktave von Radium, Uran und Plutonium, mit ihrer ungeheuren Druckvervielfachung von mehr als einer Milliarde (Faktor 1.073.741.824 – siehe oben). Dies sind die fast toten Körper derjenigen Elemente, welche den universalen Körper bilden. *Diese Körper sind einfach deswegen giftig für Sie, weil Sie nicht abgestorbene Teile Ihres eigenen lebenden Körpers essen können. Wenn wir schon das Ptomain-Leichengift von leicht verdorbenem Fisch nicht überleben können, wie können wir dann die maximale Verwesung überleben, welche Radioaktivität bedeutet?*

Die tödliche Strontium-Oktave erreicht die ungeheure Druckvervielfachnung von 16.777.216, und die Barium-Oktave erreicht 134.217.728 Druckeinheiten. Unterirdisch gebären diese ungeheuer explosiven Drücke niedrigere Drücke, indem sie höhere aus kristallisierten Strukturen befreien. Das ist der zyklische oder reinkarnierende Prozess der Natur. Oberirdisch jedoch läuft der Kreislauf umgekehrt ab. Tote Körper töten lebende Körper, anstatt sie zu gebären. Darum können Sauerstoff und freie radioaktive Metalle nicht gemeinsam existieren. Und darum werden die Tausenden von Tonnen radioaktiven Todes in Plutonium, Strontium, Thorium, Radium und den anderen fast toten Elementen, wie sie für Kernkraftwerke benutzt werden und als Atommüll anfallen, nach und nach die Atmosphäre der Erde und ihrer Ozeane verbrauchen. Dies kann nur verhindert werden, indem die Toten im Schoß der Erde bleiben dürfen, anstatt dass wir sie aufwecken und sie die Lebenden töten. Wir müssen verstehen, dass alle Körper jenseits des Kohlenstoffes sterbende Körper sind und dass lebendige Körper nicht leben können, indem sie tote verbrauchen. Es gibt bei allen Körpern, ob es Mohrrüben sind, Fleisch, Obst, Sauerstoff oder Stickstoff ein Stadium des Zerfalls. Niemand muss Sie davon überzeugen, dass Sie nicht überleben können, indem Sie verfaulte oder verweste

Körper von Gemüse oder Tieren zu sich nehmen, die aus Stickstoff, Sauerstoff und Kohlenstoff zusammengesetzt sind. Warum sollte es notwendig sein Sie davon zu überzeugen, dass Sie nicht überleben können, wenn Sie zerfallenen Sauerstoff, Stickstoff oder Kohlenstoff in ihrer elementaren Form konsumieren? Verwesung und Radioaktivität sind dasselbe, nur dass Radioaktivität schnelle Verwesung ist.

Die Drücke in der elektrischen Materie werden durch die Geometrie von Raum-Wellenfeldern beherrscht, die auf dem Würfel beruhen. Wir erwähnen dies nebenbei, um den Gebrauch des Wortes zu erklären, aber seine weitere Erklärung würde zuviel Raum einnehmen, um hier aufgezeichnet zu werden. Wir werden aber am Ende dieses Buches kurz darauf zurückkommen.[55]

Sie können die tödliche Geschwindigkeit der radioaktiven Licht-»Geschosse«, die Radium oder Plutonium auf Sie abschießen, besser verstehen, wenn Sie die Geschwindigkeit und Kraft alter Musketengeschosse mit den Geschossen moderner Waffen vergleichen und dies dann tausend Mal multiplizieren. Oder stellen Sie sich vor, Sie würden sechs Bar Druck statt drei Bar in Ihren Autoreifen pumpen; vergleichen Sie dann das Zischen der Explosion, wenn Sie das Ventil öffnen, mit dem Zischen eines Drucks von drei Bar. Auch dann erhalten Sie eine Vorstellung davon, was mehr als eine Milliarde Mal drei Bar anrichten würden, wenn Sie einen Reifen mit einem so hohen Druck aufpumpen könnten.

IV

Nun wollen wir unser »Haus der Sicherheit« betreten (siehe Abb. 5, Seite 62); hier trägt alles in unserer Umgebung zum Wohlbefinden des organischen Lebens bei. Mit organischem Leben meinen wir hier sauerstoffabhängige Körper. Innerhalb des Dreiecks auf der universalen Harfe, das unser »Haus der Sicherheit« bildet, befinden sich nur fünf von den insgesamt hunderteinundzwanzig Tönen. Diese fünf Töne sind Kohlenstoff, Silizium, Sauerstoff, Wasserstoff und Stickstoff. Vier dieser fünf Elemente bilden 98,5 Prozent unserer gesamten Körpermasse. Noch erstaunlicher ist, dass alle fünf zusammen 98,5 Prozent der nur wenige Meter dicken, obersten Schicht der Erdkruste bilden, von der das Leben auf der Erde entscheidend abhängt. Das Grundelement tierischer Körper ist Kohlenstoff, das Grundelement des fruchtbaren Bodenlebens, das die Erdkruste bildet, ist Silizium. Silizium ist das erste Todesstadium des Kohlenstoffs. Es dient daher den Zwecken der Erde so gut, wie Kohlenstoff den Zwecken des Lebens dient.

Unser Körper braucht viele Metalle, aber es ist extrem wichtig, bei diesem Bedarf zwei Dinge zu erkennen. Erstens bilden die vielen Metalle nur 1,5 Prozent unserer Körper. Zweitens gelangt nicht einmal ein Millionstel Milligramm dieser Metalle in freiem Zustand in den Körper. Metalle können nur in Form ihrer Mineralsalze oder Oxide aufgenommen werden. Eisen, Kalzium, Magnesium, Natrium und viele andere Mineralsalze sind zwar notwendig, aber nur in verschwindend geringen Mengen. Um zu verdeutlichen, wie klein die Metallmengen sind, die der Körper aufnehmen kann, führen wir das Mangan an, das nur in einer Konzentration von 0,7 Promille gegenwärtig ist. Der Anteil von Kupfer beträgt 0,01 Promille, der von Nickel 0,002 Promille der von und Gallium 0,0003 Promille. Eisen, Kalzium, Jod, Natrium und andere Metallsalze sind ebenfalls nur in extrem geringen Mengen notwendig.

Dies erscheint merkwürdig, denn die Natur erschafft nur Metalle. Im Lehrbuch werden zwar Nichtmetalle aufgelistet, aber es gibt keine Nichtmetalle. Alles Gestein in unserem Universum ist aus einem oder mehreren Metallpaaren zusammengesetzt, die sich vereinigt haben. Der Stein, aus dem unser Schleifstein gemacht ist, ist die Hauptquelle von Aluminium, aber der Partner von Aluminium ist Phosphor. Steinförmiger Kohlenstoff ist aus Bor und Stickstoff in Vereinigung zusammengesetzt. Stickstoff wird als Gas klassifiziert, aber Gase sind Metalle mit niedrigem Druck. Die nächste Oktave oberhalb des Stickstoffs ist phosphorisch. Sie ist durch eine Oktave zusätzlichen Druckes zur Feststofflichkeit vervielfacht worden. Stickstoff und Sauerstoff sind in der Atmosphäre, die wir atmen, gute Freunde, aber Phosphor wird sich entflammen und Sauerstoff verbrauchen, wenn er in dessen Nähe gelangt, und wenn wir Phosphor einatmen würden, wäre das unser Tod – aber er ist nichts anderes als konzentrierter oder komprimierter Stickstoff. Wenn Sie Stickstoff um eine weitere Oktave vervielfachen, ist Arsen das Ergebnis, und das ist offensichtlich ein Metall. Wenn Sie Arsendämpfe einatmen oder auch nur ganz wenig davon in Ihrem Körper aufnehmen, selbst als Salz, wird es Sie schnell umbringen – und doch ist es nichts anderes als komprimierter Stickstoff (siehe Abbildungen 1 und 2, S. 17 und 19).

Jedes Gas und die dichten Elemente jeder Oktave werden zu einem offensichtlichen Metall, wenn sie in höhere Oktaven vervielfacht werden – und hier liegt einer der Gründe, warum organisches Leben nur in den Grenzen möglich ist, die das Dreieck im Diagramm von Abbildung 5 (Seite 62) definiert.

V

Die Struktur des Universums insgesamt lebt, reift und stirbt dann als Körper ebenso wie ein Mensch und alles organische Leben. Achten Sie auf die Parallele. Ein Mensch erreicht mit etwa vierzig Jahren den Punkt der höchsten Reife, das ist etwa eine Hälfte seines Lebenszyklus. Bis dahin wird er immer stärker und vitaler. Von diesem Moment an beginnt er zu sterben. Sein genero-aktives Maximum ist erreicht und seine radio-aktive Phase beginnt. Er kann körperlich durchaus immer noch stärker werden, aber seine Zellen sterben schneller, als er sie regenerieren kann. Wenn er etwa achtzig ist, hat der Tod die Kraft, die den Körper zum Leben auflädt, eingeholt. *WARUM* das so ist, *müssen Sie zu Ihrem eigenen Heil wissen, und Atomingenieure müssen wissen, WARUM Metalle sterben.*

Die Geburt und das Heranwachsen aller Materie findet den Reifepunkt beim Kohlenstoff. Am Reifungspunkt hat Materie die Gestalt einer flammenden, echten Kugel, die als echter Würfel kristallisiert, wenn sie in Form gefroren wird. Der kalte Weltraumwürfel und die heiße Materiekugel sind die höchst entwickelten Formen der Natur. Nicht kann darüber hinaus gehen. Sie bilden auch die Grenzen der Natur im Hinblick auf Drücke, Temperaturen und Frequenzen. Über die Werte von Würfel und Kugel können auch diese nicht hinaus. Wenn Sie dieses Grundgesetz der Natur verstehen, verstehen Sie auch, WARUM und WIE Sie und alle Dinge leben und WARUM und WIE Sie sterben. Auch die Antwort auf die Frage: »WOHIN Sie gehen, wenn Sie sterben«[56], werden Sie erfahren, bevor Sie dieses Buch zu Ende gelesen haben. Auf den Gedanken der Begrenzung auf Würfel und Kugel werden wir ebenfalls später zurück kommen.

In Abbildung 5 wird der Kohlenstoff in der vierten Oktave von einem Würfel symbolisiert, in dessen Mitte sich eine Sonne befindet. Von diesem Punkt an beginnt der Tod und vervielfacht die Kraft des Kohlenstoffs, zu sterben, in demselben Maße, wie er seine Kraft zu leben vervielfacht hat. Der Kohlenstoff sammelt mit anderen Worten nun so viel zentrifugale Geschwindigkeit an, um in seine unsichtbare All-Quelle zu verschwinden, wie er vorher auf dem Weg zu seiner Bestimmung als Kohlenstoff an zentripetaler Geschwindigkeit angesammelt hat. Der einzige Unterschied besteht darin, dass die genero-aktive Geschwindigkeit der *Komprimierung von außen nach innen gerichtet ist* bis zur Reife im Kohlenstoff und dass danach die radio-aktive Geschwindigkeit *von innen nach außen* explodiert. In jedem Fall wird die einwärts gerichtete Geschwindigkeit von 300.000 Kilometer pro Sekunde am

Gipfelpunkt des Lebens im Kohlenstoff erreicht, und die nach außen gerichtete Höchstgeschwindigkeit wird an der Amplitude der neunten Oktave erreicht, gerade jenseits der transuranischen Elemente; hier liegt der Gipfelpunkt des universalen Todes.

Diese Aussage beinhaltet eine der bedeutsamsten Tatsachen der Natur. Man hat dies nie gewusst, weil nie bekannt war, dass unser Universum genauso lebt und stirbt wie ein Mensch. Es war auch nicht bekannt, dass jeder Körper durch schnelle Bewegung lebt und durch schnelle Bewegung stirbt. Diese Tatsache durchzieht als goldener Faden dieses Buch – wie auch die ganze Natur.

Es ist wichtig sich klar zu machen, dass die elektrische Komprimierung weiterhin aufbauend wirkt, auch nachdem das Stadium des Kohlenstoffs erreicht worden ist und der Tod begonnen hat, zu überwiegen, genauso wie ein vierzigjähriger Mensch immer noch stärker und vitaler werden kann, obwohl er schon begonnen hat zu sterben. Wenn Sie die Elemente jenseits des Kohlenstoffs untersuchen, werden Sie feststellen, dass sie alle dichter und schwerer sind als jedes Element bis einschließlich Kohlenstoff. Plutonium ist das schwerste von allen Elementen. Es ist auch das größte der zweiundzwanzig Killermetalle. Diese Killermetalle sind es, welche die Atomenergietechnik in unserer Atmosphäre freisetzen will. Wir werden nun erklären, warum diese Killermetalle töten und andere Metalle nicht.

VI

Gott, der Schöpfer ist LICHT – das unsichtbare Weiße Licht des ungeteilten und unwandelbaren magnetischen Universums.

Gott begrenzt alle Bewegung in Seiner Schöpfung auf jenen Punkt der Komprimierung, wo zwischen den beiden sichtbaren Gelbtönen des Feuers im Spaltzustand das unsichtbare weiße Licht erreicht worden ist[57]. Wenn eine Sonne zu einer echten Kugel geworden ist, hat ihr Zentrum den weißen, unsichtbaren Ruhepunkt im Spektrum erreicht, wo Bewegung aufgehört hat. Bis zu diesem Punkt hat sich die nach innen gerichtete Komprimierungsgeschwindigkeit bis an ihre Grenze von dreihunderttausend Kilometern pro Sekunde vervielfacht. An diesem Punkt hat die Sonne ihre höchste Temperatur erreicht. *An diesem Punkt gibt es auch nur ein einziges Schwerkraftzentrum. Bis dahin gibt es zwei.* Weißes Licht ist immer unsichtbar, denn es ist immer ruhend. Sonst könnte es nicht weiß sein. Jede Bewegung wäre als Gelb sichtbar.

Wenn also die aufbauende »Genero-Aktivität« eine echte Kugel erschaffen hat, wurde in dieser auch ein weißes Licht der Schwerkraft erschaffen, das ihre Mitte bildet. Sie hat auch die höchste Geschwindigkeit und das Temperaturmaximum erschaffen. Weiter kann es nicht gehen. Der Schöpfer hat Seine Schöpfung vollendet. Er hat alles gegeben, was Er zu geben hat. Eine Hälfte Seines Gesetzes der Liebe ist erfüllt worden. Bis zu diesem Punkt stimmt die Einstein-Gleichung von 1905[58] perfekt. *Sie berücksichtigt die Mathematik des Lebens voll und ganz, aber nicht die des Todes.* Nun muss die andere Hälfte des Gesetzes der Liebe erfüllt werden. Das, was gegeben wurde, muss gleichwertig zurückgegeben werden. Der ausgewogene Rhythmus unseres Universums darf nicht gestört werden. Aus diesem Grund muss das, was gewesen ist, umgekehrt wiederholt werden, um das, was gewesen ist, aufzuheben, denn *weder Leben noch Tod können enden oder beginnen. Sie können nur wiederholt werden, und wenn sie wiederholt werden, tun sie dies durch ihr jeweiliges Gegenstück.*

Sie haben nun einen weiteren großen Schritt zum Verständnis des Unterschiedes zwischen langsamem normalem Tod und schnellem radioaktivem Tod getan. Wir werden mit dieser Idee eine Weile umgehen, da sie viele Facetten hat, die besser gemeinsam vervollständigt werden, wie es ein guter Diamantschleifer tut, anstatt zu versuchen, nur eine Seite für sich zur Vollendung zu bringen.

VII

Der nächste Verständnisschritt bringt zwei Worte in unsere Geschichte, die von großer Bedeutung sind. Diese Worte lauten zentripetal und zentrifugal. Ihre wirkliche Aufgabe in der Natur war bisher unbekannt, abgesehen von der Tatsache, dass die eine Bewegung angeblich von innen zusammenzieht – was nicht wahr ist – und dass die andere ausdehnt. Die zentrifugale Spiralbewegung kommt in unserem gesamten Universum dort zum Ausdruck, wo zentripetale Paare sich in sexueller Vereinigung im elektrischen Strom der Natur begegnen und die Reise zurück beginnen, zur Einheit, von der alle Bewegung ausgeht. Wenn diese Tatsache bekannt gewesen wäre, hätte es nie die Theorie vom »sich ausdehnenden Universum« gegeben. Die Schulwissenschaft behauptet, es gäbe keinen Aufwärtsfluss von Energie. *Die zentripetale Bewegung ist dieser Aufwärtsfluss.* Der Wirbel des Wirbelsturms ist dieser Aufwärtsfluss. Das Aufwinden der universalen Uhrfeder ist dieser Aufwärtsfluss. Das Aufladen unserer Batterie, unseres Körpers und der schöpferische Prozess der Komprimierung ist dieser Aufwärtsfluss. Die Natur erschafft atomare

Einheiten zentripetal in miteinander verbundenen Paaren. Sie sorgt dafür, dass Paare von Atomeinheiten zusammenstoßen und explodieren. Es gibt keine atomaren Systeme in der Natur, bevor nicht Paare in geschlechtlicher Vereinigung an den Wellenamplituden zusammentreffen.

Blicken Sie in den Himmel. Jeder wirbelnde Spiralnebel ist ein Atomsystem in stellarem Ausmaß. Er besteht aus den sterbenden Teilen eines vereinten Paares, das sein zentripetales Maximum erreicht hat und nun seine auflösende Reise zurück zu seiner Quelle beginnen muss. Diese Auflösung wird durch Ringe ausgedrückt, die sich zu Kugeln aufwinden. Diese Kugeln werfen zentrifugal weitere Ringe ab, bis alle aufgewundene Materie entwunden wurde. *Zentrifugale Bewegung ist die Auswärtsrichtung des Todes. Radioaktivität ist zentrifugal.* Die Kraft zu töten, die in den zweiundzwanzig radioaktiven Killermetallen erschaffen wurde, geht auf den intensiv hohen Druck zurück, der in sie hinein komprimiert wurde. Es übersteigt ihre Fähigkeiten, diesen Druck beizubehalten. In der Folge entladen sie über die Jahrtausende – die ihr Sterbeprozess in Anspruch nimmt – ihre tödlichen Strahlen in Form von Metallgeschossen. Diese Metallgeschosse sind so kraftvolle Killer wie Geschosse aus einem Revolver, und das Prinzip ihrer Projektion ist dasselbe. Der einzige Unterschied besteht darin, dass radioaktive Geschosse so ultramikroskopisch klein sind, dass fünf Milliarden von ihnen von der Größe her keinen Stecknadelkopf ausmachen würden, aber ihre Ausdehnungskraft in unserem Körper gleicht ihre Kleinheit mehr als aus. Tatsächlich *ist* ihre Ausdehnungskraft in unseren Zellen genau ihre Gefährlichkeit, *denn sich ausdehnende Zellen sind sterbende Zellen.*

Wir werden diese Geschosse nun untersuchen, damit Sie eine ganz klare Vorstellung von ihrer Potenz erhalten und auch wissen, dass Sie sich vor ihnen genau so wenig schützen können wie vor den Auswirkungen der Sonne. Wir wollen zunächst Radium-Expansionsgeschosse untersuchen.

VIII

Wir verweisen wieder auf die neunsaitige Kosmische Harfe. Sie werden das Radium auf der neunten Saite finden. Erinnern Sie sich, dass alle Körper von der fünften bis zur neunten Saite im Sterben liegen, obwohl sie alles versuchen, um zu leben. Betrachten Sie vor diesem Hintergrund den Kohlenstoff. Seine reife Lebensphase entspricht der eines kraftvollen, vierzigjährigen Athleten. Seine Würfelkristallform zeigt seine körperliche Vollendung an. Nun betrachten Sie das Silizium auf der fünften Saite. Der Athlet ist nun ein Mann von Fünfzig, immer noch kraftvoll, aber nicht mehr so wie vor zehn Jahren. Silizium und die von ihm abgeleiteten Silikate können noch die Amplitude und eine hexagonale Kristallstruktur erreichen, aber keinen ausgewogenen Würfel mehr bilden.

Nun betrachten Sie die sechste und siebte Saite. Der Athlet stirbt unter krampfhaften Bemühungen zu leben. Er kann die Amplitude allerdings nie mehr erreichen. Der Kohlenstoff war fähig, seine metallische Qualität durch die Vereinigung eines Paares aufzuheben. Aber in der sechsten und siebten Oktave wird dieser Amplitudenzusammenstoß nicht erreicht, obwohl fünf intensive Anstrengungen dazu unternommen werden. Das Ergebnis sind lediglich fünf Metallpaare. Diese sind nicht in der Lage, eine einzige Kugel mit einem einzigen Schwerkraftzentrum zu erschaffen, und bilden stattdessen fünf *Paare* von Schwerkraftzentren, die Hochdruckmetalle, die in der sechsten, der Kobalt-Oktave, metallische Isotope des Kobalts sind und in der siebten metallische Isotope des Rhodiums (siehe Abb. 1, Seite 17).

Jenseits der siebten Oktave wird die Anstrengung, zu leben, noch größer. Diese ungeheure Mühe der Komprimierung vervielfacht die Kraft zu sterben. In der achten Oktave werden dreizehn paarweise Anstrengungen unternommen; das Ergebnis ist der Vertreter des Kobalts, der als Lutetium bezeichnet wird. Sie können all diese Metallpaare studieren, indem Sie das Periodensystem der Elemente nach Russell I (Seite 17) untersuchen.

In der Oktave des Radiums sind diese paarweisen Bemühungen auf der roten Seite des Spektrums zu entdecken, jedoch nicht auf der blauen Seite, aus Gründen, die hier zuviel Raum in Anspruch nehmen würden und zum Verständnis nicht unbedingt erforderlich sind. Merken Sie sich nur, dass *alle wirklich schlimmen radioaktiven Killermetalle sich auf der roten Seite befinden.*[59]

Nun zum Radium. Was ist das? Wir wollen seine Vorfahren untersuchen. Beryllium in der vierten Oktave hat eine Druckintensität von Faktor 32.768; es hat Magnesium hervorgebracht, das eine explosive Druckintensität von 262.144 hat. Magnesium hat Kalzium hervorgebracht mit einem explosiven Druck von 2.097.152. Kalzium brachte Strontium mit 16.777.216 Druckeinheiten hervor. Strontium brachte Barium hervor mit 134.217.728, und Barium brachte Radium hervor, das die unglaubliche Kraft angesammelt hat, seine Geschosse mit 1.073.741.824-fachem Druck auszustoßen, verglichen zu seiner Geburt neun Oktaven vorher.

Die Tödlichkeit der radioaktiven Elemente können Sie am besten durch die Untersuchung des Radiums verstehen. Wir erwähnen das Radium, denn Sie können sich dessen Tödlichkeit sehr leicht veranschaulichen, indem Sie ein kleines preiswertes Instrument erwerben, das Spinthariskop.[60] Darin befindet sich eine feine Nadel, an der sich winzige Spuren von Radium befinden, weil sie in ein Röhrchen gehalten worden ist, das einmal Radium enthielt. Wir erwähnen diese Tatsache, um Ihnen die unvorstellbare Kraft eines solchen Elementes nahe zu bringen, das scheinbar nie aufgebraucht werden kann. Es kann sein, dass aus diesem einen leeren Glasröhrchen noch weitere etliche hunderttausend Spinthariskope hergestellt werden können.

Wenn Sie durch die Linsen des Spinthariskops auf den fluoreszierenden Schirm blicken, bietet sich Ihnen ein so wunderbarer Anblick, als würden Sie durch ein Teleskop auf einen Sternenhaufen blicken. Tausende von Sternen scheinen gegen jenen Schirm zu explodieren. Was Sie sehen, sind die Todesstrahlen eines der giftigsten radioaktiven Elemente. Sie sehen die leuchtenden metallischen Ausdehnungsgeschosse, die ihre metallische Qualität in ihrem Ziel zurücklassen. Sie selbst setzen ihre Ausdehnung fort und gelangen hindurch und darüber hinaus in ein Edelgas namens Radon, dann durch ein anderes namens Zenon, dann durch eines namens Krypton, durch noch eines namens Argon und durch noch ein anderes namens Neon, bis sie ihren letzten Ruheplatz im Helium finden. Beim Passieren haben sie all diese Gase ausgedehnt, um zu den niedrigeren Drücken der vierten Oktave zurückzukehren. Die weitere Beschreibung dieses Prinzips muss aufgeschoben werden, bis die Edelgase in Kapitel 11 gründlicher erklärt wurden. Wir können jedoch hinzufügen, dass Plutoniumgeschosse sich nicht damit begnügen, beim Helium innezuhalten. Sie fahren fort bis zum Edelgas des Schöpfungsbeginns in Oktave Eins.

Das Wunderbare und Erstaunliche an diesem kleinen Instrument ist, dass es so wie heute noch jahrtausendelang weiter strahlt. *Diese Tatsache sollte die Frage für Sie beantworten, inwiefern der Mensch sich schützen kann, wenn erst einmal Tausende von Tonnen des noch weit tödlicheren Plutoniums überall auf der Erde in Form solider, zehn Tonnen schwerer Brennstäbe verteilt wurden anstatt in Form winziger Reste aus einem leeren Glasröhrchen.*

Eine interessante Geschichte wird über die Frühzeit nach der Entdeckung des Radiums erzählt. Eine Zeit lang glaubte man, endlich das Lebensprinzip gefunden zu haben. Dies wurde so ernsthaft angenommen, das sogar Instrumente hergestellt wurden, um Trinkwasser mit diesen »lebensspendenden Strahlen«

aufzuladen. Reiche Leute bezahlten tausend Dollar für solche Apparate. Jedoch entdeckte man sehr bald den tragischen Irrtum, bevor er ernstere Folgen hatte. Heute allerdings ist die Gefahr so gut bekannt, dass die Zeitspanne, in der jemand Röntgenstrahlen oder anderen radioaktiven Einwirkungen ausgesetzt wird, gemessen und minimiert wird, um zuviel Kontakt mit diesen inzwischen als tödlich bekannten Strahlen zu verhindern. Wie wenig es möglich ist, sich vor den Gefahren dieses Stoffes zu schützen, zeigt die folgende Geschichte über einen kleinen Laborunfall, die wir aus einem Artikel der Zeitschrift Collier's[61] zitieren. Solche Dinge können unmöglich verhindert werden. Während Sie dies lesen bedenken Sie, dass es hierbei nur um Radium ging, das weniger radioaktive Element in jener Oktave. Dies könnte auch mit Plutonium geschehen, was viele Male stärker ist.[62]

»Ein anschauliches Beispiel dafür, wie schnell und weitreichend eine Kontamination sich ausbreiten kann, gab es vor einigen Jahren, als jemand in einem Militärlabor auf Treasure Island in der San Francisco Bay auf ein Glas trat, das eine kaum sichtbare Menge Radiumsalz enthielt. Der Unfall wurde am späten Nachmittag entdeckt, und als die Dekontaminierungsmannschaften sechzehn Stunden später zu arbeiten begannen, hatte sich das Radium durch in einem Umkreis von über dreißig Kilometern im Gebiet von San Francisco ausgebreitet.

Die Autos der Studenten und Lehrkräfte in dem Labor waren schwer verseucht, besonders die Lenkräder und die Fußmatten. Auch die Wohnungen der Studenten und Lehrkräfte steckten voller Radioaktivität. »Es war unheimlich«, erinnert sich Lieutenant Comander Royce K. Skow, der einen Großteil der Dekontaminierungsarbeiten leitete. »Mit unseren Instrumenten konnten wir die Bewegungen der Männer verfolgen, als ob ihre Fußspuren sichtbar wären. Ein Sofa zeigte die Umrisse des Studenten, der dort gelegen hatte. Wir verfolgten den Weg eines jungen Vaters aus dem Wohnzimmer zum Bettchen seines Kindes. Zwei ›heiße‹ Flecke zeigten, wo er seine Hände auf das Gitter des Kinderbettchens gelegt hatte.«

In seiner Wohnung in zehn Kilometer Entfernung vom Labor hatte ein Student Türknöpfe, Handtücher und Wasserhähne kontaminiert. Seine Bettdecke und Kissen, seine Pantoffeln, sein Lehnstuhl, ein Schreibtisch, seine Stifte, seine Kleidung – alles strahlte radioaktiv. Ein typischer Fall.

Da die Kontamination über das Labor, wo man effektiver damit hätte umgehen können, hinausgegangen war, wurden drastische Maßnahmen ergriffen. Die

Dekontaminierungsteams rissen in einem Dutzend Wohnungen die Tapeten heraus. Autofußmatten und Sitzbezüge wurden fortgeworfen. Schuhe, die nur leicht betroffen waren, wurden immer und immer wieder geschrubbt, bis die Instrumente anzeigten, dass sie sauber waren.

Das Laborgebäude war durchtränkt mit Radioaktivität und zeigte hohe Konzentrationen von Radon, einem radioaktiven Gas, das vom Radium abgegeben wird; die Männer, die das Gebäude betraten, trugen spezielle Atemschutzgeräte. Nach ein paar Tagen gingen Mannschaften in das Gebäude und flammten Betonoberflächen mit Flammenwerfern ab. Farbe wurde entfernt. Jeder Fußbreit des Gebäudes wurde gewaschen, Linoleumböden wurden entfernt.

Zweihundert Fässer hoch kontaminierter Objekte, hauptsächlich Tapeten, Kleidung, Fußbodenbelag und Reinigungsgeräte wurden in Zement gegossen und zweihundert Meter tief im Meer versenkt. Das Gebäude selbst, ein Haus mit einunddreißig Räumen, konnte drei Monate lang nicht benutzt werden.

Alles, was mit Radioaktivität zusammenhängt, wird durch deren Unzerstörbarkeit kompliziert. Ein Stück kontaminierte Zeitung kann nur in einem speziellen Brennofen verbrannt werden. Selbst dann muss die Asche sorgfältig entsorgt werden, und Gase und Rauche, die während der Verbrennung abgegeben werden, müssen gewaschen oder gefiltert werden. Dann müssen das vergiftete Wasser und die Filter isoliert oder vergraben werden.«

IX

Einmal mehr weisen wir Sie auf das Diagramm mit den neun Oktaven hin. Die Beschreibung von Radium gilt für alle diese Elemente, denn ihre Wirkungen sind dieselben. Man sollte sie allerdings alle kennen. Praktisch alle der tödlichen Killer liegen auf der roten Seite des Spektrums. Sie werden den Grund dafür in späteren Kapiteln erfahren. Die ersten »Killer« sind drei silberweiße Metalle auf der niedrigsten radioaktiven Oktave, der Siliziumoktave. Die ersten beiden sind Natrium und Magnesium. Natrium setzt Wasser in Brand und brennt den darin enthaltenen Sauerstoff heraus, wenn Sie einen Klumpen davon ins Wasser werfen. Ein kleiner Stecknadelkopf davon in der freien Metallform tötet Sie, aber wenn es seiner Metallqualität durch die Vereinigung mit Chlor beraubt ist, brauchen Sie es in Kleinstmengen in Ihrem Körper, nämlich als Speisesalz. Magnesium ist das [zu Russells Zeiten] vertraute Blitzlicht in der Fotografie. Naturgemäß tötet seine »Radioaktivität« Sie, wenn Sie es in freiem Zustand in Ihrem Körper aufnehmen, aber einen kleinen Bruchteil davon brauchen Sie als Mineralsalz. Aluminium hat eine solche Dichte, dass seine radioaktiven Kräfte in dieser Oktave nicht zu fürchten sind, aber in seinen höheren Oktaven wird es schließlich tödlicher als Radium. Seine höchste Form ist Aktinium, ein Element zwischen Radium und Uran.

Die Natriumreihe, zu der Lithium, Kalium, Rubidium, Caesium und ein noch unbekanntes Element eine Oktave höher gehören, befindet sich in der Klasse der tödlichen Elemente besonders aufgrund ihrer Kraft, Sauerstoff zu zerstören, indem sie ihn mit einem so schnellen Tod ausdehnen, dass er verbrennt. Diese wenig verstandene Wirkung soll mit folgendem Beispiel anschaulicher werden: Wenn Sie ein Streichholz in Kontakt mit Sauerstoff bringen, erhalten Sie eine heiße Flamme. Wenn Sie Sauerstoff zu einer Flüssigkeit verdichten und dann ein Streichholz daran halten, werden Sie eine noch heißere Flamme erhalten, denn Sie haben seine Geschwindigkeit und die Ausdehnungskraft vervielfacht, indem Sie seine Komprimierung vervielfacht haben.

Natrium, Kalzium oder Kalium vervielfachen die Ausdehnung von gasförmigem Sauerstoff und setzen die Wärme frei, die flüssiger Sauerstoff abgeben würde. Genauso wird die Hitze freisetzende Kraft des Sauerstoffs vervielfacht, wenn er mit Kalziumkarbid vereint wird, so dass eine Oxy-Acetylenflamme entsteht. Erwägen Sie die Tödlichkeit von Kalium in dieser Hinsicht anhand des folgenden Beispiels: Sie finden Kalium eine Oktave höher als Natrium. Kohlenstoff und Stickstoff nehmen Sie in großen Mengen in Ihren Körper auf, sie sind zwei der fünf essentiellen Elemente, ohne die wir nicht leben können. Wenn Sie jedoch eine winzige Menge Kalium hinzufügen, produzieren Sie Kaliumzyanid (KCN), ein schnell, elektrisch tötendes Gift. *Dies ist ein Beispiel dafür, was eine winzige Menge radioaktiver Materie bewirken würde, wenn sie zu den Grundstoffen unseres Blutplasmas hinzugefügt würde.* Darum werden Leukämie, Missbildungen bei Neugeborenen und Unfruchtbarkeit nur die Vorläufer künftiger, noch größerer Plagen sein.

Auch diese Gedanken lassen wir zunächst so stehen, bis sie am Ende des Buches mit anderen kombiniert werden.

X

Wir haben bereits gesagt, dass alle chemischen Elemente gefrorenes Feuer sind. Die aufbauende, »genero-aktive« komprimierende Kraft der Natur friert Explosionen mit niedrigem Potenzial ganz leicht ein. Das Einfrieren höherer Potenziale erfordert immer größere Anstrengungen, und daher ist größere Hitze erforderlich, um die betreffenden Substanzen zu schmelzen. Der höchste Schmelzpunkt aller Elemente liegt bei 3600 °C und wird beim Kohlenstoff erreicht. Silizium, in der nächsten Oktave, erreicht nur 1.420 °C und Kobalt nur 1.440 °C.

Das große ungelöste Rätsel der Schmelzpunkte ist die Tatsache, dass die rote, verdichtende Seite der Kohlenstoffoktave hohe Schmelzpunkte erreicht, weil zwei der drei Elemente dieser Seite – nämlich Bor und Beryllium – dichte Feststoffe sind. Auf der blauen, wieder ausdehnenden Seite, sind alle drei – Stickstoff, Sauerstoff und Fluor – gasförmig und haben sehr niedrige Schmelzpunkte, bis zu minus 223 °C bei Fluor, während sein Partner auf der roten Seite, das Lithium, einen Schmelzpunkt von plus 186 °C erreicht.

Es erscheint merkwürdig, dass in der Oktave der höchsten Reifestufe die Schmelzpunkte von drei Elementen auf der blauen Seite der Oktave unter Null °C liegen und die Elemente auf der roten Seite viel höhere Schmelzpunkte haben, wo doch die sterbenden Elemente sehr hohe Schmelzpunkte auf der blauen Seite und weniger als halb so hohe Schmelzpunkte auf der roten Seite haben. Noch merkwürdiger ist für die Metallurgen, dass viele Elemente in der radioaktiven Hälfte der Tabelle schwerer und fester sind als Kohlenstoff, das schwerste Element auf der »lebendigen« Seite der Tabelle. Tantal zum Beispiel erreicht einen Schmelzpunkt von 3400 °C, während seine engsten Nachbarn auf der blauen Seite 2900, 2700, 2250, 1750 und 1063 °C ereichen.[63] Die Beantwortung dieses Rätsel erfolgt später noch ausführlich; kurz gesagt liegt der Grund darin, dass die rote Seite des Spektrums die Vaterschaft der Schöpfung repräsentiert, welche zum Inneren der sich bildenden Kugeln strebt, wo die Feuer der Schöpfung zentriert sind. Die blaue Seite hingegen repräsentiert ihre Mutterschaft und strebt nach außen, um in ihrem Schoß Körper zu bilden und sie in die Form hinein abzukühlen. In der ersten Hälfte des elektrischen Schöpfungsprozesses wird die blaue Hälfte aus dem erschaffenden Körper durch Explosion von innen heraus komprimiert, während die rote Hälfte ihr Zentrum durch Komprimierung erlangt, die von außen ausgeübt wird. In der zweiten Hälfte ist die Situation umgekehrt. Die ganze Natur kehrt sich beständig um und wendet dabei beständig das Innere nach außen und das Äußere nach innen. Diese auffallende und offensichtliche Tatsache der Natur ist von den Beobachtern noch nicht wahrgenommen worden.

Zusammenfassung

Im Vorstehenden haben wir beschrieben, auf welche Weise die Natur Bewegung aus dem Raum projiziert und wie der Raum sie wieder zurückreflektiert. Der wichtigste Punkt in dem gesamten Prozess ist die hochgradig explosive Natur der radioaktiven Metalle. Wir betonen dies, um zu demonstrieren, dass diese Kraft der starken und schnellen Explosion beim Todesprozess der Natur gebraucht wird. Sie unterstützt Zerfall und Tod der langsam sterbenden Felsformationen; denn diese bilden ja zunächst die Körper neuer Planeten, welche die Natur aus ihren Sonnen-Schmelztiegeln nach außen gesetzt hat, damit sie zu fester Form gefrieren. Millionen Jahre – vielleicht sogar Milliarden – vergehen bei dem Prozess, so viel Erdoberfläche zerfallen zu lassen, dass die notwendigen Bedingungen für organisches Leben entstehen. Solche Bedingungen können erst entstehen, wenn ein Abstand von hundertzehn bis hundertdreißig Millionen Kilometer zur Sonne erreicht ist, und sind nicht mehr möglich, wenn ein Planet sich so weit von der Sonne entfernt hat wie der Mars.

Wasser, Sauerstoff, Humus und die für das Leben notwendigen Kohlenhydrate werden von den explodierenden Metallgeschossen der sterbenden Elemente erschaffen, indem sie dichten Elementen tief im Felsgestein beim Sterben helfen. Aber wenn die sterbenden Elemente ihren Tod in weniger dichte Körper projizieren, zum Beispiel in tierisches Gewebe, werden auch diese weniger dichten Körper und die Gase ihrer Atmosphäre in ihrem Verlangen nach Expansion, das jeder Materie innewohnt, unterstützt.

Unsere Schlussfolgerung lautet daher: Jedes Gramm freien radioaktiven Materials, das aus seinem zweckmäßigen Vorkommen in der Natur entfernt wird, wo es die unfruchtbaren, trockenen, heißen Felsen bombardiert – so dass sich Stoffpaare ergeben, die organisches Leben auf diesem Planeten möglich machen –, »befreit« den gesamten Planeten von allem organischen Leben. Und dies bleibt so, bis die vielen oberirdischen Uranbrennstäbe sich in ihrer eigenen Strahlung vollkommen aufgelöst haben. Wie viele tausend Jahre dafür notwendig sind, ist nicht vorherzusagen, aber Plutonium besitzt eine Halbwertszeit[64] von über zwanzigtausend Jahren. Das ist eine lange Zeit. Das Bewusstsein ist vor erst zehntausend Jahren heraufgedämmert. Wie weit wird der Mensch daher zurückentwickelt sein, wenn er – sollte dies je der Fall sein – wieder auf der Erde erscheint?[65]

Teil II

Vorbemerkung

Im Herzen eines jeden Menschen liegt das Verlangen nach Liebe – nach Glück, Frieden und Wohlstand. Im Herzen der Menschenvölker liegt der Wunsch nach der geeinten Welt und internationaler Einigkeit. Universale Brüderlichkeit ist das höchste Ziel auf Erden. Wie weit sind wir von diesem Ziel entfernt? Die Entfernung ist für die Menschheit groß. Sie lässt sich nur mit dem Maßstab der LIEBE messen, und die Liebe hat die Schwelle der zwischenmenschlichen Beziehungen noch nicht überschritten und wird dies auch erst tun, wenn die Einigkeit die Tür öffnet, damit die Liebe eintritt.

Einigkeit bedeutet Einssein. Einigkeit bringt die Partnerschaft aller Menschenpaare ins Gleichgewicht und stellt in ihren Transaktionen von Geben und Zurückgeben Gerechtigkeit her. Die Zivilisation ist noch unterwegs zu dem Punkt, wo genügend Menschen begreifen, dass EINIGKEIT durch das GEBEN und ZURÜCKGEBEN von LIEBE entsteht.

Die größte Lektion des Menschen besteht darin, zu lernen, wie man gibt. Wir sind immer noch im barbarischen Zeitalter des Nehmens – und nehmen selbst das Leben. Das geistige Zeitalter dämmert jedoch bereits herauf. Seine Tore sind schon ein wenig geöffnet, aber das ist alles, denn unser Welthaus ist auf dem Sand der Uneinigkeit errichtet. Das Ergebnis von Uneinigkeit ist Angst. Ein Haus, das durch Uneinigkeit und Angst gespalten ist, muss zusammenbrechen. Frieden, Glück und Wohlergehen können ein gespaltenes Haus der Angst nicht betreten.

Wenn Sie jetzt fragen, wann Frieden, Glück und Wohlergehen zur Menschheit kommen werden, sagen wir Ihnen, dass all dies kommen wird, wenn das All-Licht der Liebe alle Menschen zu EINEM vereint, und das wird erst geschehen, wenn der Mensch aufhört, Angst zu erzeugen.

Kapitel 4
Die wahre Natur unseres Universums aus Geist und Bewegung

I

In der Entfaltung des Menschen ist nun die Zeit gekommen, wo er mehr über die Natur unseres elektrischen Bewegungsuniversum wissen sollte. Er hat diese Natur nie wirklich erkannt, sondern nur ihren Abglanz gespürt. Stofflichkeit hat der Mensch nie als das erkannt, was sie ist. Er kennt Stofflichkeit nur als das, was er von ihr physisch *wahrnimmt.*

Wir leben tatsächlich in zwei Universen – dem unsichtbaren Null-Universum der URSACHE und dem sichtbaren Universum der WIRKUNG. Wir haben die WIRKUNG wahrgenommen und an ihre Realität geglaubt. *Das Universum der URSACHE haben wir noch nicht erkannt.* Es ist Zeit, dass wir beginnen, Gottes unsichtbares Universum kennen zu lernen, welches uneingeschränkt über das sichtbare Universum herrscht. Der Mensch wird das Rätsel des Universums erst lösen, wenn er das Null-Universum vollständig kennt und versteht. Er kann es weder hören noch sehen, aber er kann darum *wissen,* und dadurch kann er genauso auch Gott kennen. Er kann selbst die Tatsache der Allgegenwart Gottes in seinem Labor beweisen. Auch wird der Mensch das Rätsel seines eigenen Selbst – seiner eigenen Identität – erst lösen, wenn er weiß, dass er selbst genauso ewig ist wie Gott. Wenn der Mensch weiß, dass er Geist ist und dass sein Körper seine eigene Geist-Schöpfung ist, so wie der Körper des gesamten Universums die Geist-Schöpfung Gottes ist, dann wird er wissen, was der höchste Mystiker vor zweitausend Jahren meinte, als Er sagte: »Ich und Mein Vater sind EINS.«

Das ist die erste große Lektion des Menschen. Seit Zeitaltern hat er geglaubt, sein Körper sei seine Identität und sein Geist sei *in* seinem Körper, jedoch auf die Grenzen seines Körpers beschränkt. Es ist ihm nie klar geworden, dass sein Geist *in* seinem Körper ist, aber kein Teil von diesem. Er hat noch nicht erkannt, dass sein Körper nur eine »Tonbandaufnahme« dessen ist, was der Geist »diktiert«. Er hat noch nicht einmal begonnen zu erkennen, dass es nur EINEN SCHÖPFER in diesem Universum gibt, und dass er EINS ist mit diesem EINEN. Wenn der Mensch diese erste große Lektion gelernt hat und der göttliche kosmische Funken, der so lange in ihm geschlummert hat, erwacht ist, dann wird er das erste Stadium seines Gott-Gewahrseins erreicht haben, nach dem alle Menschen suchen. Aber lange Zeitalter vergehen, bevor irgendein Mensch auf die Idee kommt, dass er das Licht seines eigenen göttlichen Selbst sucht. *Wenn diese große Lektion ganz gelernt ist, wird der Mensch wissen, dass er ewig lebt und nicht sterben kann – und dass sein Körper sein Denken eine Zeit lang manifestiert und dann für einen Zeitraum ausruht, bevor er wieder sein Denken manifestiert, von dem Punkt an, wo es in seinem Gestern ruhte.*

II

Als Einleitung für diesen kurzen Abriss der Prinzipien, auf denen unser Universum begründet ist, werden wir das gesamte Prinzip auf einen Satz reduzieren, von dem wir im Verlaufe dieser Schilderung nicht abweichen werden. Wir werden dieses eine Grundprinzip lediglich erweitern, indem wir die sich aus ihm ergebenden Vorgänge beschreiben. Dieser eine Satz lautet:

Der Vater-Mutter der Schöpfung unterteilt Seine geschlechtslose Einheit in geschlechtlich unterteilte Paare von Vater- und Mutterkörpern zu dem Zweck, diese wieder zu vereinen und so weitere Paare von Vater- und Mutterkörpern zu erschaffen, die in Ewigkeit aufeinander folgen.

Das ist der ganze einfache Plan der Schöpfung. Wir werden nun beginnen, die scheinbare Komplexität der simplen Vorgänge darzulegen, die unsere Sinne so mächtig täuschen. Wenn unser Verständnis stark genug ist, werden wir in der Lage sein, einen sich hindurchziehenden roten Faden zu erkennen, der sich in jedem Bewegungseffekt in der ganzen Natur, durch jedes Ereignis und jede Erfahrung des Lebens immer und immer wiederholt. Wir möchten Ihnen ermöglichen, diesen einfachen roten Faden zu erkennen, indem wir das Prinzip viele Male auf vielerlei Arten wiederholen.

III

Der menschliche Fortschritt ist immer durch Wandel gekennzeichnet. Während eine Zivilisation sich entfaltet – oder wächst –, ändern sich ihre Vorstellungen, um mit diesem Wachstum Schritt zu halten. Zeitalter ausgeprägter Weisheit werden archaisch, und Zeitalter noch größerer Weisheit folgen. Die Fortschritte der letzten zwei oder drei Jahrzehnte haben die Welt des letzten Jahrhunderts um Zeitalter nach vorne bewegt, und die letzten zwei oder drei Jahre tragen die Verheißung in sich, neue Türen in jenes unsichtbare Universum zu öffnen, wo der Schöpfer darauf wartet, dass der Mensch Seine Allgegenwart erkennt und wahrnimmt.

Die Naturwissenschaft entdeckt Gottes unsichtbares Universum des magnetischen Geistes durch ganz kleine Gucklöcher, die sich dem Menschen durch eine neu erwachende Intelligenz auftun, aber die Naturwissenschaft weiß noch nicht, was sie entdeckt. Die Naturwissenschaft bezeichnet dieses unsichtbare Universum noch als Antimaterie. Das ist wunderbar und hoffnungsträchtig. Dass etwas entdeckt wurde und man davon ausgeht, dass es etwas anderes gibt als Materie, was offenbar die Quelle der Materie ist, die aus ihr hervorgeht, ist so wundervoll, dass es wie ein Fortschritt von tausend Jahren in einem Tag erscheint.

Materie ist *Bewegung*. Die Antimaterie, die nun die ernsthafte Aufmerksamkeit der Naturwissenschaftler auf sich lenkt, ist *Ruhe*. Manche Wissenschaftler sagen, sie sei *reine Energie*. Wenn Materie, *die nur Bewegung ist,* Energie ist, und Antimaterie, die *keine Bewegung* ist, reine Energie ist, welche Art von Energie ist dann unrein? Was bedeutet das? *Die Zeit ist gekommen, wo es zwingend erforderlich ist, dass die Naturwissenschaft Bewegung und Energie unterscheiden und die Materie als Produkt der Energiequelle ansehen muss.*

Wir möchten Ihnen demonstrieren, dass die Ruhe der Antimaterie, welche die Wissenschaft gerade entdeckt, die Energiequelle des Schöpfers ist. Ja, es gibt ein unsichtbares Null-Universum. Es ist das Geist-Universum des Magnetischen Lichtes. Für wissenschaftliche Zwecke bei der Erklärung des Aufbaus von Materie werden wir es als *allgegenwärtiges universales Vakuum* bezeichnen. *Das universale Vakuum ist das ausgedehnte Ende des universalen Kolbens, und Schwerkraft ist das komprimierte Ende.*

Elektrizität erschafft Brennpunkte, die wir als Schwerkraft bezeichnen, und die einzige Aufgabe der Elektrizität ist die Komprimierung. Daher ist jede Oszillation des elektrischen Stromes in der Schöpfung ein Austausch zwischen der Ruhe des universalen Vakuums von Gottes Geist-Universum der URSACHE und dem elektrischen Universum der Bewegung, das WIRKUNGEN hervorbringt.

Jeder Austausch zwischen dem unsichtbaren, allgegenwärtigen Universum, wo Bewegung beginnt und endet, und dem sichtbaren, vergänglichen Universum, welches die Geschwindigkeit und Kraft der Bewegung multipliziert und unterteilt, ist ein Kreislauf. Pulsierende Kreisläufe bilden den Herzschlag unseres

Universums, das durch pulsierende Kreisläufe in gegenläufiger Bewegung die Geist-Idee nachahmt. Jedes Pulsieren des Lebensprinzips von sich vervielfachender Bewegung erzeugt unterteilte elektrische, männliche und weibliche Körper, die ineinander Ruhe suchen von den Spannungen und Drücken ihrer Unterteilung in Gegensatzpaare.

Dieses Buches soll Ihnen zu folgendem Verständnis verhelfen: Schöpfung ist eine Unterteilung des Ewigen Einen in zahllose Zweierpaare in entgegengesetzten sexuellen Zuständen, die ewig danach streben, ihre Unterteilung aufzuheben, indem sie sich zu Einem vereinen.

Die Schöpfung ist eine Geist-ersonnene Reise, auf der elektrisch unterteilte, männlich-weibliche Gegensätze sich mit zunehmender Geschwindigkeit und Kraft in Richtung aufeinander zu bewegen, wo sie sich in Ruhe vereinen; dann teilen sie sich wieder, um mit zunehmender Geschwindigkeit und abnehmender Kraft zum Nullpunkt der Ruhe im Magnetischen Licht des Geistes zurückzukehren, aus dem sie in die Tätigkeit entsprungen sind. *Schöpfung ist eine Illusion, welche Stofflichkeit vortäuscht, indem sie die Geschwindigkeit zentripetaler Bewegung vervielfacht, welche den Anschein von Stofflichkeit verliert, indem sie ihre zentrifugale Geschwindigkeit vervielfacht.* Wenn wir beweisen können, dass diese neue Aussage in Einklang mit dem natürlichen Plan steht, ist es offensichtlich notwendig, ganz andere Konzepte über die Natur des Universums zu entwickeln.

IV

Die Abbildungen 6 und 7 symbolisieren die beiden Enden der Komprimierungs-Expansions-Pumpe, die dieses Universum bildet. Wir können nicht einmal unseren kleinen Finger bewegen, ohne die Kraft dazu aus der Vakuumquelle dieser Macht zu entnehmen. Wir wissen dies nur noch nicht. Wir wissen noch nicht, dass wir nur leben und atmen und unsere vielfachen Wünsche ausdrücken können, indem wir beständig die Kraft für jeden Kreislauf von Gott nehmen und sie am Ende jedes Kreislaufs an Gott zurückgeben. Der Mensch ist noch nicht darauf aufmerksam geworden, dass er nur die Bewegung innerhalb der göttlichen kosmischen Vakuumröhre ist, die ihr kleines Licht aus der Dunkelheit blitzen lässt, und dass er, wenn sein Licht verlischt, selbst diese Dunkelheit ist. *Der Mensch muss der Tatsache ganz gewahr werden, dass sein Leben in Gottes unsichtbarem Magnetischem Licht ewig währt, eins mit dem Göttlichen, und das Leben durch Aktivität im elektrischen Universum nur manifestiert. Dann wird er wissen, dass es ihn nicht berührt, wenn diese*

Aktivität zum Erliegen kommt, genauso wie der Klang zum Erliegen kommt, ohne dass es denjenigen berührt, der den Klang manifestiert hat.

Eine dieser Abbildungen symbolisiert das Energie-Ende des kosmischen Kolbens, aus dem die Schwerkraft in beweglichen Paaren entsteht, um durch Bewegung Energie nachzuahmen. Die andere symbolisiert die Bewegungseffekte am komprimierten Ende des kosmischen Kolbens.

V

Es ist ganz offensichtlich, dass alle Bewegung aus der Ruhe entspringt und zur Ruhe zurückkehrt, um sich in einer Abfolge, die wir als elektrische Frequenz bezeichnen, auf ewig zu wiederholen. Es ist auch ganz offensichtlich, dass alle Bewegung in Gestalt unterteilter Paare aus der Dunkelheit entspringt, ihre gasförmigen Anfänge zu dichten Körpern von weiß glühenden Sonnen vervielfacht und dann über gasförmige Zwischenstufen wieder in die Dunkelheit verschwindet.

WO und WAS ist dieses unsichtbare Dunkel, aus dem das Licht der Bewegung erscheint und wohin es verschwindet? Ist dies nicht die wichtigste Frage aller Zeitalter? Kann es darauf irgendeine andere Antwort geben als die Tatsache, dass die Schöpfung von ihrem Schöpfer ausgeht?

Die bedeutendsten Denker der Wissenschaft haben wiederholt gesagt, dass die Materie aus dem *Raum* auftaucht und vom *Raum* in unbekannter und mysteriöser Weise wieder verschluckt wird. Das Wort *Raum* ist eigentlich eine Umschreibung, die anstelle des Wortes Schöpfer benutzt wird. Außerdem ist es eine irreführende Bezeichnung, denn Raum ist nicht eine Erweiterung von etwas außerhalb von Materie. Raum ist in der Materie genauso allgegenwärtig wie außerhalb ihrer, und er lenkt die Materie von innen wie von außen.

Zukünftige Generationen erleuchteter Menschen werden aufhören, dieses elektrische Universum als Materie und Stoff zu denken. *Sie werden wissen, was es ist, nämlich nur Bewegung.* Wenn die Idee der Stofflichkeit aus unserem Denken verschwunden ist und die Vortäuschung von Stofflichkeit durch Bewegung ihren Platz eingenommen hat, wird die Menschheit ihre Geist-Einheit mit dem Universalen Geist verstehen. Und dann werden wir unseren Körper als das erkennen, was er ist – nur ein Instrument, um die Formbilder des Geist-Denkens zu erschaffen.

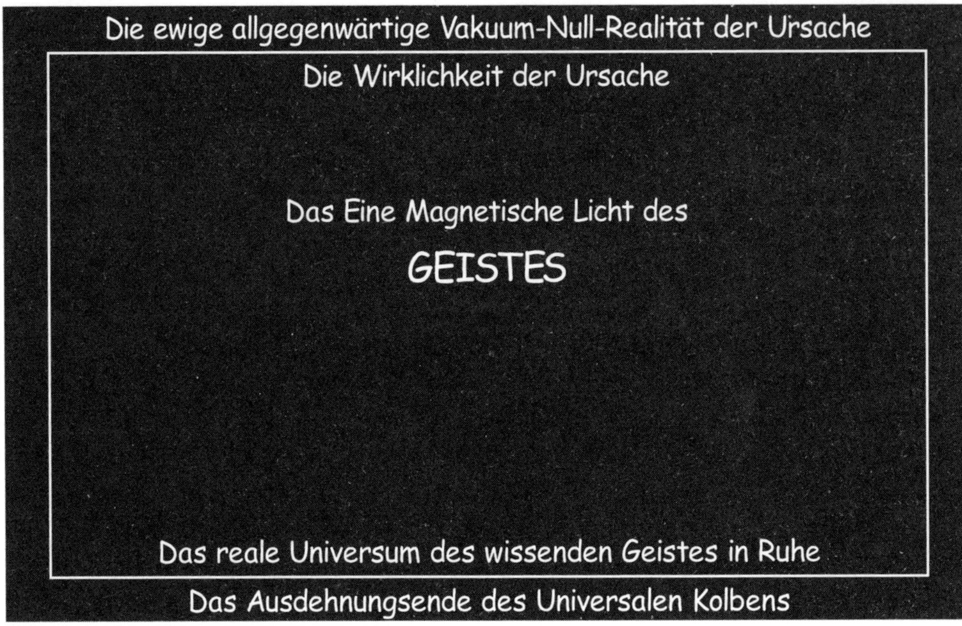

Ursache

Abbildung 6 symbolisiert das unerschaffene Universum, das Nullpunkt-Vakuum-Universum der Ruhe, aus dem das objektive, elektrische Universum der Bewegung auftaucht, um das ewige Leben zu manifestieren, indem es das ewige Leben in Kreisläufen der Bewegung simuliert. Dies ist Gottes allgegenwärtiges Universum der Idee und der Wunsch nach dem Ausdruck der Idee durch bewegliche Formen, welche die Idee symbolisieren. Dies ist das Universum des allmächtigen Imaginierers, der Formen im Abbild Seines Imaginierens erbaut, zum Geben und Zurückgeben in zyklischen Intervallen, die der unwissende Mensch als Leben und Tod bezeichnet.
Dies ist das allwissende Universum der ewigen Geist-Qualitäten, aus dem die vergänglichen elektrischen Qualitäten auftauchen, um die folgenden Qualitäten nachzuahmen: Geist – Magnetisches Licht – Wissen – Idee – Energie – Leben – Seele – Liebe – Wahrheit – Schönheit – Rhythmus – Gleichgewicht – Gesetz – Schweigen – Ruhe und Stille.
Dies ist der Aufenthaltsort des ewigen Menschen, der Eins mit Gott ist. Es ist Gottes Königreich des Himmels im Menschen, nach dem der Nazarener die Menschen zu suchen bat.

Der Schöpfer ist in Seiner Einheit des Seins das Höchste Prinzip der Einheit. Der höchste Drang der unterteilten Paarlinge geht dahin, in der Paarbildung diese Einheit zu suchen. Dies gilt für die chemischen Elemente und für Lebewesen gleichermaßen. Da alle Materie in Paarlinge unterteilt ist, ist es an der Zeit zu erkennen: Die Vater-Mutter-Prinzip der Einheit im Schöpfer ist die Grundlage des Wunsches aller unterteilten Paare in der gesamten Schöpfung danach, diese Einheit von Vater und Mutterschaft zu erlangen. Jeder Teil der

Wirkung

Abbildung 7 symbolisiert die vergänglichen, erschaffenen Quantitäten von Paaren, die – in Untereinheiten der elektrischen Bewegung unterteilt – aus dem Vakuum-Null-Universum auftauchen, um für zeitlich begrenzte Intervalle dessen Qualitäten zu manifestieren, und dann wieder in sein Gleichgewicht aufgelöst werden, um später wieder daraus hervorzugehen. Diese scheinbaren Quantitäten sind Elektrizität – Komprimierung – Form – Lichtspektrum – Ausdehnung – Sexualität – Klang – Wärme und Bewegung.

Diese vielfachen Quantitäten scheinen zu existieren. Sie erscheinen und verschwinden, um wieder erneut zu erscheinen und täuschen so die Qualitäten von Leben, Energie und Idee vor, die sie zu sein scheinen, aber nicht sind. Dies ist das »Kino«-Universum von Simulierung und Illusion, welches die Idee der Wirklichkeit auf die Bühne bringt, indem es die Gedanken-Vorstellungs-Formen der Geist-Idee auf die vorgestellte Leinwand des Raumes projiziert – die Natur.

In der Bewegung, die der Mensch Materie und Stoff nennt und mit Wirklichkeit verwechselt, gibt es weder Leben noch Energie, Wissen, Idee, Wahrheit, Intelligenz oder irgendeine andere Qualität des Geistes oder des Denkens. In unserem sichtbaren Bewegungs-Universum gibt es überhaupt nichts außer Bewegung. Die Wirklichkeit existiert nur in dem Vakuum, aus dem die Bewegung in Form von Wärme auftaucht, um das Licht der Realität nachzuahmen.

anorganischen und organischen Materie im Universum sucht beständig die Einheit mit dem ihn ausgleichenden Paarling. Davon gibt es in der ganzen Schöpfung keine Ausnahme. Natrium sucht die ausgewogene Einheit mit Chlor, nicht jedoch mit Aluminium, Phosphor oder Silizium. Die Elemente auf der roten, alkalischen Seite des Spektrums suchen die Einheit nicht untereinander, und auch die auf der blauen, sauren Seite suchen die Einheit nicht untereinander.[66]

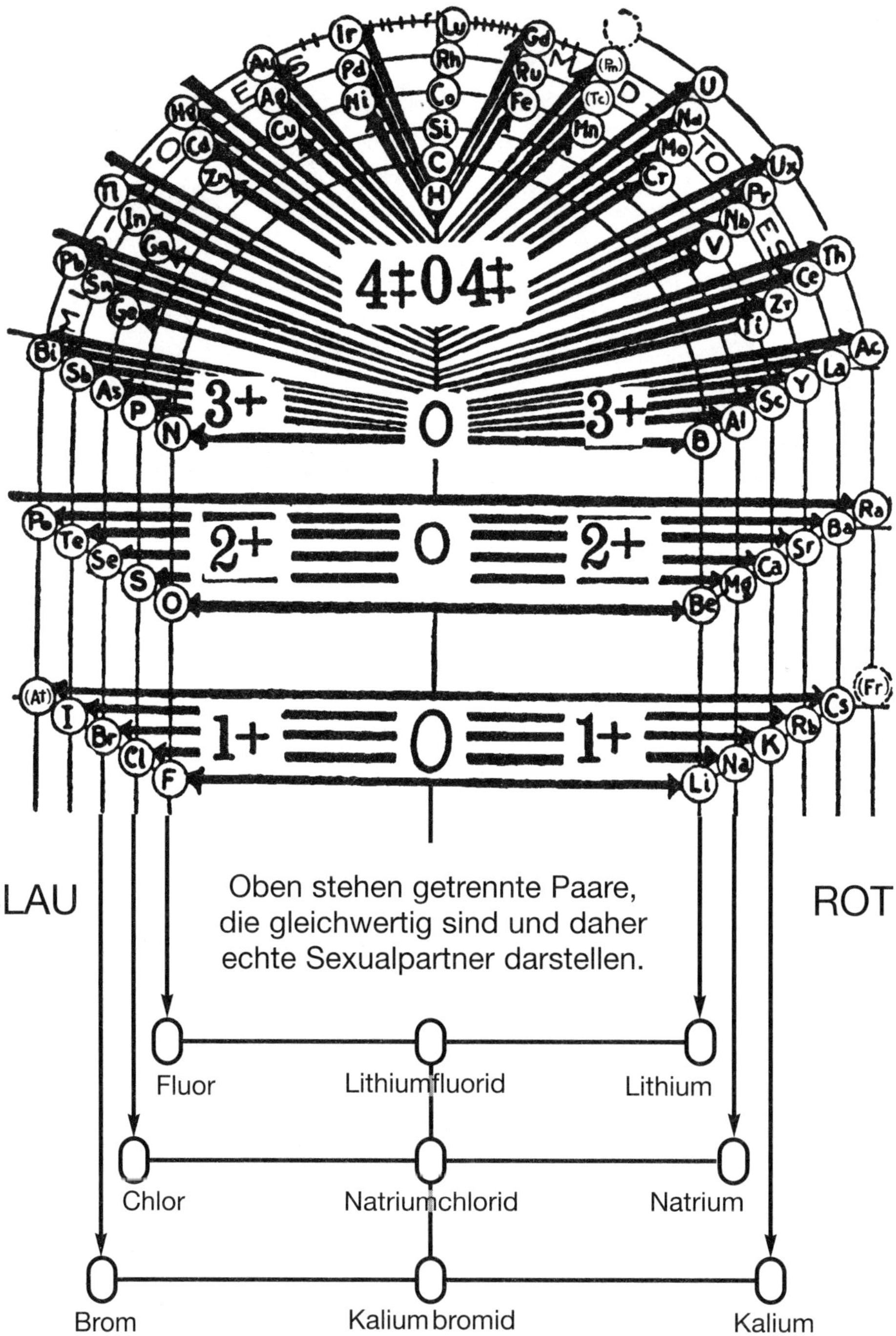

Das Null-Universum unterteilt seine Ruhe in geschlechtlich aufgeteilte Paare mit entgegengesetzt ausgedehnter Spiralbewegung. Diese vereinigen sich und erschaffen so weitere sexuell aufgeteilte Paare.

Abbildung 8:
Die Natur kennt keinen anderen Vorgang als sexuelle Trennung und sexuelle Vereinigung.

Wenn diese Suche nach ausgewogenen Partnern in allen materiellen Körpern universal ist, und wenn die Unterteilung eines Gleichgewichtes in polarisierte Paare die Wirkung von Elektrizität ist, dann ist das sexuelle Prinzip die Grundlage aller elektrisch unterteilten und druckbedingten Materie, im Gegensatz zur alten Lehrbuchidee der beiden Arten von Elektrizität, *von der die eine abstößt und die andere anzieht.* Siehe Abbildung 8.

Im Rahmen dieses neuen Konzeptes wäre das Coulombsche Gesetz[67] besser verständlich, denn naturgemäß suchen männliche Untereinheiten nicht die Vereinigung mit männlichen, und zwei rote (oder zwei blaue) Seiten des Spektrums ergeben kein vollständiges Spektrum. Ein solches inkonsistentes Konzept sollte in einer fortschrittlichen Welt mit sich entfaltender Intelligenz nicht länger angewendet werden. Das Coulombsche Gesetz, nach dem Gegensätze sich anziehen und gleiche Partner sich abstoßen, hat überhaupt keine Beziehung zum Natürlichen Gesetz. Die Natur zieht nicht an und stößt auch nicht ab. Gegensatzpaare in der Natur werden durch die Lichtspiegel von Wellenfeldprojektoren zentripetal aufeinander zu projiziert, was weiter unten in der ganz kurzen Beschreibung der Geometrie des Raumes, die wir in diesem Buch liefern können, näher erklärt wird. Diese grundlegende neue Wissenschaft ist noch unbekannt, aber wir bereiten uns darauf vor, der Nachwelt vollständige Aufzeichnungen zu hinterlassen, falls – und wenn – die Nachwelt dafür bereit sein wird. Hier soll es genügen zu sagen, dass alle Paarlinge, die sich einander zur Vereinigung annähern, dazu von außen elektrisch gezwungen werden. Sie werden nicht von innen her zueinander »hingezogen«. Sie können nichts anderes, als sich zwingen zu lassen. Sie werden in spiraligen Wirbeln gemeinsam elektrisch aufgewunden. Sie müssen unausweichlich kollidieren und eins werden, so wie eine Gewindeschraube gezwungen wird, in eine entgegengesetzt gewundene Mutter einzudringen. Dieser Vergleich ist auch in anderer Hinsicht gut. Er verdeutlicht das Rot und Blau des Spektrums und das Rot und Blau der sexuellen Unterteilung. Bei allen Elementen bis zum Kohlenstoff dringt das Rot in das Blau ein. Jenseits des Kohlenstoffs dringt das Blau in das Rot ein. Das ist ebenfalls ein Grundcharakteristikum des Schöpfungsvorganges, das in keinem Lehrbuch der Naturwissenschaft erwähnt ist.

Das Coulombsche Gesetz war für Jahrzehnte grundlegend. Wer immer noch daran festhalten möchte, muss die Einstein-Gleichung von 1905[68] leugnen, denn diese beiden einander widersprechenden Gesetze können nicht gleichzeitig wahr sein. *Eines von beiden muss falsch sein.*

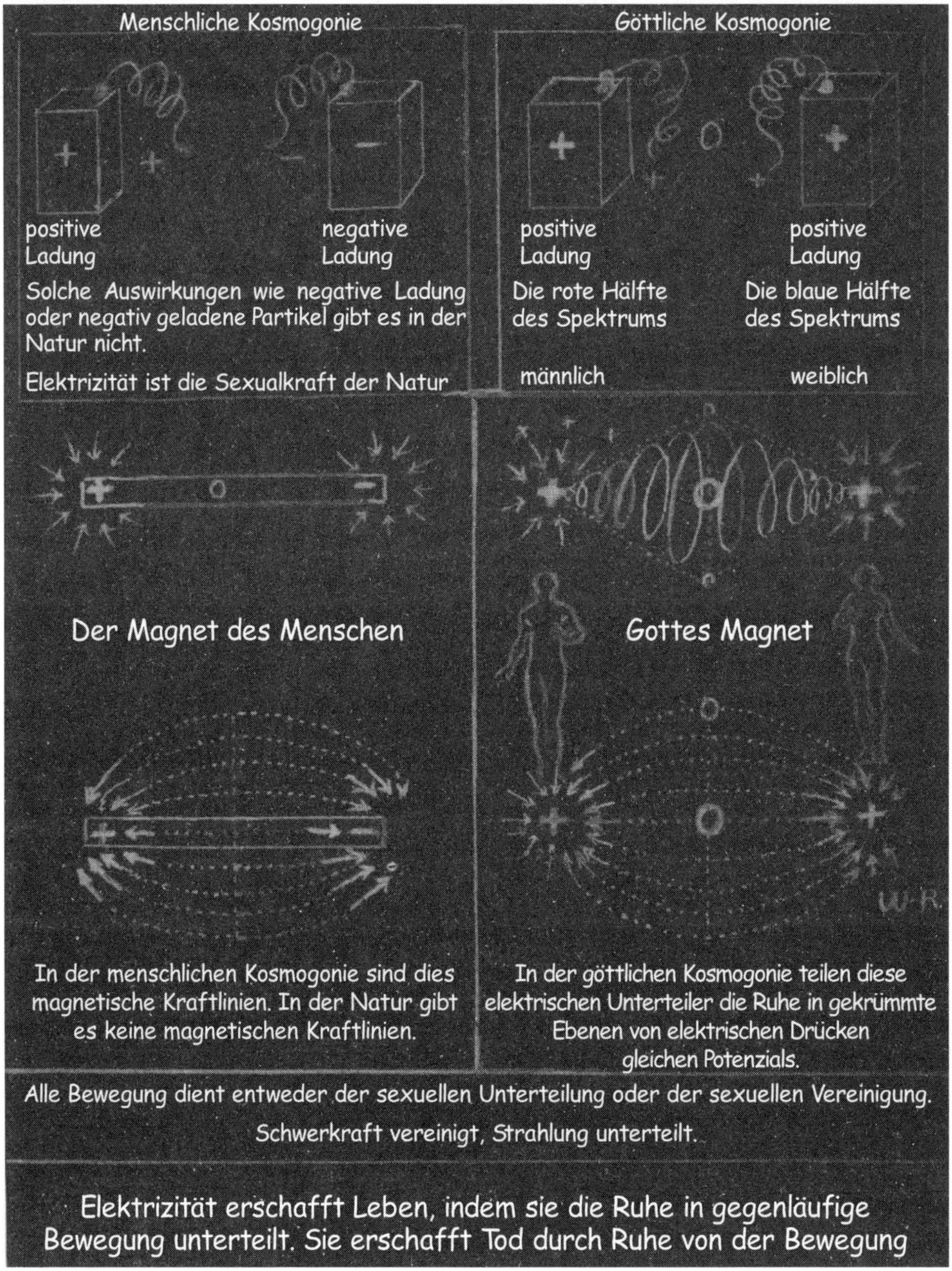

Abbildung 9 Abbildung 10

VI

Alle Bewegung in unserem gesamten Universum beruht auf der Tatsache, dass der geschlechtslose Zustand der Ruhe in zwei geschlechtliche Zustände unterteilt wurde. Die aus dieser Unterteilung resultierende Spannung beginnt an der Kathode und vervielfacht sich, während die Unterteilung sich von der Kathode in Richtung auf die Anode ausdehnt. Die Elektrizität erschafft so Spannungen und Dehnungen, die wir als elektrisches Potenzial bezeichnen. Das elektrische Potenzial ist das Maß der Komprimierung an einem beliebigen Punkt im Universum. Schwerkraft wird überall dort deutlich, wo die Komprimierung von außen ihr Maximum erreicht. *Die Schwerkraft ist ein Brennpunkt, an dem die Materie nach außen explodieren möchte. Schwerkraft zieht nicht von innen nach innen, wie die trügerische Illusion der Naturerscheinungen uns glauben machen will.* Sie ist auch nicht die anziehende Kraft, zu deren Annahme die Sinne von Newton sich haben täuschen lassen, denn ein Schwerkraftzentrum ist ein Punkt maximalen elektrischen Potenzials. Die Schwerkraft ändert sich nie. Sie ist niemals größer oder geringer, sie ist überall maximal. Es ist das elektrische Potenzial, dass sich ändert, und zwar durch Vervielfachung und Unterteilung der Kraftmenge, die es zum Ausdruck bringen kann, indem es sie aus dem lenkenden Schwerkraftzentrum bezieht. Hiermit verhält es sich wie mit der Kraft eines Menschen, der von der großen Allmacht, die seine Mitte bildet, nur ein wenig manifestieren kann im Vergleich zu einem anderen Menschen, der aufgrund seines Wissens einen größeren Anteil zu manifestieren vermag. *Das elektrische Potenzial ist die Spannung, die durch die elektrische Unterteilung des Einen universalen Zustandes der Ruhe in zwei unausgewogene Bewegungszustände verursacht wird.*

Polarität und Sexualität sind eins. Die beiden Pole, die sich vereinigen, sind in jeder Materie männliche und weibliche Gegensätze. Die Vorstellung, dass Sexualität nur eine Eigenschaft organischer Körper ist, stimmt nicht. Natrium und Chlor sind so männlich und weiblich wie Mann und Frau. Jedes Materieteilchen im Universum ist entweder männlich oder weiblich; diese Paare werden elektrisch aufeinander projiziert in den Kraftverhältnissen, wie Newton sie der Beschleunigung der Schwerkraft zuordnete, und nach dem Prinzip einer Vervielfachung von Geschwindigkeit und Potenzial, wie Einstein sie in seiner Gleichung von 1905 angab.

Wenn daher alle Bewegung einzig dem Zweck dient, entweder die sexuelle Vereinigung oder die sexuelle Aufteilung zu suchen, sollten wir unser Denken so korrigieren, dass es den Vorgängen in der Natur entspricht, und unser unterteiltes, doppelt druckbedingtes Universum als ein elektrisch sexuell bedingtes Universum sehen.

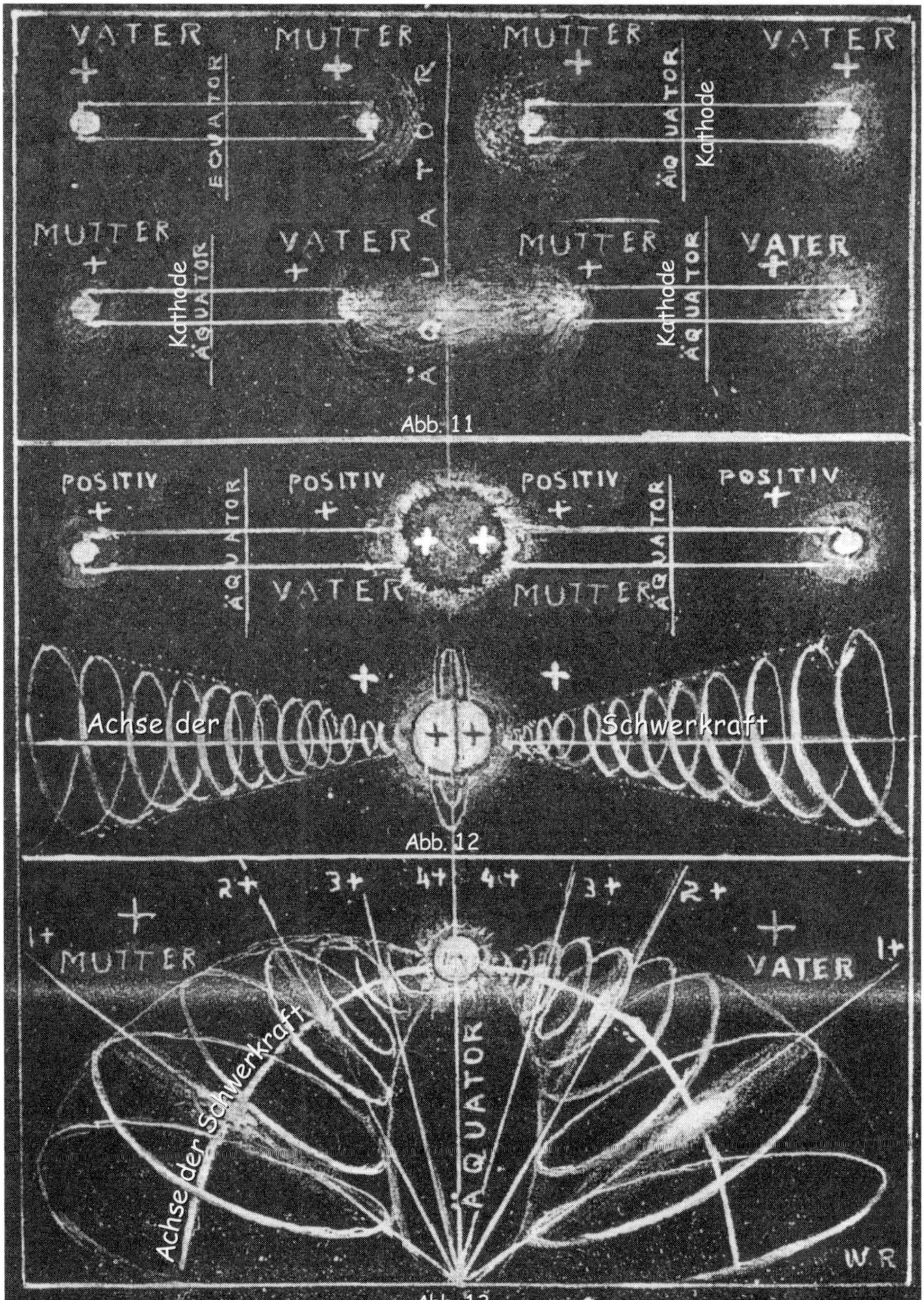

Abbildungen 11–13: Veranschaulichung des Vater-Mutter-Prinzips: Körper werden aufgebaut, indem Licht in polarisierte Einheiten unterteilt wird, und fortgepflanzt, indem zwei entgegengesetzt projizierte Untereinheiten durch zentripetale Komprimierung zu Einem vereint werden. Polarität und Sexualität sind eins. Sexualität und elektrisches Potenzial sind eins.

Abb. 14

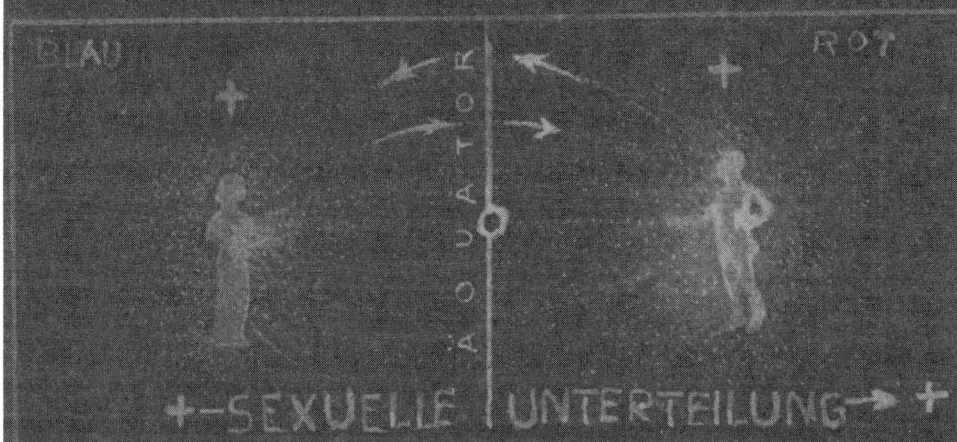

Abb. 15

Abb. 16

Abbildungen 14–16: Die Kathode ist in der Natur der Ruhepunkt des Magnetischen Weißen Geistes-Lichtes, aus dem die Bewegung beginnt, in zwei entgegengesetzte Richtungen zu komprimieren, um geschlechtlich unterteilte Körper zu erschaffen. Schwerkraft beginnt, wenn die Komprimierung beginnt. Polarisierung und Komprimierung sind eins.

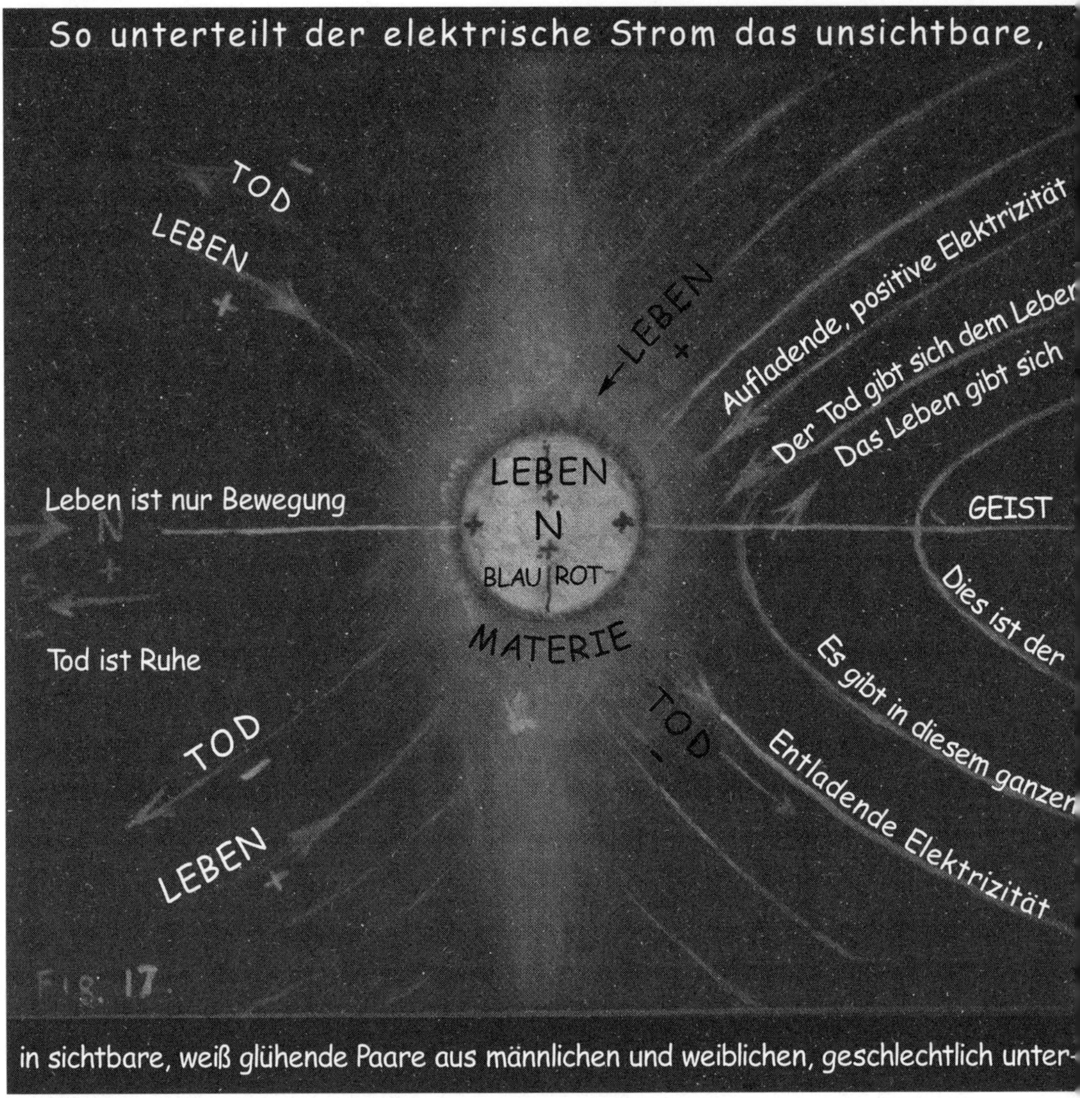

Abbildung 17 (linker Teil):

Diese Zeichnung zeigt die Methode und den Vorgang des Austausches zwischen dem Null-Universum des Geistes und dem vielfältigen Universum der Bewegung. Studieren Sie auch alle anderen Zeichnungen und setzen Sie sie zu diesen beiden in Beziehung. Je besser Sie diese Zeichnungen verstehen, umso mehr werden Sie auch verstehen, dass Leben nichts als schnelle Bewegung ist und Tod ein Erliegen der Bewegung. →

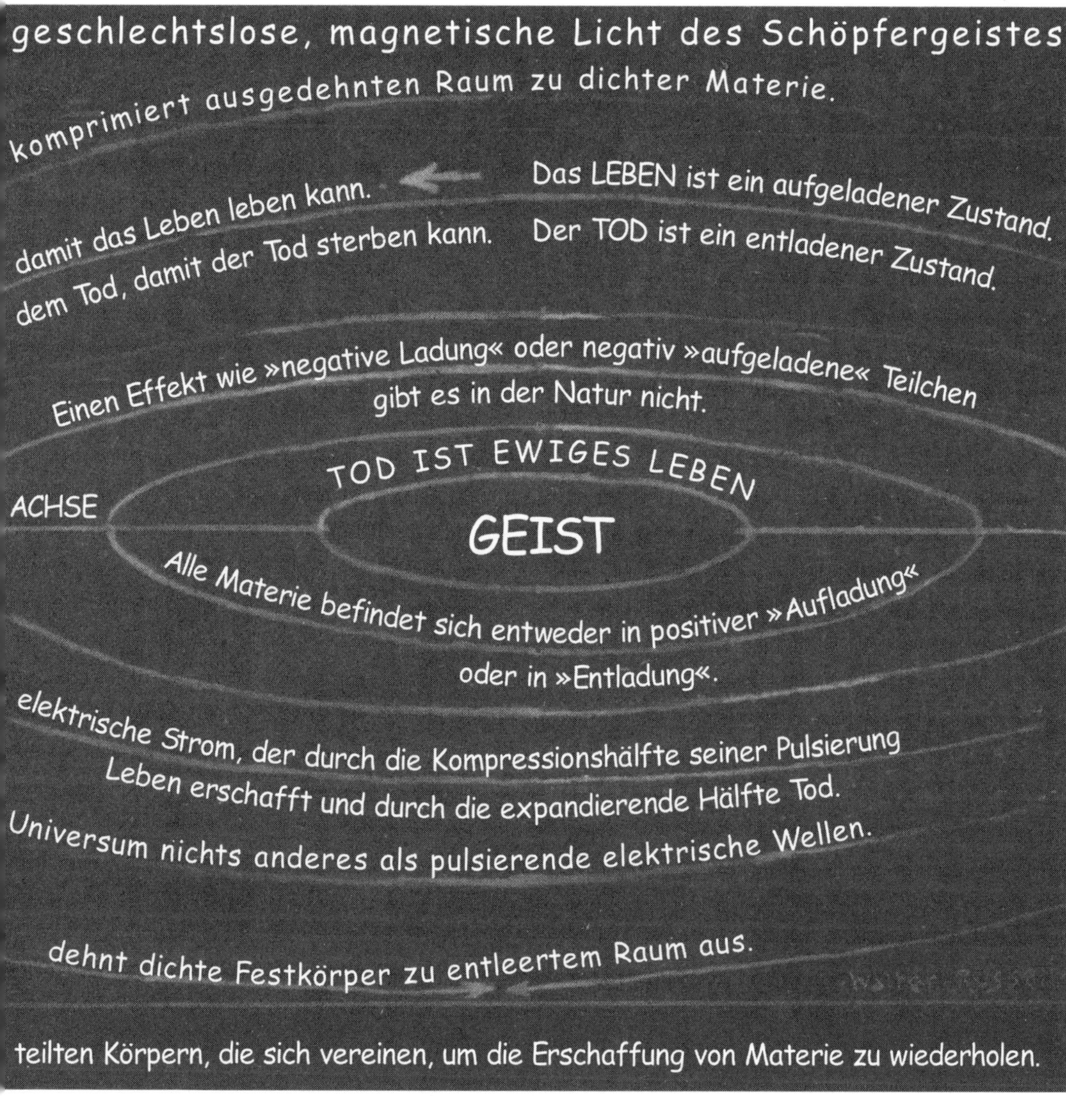

Abbildung 17 (rechter Teil):

Dies zeigt, wie der Herzschlag-Kolben zwischen dem Vakuum – des Magnetischen Lichtes des Schöpfer-Universums aus Geist-Energie – und dem Potenzial des elektrisch zusammengepressten Universums arbeitet, um Kreisläufe gegenläufiger Bewegung zu erschaffen. Je mehr Sie das Geheimnis von Gottes Geist-Kontrolle über Seine Schöpfung – welche Sein universaler Körper ist – verstehen können, umso besser werden Sie in der Lage sein, Ihren Körper zu kontrollieren, denn dann werden Sie wissen, dass Gottes Geist und Ihr Geist Eins sind.

VII

Die Unterteilung der geschlechtslosen Einheit in Paare könnte kein Teil der natürlichen Vorgänge sein, wenn nicht auch die Einheit des Lichtes unterteilt würde. Gottes Magnetisches Licht ist weiß, weil es sich im Ruhezustand befindet. Es birgt keine Spannungen oder Unausgewogenheiten in sich, denn es ist nicht unterteilt. Es ist für die Sinne unsichtbar, denn in ihm liegt keine Bewegung. In dem Augenblick, wo Bewegung beginnt, wird das Licht der Schöpferenergie in Paare unterteilt, die ihre roten und blauen Intensitäten proportional zu ihrer Ausdehnung aus ihren Anfängen an den Kathoden vervielfachen, genauso und aus demselben Grund, wie das elektrische Potenzial seine Intensität vervielfacht. Der Schöpfer unterteilt Sein Eines druckloses, bewegungsloses Licht elektrisch in zwei entgegengesetzte druckbedingte Bewegungs-Lichter. Ergibt sich daraus nicht zwingend, dass wir diese beiden ähnlichen Effekte, die sich aus derselben Ursache erheben, zusammenbringen und sie als EINES beurteilen? Sollten wir die Tatsache nicht erkennen, dass diese beiden zusammenstoßenden Lichtdrücke sich ineinander aufwinden, wie eine Schraube sich in die Mutter eindreht, oder noch besser, wie zwei Spiralen sich miteinander verflechten? Ist es daher nicht logisch, dass die eindringende Hälfte des Spektrums rot und die äußere Hälfte blau ist? So finden wir es in der Natur vor. Der innere Kern ist die Röte seiner Wärme, und die äußeren Schichten sind das Blau des Raumes, wohin der rote Kern seine Wärme projiziert, um sie auszudehnen. Die äußeren Schichten kühlen sie dann ab und erschaffen so eingeschlossene Körper, deren einziges Bestreben ist, dieser Gefangenschaft zu entfliehen. Jenseits des Kohlenstoffs erfolgt eine Umkehrung, und der innere Kern ist nun blau.

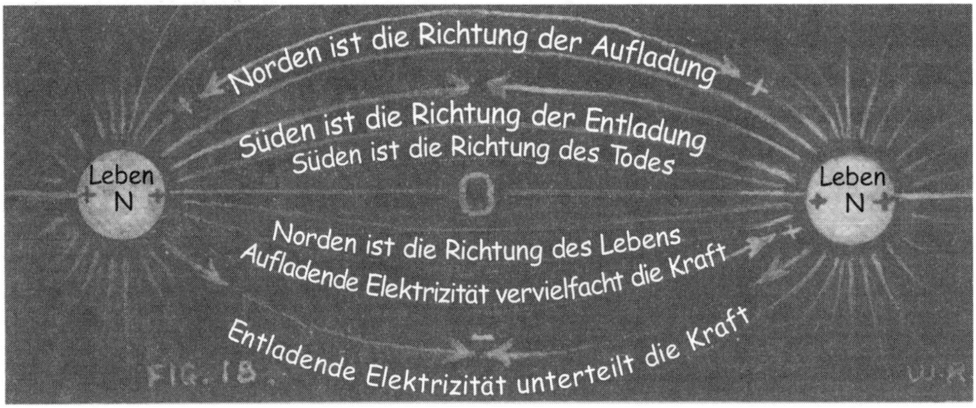

Abbildung 18 hilft Ihnen zusammen mit den Diagrammen von Stabmagneten und anderen Polaritäten, wie sie in Abbildungen 11–16 gezeigt werden, die Natur der Elektrizität und des elektrischen Stromes besser zu verstehen.

So ist es in der gesamten Natur. Komprimierte Bewegung erwärmt Körper, die versuchen zu entfliehen. Ausgedehnte Kälte friert Körper, um sie am Entkommen zu hindern. Nach diesem Prinzip werden Körper geformt. Nach diesem Prinzip wächst aus einem Samen ein Baum. Der Samen erzeugt Wärme aus der Feuchtigkeit des sonnenerwärmten Bodens. Der Samen explodiert in seinem Bestreben, aus dem Gefängnis seiner Komprimierung zu entkommen. Die Explosion erzeugt Wärme, die abgekühlt wird und das, was sich entfaltet, wird wieder eingefaltet. So wird durch den Austausch von Bewegung zwischen rotem und blauem Licht und zwischen Wärme und Kälte Zelle für Zelle hinzugefügt, da der Vater in den Mutterschoß der Natur eindringt, um Körper zu erzeugen, und die Körper aus ihren Schößen entkommen, um zu ihrer Quelle zurückzukehren.

Für ein Konzept wie negative Elektrizität oder negativ »geladene« Körper gibt es also in Gottes Kosmogonie keinen Platz.

Wir leben in einem Universum, in dem alle schöpferischen, aufladenden, polarisierenden, komprimierenden und wärmenden Körper das LEBEN manifestieren und alle entladenden, depolarisierenden, ausdehnenden und abkühlenden Körper den TOD. Man kann nicht sagen, ein sterbender Körper sei negativ aufgeladen, denn ein aufladender Körper ist positiv. Er lebt. Ihre Autobatterie kann sich vom Generator her aufladen und gleichzeitig durch ihre Nutzung entladen, aber wenn Sie keinen Generator in Ihrem Auto hätten, würde sich die Batterie entladen, bis die Elektrizität in ihr zum Erliegen käme. Während sie stürbe, würden Sie nicht sagen, dass sie negativ geladen sei, denn sie wäre immer noch positiv geladen, so lange, bis in ihr keine Bewegung mehr statt-

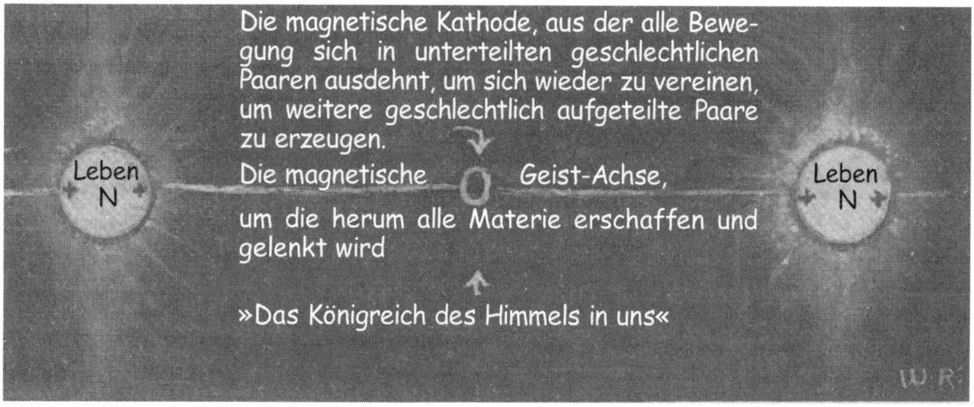

finden würde. Wir sagen auch nicht »negativer Klang« oder »stummer Klang«, wenn ein Ton verklingt oder bereits verklungen ist. Wir sagen auch nicht »negative Wärme« oder »kalte Wärme«, wenn ein Bügeleisen sich abkühlt oder abgekühlt ist. Genauso sagen wir auch nicht »negatives Leben«, wenn ein Mensch stirbt oder tot ist.

Elektrizität komprimiert und hört auf zu komprimieren, aber wir sprechen dann nicht von negativer Komprimierung. Aus diesem Grund setzen wir überall dort ein Plus-Zeichen, wo ein elektrischer Zustand existiert, aber dies wäre gar nicht erforderlich, sondern wir brauchen nur zwei Zeichen, die das Geschlecht anzeigen, und zwei, die den Vorgang von Aufladung oder Entladung anzeigen. Denn *wenn Bewegung erstirbt, erstirbt Elektrizität. Sie ist dann keine negative Elektrizität – so wie der Tod kein negatives Leben ist.* In all diesen Wirkungen von Aufladung und Entladung entsprechen die Spannungen des Farbspektrums den Spannungen des elektrischen Potenzials. Darum sollten sie gemeinsam betrachtet werden.

Wenn dieser Wandel in unserem Denken der Natur entspricht, kann es nur eine Art von Elektrizität geben – positive Elektrizität, gleichbedeutend mit der Kraft, aufzuladen oder zu komprimieren. Daraus folgt notwendigerweise und logischerweise, dass in einem elektrisch polarisierten Universum, in dem beide unterteilten Paarlinge gleichwertig sind, negative Elektrizität unmöglich wäre. Sie wäre auch unnötig, wenn das andere Ende der Komprimierungspumpe, die das Universum darstellt, das universale Vakuum ist.

Wir können das neue Konzept der Natur des Universums nicht in der Terminologie darstellen, die den alten Konzepten entstammt. Dies bedeutet keine Kritik an früheren Beiträgen zum Fortschritt der Welt, sondern trägt dazu bei, indem alte Konzepte so geändert werden, dass sie neuen Erkenntnissen entsprechen, welche Zeit und Forschung möglich gemacht haben. Wir betonen dies, weil einige dieser neuen Änderungen des Konzeptes der traditionellen Ausbildung und dem traditionellen Denken diametral entgegenstehen.

Der Hauptzweck dieses Buches liegt allerdings darin, dieses neue Wissen einfach mitzuteilen, damit die Welt überleben kann. Es ist nicht als Lehrbuch des neuen wissenschaftlichen Denkens zu Ausbildungszwecken konzipiert. Das wird später kommen und in anderer Weise, so wie wir das Wissen nach und nach unseren Schülern weitergeben.[69] Aus diesem Grund sind diese Texte hier kurz gehalten, werfen aber doch ein wenig Licht auf das neue Zeitalter der Transmutation, das ganz sicher folgen wird, wenn die alten Konzepte von Ma terie und Bewegung sich in die hier kurz beschriebenen neuen Konzepte verwandelt haben. Transmutation braucht, um zu einer Realität zu werden, nur das Verständnis einiger weniger Menschen mit Visionskraft, deren Geist nicht statisch und verschlossen ist.

Transmutation ist das einfachste aller Prinzipien der Natur – zehntausend Mal einfacher als das, was wir heutzutage unter großen Gefahren und Kosten unternehmen. Die Entdeckung, dass Materie und Bewegung tonal sind und absolut kontrollierbar, bedeutet den ersten Schritt in diese Richtung. Die Elemente sind keine Stoffe. Sie sind nur Bewegungszustände, die durch Wissen und elektrische Kraft gesteuert werden können. Nach dem gegenwärtigen wissenschaftlichen Verständnis muss von einem Element ein Elektron weggeschlagen werden, um es in ein anderes Element zu verwandeln. Dies läuft der Funktionsweise der Natur zuwider. Niemand würde denken, dass man versuchen müsste, den Teil eines Tons wegzuschlagen, um ihn in einen anderen Ton zu verwandeln, oder einem Menschen einen Arm abzunehmen, um ihn in ein Pferd zu verwandeln. Aber genau das versucht die Wissenschaft, indem sie ein Elektron vom Quecksilber wegschlägt, um Gold zu produzieren. Im übrigen gibt es, wie wir sehen werden, gar keine Elektronen in den Elementen, die man wegschlagen könnte.

Die Muster, Spezies und Geschlechter der Natur können verändert werden, aber sie sind grundsätzlich identisch. Transmutation bedeutet Abwandlung mithilfe des Wissens, wie diese Modifizierung zu lenken ist. Dies ist so einfach wie das Stimmen einer Harfensaite, indem ihre Schwingungsfrequenz erhöht wird. Die Natur unterteilt, vervielfacht und kombiniert mithilfe der Elektrizität. Der Mensch hat die ganze elektrische Kraft, die er braucht, zu seiner Verfügung. Jeder Bewegungszustand und jede Kombination dieser Zustände kann vom Menschen genutzt werden, wenn er nur weiß, wie die Natur es macht. Jedes Element kann neu gestimmt oder in Paare unterteilt werden, und die Paare können wieder neu gestimmt werden. Jede Kombination von Elementen – zum Beispiel unsere Atmosphäre – kann unterteilt werden, damit ihre Paare getrennt genutzt oder neu kombiniert werden können, je nach Wunsch. Wasserstoff, Sauerstoff oder Stickstoff in Kombination können mit Leichtigkeit getrennt und einzeln benutzt oder neu kombiniert beziehungsweise beliebig modifiziert werden. Genauso kann Salzwasser ganz einfach in seine Bestandteile zerlegt und nach Belieben wieder neu kombiniert werden, auch ohne Salz.

Wenn die Natur unterteilt, erschafft sie immer Paare männlicher und weiblicher Partner. Dann vervielfacht sie diese Paare getrennt oder in Vereinigung.

Sie vervielfacht Natrium zu Kalium und dann zu Rubidium. Sie vervielfacht Fluor zu Chlor, dann zu Brom und dann zu Jod. Der Mensch könnte es mit jedem Element der chemischen Tonreihe genauso tun und die Elemente sogar in Halbtöne unterteilen. Der Mensch könnte auch solche Elemente wie Kohlenstoff unterteilen und allein aus Kohlenstoff fünf Paare reinster, rostfreier Metalle mit hohen Schmelzpunkten, hoher Schmiedbarkeit und Leitfähigkeit produzieren. Die Elemente sind wie ein Alphabet für den Menschen, mit dessen Buchstaben er schreiben kann, was er möchte. Sie sind nur die Noten-Töne auf der neun Oktaven umfassenden Tastatur des kosmischen Instrumentes, auf dem er gerade erst beginnt, die Sinfonien seiner Wünsche und seiner Vorstellungen zu komponieren.

Die Natur kann unter entsprechenden Bedingungen Wirbelstürme erschaffen, der Mensch jedoch kann diese Bedingungen kontrollieren und sie beliebig unterteilen. Genauso kann der Mensch in beliebigen Mengen Regen erschaffen, wo immer er es wünscht. Die ausgedehnten Wüsten der Erde können mit Dattelpalmen aufgeforstet und mit einer Vegetation bedeckt werden, welche Sandstürme für immer beenden und beträchtlich zur Nahrungsversorgung der Welt beitragen würde. Damit der Mensch dazu in der Lage ist, braucht er nur Wissen – um die Raumgeometrie, die Mathematik, über die Welle der Schwerkraft-Lenkung und die Natur des elektrischen Stromes.

Die große Macht, aufgrund von Geist-*Wissen* durch Geist-*Steuerung* zu transmutieren, steht dem Menschen zur Verfügung, wenn er endlich die URSACHE erkennt, anstelle immer auf die *Wirkungen der Ursache* begrenzt zu sein. Wenn dieser Tag kommt, wird der Mensch nicht länger auf die begrenzte Versorgung mit fossilen Rohstoffen angewiesen sein, noch muss er die Mühe aufwenden, sie zu fördern. Das Zeitalter der Transmutation kann in einem Jahr erreicht werden, wenn der Mensch sich dafür entscheidet, seinen Geist für neue Vorstellungen zu öffnen –es kann aber auch dreitausend Jahre entfernt liegen. URSACHEN können nie erfahren werden, indem man ihre WIRKUNGEN in Gestalt von Bewegung untersucht. Die Ursache liegt im wissenden Geist, nicht im wahrnehmenden Körper. Die Ursache liegt im unsichtbaren Universum, das nicht auf die Sinne reagiert, und nicht in den Sinnen, *die nur Bewegung wahrnehmen und niemals wissen können.*

Die Sinne blicken für immer durch die konvexen oder konkaven Drucklinsen und Spiegel eines gekrümmten Universums der gegenläufigen Bewegung. Sie zeichnen verzerrte Bilder und ein auf dem Kopf stehendes Universum auf. Die innere Vision hingegen ist nicht elektrisch. Sie ist magnetisch. Die

Würfelspiegel des Raumes sind ungekrümmt und verzerren nicht. Die Geist-Wahrnehmung transzendiert das Linsensystem der Sinne und wird nicht von Illusion getäuscht, denn der Geist ist der Schöpfer der Illusion. *Der Geist weiß und projiziert sein Licht. Die Sinne können nur spiegeln. Sie können nicht wissen.*

Und so blickt der Mensch in Mikroskope und Teleskope. Er baut große Labore, um die Wirkungen von Dingen, die sich bewegen, zu erforschen. Er sammelt viele Informationen über ihre Bewegung und hat großartige Fähigkeiten bei der Kontrolle der Bewegungen dieser sich bewegenden Dinge entwickelt. Dann argumentiert er und sammelt, überlegt und kombiniert, *aber überlegen bedeutet nicht wissen – und kombinieren bedeutet nicht erschaffen.* Aber was WEISS der Mensch? Wenn die Sinne über Bewegungsauswirkungen informiert werden, weckt das nicht das Wissen im Geist. Im Gegenteil, alle Bewegungseffekte sind optische Illusionen, welche die Sinne täuschen und die Menschen dazu veranlassen, Schlüsse zu ziehen, die in der Natur nicht gelten.

Der Schlüssel zu den Geheimnissen der Natur kann niemals im sichtbaren Universum gefunden werden, sondern nur im unsichtbaren Universum, welches das sichtbare erschafft und lenkt. »Aber wir können das unsichtbare Universum nicht kennen, weil wir es nicht sehen«, sagten die Menschen. Während die geistige Natur des Menschen sich entfaltet, wird er der Tatsache gewahr, dass er die eine Hälfte des Universums *sehen* und niemals um sie *wissen* kann, und um die andere Hälfte kann er *wissen,* sie aber nicht *sehen.*

Wir glauben auch, dass der Mensch wahres Glück erst finden kann, wenn er endlich herausgefunden hat, was Leben und Tod wirklich bedeuten und ihnen nicht mehr die grauenvolle Bedeutung zuordnet, zu der ihn sein Glaube an den Tod veranlasst hat, welcher in der Natur keinerlei Gültigkeit besitzt. Darum werden wir Gott kurz definieren, so wie wir Seine Allgegenwart und Zielsetzung in Lektion Nummer 13 unseres »Fernstudienkurses Kosmisches Bewusstsein« beschrieben haben. Dieses grundlegende Wissen über die Schöpfung wird dazu beitragen, das wahre Wesen von Elektrizität und Schwerkraft begreiflich zu machen.

Kapitel 5
Die Transformation des Menschen

Wenn der Mensch schließlich um Gott weiß,
wird er transformiert sein.

Die Menschheit muss das dynamische Wissen um die Identität und Gegenwart Gottes in der Seele des Menschen und in der gesamten Natur erlangen, bevor es ihr möglich ist, eine dauerhafte Zivilisation der Einheit, Einigkeit und Brüderlichkeit zu errichten.

Der Mensch hat Gott nur deshalb noch nicht erkannt, weil er sich immer noch in seiner intellektuellen Kindheit befindet und seine Ideale und Handlungen noch heidnisch und barbarisch sind.

Um Gott zu kennen, muss der Mensch wissen, was Licht, Energie, Magnetismus, Elektrizität und Gravitation sind und wie Gott Körper aufbaut, welche Seine Gegenwart und Seine Zielsetzungen manifestieren. Er muss die Geheimnisse von Leben, Tod und Wachstum kennen und von dem Samen, in welchen selbst die riesige Eiche verschwindet, ohne jedoch ihre Identität zu verlieren. Und er muss wissen, wie auch der Mensch seine Identität beibehält, wenn er verschwindet.

Diese Dinge weiß noch niemand. Die Vorstellungen der modernen Weisen in dieser Hinsicht entsprechen den göttlichen Vorgängen nicht im Mindesten. Die diesbezüglichen Schlussfolgerungen des Menschen sind die Schlussfolgerungen seiner *Sinne*. Sein *Geist* hat noch nie die Illusion seiner Sinne durchdrungen. Er nimmt immer noch WIRKUNGEN wahr, ohne um ihre URSACHE zu wissen.

All dies sollen Sie jetzt erfahren – und wenn Sie es in Ihrem inneren Selbst begreifen, dann werden Sie Gott kennen.

Wir widmen dieses gesamte Kapitel dem vollständigen Verständnis der Identität und Gegenwart Gottes. Man hat immer angenommen, dass Gott heute und auf ewig unbegreiflich und unbeweisbar sei, weil Er unsichtbar ist, und weil das, was den menschlichen Sinnen nicht zugänglich ist, dem menschlichen Wissen auch verschlossen bleiben müsse.

Das ist nicht wahr. Das Unsichtbare kann GEWUSST und BEGRIFFEN werden, obwohl wir es nicht sehen können. *Wir können auch die Schwerkraft nicht sehen, aber wir können sie kennen und begreifen, denn wir müssen ihr gehorchen – oder umkommen.* Polarität, Wahrheit, Stille und Liebe können wir nicht sehen, aber diese unsichtbaren Wirklichkeiten stellen die großen Kräfte dar, die das Universum regieren, und auch sie können GEWUSST werden. An der Spitze von all diesem steht Ihr Geist. Sie können Ihren Geist ebenso wenig sehen wie unseren, aber Sie wissen, dass Ihr Geist die Grundlage Ihres Wesens ist und dass er Ihren sichtbaren Körper lenkt. Genauso können Sie Gottes Geist nicht sehen, und doch wissen Sie, dass dieses Universum Seine Schöpfung ist, und dass Er es mit einer Kraft regiert, die Sie ebenfalls nicht sehen können, der Sie aber gemeinsam mit allem anderen Erschaffenen gehorchen müssen.

Der Urmensch forderte einen Gott, der sichtbar sein sollte. Er betete die Sonne an, dann machte er sich Götzenbilder. Unsere heutige Zivilisation ist immer noch heidnisch. Sie hat dieses Stadium nie wirklich verlassen. Die große Mehrheit der Menschen huldigt immer noch einem riesigen, subjektiven, männlich geprägten Gott mit menschlichen Gefühlen von Zorn und Rache.

Es ist an der Zeit, dass die Menschheit Gott so kennen lernt, wie Er ist. Glück, Fortschritt und Bestand sind der Menschheit erst möglich, wenn die ewige Gegenwart Seines Wesens, derer wir gerade erst gewahr werden, uns ständig vertraut geworden ist.

Wie weit sind wir von diesem Tag entfernt? In der heidnischen Welt, in der Milliarden leben, gibt es nur einige wenige, die begonnen haben zu begreifen, dass der Pfad zum Licht des inneren Königreiches mit Liebe erleuchtet ist, und dass Liebe das unausweichliche und unwiderrufliche GESETZ ist, dessen Nichtbeachtung niemand überleben kann. Unsere gegenwärtige, fast primitive Zivilisation ist insofern barbarisch, als sie versucht zu überleben, zu überdauern, glücklich zu sein und zu gedeihen, während sie Gottes Gesetz der Liebe verletzt. Der Mensch hat noch nicht gelernt, dass er Gottes Gesetz weder verletzen noch brechen kann, dass jedoch das Gesetz ihn brechen kann. Wenn der Mensch denkt, er würde das Gesetz brechen, indem er seinen Bruder verletzt, erfüllt er nur das Gesetz des Gleichgewichtes, welches ihm die Verletzung, die er einem anderen zufügen wollte, zurückgibt.

Sie werden nun das große Geheimnis kennen lernen, das den Menschen seit Äonen verborgen war. Das Wissen um die Identität Gottes wird Ihre geistige

Entfaltung so beschleunigen, dass Ihre innersinnliche Wahrnehmung Sie weit trägt auf dem Pfad, der zur »Brahmanischen Seligkeit« führt, welche Buddha die Menschen zu suchen bat, oder zum »Königreich des Himmels«, welches Jesus die Menschen zu suchen bat. *Es ist dem Menschen im gegenwärtigen Zeitalter erst möglich, Gott zu verstehen, wenn er sich von den derzeitigen falschen Vorstellungen über Elektrizität, Magnetismus, Schwerkraft, Energie und den Atomaufbau löst und diese Vorstellungen durch die Wege und Vorgänge ersetzt, nach denen die Natur arbeitet.*

Alle grundlegenden Vorstellungen des Menschen waren das Ergebnis von Schlussfolgerungen, die aus der äußeren Wahrnehmung der Sinne hervorgingen und nicht aus der inneren Vision des Geistes. Die Sinne sehen Illusion und werden mächtig getäuscht. *Geist-Vision täuscht nicht, denn hier beginnt die Ursache, und alle Wirkung ist nur deren Produkt.*

Die grundlegenden Wahrheiten der Natur lauten genau umgekehrt wie die Schlussfolgerungen der Naturwissenschaft, so wie die Reflexionen in einem Spiegel eine Umkehrung ihrer Ursache sind. Diese Schlussfolgerungen begannen damit, dass jemand Bernstein und Glas mit Wolle und Seide rieb[70], und schritten fort mit Newton und vielen anderen Beobachtern, die sich sehr täuschen ließen, bis hin zur Fantasie von Nils Bohrs unmöglichem Atom, das in der Natur nicht die geringste Entsprechung hat. Das Schwerkraftkonzept ähnelt wenigstens der Natur, nur in Umkehrung, aber das Rutherford-Bohr-Atom hat nicht einmal diesen Vorzug.

Wenn wir die wahre Natur der Elektrizität erklären, werden wir klar darlegen, dass das vertraute Atommodell, nach dem sich Elektronen in Umlaufbahnen auf vielen sich einander schneidenden Ebenen um einen zentralen Kern bewegen, eine völlige Unmöglichkeit in der Natur ist. Es widerspricht jedem Prinzip des elektrischen Stromes und der Welle und sollte daher ins Reich der Erfindung verwiesen werden. Es ist schwer zu beschreiben, wie schockierend ein solches Konzept auf einen Erleuchteten wirkt, der ohne Mikroskop oder Teleskop in die atomaren oder stellaren Systeme »hineinschauen« kann, während die äußere Vision nicht einmal unterscheiden kann, was die Materie zusammenhält, wenn sie Zyklotrone[71] benutzt, die zwanzig Millionen Dollar kosten. Wenn Sie die Arbeitsweise der Natur kennen, werden Sie begreifen, wie schockierend die Erkenntnis ist, dass in einem erleuchteten Zeitalter der Glaube herrscht, Elektronen würden in bestimmter Anzahl um Edelgas-Kerne kreisen. Wenn Sie wissen, was die Aufgabe der Edelgase in der Natur ist, werden Sie noch schockierter sein.

Um zu verdeutlichen, was wir meinen, wollen wir Sie an den vertrauten Glauben erinnern, dass die Kraft des Magnetismus etwas anderes sei als Elektrizität, eine Kraft, die mit einem Stabmagneten Nägel aufheben kann und mit einem Riesenmagneten Tonnen von Eisen. Die wissenschaftliche Terminologie ist redundant[72], wenn sie Bezeichnungen wie »magnetische Kraftlinien«, »Magnetfeld der Erde« und »Elektromagnetismus« benutzt, denn jede Wirkung, die dem Magnetismus zugeschrieben wird, ist einzig und allein elektrisch. Es gibt darüber hinaus keine eigenständige Kraft wie etwa den Magnetismus, welche das Werk der Schöpfung verrichtet. *Was der Mensch für eine magnetische Kraft hält, ist das spirituelle Geistes-Licht und keine physisch wirkende Schöpfungskraft.* Genauso hören wir beständig Hinweise auf negative Elektrizität, negative Ladung und negativ geladene Teilchen, die in der Natur so unmöglich sind wie unhörbarer Klang.

Das vielleicht grundlegendste Missverständnis ist das elektrische Gesetz nach Coulomb, das besagt, dass Gegensätze sich anziehen und dass Schwerkraft auch eine Kraft ist, die von innen nach innen zieht und andere Körper anzieht. In Wirklichkeit sind diese beiden Überzeugungen das Gegenteil von den Gegebenheiten in der Natur, aus denen sie irrtümlich abgeleitet wurden. Zu dieser nicht naturgemäßen Vorstellung passt die genauso wenig naturgemäße Vorstellung, dass unser Universum vor etwa zwei Milliarden Jahren erschaffen wurde und nun seine Energie abstrahlt. In Wirklichkeit wird das Universum ständig und auf ewig erschaffen.

In dieser Vorstellung gibt es keinen Raum für einen »Aufwärtsfluss der Energie«. Es gibt nur einen »Abwärtsfluss«. Das Wissen um die Natur der Elektrizität setzt der Vorstellung ein Ende, nach der das Universum sich auf dem Weg in den Tod befindet. Für jeden elektrischen Pulsschlag *gibt es zwei entgegengesetzte Vorgänge.* Der eine ist GENERO-AKTIV, also aufbauend, und vervielfacht die Komprimierung. Das ist der »Aufwärtsfluss« der Natur, der auflädt. Der andere ist RADIO-AKTIV, also strahlend und abbauend. Er vervielfacht die Expansion, und ihr »Abwärtsfluss« entlädt. Aus diesem Grund ist es an der Zeit, dass wir endlich die wahre Natur von Elektrizität und Magnetismus kennen lernen, anstatt aus dem, was unsere Sinne uns mitteilen, Theorien abzuleiten.

Abbildung 9 (Seite 92) illustriert die gegenwärtige Vorstellung von Elektrizität, die nicht mit der Natur übereinstimmt.

Wer die wahre Natur der Elektrizität begriffen hat, versteht auch, warum das Atommodell nach Rutherford-Bohr nichts mit der Natur zu tun hat. Die gesamte Natur beruht auf dem Prinzip der Liebe, das durch *Geben und Zurückgeben* ausgedrückt wird. Die Natur NIMMT niemals. Das gegenwärtige Konzept der Schwerkraft basiert auf NEHMEN, denn angeblich zieht es von innen nach innen. Die Natur arbeitet so nicht. Die Natur »absorbiert« nicht einmal von »innen«, und es gibt auch keine Implosionen in der Natur, denn eine Kraft wie Anziehung oder Kontraktion gibt es nicht. Dies scheint eine überraschende Aussage zu sein, aber sie ist trotzdem wahr, wie wir sehen werden, wenn wir zur *Ursache* zurückgehen, und uns nicht länger von den Illusionen der *Wirkung* täuschen lassen.

Die menschliche Vorstellung der Schwerkraft war die einer anziehenden Kraft, welche von innen nach innen zieht, und sie ist dem, wie es sich in der Natur wirklich verhält, diametral entgegengesetzt. Die Schwerkraft ist das lenkende Zentrum einer komprimierenden elektrischen Kraft, die von der *Außenseite* der Materie ausgeübt wird, nicht von *innen*. Während Sie allmählich die elektrische Welle verstehen, das sie umschließende, würfelförmige Wellenfeld und das Gleichgewichtsprinzip, auf dem alle Bewegung beruht, werden Sie neue Konzepte für Anziehung, Kontraktion, Absorption, Balance und das universale Gleichgewicht erhalten. Wenn Sie vollständig begreifen, was das unsichtbare Licht ist und was die beiden unterteilten Lichter sind, werden Sie auch eine andere Vorstellung von Materie haben.

Gott erschafft in Seinem Schöpfungsprozess Paare von Untereinheiten aus unterteiltem Licht in Bewegung, die als Materie bekannt sind. Die Naturwissenschaft hat sich von den Bewegungsillusionen so vollständig täuschen lassen, dass ein großes eigenes Fachgebiet in der wissenschaftlichen Welt entstanden ist, das gemeinhin als Kernphysik bezeichnet wird. Wie der Name vermuten lässt, basiert die Kernphysik auf dem Glauben, das Atom würde von innen durch einen Kern zusammengehalten und dieser Kern bestehe aus bestimmten Teilchen, die in irgendeiner geheimnisvollen, ungeklärten Weise aufeinander einwirken, um sich zusammenzuhalten. Sie veranlassen entgegengesetzt geladene Teilchen, die so genannten Elektronen, dazu, um sie zu kreisen. Diese Elektronen kreisen angeblich in schalenartigen Schichten um den Kern. Jedes Element wird zu dem nächsten Element in der Reihe, indem man ihm ein weiteres Elektron hinzufügt.

Es gibt keine Teilchen oder Teilchengruppen, die als Kerne das Atom zusammenhalten. So arbeitet die Schwerkraft nicht. Im Zentrum aller schöpferischen Materie befindet sich – außer bei einem einzigen Element in jeder Oktave – ein Loch aus leerem Raum. *Die Energie der Schöpfung befindet sich in der Mitte eines jeden solchen Loches. Diese zentrierende, unsichtbare, allmächtige Energie ist Gottes-Geist und Ihr Geist. Natürlich können Sie diese Energie nicht sehen, aber Sie können darum wissen, denn sie ist Ihre Identität und Ihre Intelligenz. Sie ist die Quelle Ihrer Schöpfungen, wie sie die Quelle aller Schöpfung ist.* Das meinte Jesus, als er den Menschen sagte, das Königreich des Himmels sei innen. Das meinte er auch, als er sagte: »Mein Vater und Ich sind EINS.«

Der Zeitpunkt in der Geschichte der Menschheit ist nun gekommen, wo alle Menschen genau wissen müssen, was diese Lehren des großen Erleuchteten wirklich bedeuteten. Die geistige Entfaltung in allen Menschen wird jetzt das Licht des Genies, des Kosmischen Bewusstseins und des Christusbewusstseins wecken. Erst wenn dieser Tag gekommen ist, wird der Mensch das Glück und den Frieden der Einen Welt einer universalen Brüderlichkeit kennen lernen.

Die Unmöglichkeit eines zentrierenden Kerns im Atom geht auf die Tatsache zurück, dass *auch das Atom nicht von innen zusammengezogen, sondern von außen zusammengepresst wird. Das ist ein weiteres Beispiel für die täuschende Wirkung von Bewegung, der jene erliegen, die mit ihren äußeren Sinnen auf widergespiegelte Wirkungen blicken, anstatt mit dem inneren Geist auf die Ursache dieser Wirkungen.*

Im Weiteren werden wir Sie geradewegs in das Atom selbst mitnehmen, damit Sie jedes Einzelne so klar sehen, wie wir es tun. Einem zehnjährigen Jungen könnte das Atom so vertraut sein wie das Alphabet, wenn er nur auf die wahre Natur der Elektrizität und deren äußerst einfaches Arbeitsprinzip aufmerksam gemacht würde. Beides liegt in dem unbekannten Prinzip der Welle verborgen, in der alle Geheimnisse des Universums – der äußeren Sehkraft des Menschen unzugänglich – klar zutage treten.

Wir definieren Gott

I

Gott ist Licht. Und Gott ist Liebe. Und Gott ist unerbittliches Gesetz.

Gott ist das unsichtbare, bewegungslose, geschlechtslose, ungeteilte und unbedingte Weiße Magnetische Licht des Allmächtigen, Allwissenden und Allgegenwärtigen Geistes.

In diesem ganzen Universum der zahllos vielen Dinge gibt es nur Ein Licht – den Geist Gottes – und die beiden von Ihm ausgehenden Lichter Seines Denkens, welche Seine Vorstellungskraft erschuf, um Sein Wesen in scheinbarer Aktivität zu manifestieren. Es gibt nichts anderes in der gesamten Natur als Gottes wissenden, ruhenden Geist und die Bewegung des Geist-Denkens.

Gottes Wissen ist magnetisch. Gottes Denken ist elektrisch.

Gott hat nur eine IDEE, einen WUNSCH, einen ZWECK, eine AKTIVITÄT und ein GESETZ.

Seine einzige *Idee* ist Seine Einheit in Vater-Mutter-Liebe. Sein einziger *Wunsch* ist, in aufeinander folgenden Intervallen Aktion und Ruhe von dieser Aktion zu denken. Sein einziger *Zweck* ist, was Er IST und was Er WEISS, in Sein eigenes Bild zu denken. Seine einzige *Aktivität* ist zu geben. Sein einziges *Gesetz* ist, dass, *was* Er gibt, durch gleichwertiges Zurückgeben aufgewogen werden muss.

Sein Gesetz des Gleichgewichtes ist das Gesetz der Liebe, auf dem Sein Universum begründet ist. Denn Gott ist Liebe – und das Universum muss Sein Bild widerspiegeln.

Gottes Magnetisches Licht-Universum befindet sich in Ruhe. Es ist ausgewogen.

Gottes elektrisches Universum muss in Seiner Ruhe, in Seinen Handlungen und in Seinem Geben und Zurückgeben genauso ausgewogen sein.

Gottes einziges Gesetz des Gleichgewichtes muss so unerbittlich befolgt werden, wie der Teil dieses Gesetzes, der als Schwerkraft bekannt ist, unerbittlich gilt.

Um das, was Er IST und was Er WEISS, in Bildformen zu denken, die Ihn durch Bewegung manifestieren, *unterteilt Gott Sein ruhendes Magnetisches Licht in Paare aus elektrischen Partnern. Gott dehnt diese Paare, die Er unterteilt hat, zu zwei exakt bemessenen, magnetischen Brennpunkten aus, und zwar genau gleich, um seine Unterteilung im Gleichgewicht zu halten, und vervielfacht die Kraft, mit der diese Brennpunkte Handlungen lenken, um im Ausmaß ihrer Ausweitung Seine göttliche Allmacht zu manifestieren.*

Die beiden magnetischen Brennpunkte, die nach dem menschlichem Wissen Magnetpole sind, gehen aus der Ruhe des göttlichen Angelpunktes aus und folgen Wellenpfaden Seiner ewigen Ruhe, um die Manifestation Seiner Bilder aus dem Inneren aller schöpferischen Körper zu lenken und um ihre Getrenntheit von außen her auszugleichen.

Gott unterteilt genauso Seine Allgegenwart, indem Er in Seinem ganzen grenzenlosen Universum jedes Teilchen der schöpferischen Materie mit dem stillen Licht Seiner eigenen GEGENWART zentriert. Aus jedem dieser Zentren streckt Er Seinen rechten Arm zum einen Pol aus, und Seinen linken zum anderen. So formt sich eine Achse, um die sich jede getrennte Untereinheit der gesamten Schöpfung bewegen muss, um die Kreisläufe Seines Denkens zu manifestieren. In dieser Art hat jeder Geist-zentrierte Körper in der gesamten Schöpfung die Allmacht und Allwissenheit zu seiner Verfügung und als sein Erbe, nach dem Maß des menschlichen Wunsches, und kann im Ausmaß des Gewahrseins von Gottes zentrierender Gegenwart innerhalb jeder Einheit darüber verfügen.

Äonen vergehen, bevor etwas anderes als Sinneswahrnehmung – und später Instinkt – dazu führt, dass die Körper des zentrierenden Lichtes jener göttlichen Gegenwart gewahr werden. Weitere lange Zeitalter vergehen, bevor Denken und Wissen die Sinneswahrnehmung und den Instinkt transzendieren. Wenn das Denken beginnt, beginnt auch das Wissen. Weitere Zeitalter vergehen, bevor Gottes höchste Schöpfung – der MENSCH – um seine Göttlichkeit weiß und ganz versteht, was die innere leise Stimme ihm seit Ewigkeiten sagt: »Was Ich bin, bist auch du.«

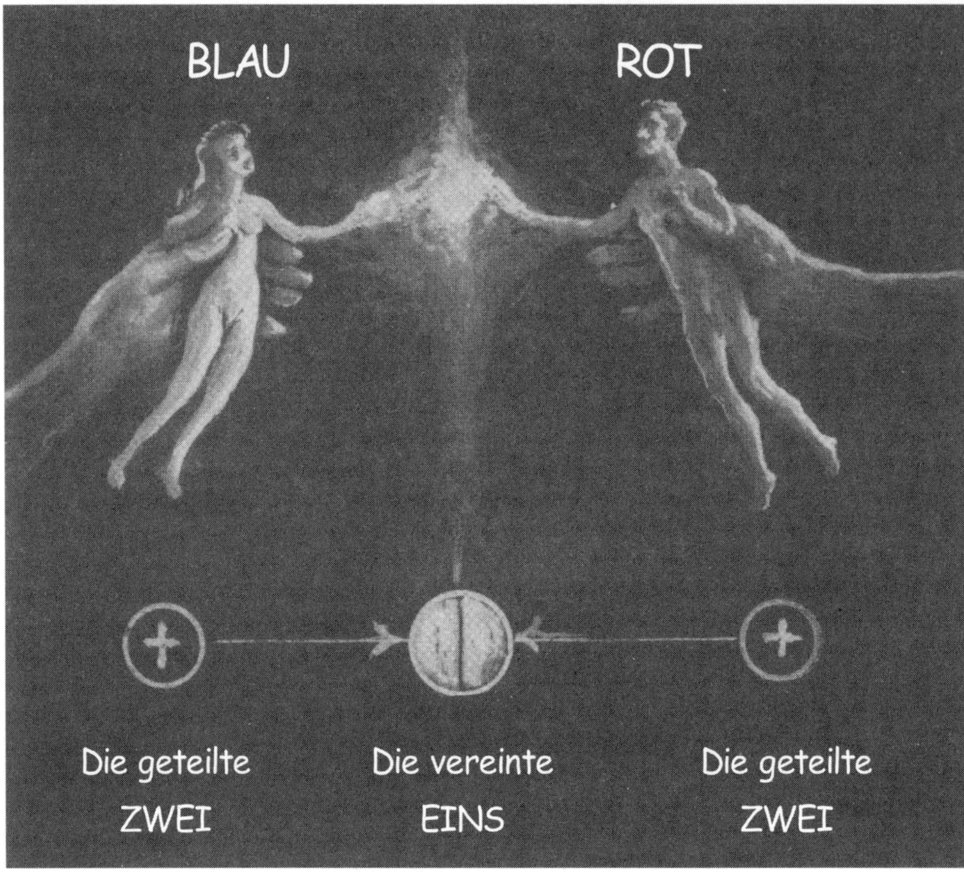

Abbildung 19

Diese Abbildung verdeutlicht den gesamten Schöpfungsprozess, die Erschaffung und Wiedererschaffung von Materie. Vater-Mutter-Gott unterteilt elektrisch Seine Einheit in Paare von Vater- und Mutterkörpern. Der elektrischen Spannung der Trennung entspricht eine genau entgegengesetzte Spannung des Verlangens nach Einheit. Die Einheit, die so entsteht, wird in ähnlichen, elektrisch unterteilenden und vereinigenden Pulsschlägen auf ewig wiederholt.

Eine andere Art, dasselbe auszusagen.

Gott, der Schöpfer, unterteilt Sein All-Eines Weißes Licht, indem Er Seine Einheit in elektrische Spannungen aus vibrierenden, roten und blauen Paaren ausdehnt. Die Spannungen dieser elektrischen Unterteilung werden durch ein Verlangen nach Einheit ausgewogen, welche in der Materie am Punkt der Weißglut erreicht ist. Die so erlangte Einheit wird auf ewig durch denselben Unterteilungs- und Vereinigungsprozess von Pulsschlägen der elektrischen Aktion und Reaktion wiederholt. Die Fortpflanzung kann erst stattfinden, wenn die roten und blauen Lichter der geschlechtlich unterteilten Bewegung in dem ruhenden Weißen Licht des Schöpfers aufgehoben werden. Als einziges Wesen der Schöpfung weiß nur der Mensch jemals um seine Allwissenheit.

II

Gott, der Eine Wissende, wird dreifach durch Seine Vorstellung. Das ruhende Licht des Wissenden und die beweglichen Lichter Seines Denkens sind die Dreieinigkeit, die Gott in allen Dingen in unserem Universum ist.

Gott, Vater-Mutter und Eins, unterteilt Seine Geschlechtslosigkeit, um aus Seiner Einheit Vater- und Mutterkörper hervorgehen zu lassen. *Das einzige Verlangen dieser getrennten männlichen und weiblichen Teilchen oder Massen besteht darin, sich zu vereinen, um ihre Getrenntheit aufzuheben. Auf dieser Formel ist Gottes elektrisches Bewegungsuniversum gegründet.*

Der geschlechtslose Vater-Mutter-Schöpfer ist Eins. Seine ausgedehnten, geschlechtsbestimmten männlichen und weiblichen Körper sind die Ergänzung zu Seiner Dreieinigkeit.

Ruhe und Aktivität sind drei. Raum und Materie sind drei. Gleichgewicht und Bewegung sind drei. Dimensionen und Drücke sind drei. Der Herzschlag des Universum und Ihr Herzschlag sind drei. Genauso sind Sein Atem und der Ihrige drei, Seine Temperaturen und Ihre, sowie alle anderen Dinge im Universum und Sie.

Das Schwingen des Pendels ist drei, und auch das Spektrum, sowie Angelpunkt und Hebel ebenfalls drei sind.

Die Kathode ist eins – aber ihre ausgedehnten Anodenpaare, im elektrischen Strom des Menschen und des Weltraums, addieren sich zu drei.

Das Schweigen ist eines – aber der Klang entspringt aus dem Schweigen, wenn seine unterteilten, bewegenden Paare zusammenstoßen – so ist der Klang auch drei, und seine Schwingungen in Sequenzen von Ruhe und Aktivität sind ebenfalls drei.

Gott ist EINES in aller URSACHE – aber in aller WIRKUNG ist Er drei. Und alle, die drei sind, sind neun – denn alle, die drei sind, werden in diesem sichtbaren, vom Würfel beherrschtem Universum der drei Dimensionen mit Drei multipliziert.

III

Gott dezentriert Sein elektrisches Denken, um sich die Idee vorzustellen. Dann konzentriert Er, um ein bewegliches Körperbild der Idee zu formen.

Geist-Dezentrierung und elektrische *Depolarisierung* sind eins. *Geist-Konzentrierung* und elektrische *Komprimierung* sind genauso eins. Aufbauende *Genero-Aktivität, Komprimierung* und *Polarisierung* sind ebenfalls eins. Sie bilden das Lebensprinzip. Abstrahlende *Radioaktivität, Ausdehnung* und *Depolarisierung* sind eins. Sie bilden das Todesprinzip.

Der menschliche Geist und Gottes Geist sind EINS. Das menschliche Denken und Gottes Denken sind EINS.

Der Mensch dezentriert sich, um Ideen zu empfangen, und konzentriert sich, um einen Körper nach dem Abbild seiner Idee zu erschaffen, genau wie Gott es tut.

Gottes Denken wird elektrisch ausgedrückt durch die Erweiterung von einem Ruhepunkt im Raum hin zu einem komprimierten Ruhepunkt in der Materie. Dieser dehnt sich elektrisch zu einem Ruhepunkt im Raum aus, um in seine Quelle zu verschwinden. So unterteilt Gott die Ruhe durch Aktivität. So macht es auch der Mensch während all seiner kurzen Kreisläufe – aber wenn das Ruhe-Intervall für den längsten Kreislauf kommt, nennt er es Tod und das Ende, denn der Mensch weiß noch nicht, dass Gottes Wege und die des Menschen EINS sind. Auch weiß er noch nicht, dass er nicht sterben kann.

Der Mensch lädt seine Batterien auf diese Art auf, um ihnen Leben zu geben. Er entlädt sie, um ihr Leben aufzuheben – dann lädt er sie wieder auf. Alle Körper sind Batterien. Wachsende Körper sind aufladende Batterien. Die Körper der Natur sind aufgeladene Batterien. Sich entladende Batterien sind sterbende Batterien. Vollkommen entladene Batterien sind wie Leichen. In ihnen ist kein Leben, weil in ihnen keine Bewegung ist. Die Natur lädt ihre Körper auf ewig immer wieder auf. Sie beginnt ihren Aufladungsprozess beim Samen und entlädt die Körper wieder zum Samen.

Leben ist Bewegung. Tod ist Ruhe. Jedes ist der Angelpunkt des anderen. Es gibt in der Natur keinen Tod, nur den Glauben des Menschen an den Tod.

Gottes Magnetisches Licht ist ewiges Leben. Gottes Denken ist ewiges Leben in Aktion, unterteilt durch Ruhe. Das Leben in der Materie ist nur eine pulsierende Nachahmung des ewigen Lebens in Gott – dem EINEN.

IV

Gottes Denken ist universal. Seine Aktivität entspringt aus Seinem Denken, daher ist auch Gottes Aktivität universal. Gedanken finden nicht einfach *hier* oder *dort* statt, wo sie beginnen. Sie sind überall, und ihr Anfang und ihr Ende sind eins.

Aktivität ist genauso allgegenwärtig wie ihre Quelle im Geist-Denken. Das, was irgendwo geschieht, geschieht überall in diesem Universum, welches nur aus Geist-Erweiterung besteht.

Ideen haben keine Ausdehnung, aber Ideen, unterteilt durch Vorstellung, dehnen sich in eine vorgestellte Unendlichkeit aus, wiederholen ihre Unterteilungen wie die Unendlichkeit, die das Kaleidoskop wiederholt, und vervielfachen ihre Vorstellungen während der Wiederholung.

Wenn Gott an irgendeinem Punkt der Ruhe in Seinem Universum denkt, wird dieser Punkt das Zentrum eines unsichtbaren Würfels aus Weißem Magnetischem Licht. Von dort aus wird dieses Zentrum harmonisch wiederholt und bildet mit einer Geschwindigkeit von etlichen hundert Milliarden zyklischer Pulsierungen pro Sekunde immer neue Würfelzentren im kosmischen Kaleidoskop. Deren Ausdehnungsgeschwindigkeit in die dreidimensionale Illusion beträgt ungefähr dreihunderttausend Kilometer pro Sekunde.[73]

Radiale Ausdehnung von Anfangspunkten komprimiert Bewegung zu Würfelflächen der Ruhe im Raum. Diese Spiegel aus Magnetischem Licht projizieren Gottes Gedanken-ersonnene Formen auf Seine universale Leinwand des Raumes, um eine Realität der Existenz vorzutäuschen, wo nichts ist, nicht einmal die Bewegung, die so überzeugend da zu sein *scheint*.

Unsichtbare Würfel aus Magnetischem Licht und mit Nullkrümmung begrenzen die Wellenfelder, innerhalb derer das gekrümmte Universum aus reflektierten Kugelformen projiziert wird, um unser elektrisches Gedankenwellen-Universum der komplexen Illusion aufzubauen.

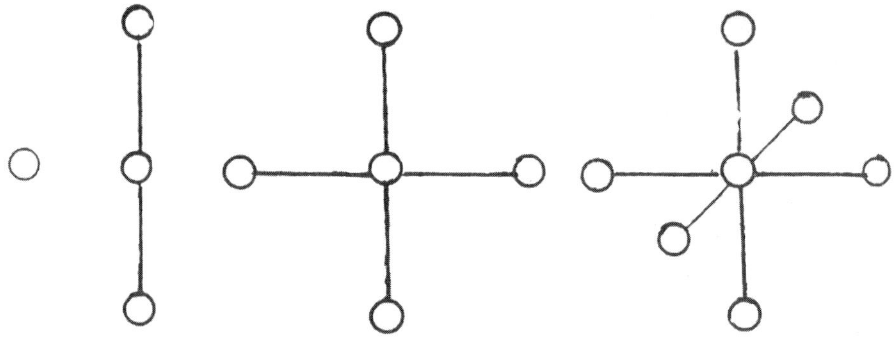

Abbildung 20-22
Die neun Nullpunkte, welche die drei Projektionsspiegel begrenzen, um die Illusion eines dreidimensionalen Universums zu verursachen.

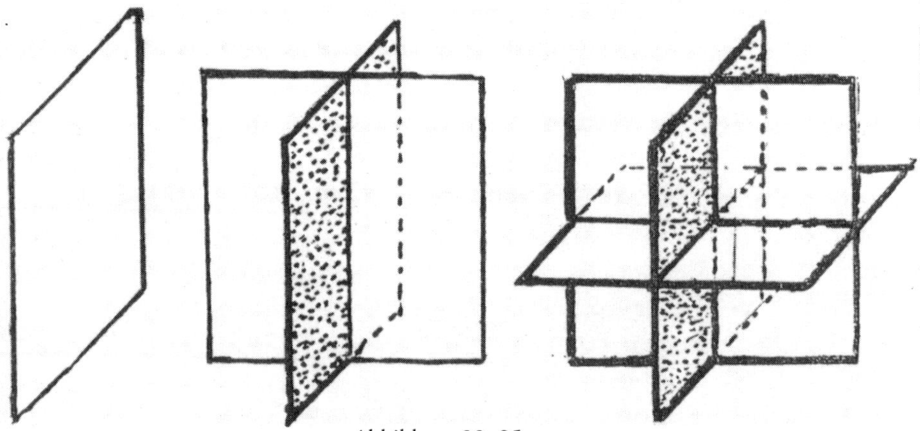

Abbildung 23–25
Die drei Projektionsspiegel des Kosmischen Kinos.

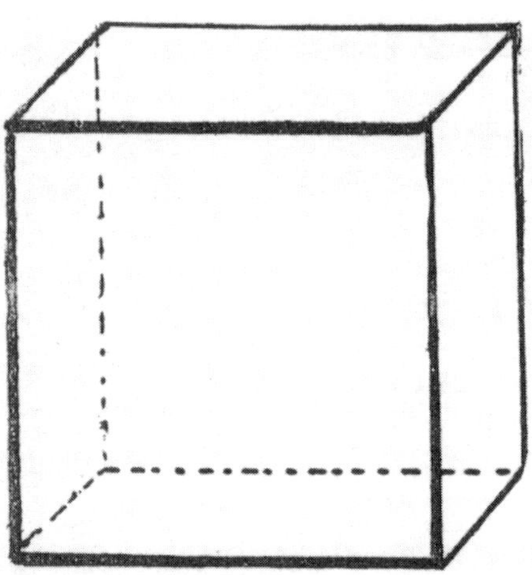

Abbildung 26
Die sechs Spiegel, welche die Leinwand des Raumes bilden, auf welche das kosmische Schöpfungsdrama projiziert wird.

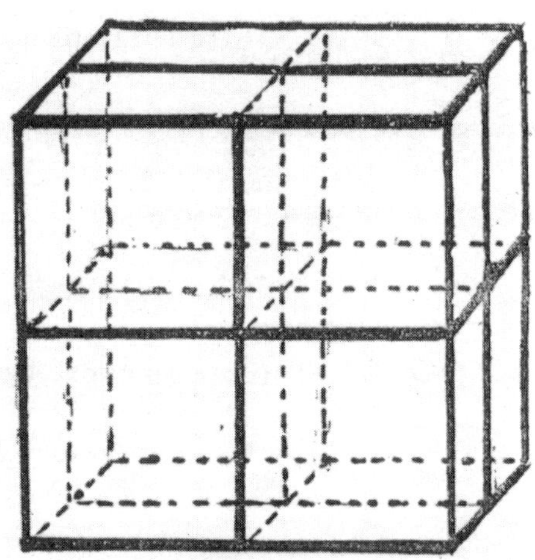

Abbildung 27
Die gesamte Wellenfeld-Projektionsmaschine aus neun magnetischen Spiegeln, welche in diesem Null-Universum elektrisch aufgezeichneter Geist-Vorstellungen die Illusion von Form und Bewegung erschaffen.

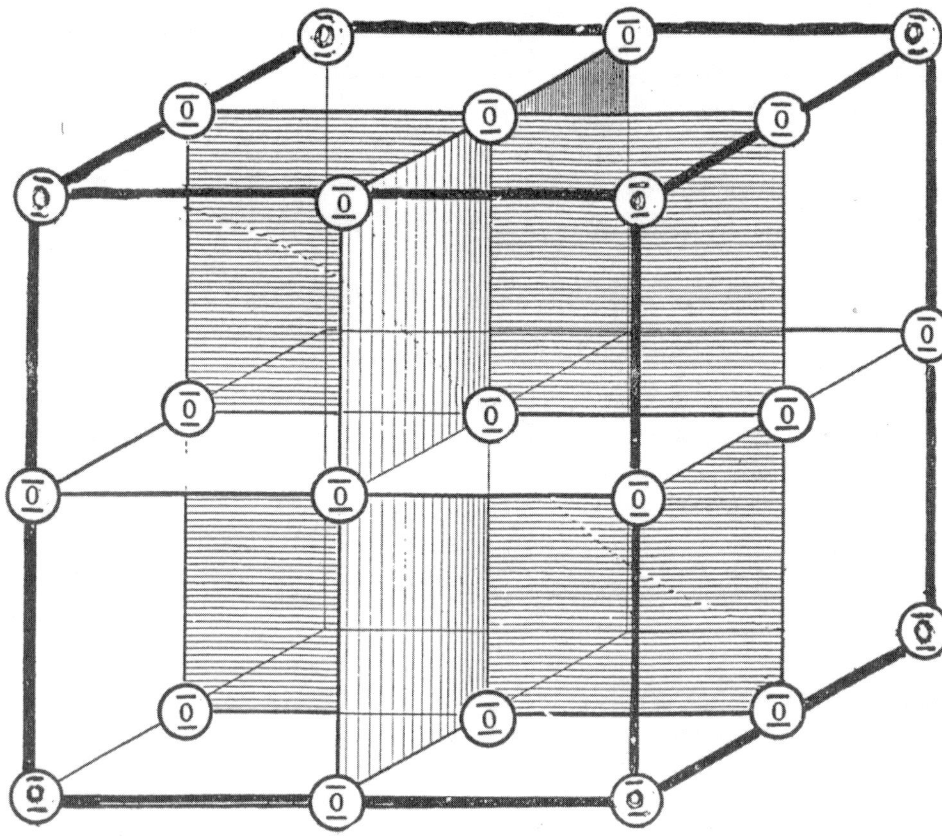

Abbildung 28
Jede polarisierte Aktion und ihre Reaktion ergeben insgesamt neun – niemals mehr, niemals weniger. Auch die Wellenoktavformel der chemischen Elemente und das Farbspektrum ergeben neun – acht und in der Mitte die Null, wie nachstehend dargestellt:

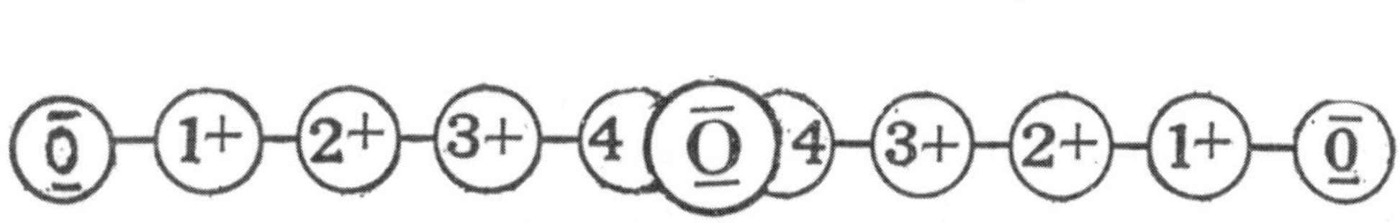

oder

Null Eins Zwei Drei Vier Fünf Sechs Sieben Acht Neun Null,
unser Dezimalsystem.

1. Die Gesamtzahl der Äquatore beträgt neun.
2. Die acht Ecken des Würfels und ihre zentrale Null ergeben neun.
3. Die acht Abteilungen des unterteilten Würfels mit ihrem mittleren Nullpunkt ergeben ebenfalls neun.
4. Die Nullpunkte auf jedem der neun Äquatoren summieren sich zu neun, nämlich acht und die Null in der Mitte.

Gott beginnt jede elektrische Gedankenwelle an einem Punkt Seines Weißen Lichtes im Schnittpunkt der drei inneren Ebenen des Würfels, welche im rechten Winkel zueinander stehen. Dieser Anfangspunkt ist der Angelpunkt der Welle. Er ist der Punkt der Ideen-Empfängnis im Geist. Er ist der Zentralpunkt der Edelgase, die aus dieser Ebene entspringen. Er ist das Zentrum der Kathode beim elektrischen Strom und der Anfang der Wellenachse, die sich in zwei Richtungen ausdehnt, um die rote Hälfte des Spektrums von der blauen zu trennen und so getrennte Vater- und Mutterkörper zu erschaffen. Genau hier beginnen auch Zeit und alle anderen *Dimensionen*, sowie alle anderen *Wirkungen*, wie Leben, Komprimierung, Polarisierung und Wärme. Dies ist auch der Punkt, wo alle depolarisierenden *Dimensionen und Wirkungen enden und verschwinden* in die Unsichtbarkeit, das Schweigen und die kalte Ruhe des Raumes.

Gott erschafft auf Seiner sich ausdehnenden Oktavwellenachse drei Paare von *unvereinten* männlichen und weiblichen Körpern – und dann ein *vereintes* viertes Paar auf Seiner Gedankenwellen-Amplitude. Dieses vereinte, ausgewogene Paar ist eine weiß glühende Kugel. An diesem Punkt der Welle – und nur dort – vereinen sich Vater und Mutter zu EINEM weißen Zentrum. Deren eine Halbkugel ist weiterhin das rote Licht des Vaters, und die andere ist das blaue Licht der Mutter; denn jede Halbkugel geht weiterhin von der Einheit aus, die ihre Mitte bildet.

V

Gottes magnetischer Würfel beinhaltet drei, multipliziert mit drei. Er besitzt neun Flächen mit Nullkrümmung, und seine begrenzenden Winkel sind die acht Ecken und die Angelpunkt-Quelle im Zentrum. Die Würfel-Wellenfelder sind die acht Spiegel aus Magnetischem Licht, welche Formen in festgelegten Dimensionen und Zuständen durch die gesamte Schöpfung des Universums von einem Wellenfeld zum anderen projizieren. Das unterteilte Licht widersetzt sich seiner Unterteilung. Aus dem Widerstand gegen diese Unterteilung entstehen entgegengesetzte Drücke. Die Krümmung entsteht aus dem Widerstand gegen die gegenläufig entgegengesetzte Bewegung. Der Widerstand ist am Anfang bei der Kathode schwach, vervielfacht sich aber an den Enden der Anode zu zyklonischer Wut. Hier entstehen aus den Schwerkraftkollisionen sexueller Vereinigungen Kohlenstoff, Silizium oder Sonnen aus wirbelnder Weißglut, je nach dem Ausmaß des Geist-Verlangens, das an den Anodenpunkten elektrisch wirkt.

In dem magnetischen Würfel mit Nullkrümmung wird ein Universum aus entgegengesetzten, gekrümmten Drücken geboren. Jeder gekrümmte Druck im Inneren des Würfels ist eine Linse zur Vervielfachung oder Unterteilung, zur Erwärmung oder zum Gefrieren, zur Komprimierung oder Ausdehnung, zur Verfestigung oder Verdampfung aller Bewegungsdrücke, welche die konkave oder konvexe Linse durchlaufen. So erscheint – für eine gewisse Zeit – Gottes gekrümmtes Universum der gekrümmten Richtungen mit gekrümmten, zellulären Formen auf der kosmischen Leinwand, um Vielheit und Komplexität vorzutäuschen und dann – für eine gewisse Zeit – zwischen den Frequenzen der Gedankenpulse in Seine Einheit zu verschwinden. So wird der Würfel, die Einheit aller Form, in Gottes vorgestelltem Universum als Kugel abgebildet. Der Würfel und die Kugel sind eins. *Die Kugel ist ein weiß glühender Würfel, und der Würfel ist eine gefrorene Kugel.* Der Würfel hat neun Flächen, die neunfach in das Spektrum der weiß glühenden Kugel projizieren.

Gefrorene, weiß glühende Kugeln aus Kohlenstoff werden zu Würfeln. Sie bilden den Würfel ihres kalten Wellenfeldes ab. Ihre Wellenposition ist der einzige Punkt ungeteilten Gleichgewichts in der Welle, alle anderen Positionen sind aufgrund ihrer Getrenntheit unausgewogen, werden jedoch durch einen gleichwertig unausgewogenen Partner ausgeglichen. Darum bringen die vielen beweglichen Teilchen in den Oktavwellen unterschiedliche Qualitäten und vergängliche, wandelbare Formen zum Ausdruck, denen der Mensch so viele Namen gegeben hat, ohne zu wissen, das etwas, was er als *dies* bezeichnet, im nächsten Augenblick *jenes* wird. Darum sind sich erwärmende, bewegliche Formen gekrümmt und rundlich, während kalte Formen ihre Krümmungen verlieren und die Ebenen der Nullkrümmung ihrer kubischen Quelle im Raum widerspiegeln. Wassertropfen sind rundlich, wenn sie über ihren Gefrierpunkt hinaus erwärmt werden, aber unterhalb jenes Punktes werden sie zu hexagonalen Kristallen und spiegeln so ihre Positionen in ihrer Würfelwelle. Komplexe Kristallstrukturen entstehen so aus ausgewogenen und unausgewogenen Paarbildungen und auch aus der Getrenntheit, zum Beispiel die verzerrten Würfel von Kupfer oder Natriumjodid, oder die Oktaeder und Dodekaeder dichterer Elemente, die weiter von den Amplituden ihrer Wellen entfernt sind.

VI

Gottes Geist bildet die Mitte aller Dinge, aller Mineralien, Pflanzen, Tiere sowie aller Zellen, aus denen deren Körper zusammengesetzt sind. Er verleiht allen Dingen Leben und Zweckmäßigkeit. Körper erlangen die Wahrnehmung ihres Zweckes nur durch elektrische Befehlsbotschaften aus dem All-Geist, der ihre

Mitte bildet, denn kein Körper könnte sich bewegen, überleben oder seinen Zweck erfüllen, ohne vom All-Geist zentriert und polarisiert zu sein. Zellen, Drüsen, weiße und rote Blutkörperchen, Hormone und andere Körperbestandteile müssen ihren Zweck erfüllen. Für sich selbst genommen sind sie unfähig, sich zu bewegen oder ihre Rolle im Plan der Natur zu spielen. Die All-Intelligenz bildet das Zentrum jedes Teils und jeder Gesamtheit von Zellgruppen, ob es sich um eine Ameise, ein Veilchen oder den Menschen handelt. Jedes Materieteilchen im unserem schöpferischen Universum ist eine polarisierte Erweiterung aus dem Geist. Wenn ein Teilchen verschwindet, um sich auszuruhen, wie es in jedem Pulsierungsintervall geschieht, zieht es sich in diese Intelligenz im Inneren, aus der es als geprägte Ideenform hervorging, zurück.

Der Mensch ist das vollendete Abbild von Gottes Vorstellungskraft, so wie Kohlenstoff das vollendete Element ist. *Es liegt nicht in Gottes Absicht, dass der Kohlenstoff ein inneres Gewahrsein seines göttlichen Ursprungs und seiner Identität haben soll, ganz im Gegensatz zum Menschen.* Trotzdem bilden Geist und Seele die Mitte eines jeden Kohlenstoffkristalls, sonst könnte dieses seinen Zweck als Teil eines geprägten Körpers – ob Baum oder Mensch – nicht erfüllen.

In diesem gesamten, unermesslich großen Universum gibt es nichts als Geist und Gedankenbewegung. Alle Bewegung ist nur eine elektrische Aufzeichnung des Geist-Denkens, welches ihre Mitte bildet. Sie ist auch die Aufzeichnung der Idee, die sie nachahmt. In der Idee liegt auch ihre Zweckmäßigkeit. In der elektrischen Aufzeichnung ist daher auch die Konstruktion einer Idee, der hinter ihr stehende Gedanke sowie ihre Zweckmäßigkeit abgebildet, sonst könnte der Schöpfer nicht erschaffen.

Gottes Universum ist lebendig und zweckmäßig. Wo immer es Bewegung gibt, ist auch Gott, der Seine Gedankenformen befehligt, damit sie ihren Zwecken dienen.

Sie sollten wissen, dass Gott Sein Selbst nicht in Sein bewegliches Universum erweitert, denn das Gottes-Licht ist ruhend. Seine Ruhe bildet die Mitte aller Dinge – und es bildet auch das Zentrum der *Achsen* aller Bewegung, die sich um diese Mitte drehen. Diese *Achsen* sind die Hebel von Angelpunkten und enden an Polen, welche die Ausdehnung bemessen.

Nichts existiert außer Gott. Der Mensch existiert als Einheit mit Gott, aber bis er sich seiner Einheit gewahr wird, ist er nur ein Gedanken aufzeichnendes

Bild nach Gottes Vorstellung. Eines Tages jedoch wird er wissen, denn das ist Gottes Absicht bei der Erschaffung des Menschen. Sie sollten daher wissen, dass Bewegung das Wissen Gottes, Gottes Eigenschaften und die Zweckmäßigkeit Seines göttlichen Schöpfungsdramas nur nachahmt. Diese Nachahmungen sind jedoch nicht Wirklichkeit und existieren nicht. Vorstellungen kommen und gehen. Sie wandeln sich und haben eine Dimension. Gottes Vorstellungen sind jedoch nicht Gott. Die Komposition kann nicht der Komponist sein.

VII

Als Vater-Mutter-Gott das Licht Seiner geschlechtslosen Einheit in das rote Licht des Vaters und das blaue Licht der Mutter unterteilte, befahl Er, das Vater-Licht müsse das Licht der Mutter durchdringen und für immer in ihrem Schoß sein, um zu leben, und außerhalb ihres Schoßes, um zu sterben. Daher liegt das zentrierende rote Feuer von Vater Erde eingefaltet in die blaue Kühle der Erdkruste, die kühlenden blauen Meere und die Atmosphäre des ihn umfangenden Mutterschoßes. Die Komprimierung des Mutterschoßes erschafft Wärme, um den väterlichen Lebenssamen, der in diesem Schoß eingefaltet ist, zu polarisieren und zu beleben. Dieser Vorgang des sexuellen Austausches zwischen den blauen und roten Lichtern, die Leben hervorbringen, setzt sich fort und bringt Leben hervor, damit es an seine Quelle zurückgebe, bis die Mutter das Leben nicht länger in den Vater komprimieren kann, und der Vater die Wärme nicht länger in die Mutter entladen kann, um weiter Vater- und Mutterkörper hervorzubringen.

Dann dehnen sich beide aus. Die Erde tauchte aus dem sie umfangenden Schoß der Sonne auf, um sich abzukühlen und so in ihrem schwangeren Leib einen Vater zu zeugen und Gottes *einen* Vorgang des Erschaffens von Körpern fortzusetzen, bis durch die Expansion von Vater wie auch von Mutter beide langsam depolarisieren, und beide setzen ihre Reise in die magnetische Kälte, aus der sie aufgetaucht sind, fort.

Danach kehren Mutter und Vater ihre Spektralpositionen allerdings um. Der Schoß der Mutter ist nun auf der Innenseite, und der Vater umgibt ihn als ein Ring, wie wir es im Sternennebel Leier sehen. Wir erkennen hier auch die Geburt eines neuen Sterns genau in der Mitte dieses großen, schwarzen Kathodenloches, welches der Mutterschoß ist. Auf diese Weise kehrt Gott die Anoden Seines Denkens von innen nach außen, damit sie ruhen, und wieder von außen nach innen, damit sie wieder Anoden werden. Der göttliche Vorgang der Erschaffung von Körpern durch sexuellen Austausch beruht auf dem sexuellen

Drang des unterteilten Licht-Farbspektrums, das seine Farbunterteilungen aufheben möchte und zu dem Weißen Licht der Ruhe werden will, aus dem seine Spannungen hervorgegangen sind.

Gott ist EINS – in ewiger Ruhe. Die Schöpfung ist ZWEI, in den beständigen Spannungen von Bewegung. Die unterteilten Zwei mit ihrem Verlangen nach Aktivität ruhen in der Einheit. Die zwei finden durch Austausch Ruhe, verlieren sie aber im Finden, bis sie sich nicht weiter austauschen können. Dann folgt ein langes Intervall der Ruhe im »Tod«, aber dieser ist eben nur ein Intervall. Er ist nur *eine* schwarze Lücke, eine der vielen Ruhephasen zwischen den Aktivitäten in Gottes kosmischem Kino, welches die Idee der Schöpfung vortäuscht, die Er sich vorgestellt hat, damit sie ins scheinbare Sein trete. Das Leben im Geist existiert ewig. Das Leben in der Materie wiederholt ewig seine *Nachahmungen* der Existenz.

VIII

Gott ist EINS. Seine Einheit manifestiert sich in allen Dingen. Sein Weißes Licht muss in Seinem universalen Abbild manifestiert werden. Das weiß glühende Licht eines Sonnenzentrums manifestiert die Einheit seiner Quelle im Magnetischen Weißen Geistes-Licht.

Der Mensch ist die höchste Manifestierung von Gottes Abbild Seiner Selbst. Gottes Bild im Menschen ist noch nicht vollständig. Die Zeit wird kommen, wo das Licht, das Gott ist, in jedem Menschen bekannt sein wird. Dieses Weiße Licht Gottes bildet die Mitte jedes Menschen. Bisher wussten nur Wenige um dieses Licht in sich, aber am Ende müssen alle Menschen dieses Licht erkennen, während sich ihre geistige Natur entfaltet.

Gottes All-Einheit ist in den chemischen Elementen abgebildet. Kohlenstoff ist das höchste Element, jenseits dessen es keine Möglichkeiten der Erweiterung gibt, so wie es jenseits von Würfel oder Kugel keine weiteren Möglichkeiten gibt. Die Sonnen am Himmel sind weiß glühender Kohlenstoff. Das ruhende weiße Geistes-Licht bildet die Mitte des Kohlenstoffes und vereint sein Paar aus männlich und weiblich zu EINEM. Alle anderen Elemente sind im Kohlenstoff enthalten und weiß glühend in Gottes Sonnen, welche die Samen für Seinen universalen Garten lebendiger Dinge sind. Alles ist Kohlenstoff, wenn es weiß glühend ist, wie es im Schoß der schöpferischen Dinge auch unterteilt sein mag, um sich zu einem Veilchen, einem Weidenzweig oder einem menschlichen Körper zu entfalten. Was alle diese Dinge auch sein mögen, der Rest, der jenseits der weiß glühenden Hitze von ihnen übrig bleibt, ist Kohlenstoff – nur Kohlenstoff, der EINE GRUNDBAUSTEIN aller Materie. Alle Dinge in der Natur entspringen aus ihrem geprägten Samen, ihrem Konzept im Weißen Licht des Geistes. Der Samen ist die Einheit der unzählbar Vielen, die sich *aus ihm* entfalten und *in ihn* wiedereinfalten.

Genauso sind alle chemischen Elemente der Oktaven rote und blaue Lichter, die aus dem rein Weißen Licht ihrer Edelgase, die ihre Oktavsamen sind, hinausprojiziert werden. Sie kehren durch radioaktive Ausstrahlungen, die reine, weiß glühende, mikroskopisch kleine Sonnen sind, in ihre unsichtbare All-Einheit zurück. Wenn sie annähernd mit Lichtgeschwindigkeit von Wolfram, Aktinium, Radium oder Uran ausgehen, nennt der Mensch sie Alpha-, Beta-, Gamma- oder Heliumstrahlen. Jedes von ihnen ist der Samen für einen anderen Körper gleicher Art, so wie die Sonnen die Samen für alle anderen Körper sind.

Keine der komplexen Schöpfungen in der Natur kann ihre All-Einheit je verlieren. Gott erweitert sie aus Sich heraus, damit sie nach Seinem Bild wie Er sind. Die große Eiche hat viele Teile, deren Zahl sich vervielfacht, während sie sich aus der Einheit ihres Samens entfalten. Ihre zahllosen Teile haben Dimensionen von Länge, Breite und Höhe, waren jedoch in ihrem Samen dimensionslos. Die Eiche wiegt viele Tonnen und wirft einen großen Schatten, während sie zweckmäßig Gott in Aktivität manifestiert. Wenn sie sich jedoch wieder zur Ruhe in ihren Samen einfaltet, verschwinden alle diese Dimensionen und die ganze Vielfalt in die All-Einheit ihres Samens und geben so ihrer Quelle das zurück, was dem Baum gegeben worden war. Der Baum ist jedoch nicht tot. Was er war, ist er immer noch. Mit keinem Mikroskop der Welt können wir auch nur ein Elektron dieses Baumes in seinem Samen finden, denn wenn wir finden könnten, was wirklich da ist, würden wir Gott finden. Der geprägte Baum ist das Abbild der Geist-Imagination. Das Geistes-Licht hat dieses Bild in den Raum projiziert, um die Geist-Imagination zu manifestieren. Der Geist ruhte zwischen den Kreisläufen seines Imaginierens und zog das Bild in sein Gleichgewicht zurück. *Jede Untereinheit der Schöpfung folgt bei ihrer Entfaltung und Wiedereinfaltung diesem Muster von Leben und Tod.* Die Idee des Baumes ist unbeschadet geblieben. Sie existiert ewig und wird sich immer wieder in Aktivität entfalten und in wiederholten Abfolgen die Geistes-Vorstellung in Form abbilden, wenn günstige Bedingungen der elektrischen Drücke für ihr Wiedererscheinen gegeben sind. Auch wenn zehn Milliarden Jahre vergehen und dieser Planet über seine gegenwärtigen Druckbedingungen hinausgewandert ist, wird dieser Baum auf der Venus wieder erscheinen, dann auf dem Merkur, genauso wie er vor langer Zeit auf Saturn und Jupiter erschienen und verschwunden ist.

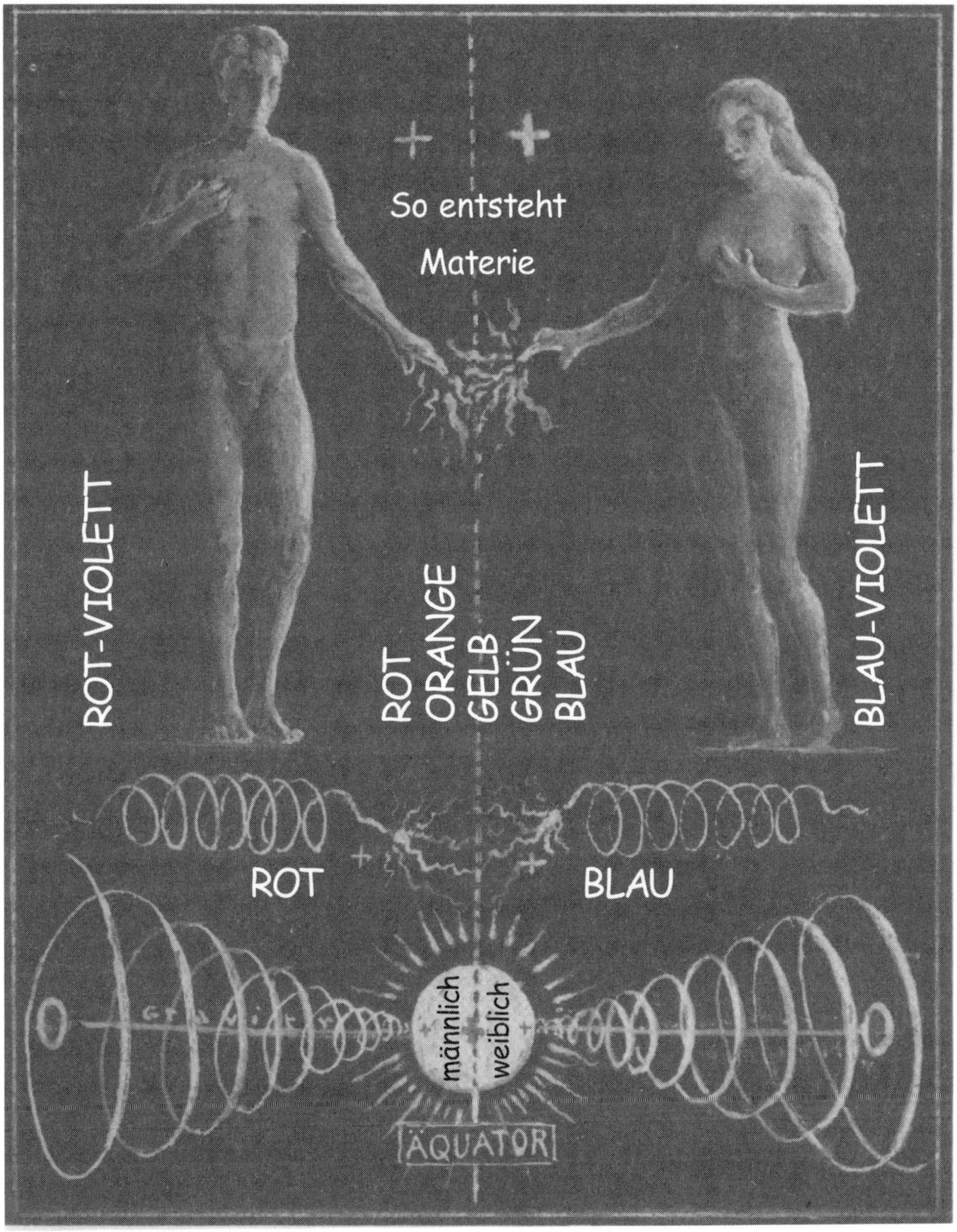

Abbildung 29:
Die Natur erschafft geschlechtliche Körper, indem sie einen Gleichgewichtszustand polarisiert. Die Natur zerstört Körper, indem sie Körper depolarisiert. Die Natur wiederholt Körper durch Austausch zwischen ihren entgegengesetzten Zuständen. Alle Körper werden auf ewig wiederholt.

IX

Gott denkt in elektrischen Pulsen, die als vier Paare von Ringen, welche zu Kugeln komprimiert werden, in Bewegung aufgezeichnet werden. Jedes zyklische Pulsieren wird manifestiert, indem vier konzentrische Lichtringe von einem Punkt des Magnetischen Geistes-Lichtes aus in eine Ebene projiziert werden. Dabei ist die rote Hälfte des Spektrums auf der Außenseite der Ringe und die blaue Hälfte auf der Innenseite. Diese vier Ringe sind der Samen der Oktavwelle und besetzen jene Position in der Welle, die als Nullgruppe der Elemente oder Edelgase bezeichnet wird.

Die Welle wird erschaffen, indem die vier geschlechtslosen Ringe der Edelgase zu vier Paaren aus Ringen mit entgegengesetztem Geschlecht aufgeteilt werden. Diese werden auf Geschlechtspartner benachbarter Wellenfelder projiziert, um untereinander Gleichgewicht und Einheit zu finden. Gottes konzentrierendes Denken komprimiert diese Partnerringe, während sie projiziert werden. Das ist das aufbauende genero-aktive Prinzip (Aufwärtsfluss der Energie), das Kraft und Geschwindigkeit in Umkehrung der Verdichtung potenziert.[74] Die Partnerringe werden in dieser Weise zentripetal projiziert, bis der rote und blaue Paarling[75] des zyklonischen Wirbelpaares, das so entsteht, bei der Amplitude der Welle zusammenstoßen, auf halbem Weg zwischen den jeweiligen Null-Kathoden, aus denen die Paarlinge projiziert wurden. In dieser Weise werden unausgewogene und getrennt-geschlechtliche Paare vereint zur All-Einheit der beiden ausgewogenen und gleichwertigen Hemisphären kugelförmiger, weiß glühender Sonnen.

In den vier Null-Ringen der Welle ist die Kathode der Mutterschoß des Raumes. Sie sucht das Außen, um ihre Aufgabe, den Samen des Vaters zu gebären, zu erfüllen. Zur Unterstützung dieses Vorganges schließen die vier Paare aus projizierenden Ringen allmählich ihre zentralen Löcher, während die Ringe aus ihrer konischen Grundfläche zu ihren Spitzen hin komprimiert werden, wo die Kollision der sexuell sich Paarenden die Schließung vervollständigt und sich so die weiß glühende Kugel formt.

Die Wellenachse selbst ist das ruhende Gottes-Licht des Geistes, wie das stille Auge des Zyklons am polarisierten Ende der Wirbelsturmachse. Die echte Kugel, die so gebildet wurde, markiert den Reifungspunkt der ersonnenen Form, die am Verbindungspunkt von acht Würfeln, wo die Oktavwelle an ihrer Amplitude endet, vervollständigt wird. An diesem Punkt werden mikroskopisch kleine Sonnen geformt, die fast augenblicklich wieder vergehen. Hier werden auch majestätische Sonnen mit riesiger Masse und einer Lebensdauer von Milliarden Zeitaltern gebildet, die als Samen für die Geburt von Planeten und kleineren Formen nach Gottes Vorstellungen fungieren. An dem Reifungspunkt solcher brennenden Kohlenstoffmassen lässt Gottes dezentrierendes Denken – wie bei unserer Sonne – aus der Äquatorialebene Ringe hervorgehen, und zwar in Serien von vier, die sich ebenfalls in Serien von vier zu Planeten komprimieren. Diese projizieren Ringe in Serien von vier, bis alles, was Gott in den Lichtringen Seiner elektrischen Pulse gegeben hat, den Vieren der Nullgruppe zurückgegeben wird, indem es sich wieder einfaltet als Aufzeichnung dessen, was entfaltet worden war.

In diesem Prozess liegt das Geheimnis des Samens und seines Wachstums während der Entfaltung seines Musters, sowie das Geheimnis der Aufzeichnung des Musters während der Wiedereinfaltung. Und während Sonnen Ringe abwerfen, flachen sie sich im gleichen Maße ab, und die Löcher entstehen neu, wie man im Dumbbell-Nebel sehen kann, der einst eine mächtige Sonne war, sowie an Tausenden anderer Ringbildungen am Himmel (siehe Abbildungen 30, 31 und 32).

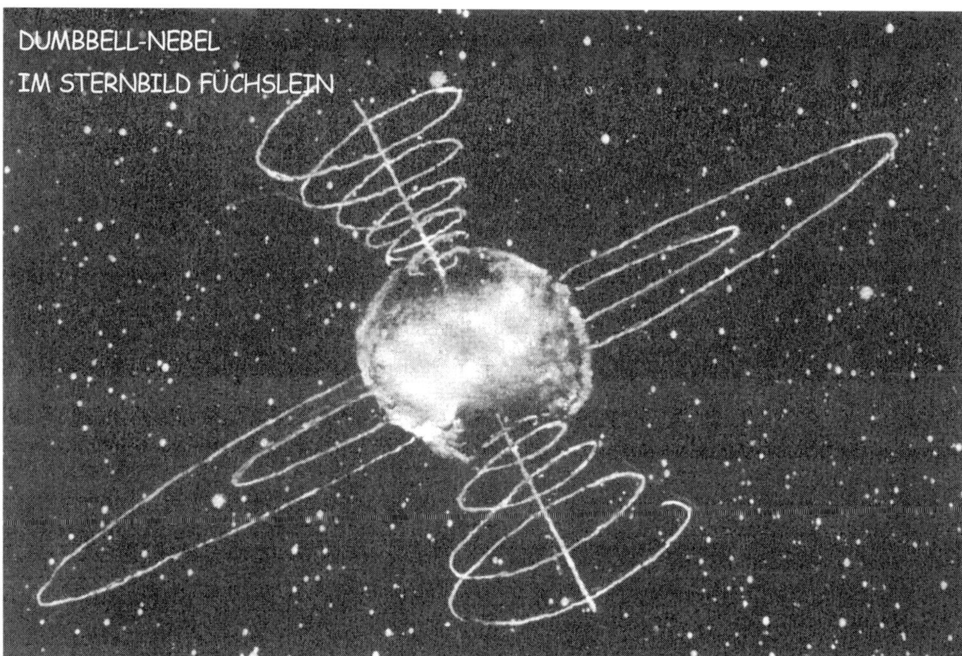

Abbildung 30: Veranschaulichung des Todesprinzips in aller Materie. Kugeln werden erschaffen, indem Ringe komprimiert werden, um sie zu formen. Dann zerfallen Kugeln, indem von ihnen ausgehend Ringe projiziert werden, bis ein schwarzes Loch ihre Rotationsachse umgibt. Dann dehnen sie sich allmählich aus, bis sie schließlich in ihre Kathoden verschwinden.

Gott projiziert Seine Gedanken-aufzeichnenden Ringe von der Kathoden-Null ausgehend in Paaren entlang der Wellenachse, im Winkel von neunzig Grad zu dieser Wellenachse. Genauso lässt Er Seine aus Gedanken ersonnene Form reifen, so dass ihr Äquator sich in einem Winkel von neunzig Grad zur Wellenachse befindet.

Die Atomsysteme des Schöpfers beginnen in der Welle nicht in den Elementen mit Löchern in der Mitte, sondern erst da, wo sich die Zentrifugalkraft hinreichend vervielfacht hat, um von den Äquatoren gereifter Sonnen Spiralarme und Ringe abzuwerfen. Bis dahin bilden die sich allmählich abschwächenden Kathodenlöcher des Mutterschoßes das Zentrum aller sich bildenden Elemente, bis der unsichtbare, geprägte *Samen* des Edelgases zur sichtbaren, geprägten Körperform des Samenabbildes wird. Während dieses gesamten Kreislaufes projiziert das ruhende Magnetische Licht der zentralen Kathode Ringe nach außen zu Paaren um eine Wellenachse und manifestiert so das Liebesprinzip des Gebens, während die komprimierten Körper, die so gebildet werden, nach außen explodieren, um das Prinzip des Zurückgebens zu manifestieren.

Dieses Prinzip wird anhand des Wirbelsturms deutlich, den jede Aktivität in der Natur hervorruft. Alle elektrische Bewegung in der Oktavwelle dreht sich spiralförmig um eine zentrale, ruhende magnetische Achse, genau wie bei Wirbelstürmen. Jede elektrische Komprimierung beginnt mit heftiger Expansion, um einen Zustand zu erschaffen, der sein Gegenteil hervorruft, wie bei allen Gegensätzen in der Natur. Dieser Effekt beantwortet die Frage des Elektroingenieurs, WARUM sein elektrischer Strom nur auf der Oberfläche seiner Drähte und Kabel verläuft und nicht ganz durch sie hindurchreicht, außer an den Punkten, wo Kraftschleifen seine Impulsfrequenzen für ihn zählen. Wenn es dem Ingenieur möglich wäre, einen elektrischen Strom in Scheiben zu schneiden, würde er feststellen, dass jeder Abschnitt ein Ring wäre, der um ein ruhendes Zentrum wirbelt, außer an den Punkten, wo Zusammenstöße zwischen den beiden Lichtern des Spektrums auftreten, die so gewaltsam von ihren Kathoden-Nullpunkten hinausprojiziert werden.

Daher wird die Schwerkraft scheinbar erzeugt, um die komprimierende Kraft der Natur und die zurückgebende Reaktion auf die Schöpfung einer expansiven Kraft zu steuern. Der GEIST-WUNSCH ZU GEBEN führt durch seine von der Nullpunkt-Kathode explodierende, nach außen gerichtete Wirkung zur Ausdehnung. Das Zurückgeben der komprimierten Energie ist in ähnlicher Weise ein nach außen gerichteter Explosionseffekt, wenn die elektrische Komprimierung zum Erliegen kommt, und das Ergebnis dieser Wirkung ist,

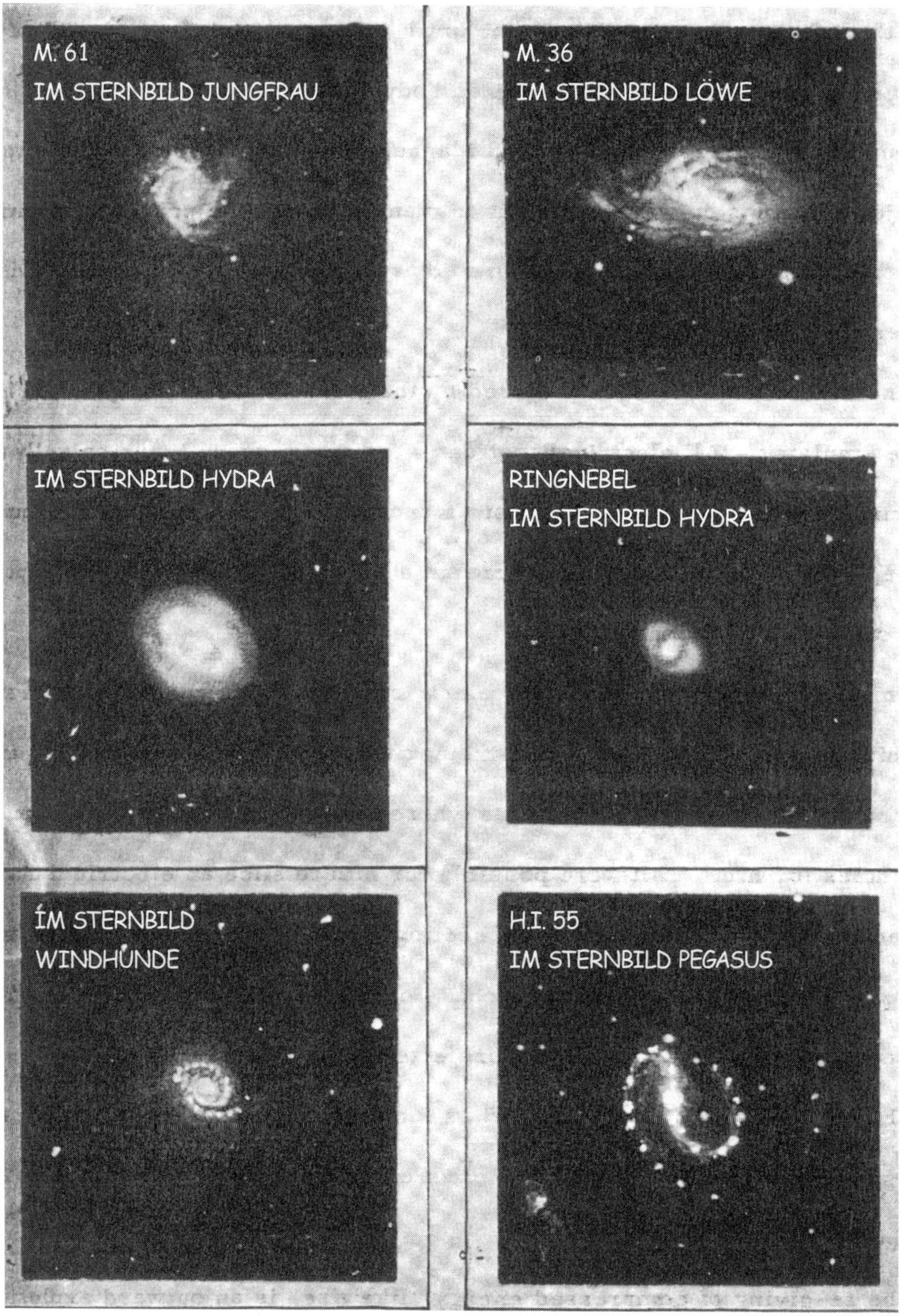

Abbildung 31: Alle Materie, von mikroskopisch kleinen Zellen bis zu majestätischen Sonnen, »entwindet« sich spiralförmig und zentrifugal, indem sie aus ihren Äquatorebenen Ringe ausstößt.

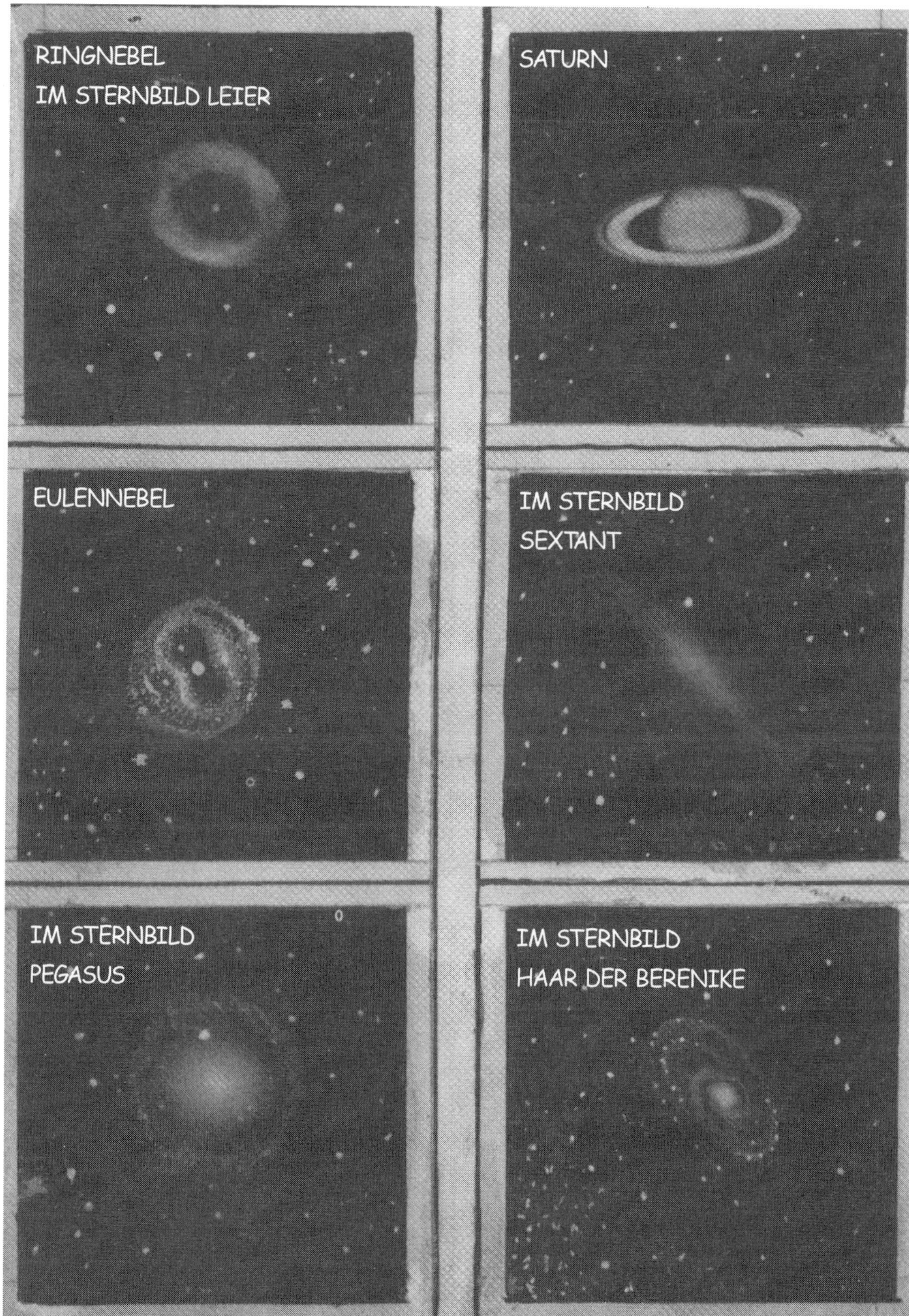

Abbildung 32: Die zentrierende Achse, um welche Sonnen rotieren, komprimiert wieder eine andere Sonne in ihren Wirbel, um den Vorgang zu wiederholen, bis ihre gesamte Masse in Form von Ringen verschwindet. Die Sternennebel Leier und Hydrae sind gute Beispiele, und auch Saturn veranschaulicht gut, wie Planeten in unserem Sonnensystem in ihren Nullpunkt verschwinden.

dass ihr Gegenteil entsteht und große schwarze Löcher im Innern komprimierter Massen zurückbleiben, wenn diese zum Nullpunkt ihrer magnetischen Ruhe zurückkehren.

So wird Gottes Gesetz der Liebe in jeder Aktion-Reaktion der Natur manifestiert. *Nach Äonen schmerzlicher Erfahrungen, während wir lernen, wie wir das Prinzip der Liebe in unserem Umgang mit anderen Menschen manifestieren können, wird der Mensch eines Tages seine Einheit mit Gott erkennen und Glück und Frieden erlangen, welche erst durch diese entscheidende Entdeckung seiner eigenen Göttlichkeit zu ihm kommen können.*

Abschluss

Wir haben nun beschrieben, wie alle schöpferischen Körper für eine Zeit lang »aus dem Raum auftauchen«, um den ihnen bestimmten Zweck zu erfüllen, und dann »vom Raum verschluckt« werden, um eine Zeit lang zu ruhen, bevor sie wieder auftauchen, um die Erfüllung ihres Zweckes fortzusetzen. Gottes einziger Wunsch, abwechselnd Aktivität zu denken und von der Aktivität auszuruhen, wird so erfüllt. Genauso erfüllt sich Seine einzige Aktivität des Gebens um des Zurückgebens willen, mit der sich Seine Liebe manifestiert, sowie auch Sein einziges Motiv, Seine Einheit scheinbar zu unterteilen – in zwei Wünsche nach Einheit.

Dies sind Qualitäten von Gottes Vorstellung, die Er in so schnellen Abfolgen sich wandelnder Muster auf die Leinwand Seines riesigen Raumes projiziert, dass die Sinne des Menschen sich täuschen lassen und *Bewegung* sehen, wo

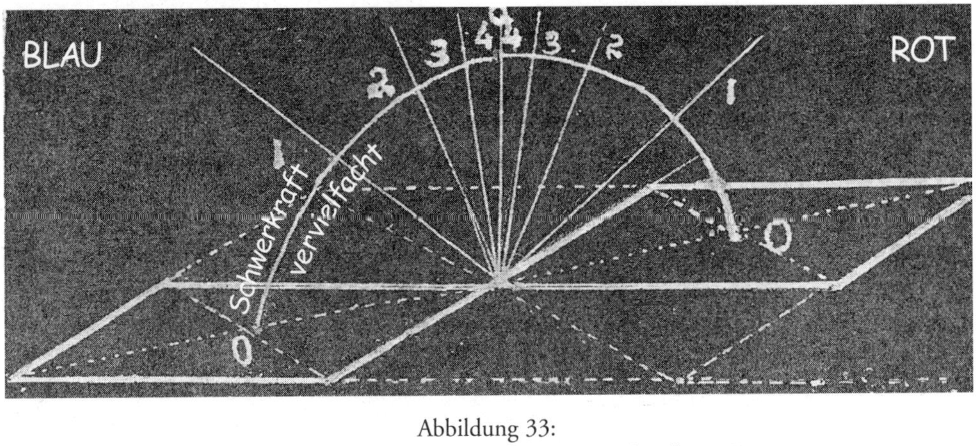

Abbildung 33:
Grundlage des Aufbaus von atomaren, solaren und stellaren Systemen.

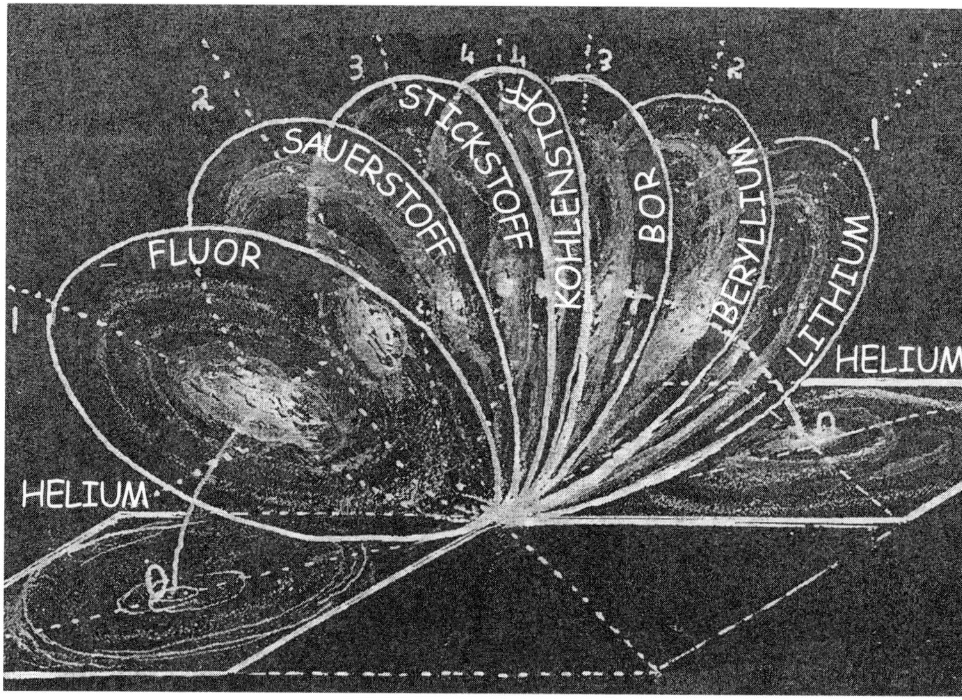

Abbildung 34:
Kreiselförmige Äquatore, die durch elektrische Komprimierung Sonnen zu Ringen entwinden, um sie wieder zu Sternensystemen aufzuwinden.

keine Bewegung ist. Auch das, was der Mensch als Leben in lebendigen Körpern und als Tod in sterbenden Körpern sieht, ist nur vorgetäuschte Bewegung, die Leben nachahmt. Unser Universum der scheinbaren Bewegung ist nur eine elektrische Aufzeichnung von Geist-Vorstellungen. Gottes einziges Ziel, das darin besteht, das, was Er IST und was Er WEISS, in Sein eigenes Abbild zu denken, wird so erfüllt. Seine gesamte Schöpfung dient der Erfüllung dieses einen Ideals. Der Mensch ist das höchste Ideal Seines Zieles, denn nur der Mensch allein in aller Schöpfung kann sich seiner Einheit mit Seinem Schöpfer bewusst werden.

Der Mensch selbst ist allerdings noch im Werden. Lange Zeitalter hindurch war er sich seines Selbst nicht bewusst, weil er seinen Körper erst erbaute. Das Heraufdämmern jenes bewussten Gewahrseins hat jetzt endlich begonnen. Der Mensch ist in seiner geistigen Entfaltung immer noch so jung, dass es ihm schwer fällt, den Überlebenskampf seiner Urwaldtage zu vergessen. Er hat jedoch begonnen, auf die leise Stimme in seinem Innern zu lauschen, und allmählich wird ihm das Licht seiner Quelle bewusst.

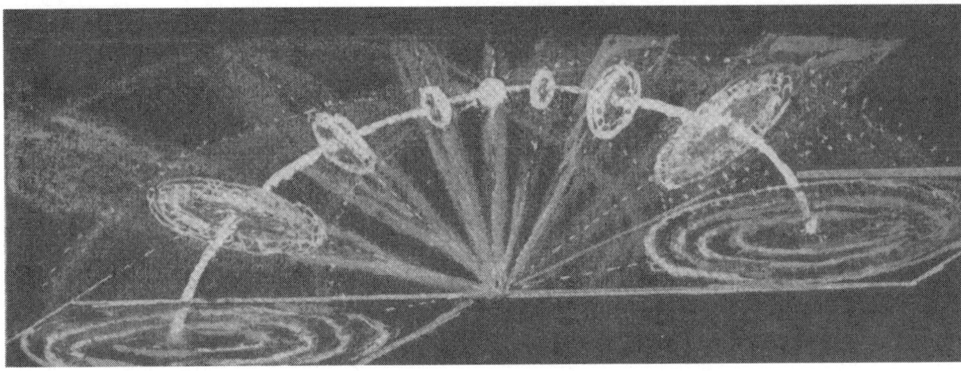

Abbildung 35:
Veranschaulichung des Konstruktionsprinzips der Materie durch die Projektion polarer Ringe von Kathoden, damit diese dann als Anoden zusammenstoßen.

Es gibt Menschen, die diese Stimme mit mehr Verständnis hören als andere, aber kaum jemand versteht vollständig, was sie flüstert. Diese wenigen sind mehr mit dem Geistes-Licht erleuchtet, und ihr Denken hat ihre Sinneswahrnehmung so weit transzendiert, dass vieles von Gottes Allwissen ihnen bereits gehört.

Ein solcher Mensch war Jesus, der Nazarener, der um seine Einheit mit Gott vollständig wusste. In Jesus hatte Gott Seinen Wunsch nach der Erschaffung des Menschen – nach Seinem eigenen Bilde und Ihm ähnlich – vollständig erfüllt. Jesus gab den Menschen, was ihm befohlen worden war zu geben, um sie dem Licht entgegenzuheben, aber die Menschen waren damals nicht in der Lage zu ertragen, was Jesus ihnen sagte. Sie kreuzigten ihn, weil er seine Göttlichkeit behauptete und versuchte, die Menschen davon zu überzeugen, dass sie seien wie Gott. Der Mensch kreuzigt immer noch alle, die kommen, um die heidnischen und barbarischen Wege seiner Beziehungen zu anderen Menschen zu transformieren.

Aber Gott ist ein geduldiger Vater-Mutter des Menschen. Die Zeitalter, die vergingen, während Er den Menschen nach Seinem eigenen Bilde schuf, bedeuten Ihm nichts. Darauf bezogen sagt Gott zum Menschen: »Alle Menschen werden zur rechten Zeit zu Mir kommen, aber die Qual des Wartens liegt bei ihnen.«

Kapitel 6
Die wahre Natur von Elektrizität und Schwerkraft

I

Jede Bewegungswirkung in diesem Universum ist ein elektrischer Effekt. Elektrische WIRKUNGEN sind vielfache Projektionen aus einer einzigen URSACHE aus Magnetischem Licht. Da es keine andere Kraft gibt, die dieses Schöpfungswunder erschafft, kann es keine Theorie der Bewegung oder des Materieaufbaus geben, die außerhalb dieses elektrischen Vorgangs steht. Und dieser elektrische Gesamtvorgang wird durch einen einzigen Wellenzyklus des elektrischen Stromes vollständig verdeutlicht. *Ein Wellenzyklus ist die zentripetale Reise eines Paares unterteilter Einheiten von ihrer Null-Kathode zu deren vervielfachter Amplitude, wo die Paare vereint werden, und die zentrifugale Rückreise zu ihrer Kathode, um sich auszuruhen.*

Das ist alles, was den Schöpfungsprozess ausmacht. Dieser Vorgang ist im mikroskopischen wie im makroskopischen Maßstab derselbe. Es gibt nicht einen Vorgang für Atome und einen anderen für Sternensysteme. Derselbe Prozess wiederholt sich in jeder Aktion und Reaktion der Natur, ob es das Heben eines Augenlides ist oder die Explosion von Dynamit, ein Atemzyklus oder das Auswerfen einer Angelschnur. Dieser einfache Prozess wird in der Natur nicht variiert, ob seine Schwingungsfrequenz bei sechs Milliarden pro Sekunde oder bei einmal pro fünfzig Milliarden Jahren liegt.

Nirgendwo im elektrischen Strom der Natur finden wir irgendeine Rechtfertigung für die Annahme, dass ein materieller Kern das Zentrum der Spiralwindungen bildet, aus denen das Universum besteht, im Gegenteil. Die Natur leistet hartnäckigen Widerstand dagegen, dass die Hohlräume in ihren Windungen mit Dichte aufgefüllt werden. Sie erzeugt eine ungeheure Hitze, um diesen Widerstand zu demonstrieren. So entstehen Sonnen. Widerstand gegen Komprimierung erzeugt große Hitze, welche abkühlt, während sich die Sonnen zu Ringen mit einem Loch in der Mitte ausdehnen, wie bei den Dumbbell-Nebeln gezeigt (Abbildung 30).

Dasselbe geschieht in Ihrem Labor, wenn Sie Spulen zu dicht aufwinden. Jeder Elektroingenieur weiß, dass die Strommenge, die er durch eine Spule senden kann, durch die Größe des Loches begrenzt wird, das er in der Mitte der Spule gelassen hat. Wenn ein Physiker oder Elektroingenieur einen feststofflichen Kern in das Zentrum seiner Spulen platziert, wird dieser sich erhitzen und polarisieren, den Strom aber nicht verstärken. Wenn er Eisenspäne dorthin gibt, werden sie nicht im Zentrum bleiben, und können auch nicht dazu veranlasst werden, dort zu bleiben. Sie kleiden entweder die Innenseite der Spule aus oder wandern zu deren Polen. Wenn sie befestigt wären und der Strom stark genug wäre, würden sie weiß glühend werden. *Das beweist, dass der Kern elektrischer Bewegung jedem Versuch, seinen Nullpunkt-Ruhezustand zu stören, intensiven Widerstand leistet.* Es beweist auch, dass die Natur für ihre spiraligen Wirbel, welche den elektrischen Strom oder die elektrischen Wellen in der Natur darstellen, niemals materielle Kerne erschafft. Es beweist auch durch die Tatsache der Hitze selbst, die dort erzeugt wird, dass *Widerstand* vorliegt und nicht *Anziehung*, denn Wärme ist die Grundlage aller nach außen gerichteten Explosionen.

Unser gesamtes elektrisches Bewegungsuniversum wird in Spiralen ausgedrückt. In der Natur bildet ein Loch die Mitte jeder Spirale. Jede Spirale kann als eine Aneinanderreihung von Ringen betrachtet werden. Die ganze Natur besteht somit aus Spiralabschnitten oder Ringen. Die Spulen im Labor sind Spiralen. Jeder Abschnitt einer Laborspule ist ein solcher Ring mit einem Loch darin. Selbst wenn man einen Stahlstift in den Kern steckt, um seine Enden zu polarisieren, bleibt ein Loch aus *Ruhe* innerhalb des Stabes, denn der elektrische Strom umwindet spiralförmig nur dessen Oberfläche.

Daher rechtfertigt nichts in der Natur die Annahme Rutherfords und Bohrs, dass sich im Zentrum des Atoms ein materieller Kern befinde. Auch gibt die Natur kein Beispiel für konzentrische Schalen von Satelliten, die sich in exzentrischen Umlaufbahnen aus vielen Ebenen um ihre Ursprünge drehen. Satelliten werden exzentrisch, und ihre Umlaufebenen unterscheiden sich ganz deutlich von den Äquatorialebenen ihrer Ursprungskörper, aber das tun sie nicht von Anfang an. Sie beginnen als Ringe, die aus der Äquatorialebene abgeworfen werden und erst allmählich vom Mittelpunkt und der Äquatorialebene ihres Ursprungs abweichen. Die drei Ringe des Saturn, die Sie in Abbildung 32 sehen, veranschaulichen diesen Anfang. Die Umlaufbahnen aller Planeten und Sonnen sind Ringe mit Löchern darin. Die äußeren Satelliten, die sich aus Ringen aufgewunden haben, verdeutlichen die Weiterentwicklung von Ringen auf ihrer Reise, bis sie schließlich als Bewegung verschwinden. Jedermann kann mit den nachstehend beschriebenen, einfachen Experimenten beweisen, dass es keine Berechtigung für die Annahme gibt, es gebe in Atomen Kerne, die von einem mysteriösen kosmischen »Klebstoff«[76] – wie eifrige Forscher ihn genannt haben – zusammengehalten werden:

1. Biegen Sie dreißig Meter Kupferdraht zu einem Ring mit einer großen Öffnung in der Mitte und leiten Sie Strom hindurch. Indem Sie den Draht biegen, rücken die Kraftschleifen, die diesen Ring umgeben, im Inneren des Ringes enger zueinander als auf der Außenseite. Mit anderen Worten, die Kraftschleifen verlaufen nicht parallel zueinander, sondern strahlen radial von einem Zentrum aus.

Die Kraftschleifen, die um den Draht verlaufen, erzeugen ein Potenzial. Im Kern des Drahtes gibt es jedoch überhaupt kein Potenzial. Der Draht ist eine Schwerkraftachse, um die herum sich das elektrische Potenzial vervielfacht, und zwar durch schnelle Bewegung um die Ruhe im Zentrum. Die Wärmeentwicklung aufgrund des Widerstandes im Schwerkraftzentrum dieser dreißig Meter langen »Spule« aus einer einzigen Windung gegen die ihr auferlegte schwache Komprimierung ist kaum messbar.

2. Nun wickeln Sie die dreißig Meter Draht zu einer ganz einfachen Spule aus acht Ringen auf. Jene immer noch weit auseinanderliegenden Kraftschleifen, die nun um acht Drahtwindungen anstatt um eine rotieren, erstrecken sich radial nach außen in Richtung Kälte und radial nach innen in Richtung zur Wärme in dem Schwerkraftzentrum, welches die Mitte Ihrer Spule bildet, ähnlich wie das Auge eines Zyklons die Mitte seiner ebenfalls rotierenden Kraftschleifen bildet.

Die Innenränder der Ringe, welche diese Kraftschleifen bilden, rücken näher zusammen, was aufgrund des auswärts gerichteten, explosiven Widerstandes gegen diese Komprimierung die Wärme, das Potenzial und die Dichte vervielfacht. Nun können Sie im Inneren auch eine Wärmeentwicklung messen. Auch die Potenzialdichte nimmt zum Zentrum hin zu, weil sich der Widerstand in dieser Richtung verstärkt. Dann messen Sie die Polarität. Sie werden sehen, dass eine sehr dünne Nadel am Ende eines Fadens zwei Ruhepunkte suchen wird, dort wo die Schwerkraft geteilt ist, und dass sich das Potential im rechten Winkel zu ihrer Achse vervielfacht.[77]

3. Nun wiederholen Sie das Experiment mit sechzehn und dann mit zweiunddreißig Spiralwindungen um die weiterhin vorhandene zentrale Öffnung. Wärme, Potenzial, Polarität und Dichte nehmen zu, während die sich drehen-

den radialen Kraftschleifen kleiner werden, da Sie Ihre Spule aus immer mehr und immer kleineren Windungen wickeln.

Wenn Sie nun einen Stahlstift durch die Kupferwindungen stecken, werden Sie feststellen, dass Sie in dem Maße, wie Sie die Zahl Ihrer Ringe erhöhen, auch das Potenzial erhöhen. Außerdem benötigen Sie jetzt zwei Nadeln, um die Polarität zu prüfen, denn die Schwerkraft teilt sich sofort in Paare auf, wenn Spannung von ihrem magnetischen Nullpunkt ausgeht, und das elektrische Potenzial vervielfacht sich dabei. Die Polarität ist jener Natureffekt, der dadurch erzeugt wird, dass ein magnetischer Ruhepunkt in ein Paar von Ruhepunkten aufgeteilt wird. So entsteht eine Null-Achse, um welche die Elektrizität ihre Ringe spinnt und das elektrische Potenzial hervorbringt, das so lässig als »Materie« bezeichnet wird.[78]

Sie werden weiterhin feststellen, dass im Inneren des Stahlstiftes keine Spannung herrscht, sondern nur an seiner Oberfläche, mit Ausnahme der Pole, wo sie konzentriert ist. Dichte, Potenzial und Wärme nehmen in Richtung zum Zentrum des Stiftes messbar zu. Genau das Gleiche würden Sie herausfinden, wenn Sie die Sonne auf diese Weise untersuchen könnten.

4. Um sich davon zu überzeugen, dass Nadeln den Nullpunkt der Ruhe im Zentrum des elektrischen Wirbelsturms suchen, den Sie erschaffen haben, und keineswegs von einer nach innen ziehenden Kraft angezogen werden, winden Sie nun eine Spule in der Form von zwei Kegeln auf, deren Grundflächen aneinander liegen. Wenn Sie nun den Test mit Ihren Nadeln durchführen, werden Sie feststellen, dass es unmöglich ist, diese dazu zu veranlassen, das Zentrum irgendeiner Spulenwindung aufzusuchen, mit Ausnahme der äußersten Enden des Doppelkegels. Wenn Sie versuchen, in den zentralen Ring eine Nadel zu bringen, wird sie sich dem heftig widersetzen. Wenn Sie zwei Nadeln in einem Abstand von nur wenigen Millimetern an diesen Punkt halten, werden Sie feststellen, dass die beiden sich scheinbar abstoßen. Das ist jedoch nicht der Fall. Beide Nadeln suchen einen Punkt der Ruhe, wo der Schwerkraftwiderstand gegen das elektrische Potenzial und die Komprimierungskraft ihr Maximum haben. Anstatt von dort angezogen zu werden, werden sie dorthin gedrückt und weisen in die Richtung von zunehmender Dichte und zunehmendem elektrischem Potenzial. Auch dies ist ein Beweis dafür, dass die Wirkung auf die Nadeln ein elektrischer Effekt ist und kein magnetischer.

Wenn dieses Experiment Sie noch nicht hinreichend überzeugt hat, dann erstellen Sie zwei konische Spulen und stellen Sie die Spitzen zueinander. Wenn die Spitzen sich genau in einem Punkt treffen, gibt es dort nur ein einziges gemeinsames Schwerkraftzentrum. Wenn Sie nun die Kegelspitzen voneinander entfernen und in den Zwischenraum ein paar feine Eisenspäne legen, werden Sie feststellen, dass diese Späne sich zu einem Ball formen, und Ihre Nadeln werden immer in Richtung der zunehmenden Dichte in diesem Ball weisen – ein Potenzial in Kugelform ist entstanden. Da es nur ein Schwerkraftzentrum gibt, brauchen Sie auch nur eine Nadel.

Nun ziehen Sie Ihre Kegel so weit auseinander, dass die Kugel sich zu einem Sphäroid verlängert. Damit haben Sie die Schwerkraft wieder unterteilt, und es gibt zwei Potenzialpunkte.

Für ein letztes überzeugendes Experiment bringen Sie zwei Nadeln in die Basisflächen der konischen Spulen. Drehen Sie die Spulen so, dass die Spitze nach unten zeigt und senken Sie eine der Nadeln dort hinab, wo das Potenzial stark ist. Sie werden feststellen, dass die Nadel der Schwerkraftachse folgt und direkt auf das Auge des Wirbels zeigt, wie in den Wirbelsturmdarstellungen (Abbildung 51 und 52) gezeigt.

Diese einfachen Experimente sollten Sie davon überzeugen, dass es für eine Masse, die zu einem widerstrebenden und unwilligen Zentrum komprimiert wird, keinen Kern gibt. Wo gibt es irgendeinen Beweis für materielle Gruppenkerne in den Atomen, die Sie auf diese Weise erschaffen?

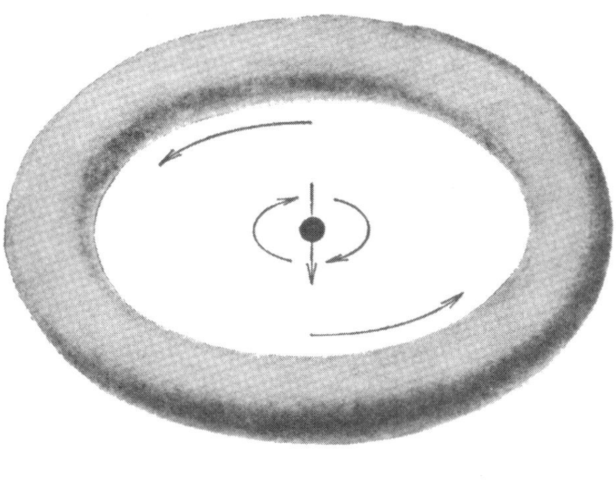

Abbildung 35a:
Die Mesonen-Theorie schlägt vor, dass ein Proton in Wirklichkeit aus einem sich drehenden »leeren Nukleon« (engl. bare nucleon) besteht, welches im Grunde nur ein Punkt ist, zeitweise von einer rotierenden Mesonenwolke umgeben.

Alle Materie ist explosiv, und jeder materielle Körper, der gegen den Widerstand dieses Explosionsbestrebens komprimiert wird, hat den Wunsch zu explodieren. Einzig mit Kälte wird Materie zu dichten Feststoffe, Flüssigkeiten oder Gasen eingefangen.

Die Zeitschrift *The Scientific American* veröffentlichte vor kurzem einen Artikel von Robert Hofstader[79], in dem dieser die Aussage traf, dass individuelle Materieeinheiten sich unter Umständen nur als Ringe erweisen könnten, die sich um einen leeren Punkt drehen, mit maximaler Dichte an jenem Punkt und einem Abnehmen der Dichte von innen nach außen. Die folgende Zeichnung und die Bildunterschrift stammen aus diesem Artikel.

An diesem Beispiel sehen Sie, dass manche modernen Denker sich über die Illusionen, welche die Natur ihnen nahe legt, erheben.

5. Führen Sie auch das folgende Experiment durch: Pumpen Sie Luft in einen platten Reifen. Je mehr Sie pumpen, umso mehr komprimieren Sie. Zuerst ist es, als wenn Sie *eine* Drahtschlinge um ein großes Loch legen würden. Je mehr Sie pumpen, umso größer sind das Potenzial und die Hitze, die Sie erschaffen. Der Druck, den Sie hineingeben, verlangt danach, zu entrinnen. Er bildet daher einen dichten Ring innerhalb des Reifens, aber Ihre ersten Luftdruckstöße suchen in ihrem Verlangen, zu entfliehen, die Außenseite des Randes. Je mehr Sie komprimieren, umso größer werden Dichte, Wärme und Potenzial. Diese Größen nehmen nach innen hin zu. *Beachten Sie, dass Sie von außen nach innen komprimieren. Sie ziehen nicht von innen an. Das Innere ist immer explosiv.*

Was sehr stark zur Annahme eines Atomkerns beitrug, ist das vertraute Bild der Spiralnebel am Himmel. Bei der Prüfung auf den Seiten dieses Buches erkennen Sie eine zentrale Sonne in jedem dieser Spiralnebel, um die sich Sonnen und ihre Planeten wie eine Windmühle drehen. Alle diese Spiralnebel sind sterbende Sternensysteme, die erst Systeme wurden, nachdem auf Wellenamplituden Oktavpaare von Ringen kollidiert sind. Mit anderen Worten, Atome wie Wasserstoff, Sauerstoff, Stickstoff, Aluminium oder Natrium sind einzelne Teilchen, keine Systeme. Das Radarprinzip der Natur legt ihre jeweilige tonale Wellenposition fest. Jedes dieser Teilchen ist ein Ring um ein Loch. Kohlenstoff hingegen ist ein System, denn es ist ein vereintes Paar, das die Reife erreicht hat und nun zu sterben beginnt, indem es die Ringe abwirft, die es zu dem gemacht haben, was es war. Jede Sonne, die Sie sehen, ist flammender Kohlenstoff. Sie bildet zwar die Mitte eines Systems und scheint dessen Kern zu sein, aber sie ist kein Kern, der sein System oder sich selbst zusammenhält. Sie ist ein kosmisches Pulverfass, das alles versucht, um zu explodieren. Das kann sie nicht auf einmal tun, denn die Kälte des Null-Universums lässt dies nicht zu. Daher kühlt sie allmählich ab und stirbt, während sie abkühlt. Es gibt keine Naturkraft, die eine Sonne oder ein Kohlenstoffatom durch einen Zug nach innen zusammenhält. Die Natur zieht nicht an und stößt nicht ab. Sie komprimiert innerhalb eines Vakuums, und das Vakuum stellt seine Normalität wieder her. Elektrizität erschafft Spannungen, das universale Vakuum löst sie wieder auf.

Die Abbildungen 36–40 veranschaulichen eine grundlegende Tatsache in Bezug auf den elektrischen Strom. Solange die beiden unterteilenden Pole sich voneinander fortbewegen und ihre Kathode zurücklassen, damit sie mit einem sich nähernden Paar kollidieren kann, welches von der benachbarten Kathode ausgegangen ist, vervielfacht sich die Bewegungsgeschwindigkeit zentripetal, und das Potenzial vervielfacht sich ebenfalls. Das besagt die Einstein-Gleichung von 1905, denn diese schnelle Bewegung vervielfacht das Potenzial.[80]

Der Augenblick, in dem die Kollision stattfindet und die beiden Pole in einem kugelförmigen Körper eins werden, bedeutet eine Umkehrung des gesamten Druckprinzips. Das Erreichen einer polaren Einheit in einem Schwerkraftzentrum löst in der Natur eine umgekehrte Hebelwirkung aus. Die kosmische Uhrfeder ist vollständig aufgezogen worden, nun muss sie sich entwinden. Statt des Zusammenstoßes zweier sich einander nähernder Pole unterteilt sich der vereinte Pol in zwei, die sich bis in ihre entgegengesetzten Kathoden fortsetzen. Es ist, als würden die beiden Spitzen von zwei Kegeln sich begegnen, so ein Schwerkraftzentrum erschaffen, und dann weiter ineinander pressen, bis sie ein Loch durch die komprimierte Sonne oder den anderen Körper gebohrt haben (siehe Abbildung 30). Dabei wird ein Körper, der durch sich beschleunigende zentripetale Bewegung komprimiert worden war, durch sich beschleunigende zentrifugale Bewegung wieder ausgedehnt. Während sich das Potenzial durch die schnelle Umdrehung um zwei sich *einander nähernde* Pole erhöht, sinkt es durch die schnelle Bewegung um das Loch, das durch die zurückweichenden Pole entsteht. Das Folgende ist ein bislang unbekanntes Grundprinzip der Bewegung.

Überall in der Natur werden Leben und Wachstum durch sich beschleunigende zentripetale Bewegung ausgedrückt, Tod und Zerfall durch sich beschleunigende zentrifugale Bewegung.

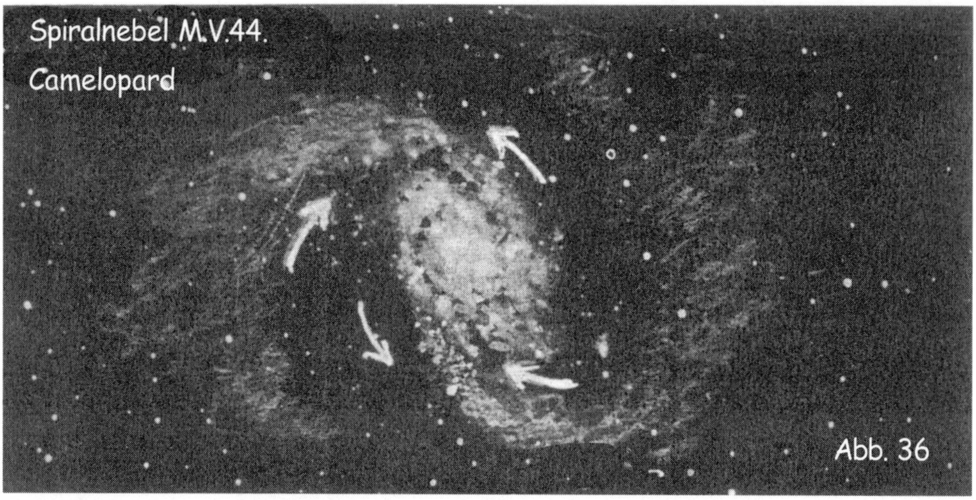

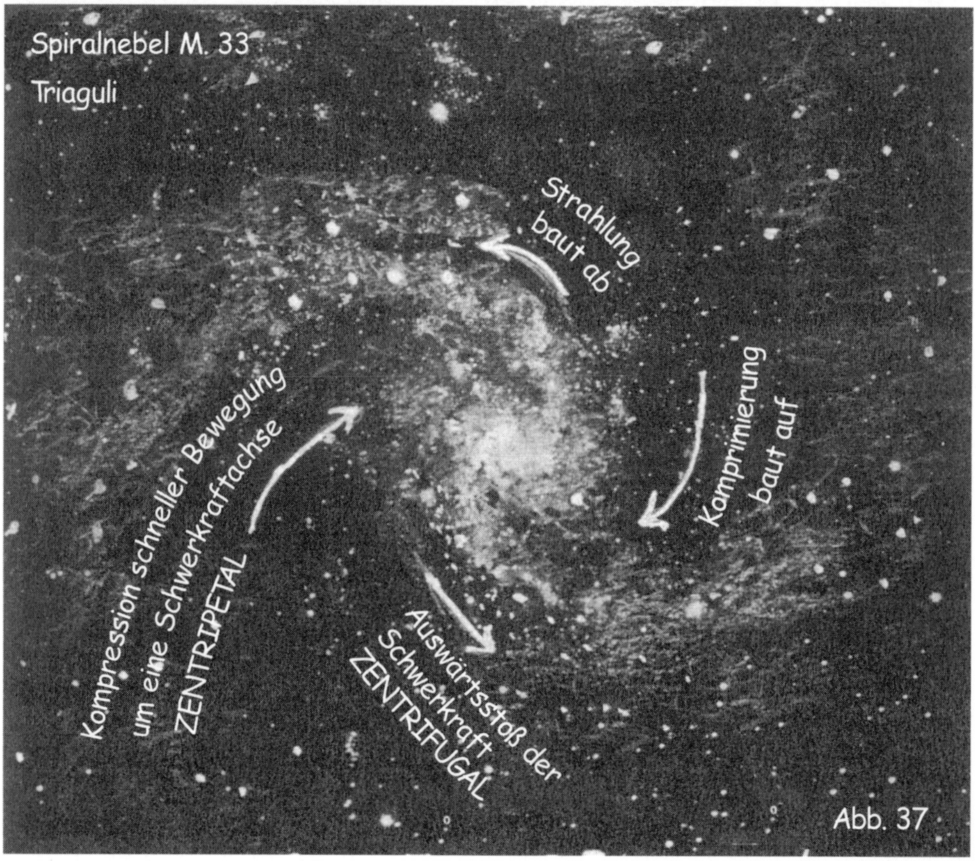

Die Vermutung, das Schwerkraft eine Kraft sei, die von innen nach innen zieht, ist die Hauptursache für die falsche Vorstellung von der Existenz eines Atomkerns. Anstatt Materie zusammenzuhalten, haben die zentralen Sonnen dieser Systeme durch zentripetale Vervielfachung genügend Wärme angehäuft, um die Systeme zentrifugal explodieren zu lassen.

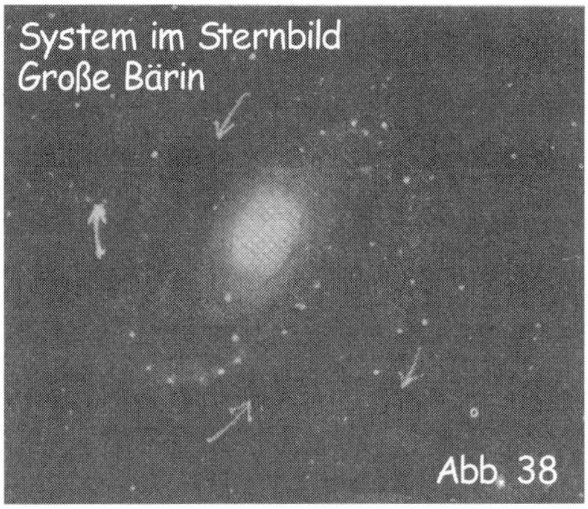

Die hier abgebildeten Sternennebel haben Rutherford und Bohr bei der Bildung ihrer Vorstellungen vom Atomkern zweifellos beeinflusst. Die Ursache für diese falschen Vorstellungen sind mangelndes Wissen über das Wesen der Schwerkraft und über die wahre Natur der Elektrizität.

Durch die entgegengesetzten Richtungen der Pfeile in den Sternennebel-Diagrammen (Abbildung 36–39) sollten Sie sich nicht zu der Annahme verleiten lassen, die vielen Massen würden sich in entgegengesetzte Richtungen drehen. Jede Untereinheit in allen Sternennebeln dreht sich in die einzige Richtung, die der gesamten Natur gemeinsam ist. Die entgegengesetzten Richtungen der Pfeile zeigen nur die Zunahme und Abnahme von elektrischem Potenzial an und damit das Leben und Sterben aller Dinge.

Abbildung 40 zeigt einen Nebel, der noch nicht seine vollständige Reife erreicht hat. Er wird noch weiter in Richtung auf eine perfekte Kugel komprimiert. Er ist ein vereintes Paar, hat aber »noch keine Kinder«. Ein atomares, solares oder stellares System ist ein solches, das seine Reife als vereintes Paar erreicht und damit begonnen hat, Generationen von »Nachwuchs« abzugeben, die sich ihrerseits zu weiteren neuen Generationen fortpflanzen. Alle atomaren Systeme sind entladende, depolarisierende, sich ausdehnende Systeme. Es gibt in der Natur keine polarisierenden oder aufladenden Systeme. Nur Depolarisierung bringt die vielfachen Systeme hervor. Aufgrund dieser Tatsache hat die Theorie vom »sich ausdehnenden Universum« so viele Beobachter in die Irre geführt.

Die Abbildungen 36, 37, 38 und 39 zeigen alte Systeme. Die Abbildungen 38 und 39 sind hervorragende Beispiele dafür, wie sich entlang der sich ausdehnenden Pfade sterbender Sonnen neue Sonnensysteme bilden. Ihre Symmetrie und der sehr gut beobachtbare, ausgewogene Rhythmus sind typisch für den normalen Zerfallsprozess.

II

Der hohe Preis unserer Sinneswahrnehmung

Genau an diesem Punkt haben sich alle Beobachter von Newton bis Einstein durch den Trug ihrer Sinne in die Irre führen lassen. *Sie alle haben an eine Kraft in der Natur geglaubt, die von innen nach innen zieht.* Anhand ihrer Beobachtungen wurden physikalische Gesetze über die Beschleunigung der Schwerkraft formuliert sowie mathematische Formeln zur Kraft der Materie, andere Materie anzuziehen und viele weitere falsche Modelle. Allein die Tatsache, dass ein Stein auf die Erde fällt, hat zu einem Glauben geführt, die Schwerkraft würde ihn anziehen. *Stattdessen ist es die Dichte des elektrischen Potenzials, die den Stein veranlasst, seinen ihm gemäßen Druckzustand in Bewegung aufzusuchen.*

Der Stein ist dicht aufgewunden zu einem hohen Potenzial und besitzt einen hohen Schmelzpunkt. Er gehört in einen elektrischen Druck, der diesen Zustand der Dichte verursacht hat, und er wird ihn aufsuchen – *nicht weil er von ihm angezogen wird –,* sondern weil die Wirbel der komprimierenden Bewegung ihn dorthin ziehen. Jeder mögliche Druckzustand in diesem Universum hat seinen ihm angemessenen Ort und sucht den Bewegungsstrom auf, der ihn dorthin bringt. Regentropfen fallen herab, um die ihnen angemessene Umgebung zu suchen. Komprimierung ist die Ursache dafür, *nicht Schwerkraft.* Wasserdampf steigt in den Raum auf, um die ihm angemessene Umgebung zu suchen. Wenn Wasserdampf den ihm gemäßen gleichwertigen Druck findet, schwebt er schwerelos, denn Gewicht ist nur das Maß für Potenzial, das nicht am richtigen Ort ist. Materie, die in einer Umgebung mit gleichwertigem Potenzial schwebt, ist im Hinblick auf jede andere Materie im Universum schwerelos, aber die Mathematiker verschwenden viel Zeit damit, das Gewicht unseres schwerelosen Planeten zu errechnen.

Zusammenfassung

»Schwerkraft« oder Gravitation übt keine wie auch immer geartete Kraft aus, um anzuziehen oder abzustoßen. Gravitation ist eine Achse magnetischer Ruhe, die aus dem Nullpunkt in der Kathode des elektrischen Stromes in zwei Richtungen erweitert worden ist und um die herum elektrische Bewegung die Kraft – oder Energie – ihres magnetischen Nullzentrums nachahmen kann. Gravitation ist bewegungslos und unwandelbar. Eine Schwerkraftachse ist die Erweiterung aus einem Punkt im Raum, wo die Kraft des ganzen Universums vorhanden ist, in zwei Richtungen zu einem Paar von Punkten. Bewegung um diese Punkte findet statt, um die von ihren Zentren ausgehende Kraft im Gleichgewicht zu halten. Elektrizität wirbelt um diese Paare aus Schwerkraftpunkten, die sich zu Achsen erweitern, um diese Energie in den Zentren durch Bewegung *nachzuahmen*, aber die Nachahmung ist nicht die Wirklichkeit. Wenn ein solches Paar von Gravitationspunkten sich begegnet und EINS wird, vereint sich die Gravitation, und die duale Polarität kommt zum Erliegen. Die magnetische Ruhe der Kathode, wo die Unterteilung begann, wird dann in der Materie wiederholt.

Schlussfolgerung

Das oben Gesagte soll folgende Gedanken hervorheben:

1. Jede Wirkung in der Natur, welche Beobachter der Schwerkraft und dem Magnetismus zugeschrieben haben, sollte richtigerweise dem elektrischen Potenzial zugeschrieben werden.

2. Das Zentrum jeder Masse, zum Beispiel der Sonne, ist ein Zentrum maximaler Wärme und maximalen Druckes; dieser Zustand ist hoch explosiv und nicht anziehend, denn Hitze dehnt sich aus und versucht mit aller Macht, zu entkommen.

Zehntausende von Sonnen sind explodiert. Sie werden als Novas bezeichnet. Viele von ihnen werden von der Kälte des Raumes zurückerobert und wieder eingefangen. Die größte dieser Sonnen wird als Krebsnebel[81] bezeichnet. Diese spektakuläre Explosion hat erst kürzlich stattgefunden. Eine sorgfältige Untersuchung ihrer Bewegungen gibt uns ein klares Verständnis für jenen majestätischen Kampf, der beständig zwischen der Kälte des Raumes und der Wärme seines Widerstandes gegen seine elektrische Unterteilung stattfindet. Solche irreführenden Wirkungen in der Natur haben den wissenschaftlichen Fortschritt schon allzu lange gehemmt. Die Korrektur der daraus abgeleiteten Irrtümer wäre von unschätzbarem Wert für den heutigen Fortschritt.

III

In jedem Lehrbuch steht, dass es zwei Arten von Elektrizität gibt, positive und negative. Wir wollen Ihnen zeigen, wie unmöglich, unlogisch und widersprüchlich dies im Hinblick auf die natürlichen Prozesse beim Aufbau von Materie ist.

Wir verweisen nochmals auf die Tatsache, dass Elektrizität nur eines tut: Sie unterteilt ein Gleichgewicht in GLEICHWERTIGE Paare und komprimiert diese, bis sie sich vereinigen, um einen explosiven Zustand um einen Ruhepunkt der Schwerkraft herum zu erschaffen. Wenn dieser Zweck erreicht ist, stirbt die Elektrizität in allen Massen langsam ab, bis alle Bewegung in ihnen zum Erliegen gekommen ist.

Es sind nicht zwei Kräfte erforderlich, um irgendetwas zu komprimieren. Wenn Sie Luft in Ihren Reifen komprimieren möchten, komprimieren Sie die Luft mit einer in eine einzige Richtung ausgeübten Kraft, welche von außen nach innen gerichtet ist. Je größer die Kraft ist, die Sie in diese Richtung ausüben, umso stärker vervielfacht sich der Widerstandsdruck in Ihrem Reifen im Vergleich zum Außendruck. Wenn Sie ein Ventil öffnen, explodiert der Druck in Ihrem Reifen nach außen – ohne Unterstützung durch eine zweite Art von Elektrizität, die ihm aus seinem Gefängnis zu entweichen hilft. Er sucht einfach nach Gleichgewicht mit seiner Umgebung, ohne eine andere Art von Kraft zu Hilfe zu haben. Diese Ebene universalen Gleichgewichtes ist das universale Vakuum. Jede Trennung aus diesem Zustand ist in der Normalität der Natur eine erzwungene Abtrennung, die eine Anspannung verursacht. Das Null-Universum ist ohne Anspannung. *Alle Materie ist komprimierte Bewegung. Alle komprimierte Bewegung ist explosiv.* Sie ist genau in demselben Zustand wie die Luft in Ihrem Reifen, die Sie zu einem angespannten Zustand komprimiert haben, wo sie beständig ihre Wunschkraft ausübt, um in das universale Gleichgewicht zu entrinnen. Dieser Wunsch nach Explosion wohnt aller Materie inne. Es gibt keinen Wunsch in der Materie, sich mit anderer Materie zusammenzuhalten.

Wir verweisen Sie für weiteres Studium auf die Abbildungen 6 und 7 (Seite 88f.). Beachten Sie, dass der Zustand des Nullpunktes frei von Spannungen ist; der andere Zustand ist voller Spannungen, von denen er sich nur befreien kann, indem so viel Wärme erzeugt wird, dass ein langsamer Prozess der Abstrahlung oder des Zerfalls beginnt.

Sie werden besser begreifen, was wir meinen, wenn Sie ein Gummiband aus seinem normalen Gleichgewichtszustand der Ruhe bringen, indem Sie es dehnen. Dazu benötigen Sie Kraft, aber es wird in seinen entspannten Zustand zurückkehren, ohne dass eine andere Art Kraft benötigt wird. Indem Sie das Gummiband dehnten, haben Sie einen unausgewogenen Zustand von Spannungen und Dehnungen erschaffen. Das Null-Universum ist ausgewogen. Alles in der Natur, was durch die Ausübung irgendeiner Kraft aus dem Gleichgewicht kommt, findet schließlich wieder das Gleichgewicht im kosmischen Vakuum, denn das ist der einzige normale Zustand des Raumes. Es ist auch die URSACHE aller WIRKUNG und die QUELLE aller ENERGIE. Wenn Sie dies ganz verstehen, können Sie jetzt das große Geheimnis lösen, das bedeutende Denker in der Wissenschaft bisher für unlösbar hielten – das Geheimnis, wie Materie aus dem Raum auftaucht und wie der Raum sie wieder verschluckt.

Wie ist es zu erklären, dass Forscher früherer Zeiten beschlossen, es gebe zwei entgegengesetzte Arten Elektrizität anstelle einer einzigen Art, die Bewegung hervorbringt? Es lag daran, dass die beiden entgegengesetzten Zustände von Leben und Sterben, Wachstum und Zerfall, Erwärmen und Abkühlen, Polarisieren und Depolarisieren und alle anderen Bewegungseffekte in scheinbar entgegengesetzten Richtungen und durch scheinbar entgegengesetzte Kräfte ausgedrückt werden. *Es gibt jedoch keine entgegengesetzten Richtungen und auch keine entgegengesetzten Kräfte. Es gibt nur unterteilte Geschlechter, welche dieselbe Kraft in derselben Richtung ausüben. Die einzige Kraft ist Komprimierung, und die einzige Richtung ist spiralförmig. Was zweifach erscheint, ist eins, wenn die beiden Geschlechter vereint werden. Sie könnten sich nicht vereinen, wenn sie sich in entgegengesetzte Richtungen bewegen würden, und sie könnten nicht eins sein, wenn sie Gegensätze wären.* Unsere Sinne täuschen uns in hohem Maße. Sie lassen uns oft das genaue Gegenteil dessen glauben, was sie manifestieren.

Forscher früherer Zeiten ließen die Tatsache unberücksichtigt, dass Bewegung eine kosmische Anormalität ist, die von einer Störung der Stille verursacht wurde. Der Ausgangszustand unseres Universums ist ein Ruhezustand. Bewegung ist eine erschaffene Wirkung, die aus der Ruhe auftaucht und wieder zu ihr zurückkehrt. Unser Bewegungsuniversum könnte mit einem ruhigen Teich verglichen werden, in den ein Stein geworfen wurde. Die normale Ruhe des Teiches ist durch eine *Kraft* gestört worden. Die normale Ruhe wird ohne Zuhilfenahme einer Kraft wieder zurückkehren. Es gibt keine entgegengesetzte Kraft, welche die Rückkehr zum normalen Gleichgewicht verursacht.

Genauso ist es mit Leben und Tod. Es gibt zwei scheinbar entgegengesetzte Wirkungen, die aus dem Null-Universum des Schöpfers auftauchen als eine Störung seines Vakuums durch scheinbar entgegengesetzte Drücke. Das Gleiche gilt für Wärme und Klang. Aber alle diese Wirkungen, die durch die Anwendung von Kraft auftauchen, kehren ohne die Unterstützung einer anderen elektrischen Kraft und ohne Änderung ihrer einzigen universalen Richtung in ihren normalen Ruhezustand zurück.

Wir wollen sicher sein, dass Sie dieses entscheidende Grundgesetz der Natur verstehen, welches die größten Geister der Jahrhunderte so fundamental getäuscht hat. Wir kehren zum Reifen zurück, in dem Sie einen sehr viel höheren Druck komprimiert haben, als in seiner Umgebung herrscht. Dieser Druck wird durch einen versiegelten Verschluss im Reifen gehalten, aber es ist sehr schwierig, den Reifen vollkommen zu verschließen, so dass nicht ganz langsam die Luft wieder entweicht.

Bedenken Sie immer, dass jede Handlung, die Sie vollbringen, Bewegung verursacht – Bewegung ist elektrisch – Elektrizität bewegt sich spiralförmig – und Spiralen werden immer paarweise erschaffen. Wo Sie einen elektrischen Strom auch im Querschnitt betrachten, Sie erhalten immer Ringe, die sich um Löcher drehen. Probieren Sie es aus. Schicken Sie einen elektrischen Strom durch eine Vakuumröhre, in der sich hinreichend Luft oder Dampf befindet, um die Sichtbarkeit zu unterstützen, und Sie werden die Ringe sehen, welche die Elektrizität hervorruft. Sie werden sie als Ringe aus Licht sehen, die sich um schwarze Löcher drehen. Diese Ringe sind Unterteilungen und Erweiterungen der »ultimativen Teilchen« der Schöpfung, denn es gibt in der Natur keine andere Form als sich öffnende und sich schließende Ringe. *Sich öffnende und sich schließende Ringe sind die Grundlage und die Substanz aller Form.* Wo sie erscheinen, erscheint Materie. Wenn sie verschwinden, verschwindet Materie und alle Wirkungen der Materie mit ihnen, wie Klang, Farbe, Wärme, Form, Dichte und Dimension (siehe Abbildung 41).

Nochmals wiederholen wir, dass unser Bewegungsuniversum vollkommen elektrisch ist und es keine Kraft oder Qualität in der Elektrizität gibt, die von innen nach innen zieht. Wiederum sagen wir: Elektrizität tut nur eines – sie komprimiert, um in Paare zu unterteilen, und erschafft so einen dichten Druckzustand, der als elektrisches Potenzial bekannt ist. Dies geschieht gegen den Widerstand des universalen Vakuums, das letztlich jede Anstrengung der Elektrizität, Zusammenhalt nachzuahmen, wieder zunichte macht.

Das gesamte Prinzip des Aufbaus von Materie basiert darauf, dass ein Bereich der Ruhe im allgegenwärtigen Vakuum von vier Ringen umgeben ist; diese Ringe werden in unterteilten und getrennten Paaren komprimiert, bis die Löcher eliminiert sind und flammende Sonnen aus Kohlenstoff ihre Stelle einnehmen. Dann werfen die Sonnen in Viererserien Ringe ab, bis die Löcher zurückkehren. Elektrizität verursacht die Komprimierung, und das Null-Vakuum ist Ausdruck der Geist-Energie, welche die Ausdehnung verursacht. Unser Universum ist eine Kompressions-Expansions-Pumpe. Das eine Ende seines Kolbens befindet sich im ewigen Vakuum und das andere Ende in den Druckzuständen des elektrischen Potenzials.

Jede elektrische Aktivität, die in der Natur aufgezeichnet wird – wie das Wachstum eines Baumes oder das Werfen eines Steins ins Wasser – ruft Ringe mit Löchern darin hervor. Der junge Baum beginnt in dieser Weise als Röhre, aber er schließt seine Löcher durch Komprimierung, um massiv zu werden, und jede massive Materie ist eine Aneinanderreihung von Ringschichten, die sich schließlich öffnen, um allmählich »den Raum« einzulassen, bis wieder alles Raum wird, in den der Baum vollkommen verschwindet. Schneiden Sie Ihren eigenen Körper in Scheibchen, und Sie werden feststellen, dass er aus Ringen mit Löchern im Zentrum zusammengesetzt ist – Ihre Brust, Ihr Schädel, Ihre Knochen, Arterien, Ihr Herz, Ihre Luftröhre, Nerven und jede Zelle Ihres Körpers. So funktioniert Elektrizität. Sie versucht, die Löcher zu schließen, aber nur sehr wenige aus Millionen von Wirkungen schaffen dies. Das gesamte organische Leben liefert nicht ein einziges Beispiel für einen Körperaufbau, der es geschafft hat, ganz massiv zu werden, nicht einmal das Elfenbein eines Elefantenstoßzahnes. In der Mitte ist ein Loch, und die Zellen sind porös.

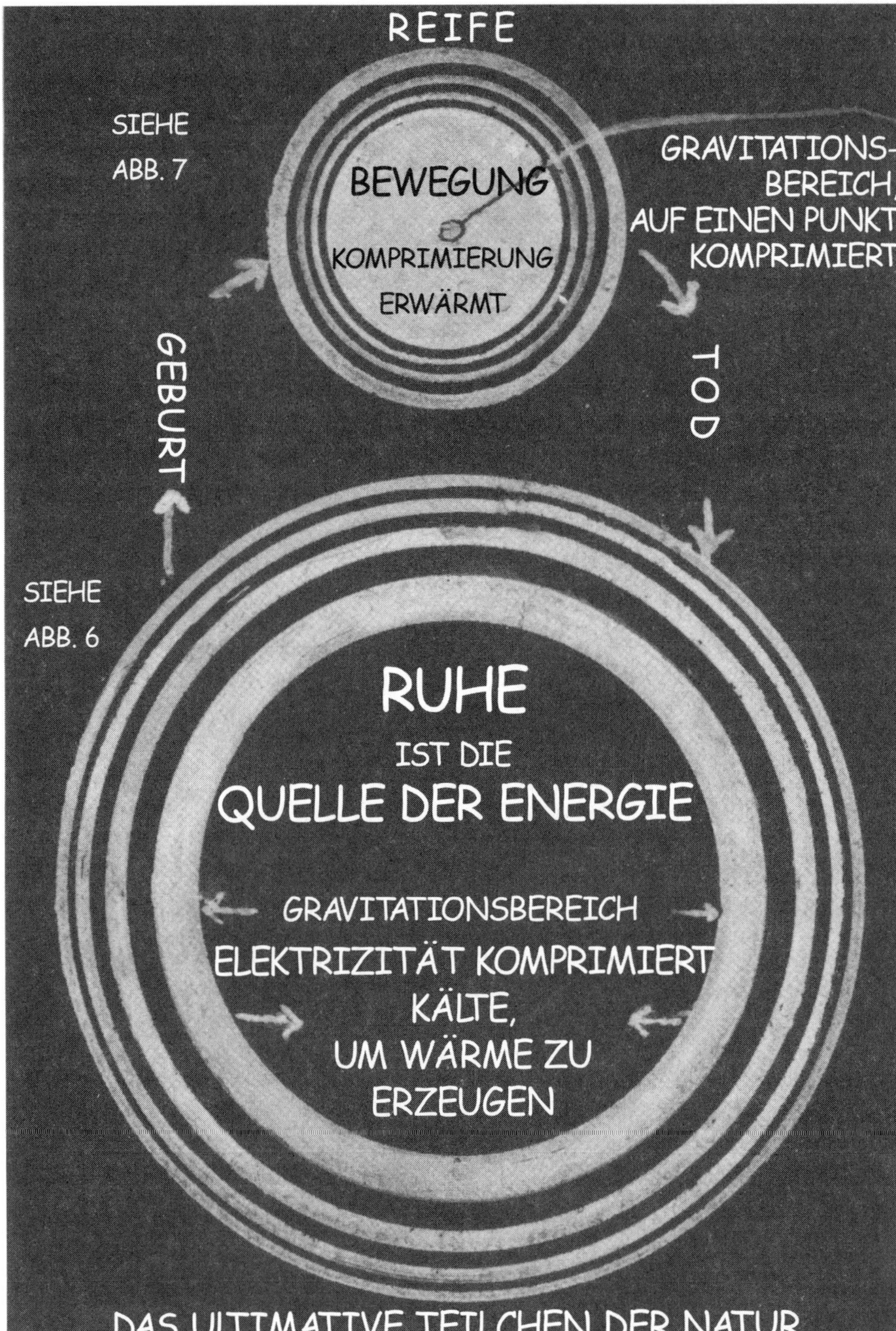

Abbildung 41: Das untere Diagramm stellt den Beginn der Materie in den Edelgasen dar. Das obere Diagramm stellt das Ende der Materie in flammenden Kohlenstoff-Sonnen dar.

Alle Natur protestiert laut gegen einen so unnatürlichen und unmöglichen Zustand wie den Atomkern. Die Natur ist zellulär, und Zellen sind in Scheiben unterteilte Ringe. Auch ist jede Zelle in der Natur das Ergebnis einer Vereinigung von vier Ringpaaren. Die Natur protestiert auch laut gegen die Vorstellung eines mysteriösen, kosmischen »Klebstoffes«, der das Atom angeblich von innen innerhalb eines Kerns zusammenhält. *Atome werden nur durch Druck von außen zusammengehalten und von außen durch Kälte versiegelt.* Das Innere jeder Atommasse ist ein Wärmegenerator und Wärmeverbraucher. Atomare Untereinheiten haben kalte Zentren, aber kombinierte Atommassen haben relativ heiße Zentren, entsprechend ihrem Zweck und ihrer Position. Ihre Zellen müssen elektrisch konditioniert sein, um diese Hitze aufrechtzuerhalten, aber egal, wie hoch die Temperatur in irgendeiner Zelle ist, sie strebt danach, diese Zelle *auszudehnen* und nicht, sie zusammenzuhalten. Sie ist kein Klebstoff, sondern ein Explosionsstoff.

IV

Es wird gut sein, wenn wir untersuchen, anhand welcher Schlussfolgerungen Beobachter und Forscher zu dem Ergebnis gelangten, es müsse zwei Arten von Elektrizität geben. Die Idee eines universalen Vakuums tauchte im Denken und Schlussfolgern der damaligen Wissenschaftler, welche die WIRKUNG von Bewegung beobachteten, nie auf. Da ihnen diese Vorstellung fern lag, fehlte ihnen die erste entscheidende Voraussetzung – das Wissen um die grundlegende Tatsache, dass die Schöpfung ein Produkt des GEISTES ist. Zweitens empfanden sie Wärme als Wirklichkeit, die Bewegung verursacht, Kälte hingegen einfach nur als weniger Wärme. Sie erkannten nicht, dass Kälte die ewige unerschaffene URSACHE ist, aus der die Wärme als eine Wirkung erschaffen wird. Wärme ist das Ergebnis von Bewegung. Beide sind anormale Zustände in diesem Universum der Ruhe.

Nun ergibt es sich, dass die frühe Vorstellung der Elektrizität für eine Ein-Weg-Richtung sprach, die komprimierte, um Potenzial zu vervielfachen, welches gleichzeitig Wärme vervielfachte. Der entgegengesetzte Fluss war nur theoretisch, aber notwendig, denn es gibt bei jeder elektrischen Wirkung zwei Pole und zwei entgegengesetzten Zustände. Allerdings gibt es nur eine Bewegungsrichtung. Unser Universum ist gegenläufig in zwei Richtungen, es öffnet und schließt sich, und beide Vorgänge werden in der unwandelbaren einzigen Richtung ausgedrückt.

Der geschlechtlich unterteilte Zustand fiel diesen frühen Beobachtern nicht auf. Eine solche Idee kam ihnen nie in den Sinn. Für sie war Sexualität eine Funktion des organischen Lebens und hatte entschieden nichts mit dem atomaren Leben anorganischer Materie zu tun. Auch die Unterteilung des Spektrums in Rot und Blau zogen sie nicht in Betracht. Die Vorstellung von Spannungen kam ihnen im Hinblick auf Elektrizität ebenfalls nicht in den Sinn. Es ist die Spannung der Unterteilung in Spektralfarben, die nach Einheit strebt, indem die Farben der Bewegung in das Magnetische Weiße Licht der universalen Ruhe verschwinden, oder die Spannung der geschlechtlichen Unterteilung von Vater-Mutterschaft in Vater- und Mutterkörper, welche die Einheit in der Geschlechtslosigkeit anstreben. Die beiden Gegensätze von Komprimierung und Ausdehnung entsprechen Konzentrierung und Dezentrierung, Wachstum und Zerfall, Leben und Tod oder dem Prinzip von Polarisierung und Depolarisierung. Auch dies fand keine Beachtung.

Dann entwickelten Rutherford und Bohr am Anfang des 20. Jahrhunderts die Idee eines Atomaufbaus, der auf den festen Glauben an das Coulombsche Gesetz gründete. Dieses besagt, dass Materie entgegengesetzt »geladene« elektrische Materie anzieht und gleich »geladene« Materie abstößt. Nichts konnte überzeugender sein, denn der eine Pol eines Magneten »zog« sein Gegenstück scheinbar an und »stieß« das ihm Entsprechende scheinbar zurück. Es fiel ihnen nie auf, dass Männer und Frauen sich nicht fruchtbar mit ihren eigenen Geschlechtern vereinigen können.[82] Wenn ihnen das Thema Geschlechtlichkeit in Bezug auf Elektrizität in den Sinn gekommen wäre, hätte es nie ein Coulombsches Gesetz oder die Vorstellung eines Atomkerns gegeben. Nichts konnte für sinnesgebundene Schlussfolgerungen überzeugender sein als die scheinbar offensichtliche Tatsache, dass es zwei Arten Elektrizität geben müsste – obwohl der elektrische Strom nur in eine Richtung floss, aber unter der unbewiesenen Annahme, er würde in zwei Richtungen laufen.

Viel Verwirrung ist auch durch die Tatsache verursacht worden, dass die beiden Pole sich von der sie unterteilenden Kathode aus in entgegengesetzte Richtungen entfernen und sich einander aus entgegengesetzten Richtungen nähern, um eine Anode zu bilden. Dies führte zu dem Glauben an die *entgegengesetzten Richtungen* der beiden Arten von Elektrizität, von denen die eine – so nahm man an – *anziehen* und die andere *abstoßen* sollte. Die Antwort hierauf ist, dass Polarität nicht Bewegung ist. *Ihre Ursache ist die Ruhe der Schwerkraft im Zentrum von Bewegung.* Sie ist die allgegenwärtige Null. Polarität hat daher keine Richtung. Bewegung ist auf die elektrischen Ringe beschränkt, die auf ewig die Schwerkraft umkreisen. Diese Ringe haben bei ihren

Windungen um das allgegenwärtige, sie lenkende Schwerkraftzentrum nur eine Richtung, aber sie verursachen zwei getrennte Wirkungen, eine zentripetale und eine zentrifugale. Aufgrund dieser beiden Wirkungen von Leben und Tod kann das Universum als ein sich öffnendes und schließendes gegenläufiges Universum mit nur einer Richtung bezeichnet werden.

Später wurden neue und wichtige Entdeckungen gemacht, die scheinbar bewiesen, dass es zwei Arten von Elektrizität gibt. Wir werden eine dieser Entdeckungen zitieren, die den Glauben an zwei Arten von Elektrizität, eine Art für jeden Weg, weiter verfestigte. Sie können den Text, wenn Sie wollen, in der Encyclopaedia Britannica unter dem Stichwort »Electronic Tube« ausführlicher nachlesen. Die Aussage lautet wie folgt: »Thomas Edison beobachtete, wie der elektrische Strom im Vakuum von einem heißen Glühfaden in nur einer Richtung zu einer kalten Metallplatte floss, als würden von dem Glühfaden negative Teilchen ausgesendet.«[83]

Wir wollen diese Fehlinterpretation näher beleuchten. Nichts an diesem Experiment rechtfertigt die Aufmerksamkeit, die ihm zuteil wurde. Der elektrische Strom, den Edison beobachtete, war die Strahlung aus einem erhitzten Zustand, der nach einem Gleichgewicht suchte. Dies wäre außerhalb einer Vakuumröhre genauso gewesen und entspricht derselben Wirkung, die Sonnenstrahlen auf Ihrer Hand oder die Wärme eines heißen Ofens ausüben; sie wird als Strahlungsenergie bezeichnet. Strahlung, die entladende, abbauende und expandierende Kraft, erschafft elektrischen Strom. Das tut jedoch die aufladende, erzeugende, komprimierende Kraft auch. Das eine komprimiert, das andere dehnt aus, aber es ist derselbe elektrische Strom. Jede wie auch immer geartete Bewegung – sogar die Bewegung Ihres kleinen Fingers – erschafft einen gegenläufigen elektrischen Strom, der das gesamte Universum durchquert.

Ein heißes Bügeleisen an einem Ende des Raumes und ein Eisblock am anderen Ende verursachen einen elektrischen Strom, der in beide Richtungen fließt, bis das Bügeleisen, das Eis und der Raum eine gemeinsame Temperatur erreicht haben. Dies geschieht auch, wenn Sie zwei heiße Bügeleisen an entgegengesetzte Enden eines Raumes stellen. Warmes Wasser, das in den kalten Raum aufsteigt, erschafft einen elektrischen Strom, aber das bedeutet nicht, dass es *eine* Art Elektrizität ist, die dafür sorgt, dass das Wasser aufsteigt und eine *andere*, die dafür sorgt, dass es wieder absinkt. *Man könnte genauso sagen, dass es zwei Arten Wasser gibt, die Art, die aufsteigt, und die Art, die fällt.*

Dies entspräche der Behauptung, es gebe *eine* Art Elektrizität, die einen Menschen lebendig macht und eine *andere*, die dazu führt, dass er stirbt. Elektrizität ist zentripetal, wenn sie ihr Potenzial durch Erhöhung ihrer Geschwindigkeit vervielfacht, und sie ist zentrifugal, wenn sie ihr Potenzial – ebenfalls durch Erhöhung ihrer Geschwindigkeit – vermindert.

Elektrizität ist Bewegung – jede Art, jede Stufe von Bewegung. Es kann nicht zwei Arten von Elektrizität geben.[84] Es gibt nur eine Art von Elektrizität, aber diese eine Art vervielfacht ihre Komprimierungskraft in der ersten Hälfte ihres Kreislaufs und unterteilt diese Kraft in der zweiten Hälfte. Viel Verwirrung wird verursacht, indem Geschwindigkeit mit hohem Potenzial verwechselt wird und umgekehrt. Aus diesem Grund ist es gut, wenn wir an folgendem Beispiel verdeutlichen, was wir meinen: Die Erschaffung von Materie geschieht durch die Komprimierung von vier Ringpaaren, die von Kathoden projiziert werden; die Geschwindigkeit des Stromes um seine Schwerkraftachse vervielfacht sich beständig, und *das Volumen wird kleiner, während sich die Geschwindigkeit erhöht,* bis der Zusammenstoß stattfindet. Gleichzeitig verlangsamt sich die Rotationsgeschwindigkeit (engl. *rotation*) der Einheiten im Strom, bis die vervollständigte Masse nach der Kollision ihr Minimum erreicht hat. Von diesem Punkt an kehrt sich jede Wirkung um. Die Drehung (engl. *revolution*) um die Schwerkraftachse jeder separaten Masse-Einheit, inklusive der Projektionen daraus, wie Planeten und Satelliten, wird immer langsamer, während die Rotation (engl. *rotation*) jeder Masse um ihre eigene Achse immer schneller wird. In diesem Fall resultiert Geschwindigkeit in einem Absinken des Potenzials und einer riesigen Volumenzunahme.

Ein konkretes Beispiel: Merkur und die Planeten jenseits von ihm drehen (engl. *revolve*) sich zentrifugal um ihre primäre Schwerkraftachse in der Sonne. Dieser Umlauf wird immer langsamer, während sich die Geschwindigkeit der Rotation (engl. *rotation*) um ihre eigene Achse so stark erhöht, dass die Planeten durch ihre eigene, zunehmende zentrifugale Geschwindigkeit zerfallen. Dies ist eine Eigenschaft jeder elektrischen Wirkung. Es ist das Prinzip, das wir Leben und Wachstum nennen und das sich umkehrt zu Tod und Zerfall.

Genauso gibt es nicht zwei Arten von Bewegung. Bewegung ist immer dieselbe, ob sie schnell oder langsam ist. Luft ist dieselbe Luft, ob sie heiß oder kalt ist. Bewegung erweckt den Anschein, viele Dinge und viele Stoffe zu sein, aber es handelt sich immer nur um verschiedene Zustände derselben Sache. *Im gesamten Universum haben wir nur zwei grundlegende Zustände – Ruhe und Bewegung.* Zusammen sind diese beiden das pulsierende Kino, das sowohl Schöpfer als auch Schöpfung ausmacht. Während sich der menschliche Intellekt entfaltet, begreifen wir allmählich die Einfachheit des Universums und lassen uns immer weniger verwirren. Der Mensch wird der Wirklichkeit des Geistes mehr gewahr und ist nicht mehr so auf die Bewegung fixiert.

V

Ein elektrisch aufgeladener Körper ist so lange ein aufgeladener Körper, bis ihn der letzte Rest von Bewegung verlässt. Ihre Autobatterie kann fast vollständig entladen sein, aber solange sie Bewegung hervorbringt, ist sie positiv geladen. Sie könnten sagen, dass sie sich einem negativen oder aufgehobenem Zustand nähert, aber man kann eigentlich nie sagen, dass ein sich entladender Körper negativ »aufgeladen« ist. Ein Begriff wie negative Elektrizität oder negative Ladung entspricht einem stummen Klang oder totem Leben. Das Wort negativ bedeutet verneinen – aufheben – leeren oder minus werden. Aufladen bedeutet, dass hinzugefügt wird. Es ist weder logisch noch angemessen, einen Ausdruck wie negative Ladung zu benutzen, der wörtlich genommen bedeutet, dass durch Subtrahieren etwas hinzugefügt wird.

Elektrizität ist die Kraft, die vom Schöpfer benutzt wird, um Körper zu erschaffen. Körper sind elektrische Störungen in einem Vakuum. Elektrizität verursacht diese Störungen.

Das Prinzip der Elektronik ist ein kleines Beispiel dafür, was Elektrizität in einem Vakuum tut. In einer Vakuumröhre, die nicht durch Elektrizität unterteilt wird, herrscht der normale Ruhezustand des Universums (siehe Abbildung 6). Elektrizität taucht *aus* dem allgegenwärtigen Universum auf und verschwindet dahin zurück, so wie Licht in einer Vakuumröhre erscheint und verschwindet. Elektrizität hört auf, Elektrizität zu sein, wenn sie ihre Kraft zur Bewegung verliert. Wenn wir von elektrischer Ausdehnung sprechen, dann in dem Sinne, dass die Elektrizität schwächer wird, so wie wir von einem Menschen, der noch lebt, sagen, dass er im Sterben liegt. Elektrizität dehnt sich nicht aus, und es gibt auch keine Art von Elektrizität, die sich ausdehnt. Sie schwächt sich nur ab, indem Potenzial und Geschwindigkeit kleiner werden.

Wenn in einer elektronischen Röhre ein Vakuum erzeugt wird, bedeutet dies, dass die elektrische Bewegung und die Spannungen aus ihr herausgepumpt wurden und sie in einem Null-Zustand der Ruhe zurückbleibt. Ein elektrischer Strom, der durch die Röhre hindurchgesendet wird, zeichnet die Bewegungsmuster auf, die den elektrischen Strom verursacht haben. Der Vakuumzustand isoliert das neue Bewegungsmuster von allen anderen Bewegungsmustern, die sonst die Röhre füllen würden. Dasselbe Muster kann von jener Röhre aus projiziert werden und sich überall im Universum wiederholen. Die Röhre ist ein regelrechtes Null-Universum der Ruhe im Miniaturformat, das ein vielfaches Bewegungsuniversum erschafft. Wenn Sie diesen Effekt genau untersuchen, werden Sie viel von den natürlichen Prozessen verstehen. Je mehr die Wissenschaft dieses Prinzip entwickelt, von Null ausgehend ohne Interferenz mit anderen Drücken und Mustern eigene Muster zu erschaffen und diese dann durch die Lenkung der Schwerkraft in ihnen zu vervielfachen, umso mehr Fortschritte werden wir in der Wissenschaft der Elektronik erzielen.

Die Anwendung der Elektronik wird eine ungeheure Zunahme erfahren, wenn Elektroingenieure mehr über Elektrizität wissen und die Beziehungen ihrer Drücke zu dem magnetischem Universum kennen lernen, welches diese Drücke lenkt. Diese neue Wissenschaft hat, obwohl sie noch in den Kinderschuhen steckt, im Leben der Menschen bereits eine spürbare Veränderung bewirkt. Sie wird noch viel größere Auswirkungen auf das menschliche Leben haben, während sie sich weiter entwickelt. Ihr gegenwärtiger Nachteil sind die ineffizienten Röhren und Projektionsapparate. Keiner von ihnen ist nach dem richtigen, naturgemäßen Prinzip auf maximale Effizienz hin konstruiert worden. Das wird jedoch kommen, in dem Maße, wie Elektroingenieure mehr über das Geheimnis der Welle und über das *Radarprinzip in seiner Beziehung zur Raumgeometrie* wissen. Der Mensch schreitet nur in dem Maße voran, wie er neues Wissen erwirbt, und das geschieht langsam, denn der Mensch ist nur ungern bereit, alte Vorstellungen durch neue zu ersetzen.

Dies ist nicht der Ort, um sich ausführlich zu diesem Thema zu äußern, aber wir empfehlen Ihnen, sich mit dem täglichen Fortschritt, der heutzutage in der Elektronik stattfindet, näher vertraut zu macht. Die eine große Lektion, die Sie von der Elektronik lernen können, ohne ein Techniker zu sein, ist die Tatsache, dass alle Muster, die Sie in diese Röhren hineingeben – ob Klänge, Bilder oder Bewegungen – erhalten bleiben und in der gleichen Form die Röhre wieder verlassen. Wir wollen vollständig erklären, worauf wir hinauswollen. Die Klänge und die Bewegung, die Sie erzeugen, gehen nicht in die Röhre hinein. Das brauchen wir Ihnen nicht zu sagen, denn Sie wissen, dass nur eine elektrische Aufzeichnung der Wellenmuster in die Röhre gelangt, von Licht und Klängen, von Ereignissen, die Wellen aufzeichnen. Nun kommt Ihre Lektion. Sie können hören und sehen, was Sie in diese Röhre geschickt haben, wann immer Sie den Strom anschalten. Das bedeutet, dass die Elektrizität das empfangende und aufzeichnende Prinzip der Natur ist, während das Null-Universum das Senderprinzip der Natur ist.

Dies bringt uns zu einem Höhepunkt in diesem Buch, wo wir einen Augenblick innehalten und tief über folgende Erkenntnis nachdenken sollten: Das unsichtbare Null-Universum ist die DENKENDE GEIST-ENERGIE-QUELLE der Schöpfung, und alle materiellen Körper sind nur Aufzeichnungen des GEIST-DENKENS.

Sollte nicht jeder ernsthaft Denkende sich sein Leben neu einrichten und nur nach Werten suchen, die innerhalb ihrer Urquelle liegen, anstatt weiter in ihren Schatten nach ihnen zu suchen?

Mit anderen Worten, Elektrizität komprimiert Bewegung in scheinbare Form und Wirkung. Das ist aber auch alles. Wenn diese komprimierte Bewegung erlöst wird und zum Beispiel einen Klang hervorbringt, dehnt sich der Klang in das Null-Universum aus, ohne die Unterstützung irgendeiner Kraft. Die Tatsache, dass Sie den Klang *hören* können, geht darauf zurück, dass er elektrisch wiedergeboren wird, indem er in die Dichte Ihres Körpers re-komprimiert wird. Ihr elektrisch komprimierter Körper ist eine Empfängerstation für die Wiedergeburt des sterbenden Klanges, genauso wie eine Felswand Empfängerstation für die Wiedergeburt des Klanges als Echo ist. Eine elektronische Röhre und eine Felswand sind diesbezüglich dasselbe. Das bedeutet auch, dass alle Materie nichts anderes ist als Gedankenaufzeichnungen, denn alle Materie ist elektrische Bewegung. Daraus folgt notwendigerweise, dass Ihr Körper nur eine elektrische Gedankenaufzeichnung Ihres Geist-Denkens ist. Er arbeitet in der kosmischen Vakuumröhre genau so lange, wie Sie ihn hinreichend elektrisch belebt halten können. So erschaffen Sie das Bild von sich, das Ihr Denken hervorbringt.

Das gilt für alles Schöpferische und sein Muster; alles ist Gedankenaufzeichnung, die eine Weile wirkt und sich dann wieder einfaltet in kleine elektronische Röhren, die wir *Samen* nennen, um dort eine Zeit lang zu ruhen. Wenn wir den elektrischen Strom auf solchen elektronischen Röhrensamen einschalten, können wir die Aufzeichnung wieder sehen und hören, ob es sich um uns selbst handelt, um einen Baum oder um ein Sonnensystem. Ist das nicht eine Lektion in Unsterblichkeit? Innerhalb des ewigen elektronischen Vakuums der Natur liegt jeder Gedanke und jede Aktivität, die jemals im Laufe der gesamten Zeit stattgefunden hat, eingefaltet im nichtdimensionalen, allgegenwärtigen Raum. Das ist eine weitere Lektion, welche die elektronische Röhre Ihnen vermitteln kann – die Lektion der Dimensionen.

Während sich Ihre innersensorische Wahrnehmung durch Meditation geistig entfaltet, wird Ihnen eines Tages bewusst werden, dass Dimension nur ein vorgestellter Effekt ist. Es kann Ihnen helfen, den ersten Schritt in dieses Gewahrsein zu tun, wenn Sie sich Folgendes klarmachen: Wenn Sie auf ein Gebiet von vielen Quadratkilometern Land blicken, auf Gebäude, Menschen und Ereignisse, so sehen Sie dies alles in einem dimensionslosen, stecknadelkopfgroßen Raum in Ihrem Auge. Das gesamte Universum ist also auf die Nichtdimension des Geistes-Wissens reduzierbar, das die Ursache für die Erweiterung des vorgestellten Universums aus seinem ewigen Nullpunkt war, welches in der URSACHE niemals über Null hinausgeht, sie aber in der WIRKUNG durch die Dimensionen scheinbar überschreitet.

Gott erschuf das Universum tatsächlich nach Seinem Bild, aber Dimensionen sind so sehr ein Teil Seiner Vorstellungen, wie Formen und Ereignisse ein Teil davon sind.

Ja, das Obenstehende ist eine wunderbare Lektion für alle, die von der vagen Idee der *Unsterblichkeit* fasziniert sind, aber eine noch bedeutendere Lektion in *Universalität* wartet darauf, dass Sie über die oben formulierten Gedanken tief meditieren.

Sie haben viel über die Entfaltung eines Baumes (oder eines menschlichen Körpers) aus seinem mikroskopisch kleinen Samen gestaunt. Dieser Vorgang erstreckt sich über viele Jahre, nachdem Sie den Samen in Ihren Garten gepflanzt haben, um für die wiederholte Entfaltung der Aufzeichnung, die in dieser geprägten elektronischen Röhre enthalten ist, einen elektrischen Strom zu erzeugen. Die elektronischen Röhrensamen der Natur haben ihre Filmmuster in sich eingefaltet. Der Mensch muss die Muster für sein Kino und auch seine Projektionsmaschine getrennt von sich herumtragen – während die Projektionsmaschine der Natur der Schoß der Erde ist. Dieser Schoß wird, wenn die Bedingungen für diese Projektion geeignet sind, das geprägte mikroskopische Bild immer wieder in eine dreidimensionale Form re-projizieren.

Nun denken Sie an die kleine, elektronische Samenröhre, die in Afrika, viele tausend Kilometer von Ihrem Garten entfernt, eingepflanzt wird. In diesem mikroskopisch kleinen Samen ist ein entsetzlicher Konflikt eingefaltet, ein Konflikt zwischen Menschen, Flugzeugen und Gewehren. Er findet JETZT – in diesem Augenblick – statt und wird gleichzeitig aus seinem aufzeichnenden Samen in andere Samen in Ihrem Wohnzimmer entfaltet. Sie können sehen und hören, was in tausenden Kilometern Entfernung geschieht. Sie können die Vorgänge in der afrikanischen Wüstenszenerie mit Palmen unter einer glühenden Sonne in Ihrem Zimmer sehen. Sie können die gequälten und verängstigten Schreie von Menschen hören, die viele tausend Kilometer von Ihnen entfernt sind. Und fünfzig Millionen andere Menschen auf diesem Planeten können dieselben Ereignisse in fünfzig Millionen verschiedenen nadelspitzengroßen Räumen hören und sehen. Ist das keine Lektion über die Universalität und Allgegenwart aller Dinge?[85]

Wo ist daher Dimension, wo ist Zeit? Wenn dieses Ereignis JETZT in Ihrem Zimmer geschieht, als eine Entfaltung aus einem elektronischen Samen, und diese dimensionslosen Samen sich in fünfzig Millionen Zimmern gleichzeitig entfalten, wie können Sie behaupten, das Ereignis sei vor vielen Wochen in vielen tausend Kilometern Entfernung geschehen? Stellen Sie sich vor, Sie legen einen Zollstock an eine mächtige Eiche und messen ihre vielen Dimensionen. Wenn dann die Eiche diese Dimensionen, wie sie in der Eichel – und in Ihrem Auge – aufgezeichnet sind, in ihren inneren Plan zurückzieht, wie können Sie dann sagen, dass die Dimensionen, die Sie gemessen und gewogen haben, irgendeine Realität hätten – in einem Universum, in dem die Realität, an die Sie glauben, vor Ihren eigenen Augen verschwindet?

Wo ist dann überhaupt REALITÄT? Liegt die Realität in der Bewegung, die in unserem Kino-Universum auf ewig erscheint und verschwindet, jedes Mal, wenn der Strom eingeschaltet wird, um sie aus ihrem unsichtbaren Speicher neu zu produzieren, oder liegt sie in der Idee, welche ihre ewige Quelle ist? Wie lange wird es dauern, bis der Mensch diese WIRKLICHKEIT, die ewig ist, *in seinem Inneren* suchen wird? Wie lange wird es noch dauern, bis er wenigstens *anfängt zu verstehen,* welche Bedeutung das Gebot hat, wir sollten das Königreich des Himmels suchen, das jeder Mensch in sich trägt?

Während wir auf die weite Welt des Haders schauen und statt Liebe und Glück in der Seele des Menschen Angst erblicken sowie die Gier nach wertlosen Mengen von Materie in Bewegung, und das Verlangen nach Sinnesreizen anstatt nach geistiger Inspiration, können wir daraus nur schließen, dass der Mensch noch weit davon entfernt ist, jenes Licht in sich zu erkennen, das jener Eine, den die Menschen gekreuzigt haben, erkannte, als Er sagte: »Ich und Mein Vater sind EINS.«

Kapitel 7
Unser ewiges Universum

I

Die großen Teleskope haben den Menschen Tausende von Spiralnebeln am Himmel offenbart. Diese wirken wie große Feuerräder, die sich gleich riesigen Uhrfedern zu entwinden scheinen und zahlreiche Sterne wie Feuerbälle in nebligen Feuerwolken auswerfen, während sie sich entwinden. Die Spektroskope im Labor haben schlüssig aufgezeigt, dass diese Nebel sich alle mit ungeheurer Geschwindigkeit voneinander entfernen. Dies hat zu der Annahme geführt, das Universum würde ablaufen wie eine einmal aufgezogene Uhr, und wenn all diese heißen Nebel sich in den kalten Raum des Universums ausgedehnt hätten, würde das Universum an einer kosmischen Krankheit sterben, die als Entropie oder Wärmetod bezeichnet wird. Dies wird als Theorie vom sich ausdehnenden Universum bezeichnet. Sie entstand aus einer anderen Theorie, der zufolge das Universum vor ungezählten Zeitaltern in einer gewaltigen Katastrophe geboren worden sein soll, die zur Bildung eines riesigen Feuerballs geführt habe. Inhalt dieser Theorie war, dass dieser kosmische Feuerball sich nun in kleinere Feuerbälle aufspaltet und allmählich in die Nichtigkeit verschwindet, aus der alles gekommen ist.

Die menschlichen Sinne werden leicht durch das, was sie wahrnehmen, getäuscht, wenn diese Wahrnehmung nicht durch das Wissen über Dinge, die gewusst, aber nicht wahrgenommen werden können, ergänzt wird. Alle Flüsse strömen auf ewig in nur eine Richtung zum Meer. Unsere Sinne sagen uns das, aber wir lassen uns davon nicht dazu verleiten zu glauben, die Flüsse würden sterben, denn wir wissen, dass sie für immer und ewig durch Nebel und Dämpfe, die wir nicht so ohne weiteres sehen, wieder aufgefüllt werden. *Unser Universum ist so ewig wie Gott. Es kann nicht sterben, denn Gott kann auch nicht sterben.* Es ist wahr, dass alle diese Nebel auseinander rasen. Sie sind auf dem Weg, in den Nullpunkt zu verschwinden, aus dem sie erschienen sind. Das ist der Weg, den alle Dinge in der Natur gehen, der zentrifugale *Abwärts*fluss der von der Natur zum Ausdruck gebrachten Energie. Der *Aufwärts*fluss ist die zentripetale Spirale ihrer Anfänge. Das ewige Gleichgewicht in diesem rhythmischen Universum unterteilt diese beiden Ausdrücke der Schöpfung gleichwertig. In der Tat ist die *Gesamtheit der Schöpfung ein Aufwärtsfluss ausgedrückter Energie.* Ihr Abwärtsfluss braucht keinen Ausdruck von Energie. Ihr Abwärtsfluss ist ihre Auflösung. Der Mensch kann diesen Abwärtsfluss allerdings unterbrechen und die Energie wieder bergauf fließen lassen, um das Potenzial zu vervielfachen. Die Natur tut dies beständig. *Schöpfung ist ein elektrischer Effekt der Komprimierung. Komprimierung vervielfacht, um Masse anzuhäufen. Ausdehnung unterteilt, um Masse aufzulösen.* Komprimierung ist eine Anstrengung, die in einem Vakuumzustand Spannungen verursacht. Ausdehnung ist dieser Vakuumzustand. Bewegung sucht immer ein Niveau. Dieses Niveau EXISTIERT. Bewegung simuliert Existenz. Es erfordert große Anstrengung, ein Niveau in zwei Ebenen zu unterteilen, aber die beiden werden ohne Anstrengung wieder eins. Komprimierung ist immer ZWEIFACH, aber Ausdehnung ist das EINE, das die beiden auf ewig suchen.

Das Leben ist ein Ausdruck von Interaktion zwischen zwei Niveaus. Es erfordert eine Anstrengung, die beiden aufrechtzuerhalten, aber in dem Moment, wo diese Anstrengung zum Erliegen kommt, suchen beide Niveaus die Einheit. Darum erfordert das Leben beständige Anstrengung, aber es erfordert überhaupt keine Anstrengung zu sterben.

II

Das Modell vom sich ausdehnenden Universums könnte wahr sein, wenn es in der folgenden Weise modifiziert wird. Statt einer großen Katastrophe, die zu einem bestimmten prähistorischen Zeitpunkt einen großen Ball aus Hitze und Feuer hervorgebracht hat, gehen wir von Milliarden mikroskopisch kleiner Bälle in jedem Kubikmillimeter des gesamten Universums aus, welche Wärme hervorbringen. Diese Milliarden und Abermilliarden atomare Einheiten treten ins Leben und beenden es nach vermutlich nur zehn Milliardsteln einer Sekunde wieder, aber ihr Potenzial und ihre Masse häufen sich immer weiter an bis hin zu Sonnen. Die Frequenz der Lebensspanne einer Sonne liegt bei etwa fünfzig Milliarden Jahren. Zeit unterteilt und dehnt aus, so wie Masse multipliziert und komprimiert. Jede der Milliarden Nebel und Sonnen im Himmel ist eine solche riesige Katastrophe, die sich selbst unterteilen und den Wärmetod sterben muss. Jede spaltet sich in andere Feuerbälle auf, die ihrerseits den Wärmetod sterben. *Alle Materie stirbt einen zentrifugalen, unterteilenden Wärmetod, aber sie lebt auch ein zentripetal vervielfachendes Wärmeleben. Wärme ist ein Zustand, der für die Erschaffung von Leben in anorganischer und organischer Materie notwendig ist.* Aber Wärme ist auch notwendig, um Tod zu erzeugen. Materie würde niemals verschwinden, wenn sie kalt genug gehalten werden könnte. Materie kann nur sterben und verschwinden, wenn sie genügend Wärme ansammelt, um sich selbst zu verbrauchen. Der Kathoden-Beginn der Materie ist ein unmessbar niedriger Wärmegrad. Das Anoden-Ende ist ein unmessbar hoher Wärmegrad. Feuer ist der maximale Verbraucher von Materie. Alle Materie verbraucht sich selbst, aber ihre Schöpfung entspringt der Anstrengung ihres Schöpfers. Der Schöpfer *gibt*, doch was Er gibt, muss zurückgegeben werden. So lautet das Gesetz, und das Gesetz muss erfüllt werden. Die Erfüllung geschieht allerdings automatisch. Sie wird durch die Explosion von innen motiviert. *Die Flamme explodiert von selbst, aber die Wärme, welche die Flamme erzeugt hat, entspringt der Kompressions-Leistung.*

Schöpfung ist eine Leistung der Energie des Geistes-Wunsches in ihrem Schöpfer. Der Geistes-Wunsch wird durch den elektrischen Denkvorgang ausgedrückt. Mit dem Beginn des Denkens geht der Beginn der Bewegungswärme einher. Wärme beginnt, wenn Gedanken beginnen. Wärme konzentriert sich, wenn der Geist sich konzentriert. Konzentrierung und Erwärmung erfordern eine Anstrengung der Geist-Energie. Elektrizität bringt diese Anstrengung zum Ausdruck. Es kostet den Geist keine Anstrengung, mit Denken aufzuhören und zu ruhen. Es ist auch nicht die Ausweitung einer elektrischen Kraft erforderlich, um heiße Körper abkühlen zu lassen.

Jede Reaktion liegt in ihrer Aktion. Sich ausdehnende Sternennebel sind die Reaktionen auf die Aktionen, die sie hervorgebracht haben. Sie sind das Flammen verzehrende Todesende der Schöpfung. Diese abstrahlenden, sterbenden Sternennebel sind für die Menschen sichtbar, aber ihre vervielfachenden, akkumulierenden Anfänge sind für die menschliche Wahrnehmung unsichtbar. Vertreter der Theorie vom sich ausdehnenden Universum, das den Wärmetod stirbt, sitzen bei den toten und sterbenden Leichnamen der Schöpfung und sehen nur das Todesende lebendiger Dinge.

Wir verweisen Sie auf Abbildung 6 (Seite 88). Sie steht für das formlose, unwandelbare, zeitlose Universum des Geistes. Ein solches zeitloses Universum kann keinen Anfang haben. *Gott kann keinen Anfang haben und auch nicht sterben. Genauso kann das Geist-Denken weder Anfang haben noch enden. Alle Materie in diesem gesamten Universum ist die Aufzeichnung von Gottes Denken.* Die Materie kommt und geht auf ewig, denn in ewigen Wellenfrequenzen denkt Gott und ruht sich vom Denken wieder aus. Elektrizität zeichnet dieses Kommen und Gehen, die Leben und die Tode von Gottes pulsierendem Denken ewig auf. So lange Gott in pulsierenden Abfolgen denkt, wird die Elektrizität Sein Denken in der pulsierenden Bewegung von Materie aufzeichnen.

Materie ist also reiner Gedanke. Diese Tatsache muss die Welt eines Tages wissen. Jeans[86], ein Wissenschaftler mit großer, innersensorischer Visionskraft, prophezeite, dass die Welt dies eines Tages herausfinden würde, aber er konnte der Welt nicht sagen, WARUM.

Jede Aktivität im menschlichen Leben und in der gesamten Natur ist ein Versuch (oder sogar ein Experiment), das Gesetz zu manifestieren. Ein solcher Versuch kann erheblich aus dem Gleichgewicht geraten und zu Unbequemlichkeiten oder Katastrophen für Mensch und Natur führen. Die Reaktion ist jedoch immer eine *Erfüllung* des Gesetzes. Die Reaktion stellt immer das Gleichgewicht her. Der freie Wille des Menschen, Chaos zu erschaffen, und der Wille der Natur, einen Wirbelsturm zu erschaffen, sind einander gleichwertig, aber des Menschen freier Wille sowie der Wille der Natur sind beide auf die Aktionen begrenzt. Die Reaktionen gehören zum Null-Universum der ewigen, unwandelbaren Ausdehnung. Unausgewogene Aktionen im Vergänglichen können in keiner Weise das Ewige beeinflussen, denn *das Ewige ist innerhalb des Vergänglichen stets allgegenwärtig. Schöpfung ist daher nur eine Vielzahl komprimierter Paare von sich bewegenden Untereinheiten innerhalb einer allgegenwärtigen Expansion;* diese Paare leisten auf ewig eine große Anstrengung, um ihre *komprimierten* Zustände aufrechtzuerhalten. In dem Augenblick, wo sie aufhören, die *zwei* Ebenen aufrechtzuerhalten, die sie brauchen, um zu leben, finden sie Ruhe in der *einen*, aus der sie sich scheinbar in zwei unterteilt haben, um das Eine zu manifestieren. *Komprimierung vervielfacht den Ausdruck von Energie.* Expansion sorgt für sich selbst, denn die maximale Expansion ist die URSACHE. Energie ist nicht erforderlich, damit Materie stirbt. Sie wird nur zum Leben gebraucht.

Die Schöpfung hat weder Anfang noch Ende. Die heute vorherrschende Theorie von der Geburt des Universums in einem Urknall gehört in archaische Epochen, nicht in unsere Zeit. Die Schöpfung ist ewig. Da Sie eine Untereinheit der Schöpfung sind, tun Sie genau das, was von Ihnen erwartet wird, um die »Idee Mensch« durch Aktivität zu manifestieren. Sie müssen allerdings lernen, dass Sie nicht für immer als Körper im Universum der Täuschung oder des Anscheins, welcher Bewegung ist, bleiben können. In gewissen Abständen müssen Sie ganz Geist sein, um Ihre Rolle im Drama der Schöpfung zu lernen. Dann müssen Sie auf ihrer Bühne in Tausenden von Wiederholungen erneut erscheinen, bis Sie die Göttlichkeit der »Idee Mensch« manifestieren und nicht nur ihr »Fleisch«.

III

Wir müssen jetzt lernen, dass wir in einer unsichtbaren, kosmischen elektronischen Vakuumröhre als mentale Wesen leben und aus diesem Vakuumszustand heraus Aktionen projizieren, um unsere schöpferischen Wünsche zu manifestieren.

Schauen Sie einen Moment lang in eine Fernsehröhre. Dort sehen Sie nichts anderes als Blitze aus elektrischem Licht, die kommen und gehen. Sie *kommen* nur aufgrund eines Geist-Wunsches, unsichtbare IDEEN in sichtbarer Form zu manifestieren. Sie *gehen,* wenn die unsichtbare IDEE ausgedrückt wurde und der Wunsch nach weiterem Ausdruck für eine Weile zum Erliegen kommt. Die Frage ist nun: Werden diese Lichtblitze in jener Röhre bleiben, wenn sie nicht durch eine Kraft außerhalb ihrer selbst gezwungen werden, dort zu bleiben? Es gibt nur eine Antwort: Diese Lichtblitze sind erschaffen worden, um die Geist-Idee in Aktion zu manifestieren. Sie haben keine eigene Energie. Sie werden zum Erliegen kommen, wenn der Geist aufhört, die Manifestierung durch Aktivität zu wünschen. Was ist in diesem Vakuum geschehen? Das Geist-Denken ist elektrisch aufgezeichnet worden. Das ist alles. *Das ist die Schöpfung. Das ist Elektrizität und alles, was sie tut.*

Wir werden das Beispiel der elektronischen Röhre noch vertiefen. Betrachten Sie diese Röhre als eine Miniaturausgabe der KOSMISCHEN VAKUUM-NULL im Geist des Schöpfers. Nun betrachten Sie diese Röhre als IHREN Geist. In der Röhre ist kein Licht, weil Sie Ihre Gedankenbilder nicht in ihr aufzeichnen. Das ist der einzige Grund. In dem Augenblick, wo Sie die elektrischen Pulse Ihres unterteilten Denkens in diese Vakuumsröhre geben, beginnt diese sofort, Ihre Gedanken in Lichtblitzen aufzuzeichnen, die wie die Lichtblitze von Sonnen und Sternen im kosmischen Vakuum kommen und gehen und Blitze von Glühwürmchen auf der Wiese. Wenn Sie dies in ruhigen Stunden innersensorischer Wahrnehmung genau durchdenken, werden Sie vollständig verstehen, dass dieses Licht der Bewegung, welches Materie ist, nur einen Wunsch hat – aus der Fessel der Komprimierung, die sie in ewiger Bewegung hält, damit sie Ideen *aufzeichnet*, zu entfliehen, um stattdessen *in der Idee zu ruhen.*

Jedes Materieteilchen im Universum, vom mikroskopisch kleinen Partikel bis zur riesigen Sonne, möchte gern explodieren. Dies funktioniert nur, indem dieses Materieteilchen in sich genügend Hitze erzeugt, um entweder sofort zu explodieren oder langsam zu zerfallen. Der langsame Zerfallsprozess bedeutet nur, dass die gesamte Masse nicht genügend Hitze erschaffen kann, um mit einem Mal zu explodieren, aber jedes Teilchen kann genügend Wärme erzeugen – entsprechend seinem jeweiligen Schmelzpunkt –, so dass über einen gewissen Zeitraum hinweg nach und nach alles explodiert. Nur durch die Geschwindigkeit der Komprimierung kann Materie genügend Wärme erzeugen, um (langsam oder schnell) zu sterben. Wenn Sie ein Flugzeug mit dreihundert Stundenkilometern fliegen, wird es nicht genügend Hitze erzeugen, um schnell zu sterben, aber wenn Sie es mit siebentausend Stundenkilometern fliegen könnten, würde es innerhalb von sieben Sekunden in einer weiß glühenden Flamme verglühen. Das wurde vor kurzem in einem Windtunnelexperiment in Langleyfield, Virginia, demonstriert. Dieser Effekt und ein elektrischer Kurzschluss sind identisch, abgesehen von den sieben Sekunden, die das Verglühen des Flugzeuges erfordert.

Das Einzige, was die beständige Vervielfachung von Wärme verhindert, ist die unerschaffene, ewige Kälte des allgegenwärtigen Vakuums, welche die Wärme nicht nur umgibt, sondern jeden Teil durchdringt. Kälte friert Materie im Raum ein, um sie am Explodieren zu hindern, genauso wie Kälte Materie in Ihrem Tiefkühlfach einfriert. Kälte friert sogar die Flammenpartikel der Sonnen ein, um sie in sich selbst gefangen zu halten. Jedes Materieteilchen im Universum hält seinen Aggregatzustand als Gas, Flüssigkeit oder Feststoff nur aufrecht, weil es in sein eigenes Eis eingefroren ist. Eine riesige Masse Vakuumkälte friert unsere Sonne zu ihrer Dichte ein und hält sie davon ab, augenblicklich vollständig zu explodieren. Manche Sonnen erzeugen über ihren Schmelzpunkt hinaus Wärme und explodieren als Novas, aber manche von ihnen werden von der Kälte erobert, bevor sie sich über die Grenzen ihrer Erschöpfung expandieren können. Sie werden dann eine Weile gebändigt, bevor sie genügend Wärme erzeugen, um es erneut zu versuchen. Dies spielt sich bei vielen Sternen mehrmals ab, bevor sie dauerhaft gebändigt werden. Viele allerdings explodieren und verschwinden.

Nur die Komprimierung allein erzeugt Dichte, aber Komprimierung erzeugt auch die Wärme des Widerstands gegen diese Spannungen. Die Vakuumkälte nimmt diese Wärme allerdings hinweg und lässt nur das Eis zurück, um Stofflichkeit vorzutäuschen. Eisen zum Beispiel ist so stark komprimiert, dass es ca. 1500 °C Wärmewiderstand gegen diese Komprimierung leisten kann, bevor die ewige Kälte es überwindet. Es möchte allerdings explodieren und wird dies auch tun, wenn Sie ihm helfen, indem Sie ihm 1800 °C aus einer Acetylen-Schweißflamme zuführen. Alles auf diesem Planeten wird explodieren, wenn es genügend Wärme dafür erzeugen kann. Auch der Planet selbst hat immer versucht, dies zu erreichen durch die Feuer des Komprimierungs-

Widerstandes im Erdinneren, der durch Vulkane manchmal die Oberfläche der Erde erreicht.

Die Erde hat sich so weit von ihrer Sonne in den kalten Raum hinein entfernt, dass die Kälte sie fast vollständig erobert hat, aber der Mensch versucht nun Bedingungen zu erschaffen, die es ihr möglich machen können, zu explodieren. *Eine volle Erkenntnis der Tatsache, dass Materie nicht durch Kernanziehungskraft von innen zusammengehalten wird, und das Wissen, dass unsere Erde nur zusammengehalten wird durch die sie umschließende Gesteinskruste, die ihre innere Hitze gefroren hält, sollte die Menschen davon abhalten, der Erde dabei zu helfen, insgesamt so zu explodieren, wie sie beständig in jedem kleinem Teil von sich explodiert, was wir als Wachstum bezeichnen.* Damit meinen wir: Wenn ein kleines Teilchen genügend Hitze aus den Sonnenstrahlen erzeugt, um zu explodieren, friert die Kälte seiner Umgebung dieses Teilchen ein und veranlasst es, sich wieder in eine Zelle aus polarisierter Materie einzufalten. Allmählich nehmen diese Zellen Muster an. Zehntausende von Formen aus tierischem und pflanzlichem Leben erscheinen. Auf diese Art wachsen die Dinge, und die einzige Art, wie sie sterben ist, dass sie befähigt werden, mehr Hitze zu erzeugen, als sie für den normalen Bedarf benötigen. *Lebendige Körper werden durch Komprimierung erzeugt. Sterbende Körper werden durch Expansion befreit.*

IV

Wir werden nun das vervielfachende und unterteilende gegenläufige Prinzip erläutern, das der Natur des elektrischen Stromes zugrunde liegt. Zuallererst müssen wir klären, dass Elektrizität nicht in einer geraden Linie verlaufen kann. Sie verläuft immer spiralförmig in einer einzigen Richtung um einen Hohlraum, und erschafft so ihre gegenläufige Wirkung. Elektrischer Strom fließt durch einen Draht nicht in einer geraden Linie, sondern spiralförmig auf dessen Oberfläche. Im Zentrum des Drahtes bleibt immer ein Loch. Ein Strom, der stark genug wäre, um den ganzen Draht zu erfüllen, würde diesen zum Schmelzen bringen. Ein noch stärkerer Strom würde ihn zu Gas verdampfen.

Betrachten Sie den durch die Welle ausgedrückten elektrischen Strom wie in Abbildung 45 gezeigt. In diesem Fall verläuft die Welle spiralförmig wie ein Kegel um ihre Schwerkraftachse. Nehmen Sie eine [sich konisch verjüngende] Uhrfeder aus eng aufgewundenem Draht und ziehen diese auseinander: Sie windet sich wie ein spiralig wirbelnder Kegel um ihre Schwerkraftachse. Das entspricht der Elektrizität, wie sie spiralförmig um ihr zentrales Loch wirbelt.

Nun betrachten Sie die Wellenachse selbst. Bewegung wirbelt in vier Paaren von Kegeln pro Zyklus um dieses zentrierende Loch. Dort vervielfacht Elektrizität ihre gewaltige Kraft, Materie zu komprimieren, um die Explosivstoffe zu erschaffen, aus denen dieses Universum besteht. Die Welle wird in Kreisläufen WIEDERHOLT, aber jeder Wellenzyklus von Nullpunkt zu Nullpunkt ist eine Abfolge aus vier konischen Paaren.

Die erste Grundlage für vollständiges Verständnis ist die Tatsache, dass es in aller Materie und in jedem Teil eines elektrischen Stromes immer ein Loch gibt, außer dort, wo es Zusammenstöße zwischen Paaren gibt, die diese in spiralige Ringsysteme aufbrechen und so zerstören. Die andere entscheidende Tatsache ist, dass Kreisläufe pulsieren, in gegenläufigen Abfolgen von Kompression und Expansion, Leben und Sterben. Dann müssen sie sich in die vier Ringformationen ihrer Kathoden ausdehnen, um wieder zu leben und zu sterben. Es ist ein höchst interessanter und dabei ganz einfacher Vorgang, den Sie gründlich kennen müssen, denn darüber hinaus gibt es nichts zu wissen. *Jeder Vorgang in der Natur wiederholt diese einzige Formel, von Ihrem Denken bis zu Ihrem Atmen. Wegen seiner grundlegenden Bedeutung werden wir sicher gehen, dass Sie diesen zentralen Schlüssel der Wellenmechanik und Raumgeometrie wirklich vollständig begreifen. Richtig angewendet würde er eine neue wissenschaftliche Welt erschaffen. Sie haben Ihr Schicksal ganz in Ihrer eigenen Hand, wenn Sie dieses Wissen auf jede Entscheidung, die Sie treffen müssen, mit Verstand anwenden.*

Helium zum Beispiel ist die Edelgas-Aufzeichnung der Kohlenstoffoktave. Wenn Sie Kohlenstoff durch einen Millionen Volt starken Strom »elektrisch hinrichten«, kehrt der Kohlenstoff als Helium zu seinem Geburtsort in der Kathode zurück, um wieder Kohlenstoff zu werden. Genauso kehrt auch Ihr Körper, wenn er elektrisch hingerichtet wird, zu seiner ewigen Aufzeichnung Ihrer selbst zurück, um einen neuen Körper von Ihnen hervorzubringen.

In der Natur gibt es neun dieser Edelgase, wie Sie anhand der neunsaitigen Harfe des Universums (Seite 62) sehen. Sie unterscheiden sich in ihrer Struktur nur darin, dass von eins bis neun jedes nachfolgende Edelgas kleiner ist als sein Vorläufer, denn jede Oktave ist eine Vervielfachung der Vorgängeroktave. In Kapitel 11 werden die Edelgase als Brücken zwischen Mensch und Gott genauer beschrieben.

Die folgenden Diagramme bilden das gesamte Bauprinzip des elektrischen Stromes ab, wie er *um* und nicht *durch* einen Draht fließt, und wie er sich durch Wellen ausdrückt. Ein einziger Kreislauf verläuft genauso wie eine Million Kreisläufe, darum werden wir unsere Erklärung auf einen einzigen beschränken.

Erläuterung zu Abbildung 42: Das obere Diagramm (bezeichnet mit A–A) stellt die Schöpfung einer Oktave von Tönen dar, beginnend mit dem Edelgas aus vier bewegungslosen Ringen, in deren Mitte sich die Ruhe der universalen Energie befindet und die an beiden Enden [links und rechts in der Abbildung] als Kathoden fungieren. Diese Paare aus vier Ringen unterteilen und erweitern sich in Richtung auf Paarlinge, die sich einander nähern. Die elektrische Komprimierung führt dazu, dass die Ringe sich zu drehen beginnen, dann immer kleiner werden und sich immer schneller drehen, während sie sich der Ebene des Zusammenstoßes nähern, wo alle vier Paare sich vereinen, um eine Kugel zu bilden. Dies repräsentiert die zentripetale Hälfte der Reise, die auflädt, polarisiert, erwärmt und Potenzial vervielfacht. Dies sind die Eigenschaften, die für eine zunehmende Vitalisierung des Lebens notwendig sind.

Zwischen den Kathoden befindet sich die Sonne des Atoms oder Sonnensystems. Sie wurde durch die manifestierte Energie, die aus ihrer Kathodenquelle projiziert wurde, erschaffen, um diese Energie durch Bewegung nachzuahmen.

Das mittlere Diagramm (bezeichnet mit B–B) ordnet den vier Tonpaaren der Kohlenstoffoktave die Oktavnamen zu. Die zentrale Sonne ist als Kohlenstoff markiert. Kohlenstoff ist ein vereintes Paar. Er ist eine echte Kugel, wenn er heiß ist, und ein echter Würfel, wenn er kalt ist. Ein Äquator markiert die Ebene der Vereinigung des Kohlenstoff-Paares. Die eine Halbkugel oder Hemisphäre liegt auf der roten Seite seiner Welle, die andere auf der blauen Seite. Die Elemente-Namen stehen unter jedem Ring, ihre Positionen im Farbspektrum stehen darüber.

Das untere Diagramm (bezeichnet mit C–C) repräsentiert die Anordnung des Sonnen- oder Atomsystems in der tonalen Oktave der musikalischen Tonleiter. Das Edelgas ist der Grundton der elektrischen Oktave, so wie die Note C in der musikalischen Tonleiter der Grundton für die dazugehörige Oktave ist. Der Grundton ist in allen Elementen der Materie und auch in der musikalischen Tonleiter allgegenwärtig. Mit allgegenwärtig meinen wir, dass er in jeder Note gegenwärtig ist, genauso wie deren eigener Ton. In der Musik zum Beispiel ist uns die Gegenwart des Grundtons immer bewusst, egal welche Note oder wie viele gerade erklingen. In der Materie ist sich das Edelgas seiner Allgegenwart

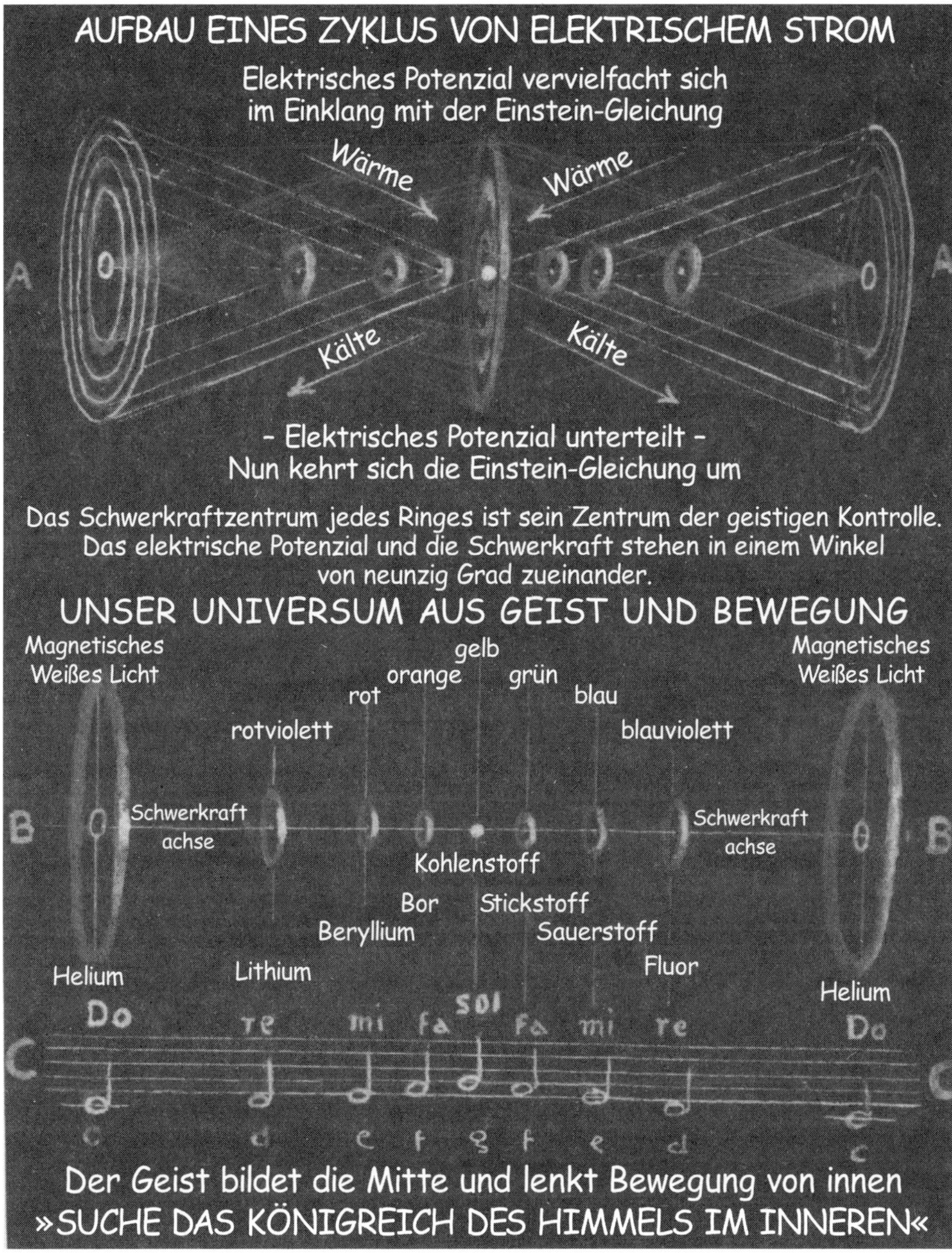

Abbildung 42:

Drei Beispiele für die tonalen Rhythmen des elektrischen Stromes. Jeder Zyklus des elektrischen Stromes ist eine vollständige Oktave aus vier Paaren und einer Edelgas-Grundnote. Alle Bewegung in der Natur ist tonal und rhythmisch. Ihre Rhythmen basieren geometrisch und mathematisch auf dem Würfel.

so nicht bewusst, aber die plötzliche elektrische Hinrichtung eines beliebigen Elementes durch Hindurchsenden eines Starkstromes setzt alle Töne außer dem ewigen unzerstörbaren Grundton frei. Durch diesen Prozess wird der Bereich der Schwerkraft, den das Loch repräsentiert, allmählich hinauskomprimiert, bis das Loch beim vereinten Paar geschlossen ist, so dass eine sehr dichte, heiße, feststoffliche Kugel entsteht. Die Lebenshälfte des polarisierten Körpers, die durch eine Anstrengung erschaffen wurde, kommt zu ihrem Ende, und die Todeshälfte, die keine Anstrengung erfordert, beginnt.

Diese Umkehrung von maximaler Komprimierung zu beginnender Ausdehnung, von Wärme zu Kälte sowie von Aufladung zu Entladung und Depolarisierung ist für den Physiker das verwirrendste aller Phänomene in der Natur. Sie ist das eine, was allen Beobachtern entgangen ist. Wie bereits erwähnt, entging es selbst Einstein in seiner Gleichung von 1905, denn die Gültigkeit dieser Gleichung endet genau hier, und ihre Umkehrung, welche ihre Gültigkeit aufhebt, beginnt genau hier. Alle Beobachter im Laufe der Jahrhunderte haben es versäumt zu erkennen, dass die eine, einzige Bewegungsrichtung eine gegenläufige Wirkung hervorgerufen hat, welche auf eine mathematische Gleichung ebenso anwendbar ist wie auf einen Bewegungszustand.

Beobachten Sie sorgfältig, was nun geschieht: *Zentripetale* Kraft erreicht ihr Maximum und beginnt zu sterben, und *zentrifugale* Kraft nimmt überhand. Betrachten Sie nun wieder das obere Diagramm in Abbildung 42 und beachten Sie, dass die vier Ringe des Edelgases wie die vier Ränder von Rädern sind, die ineinander liegen und eine gemeinsame Nabe haben. Sehen Sie nun, wie diese vier Ränder selbst zur Nabe werden, wenn sie komprimiert und [vom Edelgas aus zur Mitte hin] erweitert werden. Beachten Sie auch, dass die Erweiterungen das Erscheinen von Kegeln bewirken, während die zentripetale Kraft die Kegelbasen am Gipfelpunkt der Kollision zu einer Sonne aufwindet. Diesen Effekt können Sie auch in den Abbildungen 43 und 44 beobachten.

Nun zur Umkehrung. Wenn Sie wiederum in Abbildung 42 auf die Strecke A–A schauen, stellen Sie fest, dass das Zentrum des Edelgases der Punkt ist, der in beiden Kathoden mit Null markiert ist. Diese beiden Punkte werden nun aus Zentren von Kegelbasen zur Spitze von Kegeln. Die Schwerkraftachse, die von Null zur Null hindurchläuft, beginnt sich nun im Zentrum der Sonne (oder Erde, oder Körperzelle) zu öffnen und verursacht eine Expansion am Äquator und eine Abflachung an den Polen. Dann werden vom Äquator aus Ringe abgeworfen; sie bilden die Grundflächen von Kegeln, *deren Spitzen die Nullzentren der Kathoden* sind.

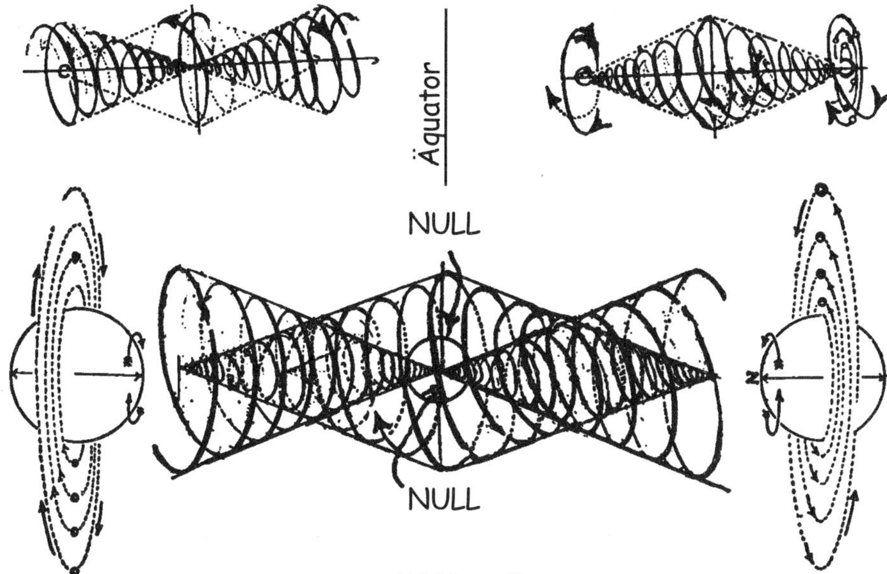

Abbildung 43
Vollständiger Kreislauf von Leben und Tod, wie er sich in der Elektrizität manifestiert.

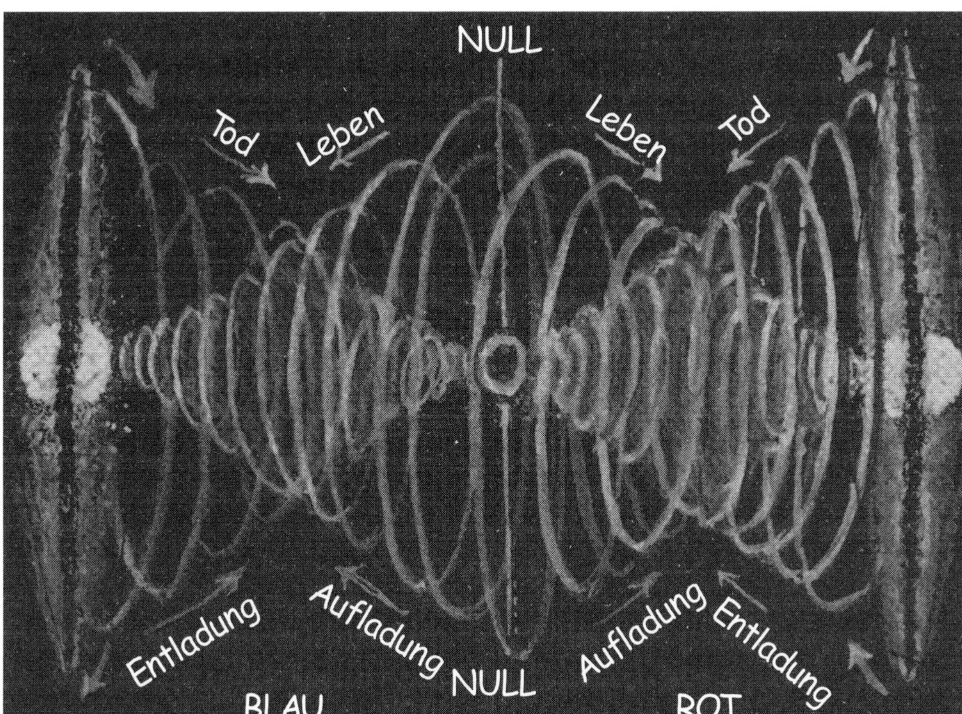

Abbildung 44
Vollständiger Kreislauf von Leben und Tod, wie er sich am Himmel manifestiert

Nun schauen Sie sich in Abbildung 42 nochmals diese Nullpunkte in A–A an. Sie stellen fest, dass wir dort Kegelspitzen mit schwach weißer Kreide dargestellt haben.

Wenn Sie sich nun vorstellen, dass Sie diese Schwerkraftachse im Zentrum einer beliebigen kugelförmigen Zelle öffnen, ob es eine Sonne oder ein Kohlenstoffatom ist, so dass das Zentrum der Sonne zum Zentrum der Kegelbasen wird und nicht mehr ihre Spitze ist, *beginnen Sie ein Geheimnis im Zusammenhang mit dem Übergang vom Leben zum Tod zu verstehen, das der Welt bisher noch verschlossen war:*

Die zentrifugale Kraft des Verlangens, in das Null-Universum der Ruhe zurückzukehren, entwindet das, was aus dem Null-Universum der Ruhe komprimiert worden war, damit es dorthin zurückkehren kann. Wenn Sie dies klar erkennen, verstehen Sie auch die Kraftschleifen in einem elektrischen Strom oder einem riesigen Nebel, wie sie in den Abbildungen 43 und 44 gezeigt werden.

Wenn Sie nun die Ringnebel am Himmel studieren, erkennen Sie zahlreiche Beispiele für diese sterbenden Sonnen. Viele von ihnen werden in diesem Buch gezeigt. Der Eulennebel (siehe Abbildung 32) ist ein hochinteressantes Beispiel für eine sich »entwindende« Sonne. Er hat genau in der Mitte ein großes Loch. Der Ringnebel im Sternbild Leier ist ebenfalls interessant, denn die Reste einer Sonne haben sich am Zentrum regeneriert und werfen nun immer weiter Ringe ab, bis nichts mehr übrig ist.

Eine vollständige Erklärung für diese großartige, pulsierende Bewegung, welche das Universum antreibt, würde Bände füllen. Uns stehen hier nur wenige Seiten zur Verfügung, aber wenn Sie dem Wissen, welches hier mitgeteilt wird, sorgfältig folgen, begreifen Sie die Essenz des tiefen Geheimnisses der Schöpfungsbewegung von Leben und Tod, welche die menschlichen Sinne noch nicht erahnen. Damit Sie sich den Prozess insgesamt besser vorstellen können, zeigen wir in Abbildung 45 eine ganze Oktavwelle des Kohlenstoffes, und nicht nur den elektrischen Strom, der auf einen Draht beschränkt ist. Je gründlicher Sie diese Diagramme studieren, desto verständlicher werden sie Ihnen. Zu neuem Denken gelangen Sie noch nicht beim ersten Lesen. Meditation und wiederholtes Lesen führen schließlich zu Ihrer Allwissenheit, *denn Ihr Geist weiß bereits alle Dinge* und muss wirklich nur geweckt werden, um sich an das zu erinnern, was er immer gewusst hat. Wenn Sie dieser Tatsache noch nicht gewahr sind, werden Sie es doch eines Tages sein, und je intensiver Sie sich wünschen, dass dieser glorreiche Tag kommen möge, umso schneller wird er kommen.

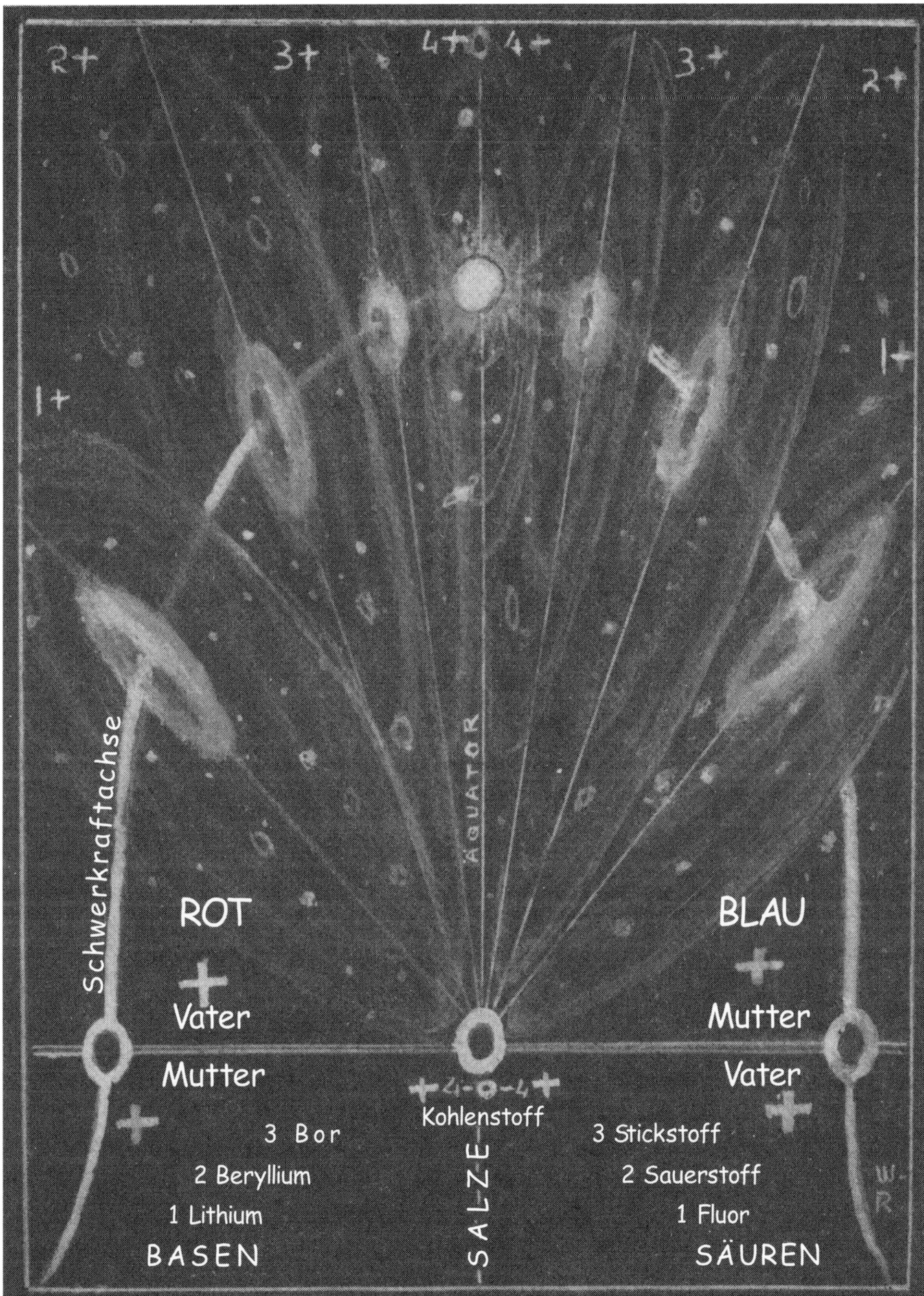

Abbildung 45
Oktavwelle des Kohlenstoffs

Der wichtigste und unmittelbare Grund, warum die Menschheit verstehen sollte, wie der Schöpfer in dieser Hinsicht arbeitet (und warum dieses Buch verfasst wurde), liegt darin, zu beweisen, dass der Mensch Gottes geordnete, rhythmische Naturvorgänge nicht verletzen kann, ohne einen Preis zu zahlen, der dem Ausmaß der Verletzung entspricht. Die Atomspaltung bedeutet eine gewaltige Störung im Rhythmus der Umwelt, welche wir Mensch zum Überleben brauchen. Das müssen wir elektrisch, chemisch und auf andere Weise zeigen, die der Mensch durch Laborarbeit versteht, denn Regeln haben in der Natur keine metaphysische Basis und nicht einmal eine ethische.

Das Verhalten alles Schöpferischen wird durch dessen All-Quelle im Null-Universum festgelegt. Diese Dinge muss der Mensch wissen, der an den freien Willen glaubt, sein Tun selbst zu bestimmen. Aus diesem Grund müssen wir ihm überzeugend zeigen, wie nahe der Mensch Gott ist, *ohne dass er sich dessen bisher bewusst war.* Das müssen wir in einer für die Wissenschaft vertrauten und akzeptablen Sprache und grafischen Darstellung tun. Würden wir in einer metaphysischen oder emotionalen Sprache mit moralischem Anspruch einen Appell zur Beendigung dieser schrecklichen Regelverletzung formulieren, so hätte dies keinerlei Wirkung auf Industrie, Regierung oder die Naturwissenschaft, da der Bedarf nach einer lebensrettenden Energiequelle sehr groß ist. Ein derartiger Appell muss von wissenschaftlicher Überzeugungskraft begleitet sein, die deutlich macht, dass ein solches Vorgehen das Kosmische Gesetz missachtet und dass eine solche Missachtung vom Kosmischen Gesetz nicht geduldet wird. Dieses Buch ist zu kurz, um ins Detail zu gehen. Daher teilen wir Ihnen bereits hier kurz mit, welches entscheidende Wissen die folgenden Seiten enthüllen, das niemand auf der Erde heute auch nur vermutet und das (unseres Wissens) nur einem einzigen Menschen in allen vergangenen Zeitaltern vollständig bewusst war. Er teilte es der Welt mit und wurde dafür ans Kreuz geschlagen. Denken Sie daran, dass es uns nicht um Abstraktionen, Theorien oder Affirmationen geht, auch wenn solche Affirmationen vielleicht Wahrheiten ausdrücken.

Irgendwann muss der Mensch wissen, wo Gott sich im Hinblick auf ihn selbst in jedem Augenblick befindet. Er muss vollständig verstehen, wie Gott jede Aktivität und jedes Verlangen während der gemeinsamen Reise aller Lebewesen lenkt, vom Menschen bis zur Pilzzelle, von der Galaxie bis zum Elektron, von ihren Anfängen in Ihm bis zu ihrem Ende in Ihm. Das sind die bisher unbekannten Dinge, die der sich entfaltende Mensch wissen muss, bevor er beginnen kann, sein eigenes göttliches Erbe als allwissendes und allmächtiges Wesen zu manifestieren:

1. Das unsichtbare Universum lenkt das sichtbare in absoluter Herrschaft. Das unsichtbare Universum beherrscht und lenkt alle Bewegung durch die magnetische Unterteilung in würfelförmige Wellenfelder mit Nullkrümmung, über die hinaus kein sich bewegendes Ding gelangen kann. Es kann sich allerdings in benachbarten Wellenfeldern wiederholen, aber immer in Umkehrung, so wie ein Spiegel seitenverkehrt spiegelt. Die Geometrie des Null-Universums beruht auf dem Würfel und seinen Schnitten. Ihre Flächen haben keinerlei Krümmung, und auf der materiellen Ebene spiegeln sich ihre Formen in Kristallstrukturen wider, den einzigen Formen in der Natur mit Nullkrümmung.

2. Alle Bewegung im gesamten elektrischen Universum ist gekrümmt. Das gekrümmte Universum der ausgereiften Form beruht auf der Kugel. Die Kugel ist ein komprimierter Würfel. Die Kugel ist eine Aneinanderreihung echter Kreise: Wo immer Sie einen geraden Schnitt durch eine Kugel führen, werden Sie immer zwei Schnittflächen erhalten, die echte Kreise sind.

3. Alle Bewegung ist im Hinblick auf die Schwerkraft gleichwertig komprimiert, und daher findet alle Bewegung in echten Schwerkraft-zentrierten Kreisen statt, die sich zu Kugeln vervielfachen und sich wieder in echte Kreise unterteilen.

4. Die Energiequelle, die echte Kreise erschafft, befindet sich genau in deren Zentrum. Die Ur-Quelle aller Energie ist der Schöpfer. Alle Bewegung in der gesamten Natur, ob Gedanke oder Handlung, wirbelt – kreisförmig und auf Flächen in einem Winkel von neunzig Grad zu der zentralen Achse, von der jede Bewegung ausgeht – um den allmächtigen Schöpfer dieser Bewegung.

5. Kein Mensch und nichts in der Schöpfung kann im Geringsten davon abweichen, dass Gott seine Mitte bildet, noch kann seine Umlaufbahn um Gott jemals etwas anderes sein als ein echter Kreis, auch wenn die scheinbare Umlaufbahn Ellipsenform hat. Wir denken, die Umlaufbahnen von Planeten seien elliptisch, denn so erscheinen sie. Aber es gibt zahlreiche solcher Illusionen in der Natur, und sie müssen durch Verständnis überwunden werden (siehe Abbildung 46).

6. Der menschliche Körper ist komprimierte Bewegung, welche die unsichtbare Geist-Quelle des Menschen in echten Kreisen umgibt. Er kann sich von diesen echten Kreisen niemals trennen. Sein Denken und seine sich bildenden Körperzellen umgeben sie, ohne Wissen davon, dass er nur sein eigenes unsterbliches Selbst manifestiert und ohne zu wissen, dass dieses unsterbliche Selbst, das seine Mitte bildet, allem, was sich an Geist-Gewahrsein schon in ihm entfaltet hat, beständig zuflüstert. Lärm und Aufruhr der äußeren Sinneswahrneh-

mung übertönen diese innere Flüsterstimme äonenlang, aber es kommt ein Tag in der Entfaltung jedes Menschen, wo er beginnt, diese innere Stimme zu hören. Weitere lange Zeitalter vergehen, bevor er weiß, dass der Kosmos von allem, was IST, zu ihm spricht und dass er selbst dieser Kosmos IST.

7. Die Schwerkraft lenkt das sich bewegende Universum, aber der Mensch hat weder gewusst noch je vermutet, dass seine eigene Unsterblichkeit und die Schwerkraft EINS sind, insofern sie das Zentrum seines Sinneskörpers bilden. Auch hat er nie gewusst, dass die Schwerkraft sich zu einer Achse erweitert, während sich sein Körper von Ebenen aus Gedankenringen zur Masse ausdehnt, und während sich Äquatore unterteilen, um Paare zu werden, und sich vereinigen, um ihre Unterteilung zu verlieren. Diese Dinge muss der Mensch wissen, zusammen mit der Allgegenwart der Schwerkraft; diese erscheint für die Sinne so, als würde sie sich zu Achsen erweitern, die aus vielen Punkten bestehen. Aber sie sind alle EINS. Wenn der Mensch diese Illusion der Sinne überwindet, wächst er auch über die Möglichkeit hinaus, lediglich auf den Sinnen basierende Schlussfolgerungen zu ziehen und so einen Atomkern zu postulieren, der allen Grundsätzen in diesem elektrischen Universum, das die Natur darstellt, zuwiderläuft.

8. Der Mensch nimmt mit seinen Sinnen unmittelbar die Bewegung eines Flugzeuges, eines Bootes oder eines sich beschleunigenden Geschosses wahr, und hält dies für eine Richtung von Bewegung. Er sieht die Bewegung einer Welle, die Schwingungen, die von einer Harfensaite aufgezeichnet werden oder das Kardiogramm eines Herzschlages. Seine Sinne interpretieren auch dies als Bewegungen und Bewegungsrichtungen, ohne zu erkennen, dass sie nur die Krümmung der lenkenden Schwerkraft aufzeichnen und dass die eigentliche Bewegungsrichtung von dieser Richtung um neunzig Grad abweicht.

9. Was nicht im unsichtbaren Raum sinnlich wahrgenommen werden kann, muss noch dynamisch erkannt werden. Das Geheimnis des Kristalls und seiner Spaltung, welche die Kristalle in Untereinheiten aufteilt, liegt im Wissen um Raumgeometrie, und diese kann auf wissenschaftlichen Wege geistig sichtbar werden, so wie Körper in Bewegung auf wissenschaftlichem Wege sinnlich sichtbar gemacht werden können. Alles in der Natur, was die Sinne wahrnehmen können, kann der Geist wissen.

10. Das größte Geheimnis der Materie liegt in den Edelgasen der Welle verborgen. Natur und Aufbau dieser Grundtöne für alle Bewegung sind nie bekannt gewesen. Es ist an der Zeit, dass sich dies ändert.

Alle diese Geheimnisse werden in dem vorliegenden Buch kurz angesprochen, zu dem ausdrücklichen Zweck, ausreichend Wissen über das wahre Wesen des Atoms zur Verfügung zu stellen. So möchten wir verhindern, dass eine auf Unwissenheit basierende Nutzung der Atomenergie die gesamte Menschheit gefährdet.

V

Es gibt im gesamten Universum keine einzige Bewegungsaktivität des Menschen oder der Natur, deren absolute Mitte nicht der Lenker aller Aktivität bildet. Jeder Mensch, der versucht, dieser Tatsache zu entgehen und die Macht seines »freien Willens« zu benutzen, um seiner Wahl entsprechend zu handeln, kann dieses Privileg ausüben und ist sogar frei, sich dabei selbst zu zerstören. Der beständigen Lenkung durch seine universale Energiequelle kann er jedoch nicht entrinnen. Was er auch tut, um das universale Gleichgewicht zu stören, er wird feststellen, dass der Schöpfer der Schöpfung immer sein Zentrum bildet und dass seine eigene, unausgewogene Umlaufbahn in aller Unausgewogenheit eine Mitte behält und beständig in einer Ebene von neunzig Grad zu der Achse bleibt, um die seine Kreise sich drehen.

Betrachten Sie einen Kreisel, der sich genau entsprechend der Schwerkraftachse des Planeten dreht (siehe Abbildung 46 A). Alle Bewegung um diese Achse erfolgt in echten Kreisen und im Winkel von neunzig Grad zu dieser Achse. Die Zeit kommt, wo der Kreisel sich nicht länger so schnell drehen kann, dass seine Umdrehungen von der Erdachse zentriert bleiben. Während sich seine Geschwindigkeit verlangsamt, neigt sich seine Achse. In jeder Neigungsphase des Kreisels dreht dieser sich weiterhin genau um die nun taumelnde Achse. Diese taumelnde Achse ist allerdings gezwungen, sich um ihre Gleichgewichtsquelle zu drehen. Dabei beschreibt sie echte Kreise um ihre Schwerkraftquelle, und auch diese Kreise befinden sich in einem Winkel von neunzig Grad zu dieser Achse, wie es in Abbildung 46 (A 1 und A 2) verdeutlicht wird.

Oder betrachten Sie die Erdumlaufbahn (siehe Abbildung 46, B 1 und B 2). Als die Erde dort war, wo heute Merkur ist, gab es nur ein gemeinsames Schwerkraftzentrum und eine gemeinsame Äquatorialebene von Erde und Sonne. Die Erde hat diese Position des vollkommenen Gleichgewichtes zwischen sich und ihrer Quelle nun verlassen und einen eigenen Äquator errichtet, der sich in einem Winkel von dreiundzwanzig Grad zum Äquator der Sonne befindet. Auch ihre Achse weicht entsprechend der Achse der Sonne ab. Der Planet ist jedoch nicht der Lenkung durch Gott entronnen, denn die Schwerkraft der Sonne lenkt ihn immer noch. Diese bildet das Zentrum eines größeren Kreises, der die gesamten Wanderungen des Planeten um zwei Zentren anstatt von einem einschließt. Abbildung 46 C verdeutlicht dieses Prinzip an einem nicht zentrierten Schwungrad, das sich mit schweren und rüttelnden Schwingungen dreht, wenn es nicht zu schnell ist, sich aber selbst in Stücke schütteln würde, wenn es sich sehr schnell drehen würde. Dies symbolisiert in beispielhafter Weise unsere gegenwärtige Zivilisation, die sich auf ihrer exzentrischen Umlaufbahn immer schneller dreht und sich immer weiter ihrer Auflösung nähert.

Abbildung 46 D veranschaulicht das normale Gleichgewicht des gleichwertigen Austausches in aufeinander folgenden Transaktionen. Jedes Geben wird durch ein gleichwertiges Zurückgeben ausgewogen. Solange sich dieser Austausch fortsetzt, ist sein Produkt GUT und setzt sich ebenfalls fort. Wenn eines der beiden Kinder dieses Gleichgewicht in Unordnung bringt, indem es das Geben und Zurückgeben ungleich macht und so das Liebesprinzip der Natur nicht mehr manifestiert, wird mit Sicherheit selbst erschaffenes Unglück die Folge sein. Die Katastrophen der menschlichen Zivilisation sind alle selbst erschaffen. Ihre Umlaufbahnen sind EINS mit ihrer Quelle.

Der Mensch muss eines Tages lernen, dass jede Zelle seines Körpers im Einklang mit dem universalen Rhythmus sein muss, damit sein Körper im Gleichgewicht bleibt, und dass jeder Gedanke und jede Aktivität, die seinen Körper lenkt, so nah an einer kreisförmigen Umlaufbahn sein sollte wie möglich, um nach innen die göttliche Quelle aller Dinge zu erreichen, wo Allmacht und Allwissenheit auf alle Menschen warten. Nur in dieser Weise und durch solches Wissen kann der Mensch die Bedeutung der unhörbaren Stimme kennen lernen, die seit Äonen versucht hat, durch seine Sinne zu dringen. Eine fortgesetzte Bemühung, sich so von der konzentrierten Bewegung zur universalen Ruhe zu dezentrieren, entfaltet allmählich unsere geistige und intellektuelle Natur. Dezentrierung lädt Meditation [von lat. *media*, Mitte] ein, und Meditation öffnet weit die Tore für Inspiration.

Die Genies der Welt sind diejenigen, die gelernt haben, Zwiesprache mit Gott zu halten, indem sie ihre Sinne transzendieren und Geist-Wesen werden. In diesem noch sehr frühen Stadium der Entfaltung der Menschheitsidee ist der Mensch ausgeprägt körperbewusst und nur schwach geistbewusst. Nach Gottes Absicht soll der Menschen den Geist manifestieren und nicht den Körper. Die Zeichen der Zeit sagen uns, dass immer mehr Geist-bewusste Menschen das Stadium ihrer Erfüllung erreichen, die große Mehrheit der Menschen hingegen ist immer noch auf den Körper und dessen Sinneswahrnehmung fixiert.

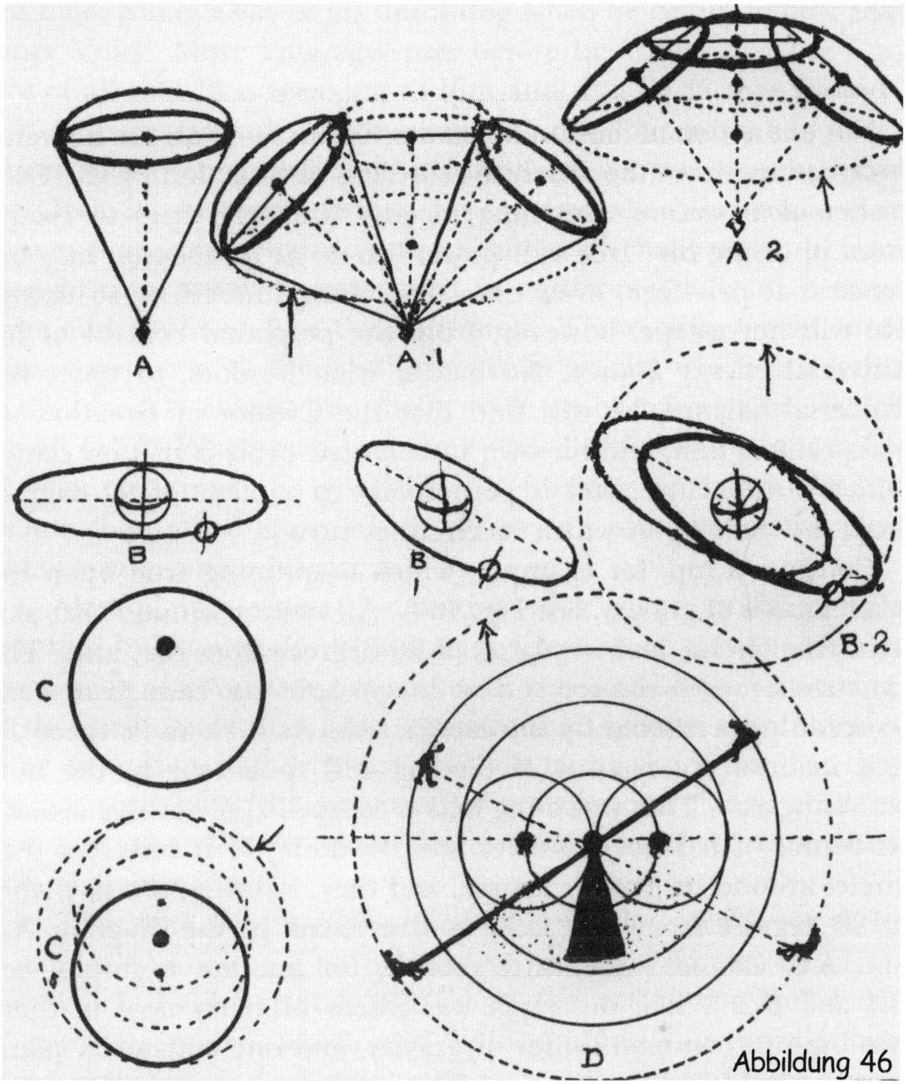

Abbildung 46

Im Zentrum eines jeden Gedankens und jeder Aktion im Universum steht dessen Energiequelle. Sie lenkt von innen und gleicht aus von außen durch zwei Erweiterungen dieses Zentrums. Diese erweiterten Pole bilden die Enden von Schwerkraftachsen, um die alle Massen unter kreisförmiger Lenkung rotieren. A = Kreisel, B = Erdumlaufbahn, C = dezentriertes Rad, D = Wippe. Siehe Text.

Darum verbreitet sich so viel Chaos über das Antlitz der Erde. Die Kultur stirbt, weil die Sinneswahrnehmung die Kultur scheut. Ein Wagner oder Mozart ist Milliarden wert und sollte gefördert werden. Die Wagners und Mozarts von heute versuchen zu überleben, indem sie in Nachtclubs spielen oder Staubsauger verkaufen. Wir haben für die Künste des Friedens keinen Cent übrig, während gleichzeitig so viele Milliarden Dollar für die Kriegskünste ausgegeben werden und um jene zu erheben, die töten. Der Mensch hat gewählt, sein

Gleichgewicht zu verlieren, indem er das Unverletzliche scheinbar verletzt. Im Kampf unserer Zivilisation um die Vormacht des Körpers über den Geist ist es gut möglich, dass der moralische, intellektuelle und geistige Abstieg der letzen fünfzig Jahre in ein weiteres, menschenunwürdiges Mittelalter mündet. Zeit ist jedoch nichts in der Natur, und die Menschheit wird sich durch die Bemühungen der wenigen Menschen, die jetzt immer mehr im Geiste bewusst werden, wieder erheben.

Wissenschaftlich gesehen hat die Menschheit gegenwärtig gewählt, ihre ausgewogene, kreisförmige Umlaufbahn um ihren Schöpfer zu verzerren. Des Menschen freier Wille, zu dem die Unkenntnis um seine unabwendbar enge Beziehung zu Gott und die Unwissenheit um seine Abhängigkeit von Gott kommen, hat ihn veranlasst, sich für vergängliche Körperwahrnehmungen, körperliche Bequemlichkeiten und körperliche Ideale zu entscheiden statt für ewige geistige Werte. Es ist dem Menschen nicht möglich, seine kreisförmigen Umlaufbahnen um Gott zu verzerren, weder durch die Wahl exzentrischer Umlaufbahnen, noch durch unausgewogenen Austausch in seinen menschlichen Beziehungen. Kein Mensch und kein Volk ist dafür mächtig genug. Das Ergebnis einer solchen Unausgewogenheit ist Angst. *Weder der einzelne Mensch noch ein ganzes Volk kann Angst überleben. Das Universum ist auf Liebe begründet, und eines Tages muss der Mensch die Bedeutung von Liebe im Hinblick auf das menschliche Überleben erkennen.* Unsere gegenwärtige Zivilisation verletzt sich selbst und erschafft ihre eigenen Qualen und Krankheiten. Sie ist physikalisch-wissenschaftlich statt geistes-wissenschaftlich geworden. Sie besitzt keine lebendige Philosophie, um die Philosophie des Todes, die jetzt die Welt bedroht, zu überwinden. Der Krieg hat vierzig Millionen Menschenleben in vierzig Jahren gefordert, aber Radioaktivität kann ohne weiteres vierhundert Millionen Leben in vier Stunden fordern.

Vor zwanzig Jahren gab es weniger als drei Pfund Radium auf dieser Erde, aber bereits heute sterben die Menschen aufgrund der allmählichen Anreicherung dieser geringen Menge, die im Laufe der Jahre stattgefunden hat. Heute erzeugen wir jedes Jahr achttausend Tonnen Uransalze, die noch viel tödlicher sind. Nicht nur das, wir haben bis heute sechshunderttausend Tonnen Uranerz aus der Erde geholt.[87] Wer kann heute sagen, was der Preis sein wird, den wir in Form von Menschenleben und Missbildungen dafür zahlen müssen? Wer kann heute sagen, welchen Preis wir in zukünftigen Jahren werden zahlen müssen, wenn die obere Stratosphäre uns ihre Rechnung schickt und die Betonbehälter, die ins Meer geworfen wurden, zu radioaktiven Monstern werden? Wir werden erst in zwanzig Jahren oder noch später erfahren, wie hoch dieser

Preis sein wird. Aber wenn sich die Menge an Killermetallen, die sich oberhalb der Erdoberfläche befinden, in den nächsten zwanzig Jahren im gleichen Tempo vervielfacht wie gegenwärtig, liegt es durchaus im Bereich des Möglichen, dass der Untergang der Menschheit dann unausweichlich ist.

All dies wurde geschrieben um zu zeigen, dass der Mensch die Natur weder überwinden noch ihre tonalen Rhythmen verletzen kann, indem er versucht, die ihm bestimmte Umlaufbahn zu verlassen. Indem er dies tat, hat er seine Umlaufbahn in Richtung auf den Tod ausgedehnt, er hat seinen Kreis erweitert und sich somit weiter von Gott entfernt. Abbildung 46 B verdeutlicht dies. Beachten Sie die Umlaufbahn der Erde. Ihr Potenzial war maximal, als ihr Orbit ein echter Kreis um ihre Quelle war. Eine elliptische Umlaufbahn und das Abweichen von der Ebene des Gleichgewichts mit der Sonne hat diesen Herrschaftskreis zwar erweitert, aber auch in dessen Beziehung zur Quelle aus dem Gleichgewicht gebracht, indem die Macht der Erde durch sonnennahe und sonnenferne Positionen in ihrer Umlaufbahn unterteilt wurde. Die Umlaufbahnen aller Planeten markieren ganz deutlich die Straße des Todes, der alle sterbenden Dinge folgen müssen. Zieht der Mensch es tatsächlich vor, einen solchen Pfad zu wählen, oder weiß er es einfach nicht besser?

Wie lange wird es noch dauern, bis die Menschheit ihr Universum und ihren Schöpfer gut genug kennt, um in Liebe zu leben statt in Angst? *Die Antwort darauf hängt davon ab, wie lange es noch dauert, bis der Mensch erkennt, dass Gott die Mitte des Universums und des Menschen bildet.* So lange der Mensch sich dafür entscheidet, unausgewogen und jenseits der *engen Lenkung* durch das Magnetische Licht zu denken oder zu handeln, das die Mitte sowohl jeder seiner Zellen als auch seiner Seelen-Identität bildet, schwächt er sich nur selbst, indem er sich von seiner Kraftquelle distanziert. Selbst dann entkommt er jedoch nicht der absoluten Lenkung und wachsamen Sorge dieser Kraftquelle für ihn, wie sein selbstzerstörerisches Handeln auch aussehen mag.

Alle in Abbildung 46 gegebenen Beispiele verdeutlichen das Prinzip der ausgewogenen Kontrolle aller schöpferischen Dinge durch ihren Schöpfer. Die Abbildung verdeutlicht auch das Prinzip der vervielfachten Kraft, die der Mensch sich selbst gibt, indem er seinen Körper die engeren Kreise einer ausgewogenen Beziehung zu seinem Schöpfer ziehen lässt, um vorwiegend ein Geistwesen zu sein und erst in zweiter Linie ein Körper. Das Geheimnis der Macht liegt daher für jeden Menschen nicht in seiner Fähigkeit, Bewegung zu *erschaffen*, sondern in seiner Fähigkeit, Bewegung bewusst zu *lenken*. *Ein bisschen Wissen hat mehr Macht als ein riesiger Teilchenbeschleuniger.*[88]

Kapitel 8
Die Einheit von Schwerkraft und Magnetismus

I

Wir sind nun an einen Punkt gelangt, wo die Beziehung von Schwerkraft und Magnetismus leichter verständlich wird. Die beiden gehören zum Null-Universum, wie in Abbildung 6 (Seite 88) gezeigt. Sie sind beide eins, aber jedes hat im allgemeinen Sprachgebrauch einen unterschiedlichen Beiklang, so dass zwei Worte erforderlich sind, um ihre getrennten Bedeutungen zu definieren, so wie ein Lehnstuhl und ein Schaukelstuhl beides Stühle sind und es trotzdem zwei Worte gibt, um sie zu unterscheiden. *Schwerkraft bedeutet in Wirklichkeit einen Punkt oder eine Achse, die im unsichtbaren Universum liegen kann, wo der Geist danach verlangt, Gedanken und Gedankenkraft zu konzentrieren.* Wir können Schwerkraft nicht sehen, sie jedoch lokalisieren, und zwar genau im Zentrum aller schöpferischen Gedankenringe, die das bilden, was wir materielle Körper nennen. Sie können auch den Geist oder das Bewusstsein nicht *sehen*, aber Sie können den Geist lokalisieren. Denn der Geist ist ebenfalls dieses Zentrum, welches die elektrischen Gedankenringe – bei ihrem Bemühen, die Idee, die in dieser Ruhe existiert, durch schnelle oder langsame Bewegung vorzutäuschen – ausgleicht, lenkt, überwacht und in Bewegung setzt.

Es gibt nirgendwo *mehr* oder *weniger* Gravitation. Die scheinbare Zunahme der Gravitationskraft *ist elektrisches Potenzial*, das bedeutet, schnellere Bewegung in kleineren Kreisen. Schwerkraftachsen und Schwerkraftzentren sind die allmächtige Null des Geist-Universums. Sie ist überall dieselbe. Sie ist überall *allmächtig*. Je näher Bewegung an dieses Zentrum oder an diese Null herankommen kann, umso größer ist die Macht, die daraus bezogen werden kann. *Im Menschen ist diese Macht sein Verlangen. Unser Verlangen nach Nähe zu Gott gibt uns jene Kraft, nach dem Maß unseres Wunsches. Das Maß der Kraft, das der Mensch daraus bezieht, hängt von seinem eigenen Verlangen nach Allmacht ab und von seiner Bereitschaft, seine Gedankenkraft und seine Aktivität durch Handlungen zu elektrischem Potenzial zu vervielfachen. Damit dezentriert der Mensch in die Quelle, von wo die Vervielfachung der Schwerkraft ausgeht, und kann so Ideen empfangen und Wissen erwerben. Dann konzentriert er sich, um Gottes Allmacht in sich zu manifestieren.*

Schwerkraft und das Magnetische Licht sind EINS, aber der Beiklang von Schwerkraft unterscheidet dieses Wort vom Wort Geist oder Licht, so wie das Wort Seele es vom Wort Gott unterscheidet. Sie sind trotzdem dasselbe, denn Gott ist die Universale Seele, während die Seele im Menschen seine Identität oder sein Wesen als Untereinheit des universalen Wesens bedeutet. In dem Augenblick, wo Elektrizität den *Einen* unwandelbaren Zustand in Paare unterteilt, ist es notwendig, diese Paare auszugleichen und zu lenken. Die Schwerkraft ist die magnetische Lenkung und der Ausgleich, obwohl sie ihre Kraft niemals vervielfacht oder unterteilt. *Wo Schwerkraft ist, ist Ruhe. Um eine Schwerkraftachse gibt es immer einen Bereich der Ruhe.* Diese Bereiche sind die Löcher in der Mitte von Ringen aus elektrischem Potenzial, die beständig Komprimierung vervielfachen oder sie durch Ausdehnung unterteilen, im Einklang mit den Wünschen der Natur oder des Menschen, um jene innere Allmacht zu manifestieren, die in allen Dingen allgegenwärtig ist.

Das Allerwichtigste, das Sie Ihrem Bewusstsein einprägen sollten, ist die Erkenntnis, dass in der Mitte jeder Bewegung Ruhe liegt, und dass diese Ruhe die URSACHE jeder Bewegung ist. Das Universum ist aus elektrischen Gedankenringen der Bewegung zusammengesetzt. Jeder Gedankenring wird durch den Schöpfer dieses Gedankenringes zentriert und gelenkt. Gott erschafft auf diese Weise Sein Universum. *Auch Sie erschaffen Ihr Universum so.* Dort im Zentrum ist Gott. Dort im Zentrum ist das Magnetische Licht des Allwissens, des allmächtigen Geistes. Wir nennen diesen zentralen Punkt *Schwerkraft*. Der Grund, warum wir ihn als Schwerkraft bezeichnen, liegt darin, dass es benachbarte Gedankenringe gibt, die sich miteinander so eng vereint haben, dass wir sie für eine *Masse* halten und nicht für Ringe. Jeder Ring, der dieser Masse hinzugefügt wurde, hat sein Geist-Zentrum in seiner eigenen Ebene. In einer Masse gibt es daher scheinbar so viele Geist-Zentren der Ruhe, dass sie eine Achse bilden. Das Wort *Schwerkraft* ergibt sich aus dieser Tatsache. *Schwerkraft ist eine Achse der Geist-lenkenden Ruhe. In diesem Sinne sind Schwerkraft und Gott eins.* Nun wissen Sie das Entscheidende, nur ein Gedanke fehlt noch: Jeder Punkt dieses Schwerkraftachse ist derselbe Punkt, denn Gottes Null-Universum ist allgegenwärtig.

Sie brauchen vielleicht viele Jahre, um das Obige ganz zu erfassen, und Sie können es niemals begreifen, indem Sie mit Ihrem Gehirn auf der Grundlage von Sinneswahrnehmungen schlussfolgern, denn in diesem Prozess liegt die Bewegung des Denkens. Sie müssen lernen, »still zu sein und zu *wissen*«. Das innere Denken der tiefen Meditation wird Sie in die Nullwelt der *Wirklichkeit* führen, wo die Illusion nicht existiert. Je mehr Sie in der Lage sind, dieses

Zentrum zu finden, wo das Urlicht der Schöpfung weilt, umso mehr werden Sie in der Lage sein, das Urlicht Ihres Selbst zu entdecken, und das ist das größte Wunder, das Ihnen widerfahren kann. *Wenn Sie Ihr Selbst finden, finden Sie auch Gott in Seinem Königreich, das in Ihnen liegt.* Wenn Sie auf diese Weise das volle Gewahrsein Ihrer eigenen Allwissenheit, Allmacht und Allgegenwart erworben haben, dann können Sie wissentlich und mit Autorität sagen: »Ich und Mein Vater sind EINS.«

Die sich entfaltende Macht des Menschen erhöht sich in dem Maß, in dem sein Gottgewahrsein zunimmt. Die Erklärung dieser Tatsache, für die uns hier der Raum fehlt, wird allerdings zur Gänze durch die Erklärung ausgeglichen, die in dem Buch »God Will Work With You But Not For You«[89] gegeben wird. Je intensiver Sie dieses Buch studieren, umso mehr werden Sie Ihre Nähe zu Gott und Ihre Abhängigkeit von Ihm spüren. In dem Maße, wie Ihre Kraft durch dieses bessere Begreifen zunimmt, erlangen Sie auch Meisterschaft über Bewegung und Ihr eigenes Schicksal. *Das Wichtigste, das Sie in Ihrem Bewusstsein verankern müssen, ist die Tatsache, dass unser Universum aus Geist und Bewegung besteht und dass der Geist das Zentrum der Bewegung bildet.* Im Geist liegen Allwissen und Allmacht. In der Bewegung liegt die bildliche Form des Geist-Wissens, und sie manifestiert die Geist-Macht, ohne selbst diese Macht zu sein. In diesem Sinne wäre es eine genauere Definition, wenn wir sagen würden, dass unser Universum ein Geist- und Geist-Gedanken-Universum ist – denn alle elektrische Bewegung ist nur die Aufzeichnung des Geist-Denkens in der Bewegung. Es wäre noch einfacher, wenn wir uns unser Universum als ein kosmisches Kino vorstellen, denn es entspricht dem menschlichen Kino in jeder Hinsicht.

II

Es ist notwendig, die geläufige Vorstellung von dem Begriff *Magnetismus* zu korrigieren, denn Magnetismus wird heute allgemein als physikalische Kraft betrachtet, die eng mit Elektrizität verwandt ist. Wir hören viel über magnetische Felder, Elektromagnetismus, Magnete, magnetische Kraftlinien und ähnliche Phänomene. Wir hören, dass die Kraft des Magnetismus kleine Eisenteilchen mit kleinen Magneten aufheben kann und auch die Kraft besitzt, mit großen Magneten tonnenschwere Eisengewichte anzuheben. Oft hören wir, unser Universum sei elektromagnetisch. Es könnte durchaus so genannt werden, aber nur in dem Sinne, wie wir von einem Universum aus Geist und Materie oder von einem Schöpfer und einer Schöpfung sprechen würden.

Uns wird auch gesagt, die Erde sei ein riesiger Magnet, so wie der Stabmagnet in einer elektrischen Spule. Sie ist aber kein Stabmagnet. Die Mitte eines Stabmagneten ist »tot«. Das Zentrum der Erde ist lebendig. Erden und Sonnen sind das Ergebnis von Zusammenstößen, die zwischen polarisierten Paaren geschehen. Hier kommen zwei Stabmagneten zusammen, wie in Abbildung 11, 12 und 13 dargestellt (Seite 88). Diese polarisierten Metallstücke sollten jedoch nicht Magneten genannt werden. So wie die Erde wurden auch sie elektrisch erschaffen. Sie sind elektrische Effekte, die von magnetischer Ruhe gelenkt werden, und das bedeutet Geist-Ruhe. Allgemein wird jedoch geglaubt, Magnetismus käme aus Materie, die mit magnetischen Qualitäten ausgestattet ist. Es ist sogar behauptet worden, das gesamte magnetische Material müsse sich in nicht mehr als achtzig Kilometer Tiefe in der Erdkruste befinden, und sein Einfluss erschaffe ein magnetisches Feld für Erden und Sonnen. Es erschafft angeblich auch magnetische Felder und Kraftlinien, die sich gekrümmt von den Äquatoren zu den Polen erstrecken. Es gibt viele solche Theorien, die alle unbegründet sind, denn alle diese Effekte sind vollkommen durch elektrische Auswirkungen erklärbar, die wir in Kapitel 9 näher betrachten werden.

In der Experimentalphysik hat diese falsche Vorstellung von Magnetismus viel Verwirrung gestiftet. Der Physiker lenkt Elektronen von ihren Pfaden in Vakuumröhren ab, indem er einen Magneten an die Seite hält, und glaubt ernsthaft, dass die Kraft des Magnetismus diese Ablenkung bewirken würde. In Wirklichkeit ist es die elektrische Polarität. Der polarisierte Zustand im »Magneten« des Physikers ist ein elektrisch unterteiltes Gleichgewicht, das zwei starke, elektrische Wirbel erschaffen hat. In diese Wirbel werden die Elektronen gezogen, so wie Teilchen, die im Badewannenwasser schweben, vom spiraligen Sog des Abflusses angezogen werden.

Hunderte weitere Fehlinterpretationen dessen, was Elektrizität bewirkt, bestimmen die Arbeit in den Forschungslaboren. Sie verlangsamen nicht nur deren Fortschritt, sondern führen zu einer Unzahl sinnloser und teurer Forschungsvorhaben, um Dinge herauszufinden, die ganz einfach vorhersagbar sind, wenn man um die URSACHE und das WARUM der Dinge weiß.

Abschließend führen wir ein weiteres Beispiel an, wo elektrische Auswirkungen fälschlicherweise dem Magnetismus zugeschrieben werden. Im Astronomielabor wird ein so genanntes Spektroskop[90] benutzt, um festzustellen, aus welchen Elementen die Sterne zusammengesetzt sind, und dies wird durch Linien aus farbigem Licht angezeigt. Michael Faraday[91] »entdeckte« eine Beziehung zwischen »Magnetismus« und »Licht«. Später nutzte ein Wissenschaftler namens Zeeman[92] dieses Prinzip, um die »Magnetfelder« der Sterne nachzuweisen, indem er eine magnetische Lenkung der spektroskopischen Lichtlinien der Sterne anwandte. Als Ergebnis erreichte er eine Aufspaltung von einer Linie in zwei, so dass sie etwa wie eine Stimmgabel aussahen. Mit einem stärkeren »Magnetfeld« spaltete er diese beiden wieder auf, so dass es vier gab, die dann wie eine Besteckgabel aussahen. Das Ergebnis ist interessant und wertvoll, aber es ist nicht das, was von ihm behauptet wird. Es ist eine Unterteilung eines festgelegten Zustandes in Paare und Paar-Oktaven, *und das ist die einzige Aufgabe der Elektrizität.* Warum wird dann das *polarisierende Prinzip des elektrischen Stromes als Zeeman-Effekt* bezeichnet?

Das Wort *Magnetismus* sollte überhaupt nicht benutzt werden, denn es lässt eine *physikalische* Eigenschaft anklingen. Eine angemessene Art, dies mit dem elektrischen Universum der Bewegung in Verbindung zu bringen, wäre es, unser Universum als magnetisch-elektrisches Universum zu bezeichnen, was geistig-physisches Universum bedeutet oder das Geist-denkendes Universum in dem Sinne, dass das magnetische Null-Universum der Schöpfer ist und das Bewegungsuniversum die Schöpfung. Genauso sollten wir den Ausdruck *Materie* niemals in Bezug auf das sichtbare Universum benutzen, denn das Wort Materie lässt an Stofflichkeit denken, und Stofflichkeit gibt es im gesamten Bewegungsuniversum nicht. Wir müssen eines Tages unsere Vorstellungen zu der Erkenntnis umformen, dass es in diesem allgegenwärtigen Universum des Geistes nichts anderes gibt als das göttliche Licht des Allwissens und der All-Energie. Der Geist denkt sein Wissen und zeichnet die Vorstellungen dieses Denkens durch gegenläufig unterteilte Bewegungswirkungen elektrisch auf. Bewegung täuscht das vor, was sie zu sein scheint, aber das ist auch alles, was sie tut. *Bewegung erschafft aus dem Licht, das vom Geist projiziert wird, einen bewegten Kinofilm mit Ton.*

Was Beobachter für magnetische Kraft halten, ist das Maß des elektrischen Potenzials, das um Schwerkraftachsen und Zentren herum erschaffen wird. Die Vervielfachung des elektrischen Potenzials um die Schwerkraftachsen ist in Wirklichkeit die Art, wie Geist-Denken konzentrierend wirkt.

Allerdings werden nicht die Schwerkraft oder der Geist oder die Ruhe vervielfacht. Vervielfacht und unterteilt wird nur das elektrische Potenzial, und das bedeutet schnelle oder langsame zentripetale oder zentrifugale Bewegung. Die Schwerkraft, welche die konzentrierende Kraft des Geistes deutlich macht, ist unwandelbar. Nur die Bewegung um sie herum wandelt sich.

III

Der elektrische Strom beginnt und endet an Kathoden. Kathoden sind Ruhepunkte im Null-Universum, von denen aus die Energie des Verlangens nach Schöpfung ausgedrückt wird. Chemisch gesehen sind Kathoden die Edelgase der Oktaven, die keine Elemente sind, denn sie verbinden sich nicht mit diesen. Sie sind die Samen, aus denen die Elemente entspringen und wohin sie zurückkehren. Sie sind das weiße Licht, aus dem alle Farben hervorgehen, wenn eine elektrische Spannung angelegt wird und wohin sie zurückkehren, wenn die Spannung zum Erliegen kommt. Sie sind die Grundtöne der Oktave, deren Gegenwart in jeder tonalen Harmonie immer in unserem Wissen gegenwärtig ist. Mathematisch gesehen sind sie der Nullpunkt der ganzen Oktave, was in Kapitel 11 ausführlicher beschrieben wird. Geometrisch gesehen besteht das Edelgas aus vier ineinander liegenden Ringen.

1. Die magnetischen Pole werden »erschaffen«, indem ein Draht derart um einen Stahlstift gewickelt wird, dass die komprimierenden Ringe des elektrischen Stromes diese so genannten magnetischen Pole an den Enden dieses Stahlstiftes hervorbringen. Genau das bewirkt Elektrizität. Sie produziert ein Potenzial aus elektrischer Bewegung um ein ruhendes Zentrum, aber das ruhende Zentrum ist Schwerkraft. Diese Pole sollten präziser *Schwerkraft-Pole* genannt werden, da sie durch eine Schwerkraftachse verbunden sind. Sie lenken die geschlechtliche Unterteilung der Natur. Das Magnetische Licht ist ungeschlechtlich, denn es ist im Gleichgewicht. Seine elektrische Unterteilung in Paare erschafft den zweifachen, geschlechtlichen Zustand, den wir als männlich und weiblich kennen. Wenn diese beiden Zustände sich vereinen, werden sie EINS. Die Schwerkraft-Pole sind ZWEI, wenn sie vom elektrischen Strom unterteilt werden. Wenn sie sich vereinen, werden sie zu einem EINZIGEN SCHWERKRAFT-ZENTRUM. Wir haben sie immer magnetische Pole genannt, wenn sie ZWEI waren, aber wenn die beiden vereint waren, haben wir sie als Schwerkraft-Zentrum bezeichnet, und das ist nicht logisch.

2. Elektrizität hat daher die Pole hervorgebracht, indem sie die Ringe komprimiert hat, bis die Löcher aus ihnen verschwunden sind. In keiner anderen Weise sind die Pole dorthin gekommen. Elektrische Bewegung *erschafft* keine Schwerkraft-Pole. Sie lokalisiert existierende Punkte und macht sie *identifizierbar*. Sie lässt das Unsichtbare scheinbar sichtbar werden. Früheren Beobachtern kam allerdings nie in den Sinn, dass die Unterteilung von Gottes Ruhe in geschlechtliche Paare mit einem Maß an ausgewogener Kontrolle über eine

solche Unterteilung einhergehen müsste. Mit anderen Worten, wenn der *Eine* Zustand ausgewogener Ruhe im Null-Universum in zwei unausgewogene Zustände unterteilt wird, ist es nötig, zwei kontrollierende Punkte der Ruhe zu haben, um welche die Bewegung sich drehen kann, während sie in dieser Art unterteilt wird.

3. Die beiden Pole sind daher Pole aus ruhendem Magnetischem Licht, um welche die unterteilten elektrischen Paare ihr Bewegungslicht manifestieren können. Die beiden Pole, die in dieser Art unterteilt sind, tragen das Verlangen in sich, zu einem vereint zu werden, indem die in zwei Zustände unterteilten Paare sich vereinen. So werden die beiden Pole, die sich vereint haben, zum gemeinsamen Schwerkraftzentrum für die gesamte Schwerkraftachse der von dieser gelenkten Masse.

4. Magnetische Schwerkraft-Pole sind ruhende Zentren, welche die elektrische Bewegung, die sie umgibt, ausbalancieren und lenken. Elektrische Bewegung kann von aller anderen elektrischen Bewegung isoliert werden, aber magnetische Polarität oder das Schwerkraftzentrum, wo Pole sich zu einem vereinen, kann von nichts isoliert werden, denn es besteht aus der allgegenwärtigen Ruhe, auf der das Bewegungsuniversum basiert.

5. Weder Polarität noch Schwerkraft werden durch Elektrizität »erschaffen«. Sie werden nur Punkte, die in der allgegenwärtigen Ruhe lokalisiert werden können. Wenn wir daher sagen, dass Elektrizität den Zustand der Schwerkraft erschafft, meinen wir damit, dass elektrische Bewegung sich um einen Punkt im allgegenwärtigen Vakuum dreht, der diese Bewegung kontrolliert.

6. Polarität beginnt als geschlechtlose Einheit an der Kathode, dem Ort in den Oktaven der Elemente, wo sich die Edelgase befinden. Von dort wird sie in geschlechtlich festgelegte Paare unterteilt, während diese zentripetal in Richtung auf die Anoden erweitert werden. Auf der Amplitude der Welle vereinen sich diese Paare wieder zu einer geschlechtslosen Einheit, indem sie kollidieren und zu den beiden Hemisphären einer weiß glühenden, mikroskopisch kleinen oder makroskopisch großen Sonne werden, welche einer »Kraftschleife« in einem elektrischen Strom entspricht.

7. Die Ordnung der Schöpfung, wie sie sich in der elektrischen Welle, im elektrischen Strom oder im Magneten ausdrückt, lautet folgendermaßen:
rot – 0 – blau rot – 0 – blau rot – 0 – blau rot – 0 – blau.

Abbildung 47 A zeigt eine Reihe von Stabmagneten in dieser Anordnung. Wenn Sie einen der Magneten aus dieser Ordnung herausnehmen und seine Enden umkehren könnten, wie es in Teil B der Abbildung gezeigt wird, würden Sie zwei männliche und zwei weibliche Pole erhalten, wo normale Paare aus entgegengesetzten Geschlechtern sein sollten. Dies hätte die folgende unmögliche Anordnung rot – 0 – blau rot – 0 – BLAU BLAU – 0 – ROT ROT – 0 – blau zur Folge.

8. Elektrizität dreht sich um alle Zentren in diesem ganzen Universum in einer einzigen Richtung. Abbildung 47 C zeigt diese universale Richtung der elektrischen Drehung um dieselbe Reihe von Stabmagneten. Diese Drehung verläuft in einer einzigen Richtung, im Uhrzeigersinn oder dagegen, je nach der Position des Beobachters. Wenn Sie von einem Ende auf die spiralige Umdrehung blicken, sehen Sie eine Bewegung im Uhrzeigersinn. Wenn Sie Ihre Position umkehren, sehen Sie die Bewegung im Gegenuhrzeigersinn. Die Drehrichtung ändert sich nicht, nur weil Sie Ihre Position ändern. Es ist nicht möglich, die eine Hälfte eines Kreislaufs herauszunehmen und sie umzukehren, wie in Teil D der Abbildung angezeigt.

9. Der wichtigste neue Gedanke im Hinblick auf die Elektrizität ist, dass jede Aktivität *nur einen einzigen Kreislauf eines elektrischen Stromes* erschafft. *Dieser einzige Zyklus ist die elektrische Aufzeichnung dieser Aktivität.* Die Allgegenwart oder Einheit des Universums wiederholt diese Aufzeichnung im gesamten Universum. Die Bewegung Ihres kleinen Fingers oder einer Dynamitexplosion wird jeweils nur einen Kreislauf erschaffen, denn die Elektrizität ist die Aufzeichnungsmethode des Geist-Gedankens, und Geist-Gedanken folgen zeitlich aufeinander.

10. In der künftigen Elektrotechnik sollten zwischen zwei Dritteln und neun Zehnteln der Drähte überflüssig werden. Mit einem größeren Wissen um Geometrie und Mathematik des Raumes sowie um die Tonalität der Oktavwellen wird es möglich sein, dass Kathoden ohne Drähte ihre Anoden finden, wie es in der Natur der Fall ist. Die Zylinderspulen von heute werden vollkommen überflüssig werden, besonders wo sie Anoden einschließen und deren Kraftausdruck durch Äquatore verhindern. Vakuumröhren sollten vollkommen anders gebaut werden, damit sie zur Mathematik von Aktion und Reaktion des Kreislaufs passen, der sich in kubischer Potenzierung[93] beschleunigt und verlangsamt, da das Potenzial sich in der einen Hälfte des Kreislaufs vervielfacht und in der anderen Hälfte entsprechend unterteilt. Die zylindrische Spule ignoriert dieses Naturgesetz, so wie selbst Einstein es ignorierte, und macht die plumpe Aneinanderreihung von Verstärkern und eine unglaubliche Kompliziertheit in den elektronischen Maschinen notwendig, die vollkommen unnötig ist.[94]

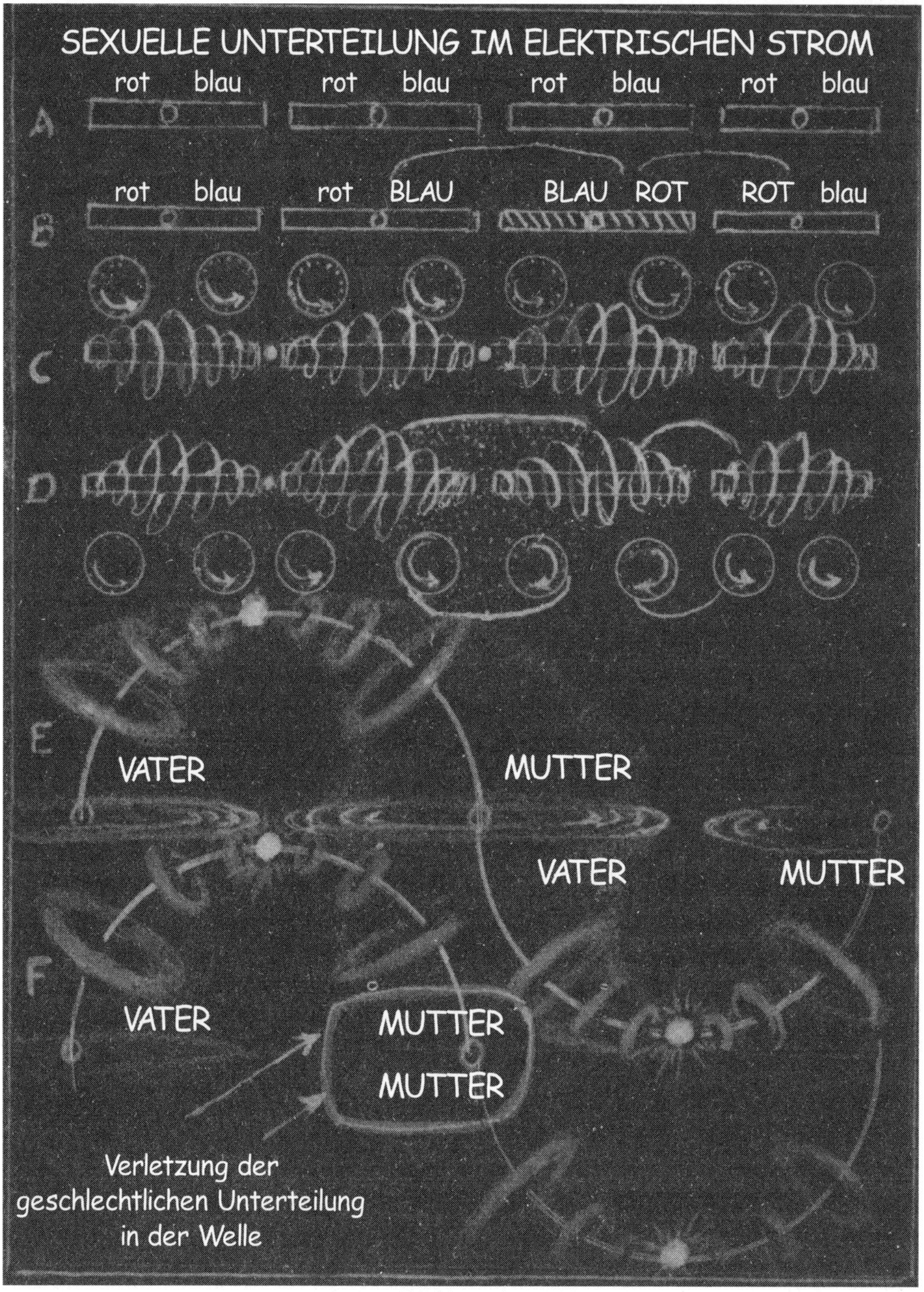

Abbildung 47:
Die Natur arrangiert ihre sexuellen Unterteilungen in Paareinheiten so, dass entgegengesetzte Geschlechter sich vereinen können. Die Natur erlaubt dem Menschen nicht, diese Ordnung umzukehren, indem eine Einheit eines elektrischen Stromes oder einer Welle umgedreht wird, um sexuelle Vereinigung unmöglich zu machen. B, D und F sind unmöglich.

Man sagt, dass Stürme auf der Nordhalbkugel gegen den Uhrzeigersinn wirbeln und auf der Südhalbkugel im Uhrzeigersinn. Das liegt nur daran, dass wir einmal von einem Ende darauf blicken und dann vom anderen Ende. *Wir würden die gleiche Wirkung sehen, wenn wir einmal von oben und einmal von unten in die Spirale unseres Badewannenabflusses blicken würden.*

Abbildung 47 E verdeutlicht die Tatsache, dass Sie keinen Teilbereich einer Welle oder eines elektrischen Stromes einfach umkehren können. Wenn Sie dies tun, kehren Sie die universale Bewegungsrichtung und die universale Unterteilung geschlechtlicher Paare um. Die Natur lässt dies nicht zu (siehe Abbildung 47 F).

Um diesem Phänomen Rechnung zu tragen, wurde das Coulombsche Gesetz übernommen. Dieses besagt, dass Gegensätze, also Partner mit entgegengesetztem Geschlecht, sich anziehen, und Ähnlichkeiten, also Paare mit gleichem Geschlecht, sich abstoßen. Dieses Gesetz ist ungültig, denn Partner mit entgegengesetztem Geschlecht ziehen sich nicht an. Sie werden durch die elektrische Aktivität, bei der eine Einheit in ein Paar von Untereinheiten unterteilt wird, zur Kollision gezwungen. In dem Augenblick, wo sie zusammenstoßen, streben sie mit äußerster Kraft danach, den geschlechtlich unterteilten Zustand wieder zu erlangen, indem sie ihren entladenen Zustand wieder aufladen. Die Natur hilft dabei und unterstützt die Aufladung mit jedem Herzschlag, mit jedem Atemzug und mit jeder Nahrungsaufnahme.

Der zur Verfügung stehende Raum erlaubt keine weitere Diskussion dieses Vorganges, aber das für den Zweck dieses Buches Entscheidende ist bereits gesagt. Nun möchten wir noch das Geheimnis klären, wie »Magnetismus« Eisennägel aufhebt und Metallnadeln »anzieht«, denn die gesamte elektrische Ingenieurskunst zahlt einen hohen Preis für das Fehlen dieses Verständnisses. Teuer ist dabei die Verschwendung durch den Bau von unsachgemäßen Spulen, Solenoiden[95], Ankerspulen, Aufspann- und Abspann-Transformatoren und elektronischen Röhren.

Das Element Eisen wird fast genau an der Amplitude der Welle geformt. Seine Position liegt fast am Kollisionspunkt, wo die Partner zu einer Einheit finden. Auch befindet Eisen sich auf der roten Seite des Spektrums, und die rote Seite bohrt sich in die blaue, wenn beide nach Einheit suchen. Nickel und Kupfer befinden sich auf der blauen Seite derselben Oktave. Aufgrund dieser Stellung in der Welle ist Eisen – mit hoher Komprimierung und hohen

Schmelzpunkten – so konstruiert, dass es sich an die Bewegung der elektrischen Spule, die es hervorgebracht hat, »erinnert«, selbst nachdem diese Spule entfernt wurde. Die Drehwirkung setzt sich in ihm fort und bleibt viele Jahre erhalten, so lange das Eisen nicht zu hoch erhitzt wird, weil dann die Kraft des elektrischen Potenzials, welches diese Pole angehäuft haben, explodiert. Umgekehrt vervielfacht die Kälte diese Erinnerung, welche die Hitze zerstört. Am absoluten Nullpunkt sind Polarität und Leitfähigkeit intensiver. Es sollte hinreichend überzeugend sein, dass der »Magnetismus«, der diesem elektrischen Effekt zugeordnet wird, keine existierende Kraft sein kann, denn wenn er es wäre, könnte er nicht durch Kälte zerstört werden. Tatsächlich *vervielfacht Kälte das elektrische Potenzial, und Hitze unterteilt es.* Diese Naturtatsache sollte dem unnatürlichen Konzept, diesen elektrischen Effekt etwas anderem zuzuschreiben als der Elektrizität, ein Ende bereiten.

Nickel besetzt auf der blauen Seite der Oktave dieselbe Position wie Eisen auf der roten Seite, ist aber nicht in der Lage, die Erinnerung an die elektrische Spule, die es hervorgebracht hat, aufrechtzuerhalten. Das liegt daran, dass die blaue Seite die Außenseite der Masse sucht und daher eine geringere Dichte hat und infolgedessen weniger Kraft, eine »Erinnerung« an die Bewegung zu behalten.

Im Hinblick auf die Kompassnadel, welche an dem einen Ende den Nordpunkt und am anderen Ende den Südpunkt sucht, ist das Prinzip dasselbe. Jede Kompassnadel ist ein winziger Stabmagnet. Wenn Sie Eisenspäne auf Papier legen, in der vertrauten Form, wie es in allen Lehrbüchern beschrieben steht, und das Papier dann über einem Magneten schütteln, bilden diese Eisenspäne gekrümmte Linien. Diese gekrümmten Linien werden auf diesem Papier und auch im so genannten magnetischen Feld eines Planeten »magnetische Kraftlinien« genannt. Sie sind jedoch keine magnetischen Kraftlinien, sondern nur die gekrümmten Ebenen der entgegengesetzten Drücke, welche die Elektrizität bei ihrem Bemühen um Komprimierung verursacht. Der Schwerkraftwirbel in der Kompassnadel folgt diesen Drücken. Jede Bewegungswirkung in unserem Universum ist ein elektrischer Effekt, verursacht durch eine elektrische Kraft, die unter der Lenkung des unsichtbaren magnetischen Universums wirkt. Das unsichtbare Universum beherrscht und lenkt das sichtbare Universum vollkommen, aber *Bewegung* ist ausschließlich elektrisch.

Abschluss

Wir haben ganz kurz die Essenz des Aufbaus der Materie und die wahre Natur von Elektrizität, Schwerkraft, Strahlung, Radioaktivität und Magnetismus erläutert. Obwohl der gesamte Vorgang so einfach ist, wie wir ihn in einem einzigen Absatz am Anfang von Teil II (Seite 84) formuliert haben, hat er doch viele Aspekte, denn seine Auswirkungen und deren Unterteilungen sind zahlreich. Wir haben uns jedoch nicht von dem Muster, das in diesem Absatz in aller Kürze formuliert wurde, getrennt, und wir trennen uns auch in den achtundvierzig Lektionen unseres Fernstudienkurses nicht von ihm. Darüber hinaus besteht immer noch der Bedarf nach weiteren Büchern, aber dieses einfache Prinzip kann nicht erweitert werden, egal wie viele Bände erforderlich sind, um seine Essenz noch ausführlicher anzuwenden.

Es gibt noch viele wichtige Dinge, die wir noch gar nicht angesprochen haben, zum Beispiel Raumgeometrie und Mathematik, welche die Drücke der chemischen Elemente bestimmen, um das Prinzip der Transmutation, das nun unmittelbar vor uns liegt, zu meistern und zu lenken, sowie die Herrschaft über Dürren. Doch in all diesen Dingen ist es bei jedem Bewegungseffekt in unserem gesamten Universum unmöglich, über das eine Prinzip hinauszugehen, das in jenem einen Absatz auf Seite 84 dargelegt wurde.

Kapitel 9
Der Geist-Kern des Atoms

I

Vor zweitausend Jahren versuchte der höchste Erleuchtete aller Zeiten der frühen Menschheit seiner Tage zu erklären, dass Gott die Mitte Seines Universum und des Menschen bilde. Er erzählte offen, das Königreich des Himmels sei im Inneren, und der All-Vater des Menschen weile im Menschen. Seine Worte hatten in jenen Tagen geringen Wissens keine Bedeutung. Die Menschen seiner Tage verlangten einen objektiven Gott mit menschlichen Gefühlen, einen Herrscher über die Menschen, einen persönlichen Gott außerhalb ihrer selbst. Diese Vorstellung entsprang heidnischem Denken. Im Laufe vieler Zeitalter begann der Geist-Gott eines Geist-erschaffenen Universums, das heidnische Konzept eines Gottes außerhalb Seiner Schöpfung ganz allmählich durch die Vorstellung von einem Geist zu ersetzen, der in der Schöpfung allgegenwärtig ist. Heute haben Millionen von Menschen die heidnische Vorstellung vollkommen verworfen und das Geist-Konzept akzeptiert, ohne jedoch dessen volle Bedeutung zu verstehen, aber die meisten Menschen halten noch immer die heidnische Vorstellung aufrecht. Mary Baker Eddy[96], die große Erleuchtete des 19. Jahrhunderts, verhalf der Menschheit insofern zu einem intellektuellen Fortschritt, der größer war jeder andere Fortschritt, den ein Wesen seit den Tagen des Nazareners gebracht hat. Die Zivilisation schritt dynamisch und geistig voran, während sich die menschliche Vorstellung von Gott in dieser Weise wandelte. Aber selbst mit diesem Fortschritt haben die Worte »Sucht das Königreich des Himmels in euch« noch keine dynamische Bedeutung erlangt.

Die Menschheit kann erst aufsteigen, wenn ihr Gottes Gegenwart im Menschen und in allen Dingen so vollständig bewusst ist wie objektive äußere Dinge. Erst an jenem Tag der Erleuchtung kann die Idee von der Bruderschaft der Menschheit zu voller Bedeutung und Umsetzung gelangen.

Im Mai 1921 wurden wieder Worte niedergeschrieben[97]; sie haben dieselbe Bedeutung wie jene vor zweitausend Jahren und sind eine weitere Botschaft, um den Menschen zu sagen, wo sie Gott finden können. Dieser Botschaft lautet:

»Denn siehe: Ich bin in allen Dingen und bilde ihre Mitte. Und Ich bin außerhalb aller Dinge und lenke sie.«

»Ich bilde die Mitte Meines Universums als Mein Wissen. Mein Universum umkreist Mich als Mein Denken.«

Diese Worte aus der »Botschaft der Göttlichen Iliade« sind voll kosmischer Bedeutung. Sie wurden aufgeschrieben, um einem heranbrechenden neuen Zeitalter mitzuteilen, dass der Atomkern das ruhende Magnetische Licht Gottes ist, des Schöpfers dieses Atoms, und dass dieses Atom das elektrisch unterteilte Paar aus sich bewegenden Lichtern ist, die Sein Denken manifestieren.

Gott bildet die Mitte Seines Universums. Gott hält jedes Atom zusammen, damit es Ihn durch seine Zweckmäßigkeit manifestiere. Gott gibt von sich selbst an Sein ganzes Universum in einer Ewigkeit endlosen Zurückgebens. Gottes Universum gibt von sich selbst an Gott zurück in einer Ewigkeit endlosen Gebens. Was Gott gibt, ist Liebe. Was zurückgegeben wird, ist Liebe. Das ist die göttliche Geschichte der Schöpfung. *Es ist eine Geschichte von Ursache und Wirkung beim Geben und Zurückgeben von Liebe.* Es ist die *Eine* Geschichte von Gottes Wissen, ausgedrückt durch Sein Denken, erleuchtet durch das Licht Seiner Vorstellung. Sie wird in der Sprache des Lichtes erzählt, das von Seiner wahren Ruhe in die wahre Ruhe projiziert wird, um Bewegung vorzutäuschen, wo es in Wirklichkeit nur Ruhe gibt – um Dimension vorzutäuschen, wo Dimension nicht vorhanden ist – und auch nichts anderes.

Es gibt nichts als Gott – und Gottes Wissen – und Sein Denken – und Sein Vorstellen – in unserem ganzen scheinbaren Universum des Geistes, der allein wirklich ist. Dies versuchte die stille Stimme Gottes lange Zeitalter und Erfahrungen hindurch – welche aufgeladen waren mit der Qual, die zur Unwissenheit gehört – dem Menschen aus seinem Inneren zuzuflüstern. Die stille Stimme Gottes war insofern immer aktiv. Intuition und Inspiration waren ebenfalls immer aktiv. Auch Gottes Boten für den Menschen – die Genies, die kosmisch Erleuchteten und die wenigen Mystiker – waren immer aktiv, obwohl der Mensch sie für ihren Dienst am Menschen kreuzigte.

II

Die Zeit ist gekommen, wo die sich entfaltende Intelligenz im Menschen ihm sagen sollte, dass der göttliche Funke der Inspiration und die unhörbare Stimme, die von innen zu ihm spricht, das Magnetische Licht des Geistes und die Quelle seiner Energie ist.

Es ist nun an der Zeit, dass alle Menschen unser Universum kennen lernen. *Wir fügen hinzu, dass alle Menschen nun auch ihre Einheit mit Gott und Seinem Universum erkennen sollten.*

Gott bildet die Mitte aller Untereinheiten Seiner Schöpfung. Gottes Energie hat das Universum erschaffen. Gott ist die Energiequelle, welche alle Bewegung verursacht. Gottes Geist ist *Ihr* Geist. Er dehnt die Energie Seines Geistes zu jedem Atom aus, das sich um Sein Zentrum der Ruhe bewegt, wo Er in jedem Gedankenring und jeder Zelle Seinen allgegenwärtigen Ort einnimmt. Welches Wissen Sie auch erwerben, es kommt von Ihrem *Inneren* Geist zu Ihnen. Ihre Sinne können kein Wissen erwerben. *Sie können nur über Bewegungseffekte informiert werden. Und Sie können sich mächtig täuschen lassen von dem, was Sie sehen.* Wirkliches Wissen kann nur durch den Geist kommen. Das Geist-Gewahrsein hat in der Menschheit gerade erst begonnen. Mit Geist-Gewahrsein kommt Gottes-Bewusstsein.

Gottes-Bewusstsein und kosmisches Gewahrsein des Lichtes der göttlichen Gegenwart in jedem Menschen ist der nächste Schritt in der geistigen Entwicklung des Menschen. Tausende und Abertausende beginnen zu begreifen, dass die innere Stimme unseres eigenen Geistes aus dem Inneren jedes Menschen kommt. Die Menschheit befindet sich immer noch in ihrer intellektuellen Kindheit. Das Heraufdämmern des Geist-Bewusstseins ist noch zu neu, als dass alle Menschen mit ihrem Geist schon DENKEN könnten. Noch nehmen die meisten Menschen nur ihren Körper wahr. Ihre Wünsche werden immer noch von ihren Sinnen beherrscht. Auch ihre Vorstellungen beruhen auf ihren Sinneswahrnehmungen. Sie verletzen sich selbst mit ihren eigenen Taten und nennen diese böse. Sie stellen sich einen persönlichen Gott mit zornigen, menschlichen Gefühlen vor. Das Böse wurde jedoch in den Sinnen des Menschen erfunden. Im Licht des Geistes hat es keine Existenz.

Alles, was Jesus der Welt über die Einheit Gottes und des Menschen erzählt hat und darüber, dass jeder Mensch das Geist-Königreich in seinem eigenen Inneren findet, hat nur für die ganz wenigen Erleuchteten eine Bedeutung – und für die sehr Vielen, die sich heute so sehr nach dieser Erleuchtung sehnen. Ja – das Gott-Bewusstsein breitet sich langsam in der Menschheit aus, da der Mensch immer besser weiß, wie er mit seinem Geist DENKEN anstatt mit seinem Körper WAHRNEHMEN kann. Wir, die Gott in uns kennen, wünschen uns sehr, den Pfad für Sie zu beleuchten, damit Sie dieses Licht des inneren Wissens finden können – und wenn Sie es finden, werden Sie in der Lage sein, mit tiefem Wissen zu sagen: Ich und Mein Vater sind EINS, *und Sie werden alle Dinge wissen.*

III

Der Kern jedes Atoms ist Geist-Energie. Die elektrische Bewegungskraft, die sich im gesamten Universum spiralförmig in einer einzigen Richtung dreht, zeichnet das Geist-Wissen in Geist-zentrierten Ringen auf. Elektrische Ringe sind Atome, und vereinte Paare von Ringen sind atomare Systeme und Zellen. Komprimierende Atome vervielfachen sich, um in Zellen und Systemen das Leben bis zu seiner Reife zum Ausdruck zu bringen. Dann unterteilen Zellen und Systeme sich wiederum in sich ausdehnende Atomringe, um in ihrem ewigen Kathodenselbst zu ruhen. *Der Mensch verwechselt dies mit Tod.*

Alle Bewegung ist Geist-Denken und Ruhen vom Geist-Denken. *Denken ist zyklisch, aber die Energiequelle des Denkens ist ewig.* Alle Energie der gesamten Schöpfung liegt im allgegenwärtigen Vakuum des Null-Universums. *Der Irrtum der menschlichen Beobachtung universaler FAKTEN liegt in seinem Glauben, Energie würde sich bewegen.* Das allgegenwärtige Vakuum bewegt sich niemals. Es ist der Angelpunkt, aus dem die Bewegung ihre Energie bezieht, aber der Angelpunkt bewegt sich nie. Jeder ultramikroskopische Punkt in der kosmischen Vakuumröhre unseres Universums ist ein Angelpunkt, aus dem das Geist-Verlangen ausgeweitet wird, um die Geist-Idee auszudrücken. Das Geist-Verlangen ist die einzige Energie des Universums. Bewegung ist nur der Hebel, der die Energie, die vom Angelpunkt zu ihm kommt, zum Ausdruck bringt. Da Gottes Geist allgegenwärtig ist, sind auch alle Qualitäten und Attribute des Geistes allgegenwärtig. Das muss der Mensch der Zukunft wissen und verstehen. Er muss wissen, dass Allwissen und Allmacht an jedem Punkt im gesamten Universum existieren. Wenn er das endlich weiß, wird er wissen, dass Allwissen und Allmacht auch in ihm selbst vorhanden sind. *Die größte Lebenslektion des Menschen besteht darin, sich dieser Allgegenwart im Urlicht seiner selbst gewahrt zu werden.* Das bedeutet Kosmisches Bewusstsein. Es bedeutet, dass wir im Geist anstatt im Körper bewusst werden.

Wir wollen die Bedeutung des oben Gesagten so veranschaulichen: Wenn ein Mensch in den Spiegel schaut, glaubt er, sich selbst zu erblicken. Das ist lange Zeitalter hindurch der Glaube des Menschen. Aber er erblickt nicht *sich selbst.* Er betrachtet nur die Ringe aus Bewegung, die sich um *sein ewiges Selbst* drehen, für eine Periode der Aktivität zwischen zwei Ruhephasen. In dieser Aktivitätsperiode erbaut der Mensch ein Bild entsprechend seiner Überzeugung davon, was sein Selbst ist. Kein Mensch kann sein Selbst sehen, aber man kann sein Selbst KENNEN. *Sehen ist elektrische Sinnes-*

wahrnehmung. Die Sinne sind Bewegung. Bewegung kann nur Bewegung wahrnehmen. Die Sinne können nicht die Ruhe des ewigen Gleichgewichtes wahrnehmen. Sie können nur die Bewegung des unterteilten Gleichgewichtes wahrnehmen.

Wenn ein Mensch sich vollkommen im Gleichgewicht befindet, kann er diesen Zustand nicht spüren. Genau in dem Moment, wo er das Gleichgewicht verliert, und sei es auch noch so geringfügig, wird er dessen gewahr. Der elektrische Bewegungsstrom vibriert in seinen Sinnen, und seine Sinne werden dessen elektrisch gewahr. *Er missdeutet die Bewegung seiner Sinne als Geist-Denken.* Wenn ein Mensch sich vollkommen wohl fühlt, sind seine Sinne dessen nicht gewahr. Wenn ihm kalt wird, *dann* melden ihm seine Sinne diese Unausgewogenheit im Hinblick auf seine Umgebung, und er zieht sich eine Jacke an. Diese Dinge hat ihm jedoch Sein *Körper* gesagt und nicht sein *Geist. Das Maß der sich entfaltenden Intelligenz im Menschen ist das Maß seines Geist-Wissens im Verhältnis zu seiner Körperwahrnehmung.*

Hat der Mensch sich intellektuell bereits so weit entfaltet, dass er Gottes Stimme hören kann, wie sie ihn dazu inspiriert, ein Mitschöpfer zu werden, indem er die göttlichen Eigenschaften der Liebe, Schönheit, des Rhythmus, der Harmonie und des Gleichgewichtes übersetzt? Oder ist der Mensch darauf beschränkt, die Anforderungen zu erfüllen, welche die Bewegung seiner Körperzellen an ihn stellt? Dieses Wissen wird der zukünftigen Menschheit mehr Genies, Mystiker und große Führungspersönlichkeiten für den Aufbau einer dauerhaften Zivilisation des Friedens und des guten Willens auf der Erde bescheren. Dieses Wissen kann nur durch den Wunsch danach erworben werden. Der Wunsch kann durch Wissen geweckt und dann vervielfacht werden. Um dieses Wissen zu erwerben, schauen Sie in ihr eigenes Selbst, das Ihre Mitte bildet, denn es wartet dort auf Sie. Die unhörbare Stimme Ihres ewigen Selbst wispert Ihnen auf ewig seine Allmacht und Allwissenheit zu. Die folgenden Diagramme sollen Ihnen das Wissen geben, *wo* Ihre Kraft darauf wartet, sich durch Ihren Körper zu manifestieren.

IV

Zunächst stellen wir einen einzigen Gedankenring der Bewegung dar, der dieses gesamte elektrische Universum bildet. Bedenken sie, dass es keine andere Form in der Natur gibt als diese eine Form von Alpha-Omega und deren Kombinationen. Abbildung 48 stellt einen einzelnen Gedankenring der Bewegung um sein bewegungsloses Geist-Zentrum dar. Von diesem Geist-Zentrum werden Allwissenheit und Kraft zum elektrischen Denken ausgedehnt, das die Idee des Geistes aufzeichnet. Unser Universum ist daher aus Geist und Gedankenbewegung zusammengesetzt. Seine Gedankenpulse vervielfachen sich zum hohen Potenzial der Reifestufe und unterteilen sich dann in die Ruhe, aus der sie geboren wurden, um für eine weitere Periode der Bewegung wiedergeboren zu werden. Diese Abbildung repräsentiert die innere Stimme; sie spricht inspirierend zu Ihnen, wenn Sie hinreichend kosmisch ausgerichtet sind, um dessen gewahr zu sein, oder in Gestalt von Instinkten zum niedrigeren tierischen Leben.

Nach diesem Diagramm folgen weitere, die demonstrieren, dass Körper, die durch zunehmend schnelle Bewegung von Gedankenmacht um ihre Energiequelle erschaffen werden, ihr Leben zu einem bestimmten Zweck empfangen. Nachdem sie ihren Zweck erfüllt haben, müssen sie ihrer Quelle zurückgeben, was ihnen gegeben wurde, um das Gesetz der Liebe zu erfüllen, welches gleichwertiges Geben und Zurückgeben verlangt. *Die Natur NIMMT niemals – sie GIBT nur.* Die folgenden Diagramme veranschaulichen dieses Prinzip. Jedes Diagramm steht für *einen* Kreislauf eines elektrischen Stromes oder einer elektrischen Gedankenwelle. Einen anderen Bewegungsausdruck gibt es in der gesamten Natur nicht.

Während Sie diese Illustrationen studieren, sollten Sie sich bewusst machen, dass unser gesamtes allgegenwärtiges Vakuum, aus dem Bewegung erscheint, Allwissen, Allmacht und Allgegenwart besitzt. Was irgendwo geschieht, geschieht überall. Ihre Sinne sehen es vielleicht nur an einem Punkt, aber Ihr Geist weiß, dass es allgegenwärtig ist. Radio und Fernsehen sagen Ihnen das. Jede Kind ist sich heute der Allgegenwart von Handlungen bewusst, weil es mit dem Fernseher vertraut ist. Es hat diese Tatsache anhand von Radio und Fernseher erfahren. Zukünftige Generationen des kosmischen Menschen werden eine noch bedeutendere Tatsache zu lernen haben: Allwissen und Allmacht existieren auch in jedem Menschen und können nach Wunsch in dem Ausmaß erworben werden, wie dieser danach verlangt. Um zu demonstrieren, was wir meinen, verweisen wir auf die beiden Darstellungen von Wirbelstürmen in Abbildung 51 und 52. In diesen hat die Kraft, die durch Bewegung ausgedrückt wird, ein bestimmtes Maß. Um dieses Maß an Kraft hat der Wirbelsturm »gebeten« – und mehr nicht. Wenn der Wirbelsturm sich wünschen würde, größerer und kräftigerer zu sein, hätte er zu diesem Zweck mehr Kraft ausgedehnt, denn *unbegrenzte* – oder ALLMÄCHTIGE – Macht bildet seine Mitte. Dieses Prinzip gilt für die gesamte Schöpfung.

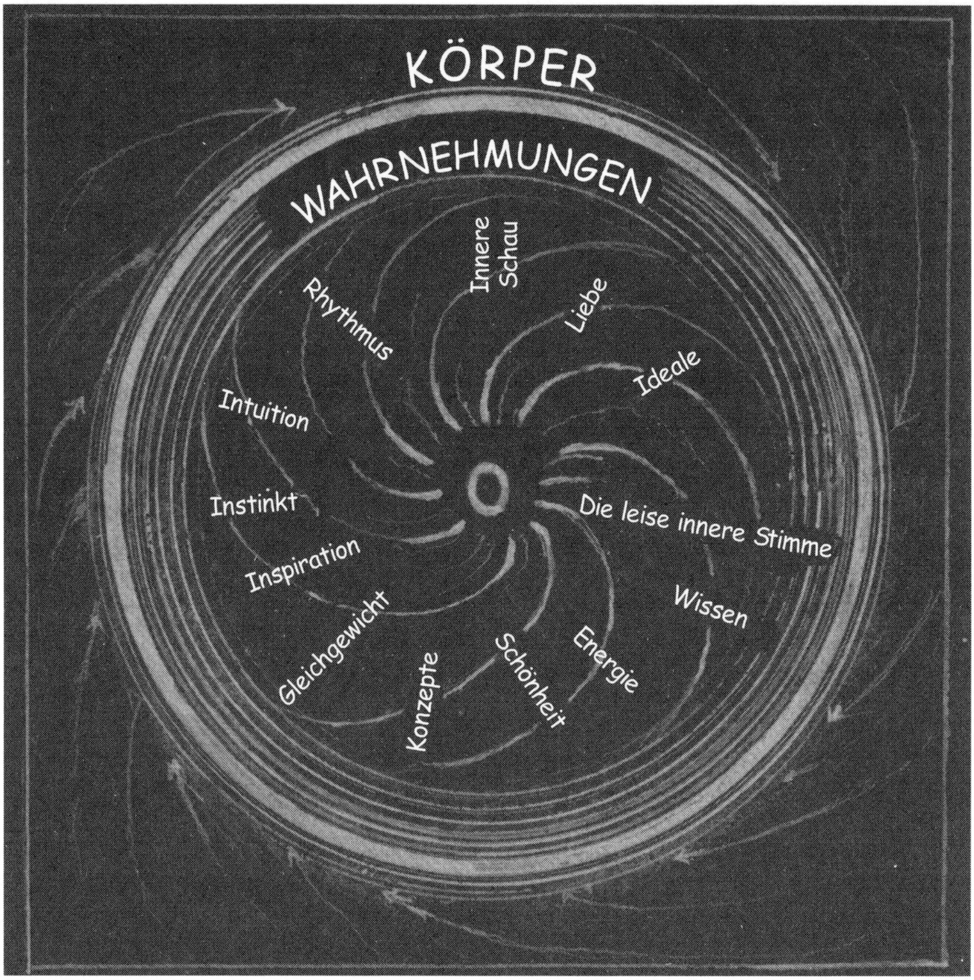

GEDANKENRING DER BEWEGUNG
MIT BEWUSSTSEIN IM ZENTRUM.

Abbildung 48

stellt einen millionenfach vergrößerten Schnitt durch eine Körperzelle dar und zeigt das Verhältnis von Geist und Körper. Alle Materie besteht aus Gedankenringen der Bewegung, die zu kugelförmigen Zellen, Atomen, Planeten und Sonnen komprimiert sind. Gedankenringe sind das, was wir unsere Sinne nennen. In ihrem Zentrum befindet sich der Geist oder das Bewusstsein und lenkt sie durch elektrische Botschaften von innen. Diese werden empfangen als Instinkt, Intuition, Inspiration und andere Formen von Intelligenz, im Einklang mit der Fähigkeit eines Körpers, die so erhaltene Botschaft zu erkennen. Nur der Mensch ist sich der göttlichen Natur dieser Botschaften kosmisch gewahr, aber er muss geistig hochentwickelt sein, bis ihm ganz klar wird, dass sie direkt von seinem Schöpfer zu seinem Selbst gelangen. Diese Zentren bilden im allgegenwärtigen Geistesuniversum das »Königreich des Himmels«, das Jesus alle Menschen zu suchen bat.

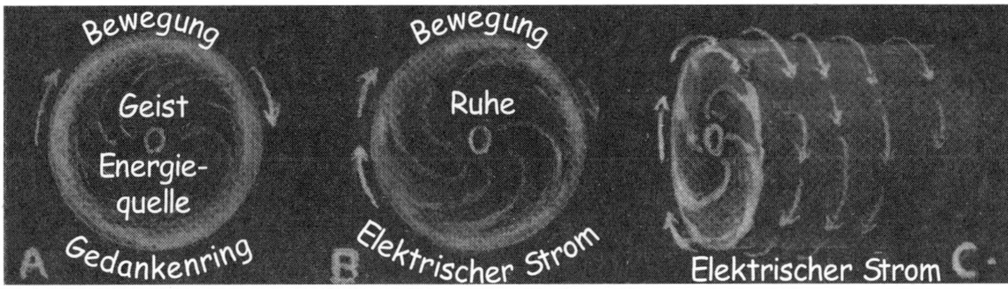

Abbildung 49

A. Vergrößerte Gedankenringe, die sich um die Geistes-Quelle bewegen.

B. Querschnitt durch einen elektrischen Strom; er veranschaulicht die Bewegung des Stromes um seine Energiequelle, von der er ausging.

C. Ein elektrischer Strom, der durch einen Draht von dieser Stärke fließt, bestünde aus einer Aneinanderreihung von Ringen wie in A und B dargestellt. Dieser Strom wäre sehr schwach, denn in seiner Mitte wäre ein großer Hohlraum der Bewegungslosigkeit.

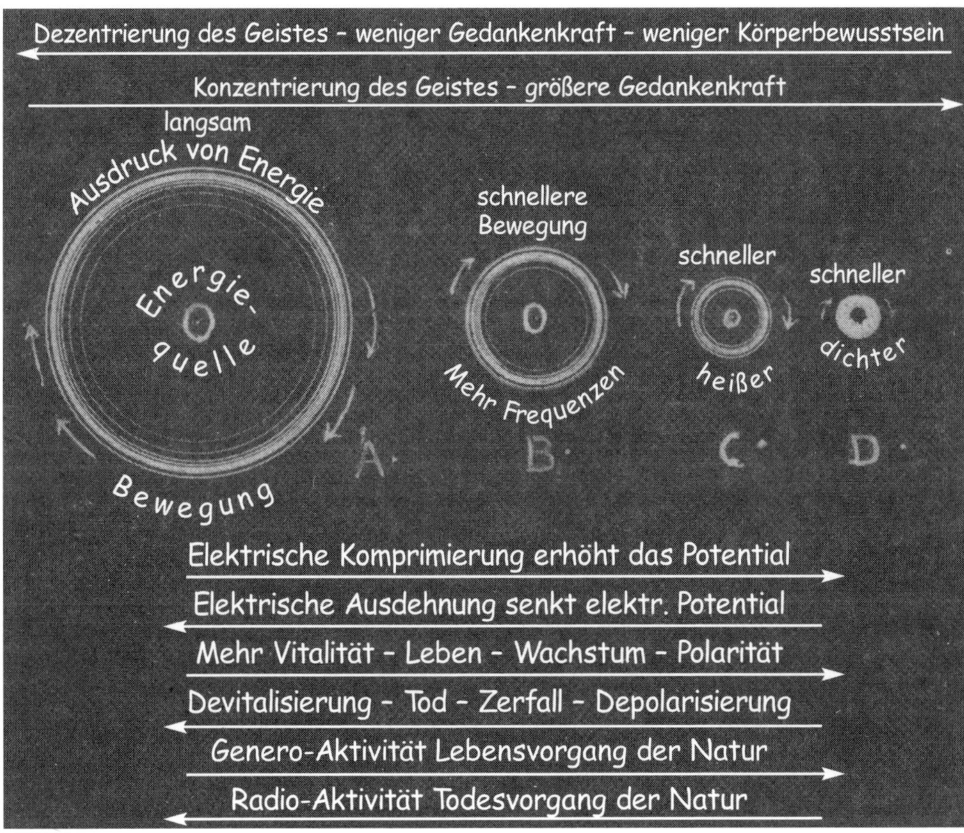

Abbildung 50

A steht für niedriges Potential. Der allmähliche Zuwachs an Kraft zum Ausdrücken der Energie, die von der Quelle ausgeht, verläuft in Richtung auf B-D. Die Bewegung vervielfacht sich in dem Maße, wie die Gedankenintensität sich konzentriert bzw. die elektrischen Ringe komprimiert werden. Der Ausdruck von Geistesenergie durch elektrische Bewegung als Geschwindigkeit der zentripetalen Kraft vervielfacht sich. Das Leben selbst ist nur durch schnelle Bewegung um die innere Energiequelle möglich. Alles in der Schöpfung vervielfacht seine Lebensvorgänge in Richtung von A zu D. Dann vervielfacht es seine Todesvorgänge in Richtung von D zu A.[98]

Abbildung 51
Das Prinzip der Polarisierung.
Dieses Diagramm zeigt die Vervielfachung von Kraft durch die Vervielfachung von Bewegung.
Auf diese Weise »erschafft« die Elektrizität die Schwerkraft.

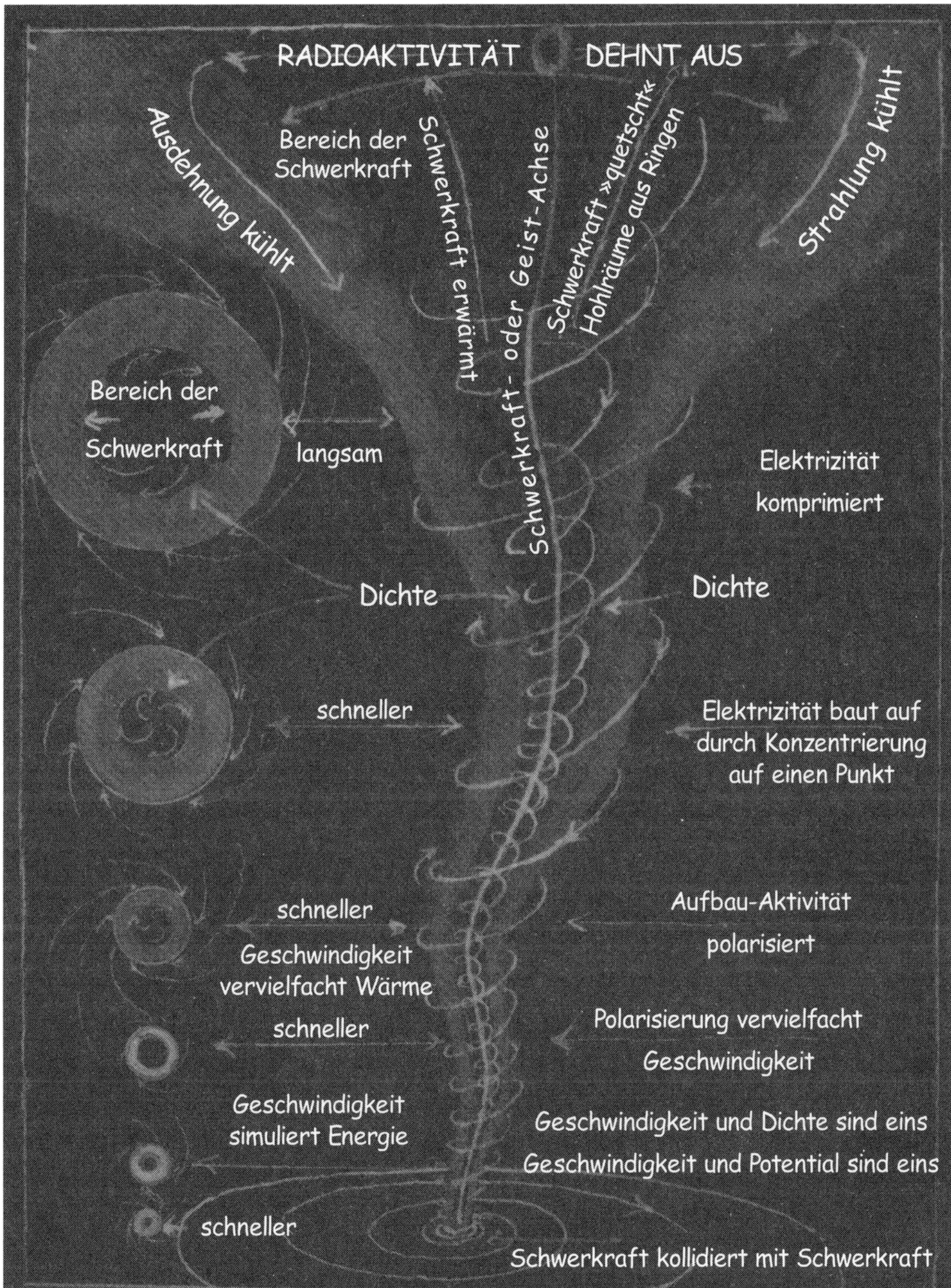

Abbildung 52
Die Prinzipien der elektrischen Komprimierung.
Analyse der Beziehung von Stille zu Bewegung und von Energie zum Ausdruck von Energie.

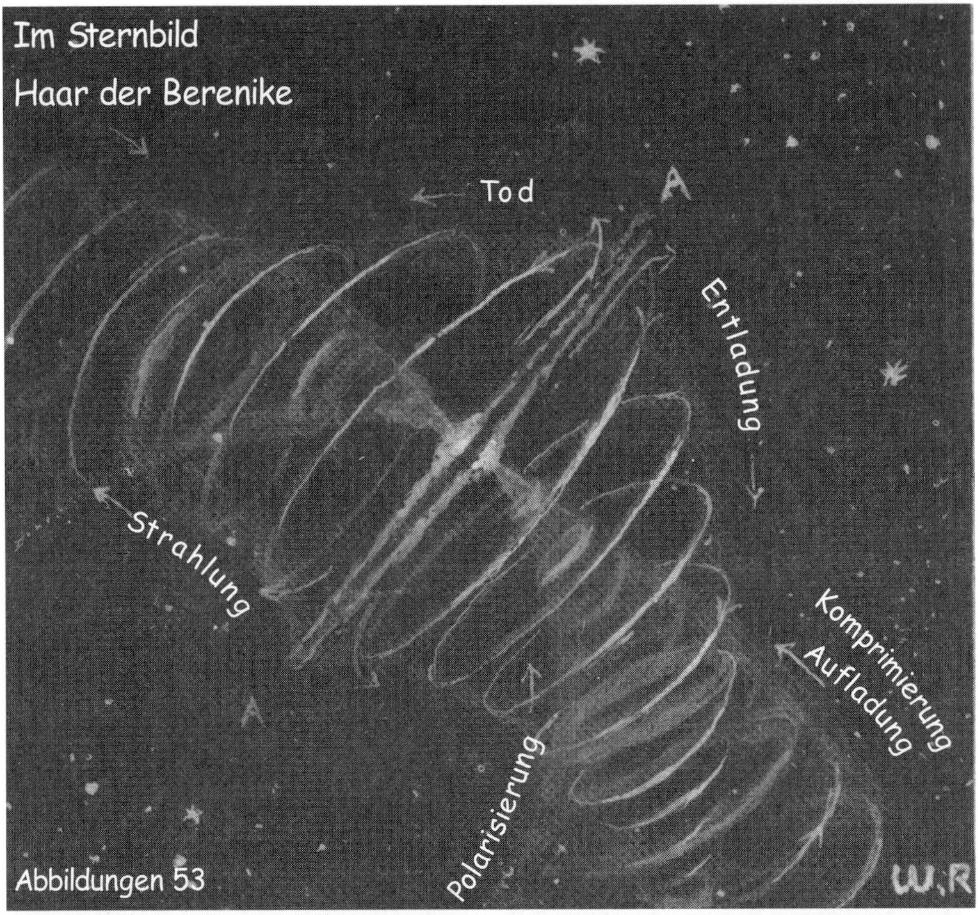

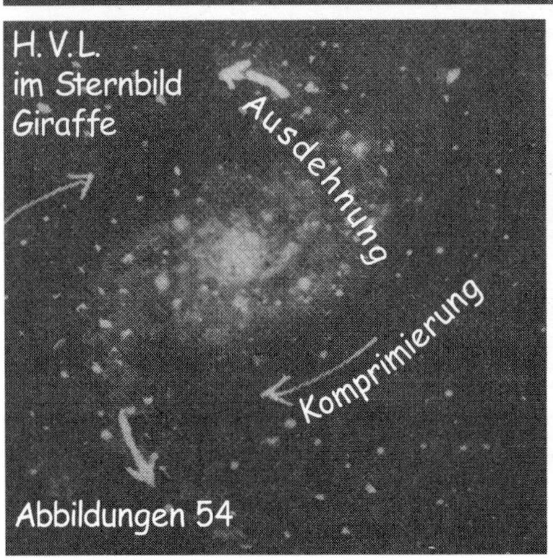

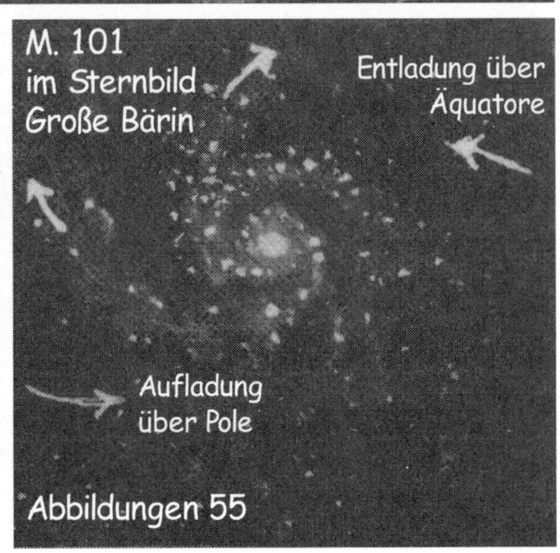

Alle Materie bildet sich, indem Lichtringe paarweise aufeinander projiziert und komprimiert werden. Ein solcher Zusammenstoß ist eine sexuelle Vereinigung. Nur durch sexuelle Vereinigung können Körper erschaffen werden und sich fortpflanzen. So werden Atome und Sternsysteme gebildet. In einem elektrischen Strom heißen solche Systeme Kraftschleifen.

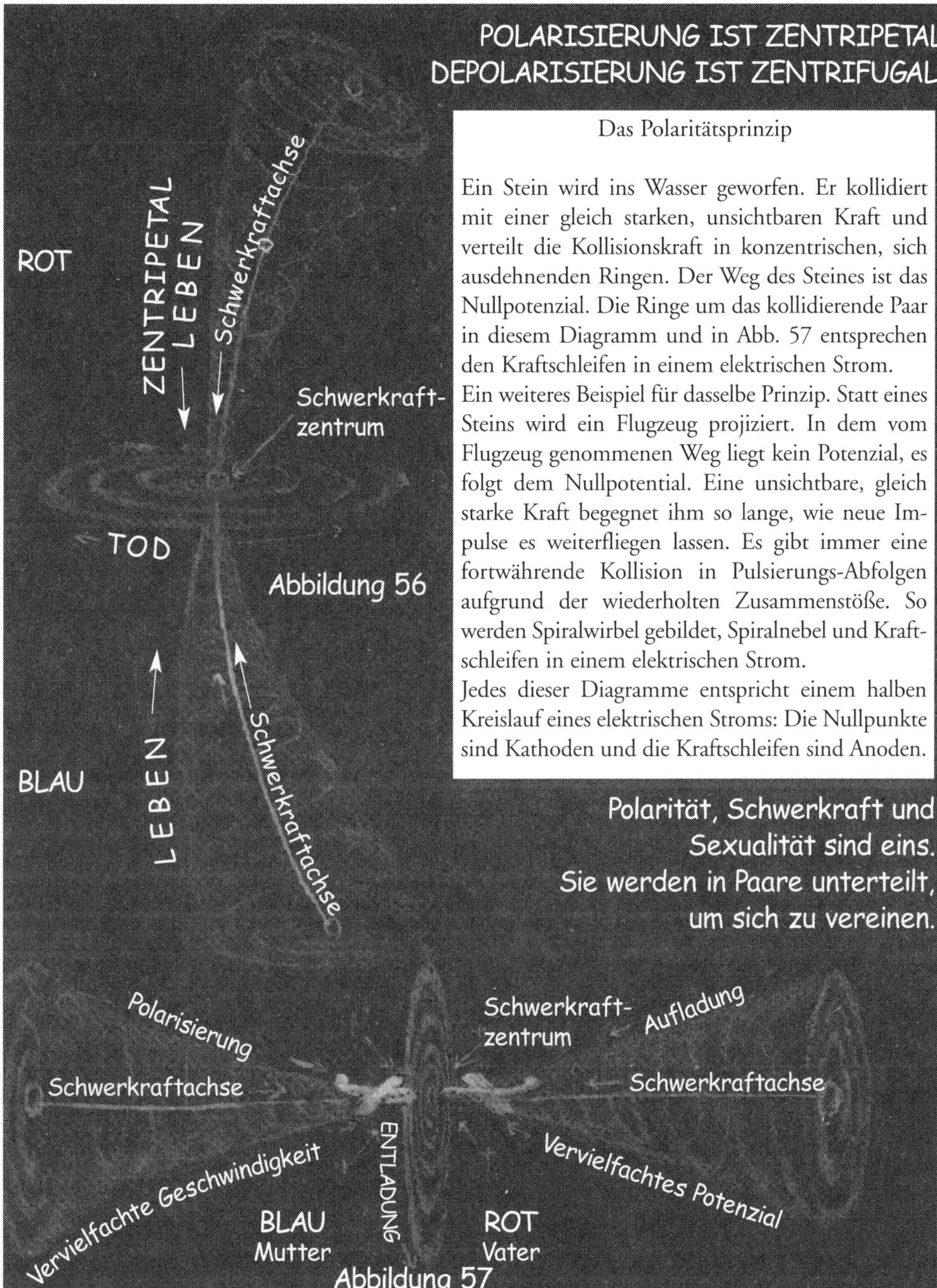

Abbildungen 56–57:
Jede Aktion im Universum wird paarweise erschaffen. Die dazugehörige Reaktion ist ein Teil von ihr und wird gleichzeitig erschaffen. Die Vereinigung jeder Aktion mit ihrer Reaktion produziert eine Wirkung, die immer ein Abbild von der Ursache der Aktion ist.

Ein Mensch ist, was er zu sein wünscht. Allwissenheit und Allmacht stehen ihm zur Verfügung, er muss nur darum bitten. Sie bilden seine Mitte. Sie sind sein Königreich des Himmels, das in ihm ist. Was immer er sich wünscht und worum er im vollen Gewahrsein seiner Einheit mit Seinem Schöpfer bittet, kann er haben, indem er *mit* Gott arbeitet, um es zu erschaffen. Darum weiß der eine Mensch mehr als ein anderer oder hat mehr Macht. Er hat die Nähe zu seinem Geist-Zentrum erfahren und weiß, wie er um etwas bitten kann und unter welchen Bedingungen sich sein Wunsch erfüllt. Der einzige Weg zur Erfüllung ist, dass er weiß, wie er bewusst mit Gott arbeiten kann, indem er mit Ihm eins wird und mit Ihm gemeinsam erschafft. Je mehr wir die göttliche Gegenwart von Augenblick zu Augenblick fühlen können, umso mehr vervielfacht sich unser Geist-Gewahrsein. Dieser geistige Fortschritt macht den Menschen auf das unbegrenzte Wissen und die unbegrenzte Kraft aufmerksam, die überall allgegenwärtig ist und an jedem Punkt der Schwerkraft, der als Zentrum dieses Ausdrucks gewählt wird, zum Ausdruck gebracht werden kann. Diese Idee wird in der »*Botschaft der Göttlichen Iliade*« sehr schön in folgender Weise ausgedrückt:

Wünsche dir, was du willst, und siehe: Es steht vor dir. Äonenlang war es ohne dein Wissen dein, obwohl du gerade erst darum gebeten hast.

Sitze nicht und bitte, ohne zu handeln, denn wenn du nach deinem Wunsch nicht greifst, wird er ohne die Hilfe deiner starken Arme nicht den Weg zu dir finden.

Wünsche dir, was du willst, und es soll dein sein. Mein ganzes Universum gibt es dir in der Stärke deines Wunsches und in der Stärke deines Handelns, mit dem du nach deinem Wunsch greifst.

Siehe, Ich bin in allen Dingen und bilde ihre Mitte. Und Ich bin außerhalb aller Dinge und lenke sie. Aber Ich bin nicht die Dinge, deren Mitte Ich bilde und die Ich lenke.

Ich bin das Zentrum Meines Universums aus Mir. Überall wo Ich bin, bin Ich das Zentrum aller Dinge, und Ich bin überall.

Damit Sie Gottes Worte, wie sie oben ausgedrückt wurden, ganz verstehen, sollten Sie sich von der Vorstellung lösen, ein Wunsch könne sich durch Wunschdenken und Bitten erfüllen, auf die keine Taten folgen. Der letzte Absatz des Obigen wird in Abbildung 6 (S. 88) verdeutlicht. Die Gesamtheit dieser Idee wird in dem Buch »God Will Work With You But Not For You«[99] – erweitert und veranschaulicht.

V

Ihr Geist ist universal. Er ist Gottes Geist. Wenn Sie diese Tatsache entdeckt haben, werden Sie Mit-Schöpfer, gemeinsam mit Gott. Bis Sie es entdecken, spricht Gott zu Ihnen durch den Instinkt. Wenn Sie es endlich entdecken, kommt Allwissen zu Ihnen. Es kommt aus dieser ruhigen, kleinen, unhörbaren Stimme, von der Inspiration, Schönheit, Intuition, Rhythmus und alle Geist-Qualitäten ausgehen, die Sie nicht hatten, bis Ihr Bewusstsein und damit eine Erkenntnis dieser Qualitäten in Ihnen erwachte. Nun erkennen Sie, dass Ihr Körper einzig aus elektrischen Gedanken besteht und dass alle elektrischen Gedanken Ringe aus sichtbarer elektrischer Bewegung sind, in deren Mitte sich das ruhende, magnetische, unsichtbare Licht Ihres Geistes befindet.

Wenn Sie Ihr Geist-Denken konzentrieren, werden die Gedankenringe kleiner und drehen sich schneller. Wenn Sie Ihr Denken durch Dezentrierung entspannen, werden die Löcher größer, und die Ringe drehen sich langsamer (siehe Abbildungen 48–52).

Wenn Ihr Denken aufgrund emotionaler Störungen unausgewogen ist oder Ihre Aktionen Ihre unausgewogenen gedanklichen Entscheidungen widerspiegeln, resultieren aus einer solchen Unausgewogenheit Spannungen. Diese Spannungen bewirken, dass jedes Geist-Zentrum, welches das Gleichgewicht dieser Gedankenringe lenkt, so handelt, als wären die Gedankenringe nicht zentriert. Das Drehen des elektrischen Stromes um dieses exzentrische Zentrum wird wie ein Feuerrad sein, dessen Schaft nicht in der Mitte sitzt. *Wenn Sie dies verstehen, wissen Sie auch, warum Ihr Körper Giftstoffe entwickelt, die Ihre verschiedenen Krankheiten verursachen.* Abbildung 46 zeigt dies und verdeutlicht außerdem, dass Ihre Geistquelle Ihre Mitte nie verlassen kann. Diese Diagramme sagen Ihnen, wo Ihr Geist sich befindet in Bezug auf jede einzelne der Milliarden Zellen, die Ihren Körper bilden. Alle Zellen haben einen zentralen »Schaltkasten« in Ihrem Gehirn, der ihnen Botschaften mit Befehlen sendet.

Denken Sie immer daran, dass ein Gedankenring ein in Scheiben geschnittener Teil einer Zelle Ihres Körpers ist – einer kleinen oder einer großen. Egal, wo Sie durch Ihren Körper oder durch einen beliebigen natürlichen Körper einen Schnitt ziehen, Sie werden feststellen, dass jeder Teil ein Ring mit einem Loch darin ist. Das Loch ist dort, wo der unsichtbare Geist lokalisiert ist. Der Ring setzt sich aus elektrisch wahrgenommener Bewegung zusammen, die dem Kommando des Geistes in ihrem Zentrum gehorcht. Der Ring kann nur gehorchen, denn er besitzt weder eigene Intelligenz noch eigene Energie. Betrachten Sie eine solche Gedankenring-Sektion in der Zelle einer Ameise. Die Ameise kann nicht für sich selbst denken. Der Geist, der sie erschaffen hat, erreicht sie über elektrische Botschaften, die wir Instinkt nennen. Alles tierische und pflanzliche Leben wird auf diese Weise vom Schöpfer gelenkt. Manche Formen tierischen Lebens erwerben ein geringes Maß an freiem Willen entsprechend ihrer Intelligenz, aber pflanzliches und mineralisches Leben besitzen keine solche Kraft. Sie werden – durch ihre Sinne – vollkommen vom Geist gelenkt.

Jedes Materieteilchen, zu einer Masse kombiniert oder als einzelne Untereinheit, ist zielgerichtet und zweckmäßig, seine Bewegungen sind vom Geist gelenkt. Aus Sauerstoff, Wasserstoff und Kohlenstoff – in verschiedenen Kombinationen – zusammengesetzte Zellen vollbringen in Ihrem Körper Wunderdinge. Gesteuert vom Geist stellen sie Adrenalin und Dutzende andere Stoffe und Flüssigkeiten her. Sie bauen Knochen und Fleisch nach wunderbaren Mustern. Sie verdauen unser Essen und verwandeln es in Blut. Sie ordnen sich zu wunderbaren Maschinen an, welche pumpen, stricken, weben und mit unterschiedlichen Techniken vieles bewirken. Kennen Sie von Menschen erbaute Maschinen, die sich selbst erbauen und sich dann ohne Geist-Antrieb und Geist-Kontrolle allein betreiben können? Sie kennen keine solche Maschine, denn so etwas ist in der Natur unmöglich. Genauso unmöglich ist es für die Zellen Ihres Körpers, sich selbst zu bauen und zu betreiben. Jede von Ihnen ist ein zweckmäßiger Mechanismus. Jede muss durch Geistes-Kraft »erschaffen« werden, genauso wie Sie eine Schreibmaschine erschaffen müssen, damit diese ihren Zweck erfüllt.

Darum müssen Sie wissen, wo die Intelligenz und die Energie, die diese Dinge betreiben, sich befinden. Betrachten Sie vor diesem Hintergrund Abbildung 48 (Seite 198). Sie werden feststellen, dass alles, was Gott ist, zu der Bewegung erweitert werden kann, die Gott manifestiert. Alles Wissen, alle Energie, Inspiration, Idee, Schönheit, Rhythmus, Intuition und andere Geist-Qualitäten sind in jedem Gedankenring der Bewegung in der gesamten Schöpfung enthalten. Der Mensch ist die einzige Untereinheit der Schöpfung, die schon auf dieser Stufe angekommen ist, und nur ein sehr kleiner Prozentsatz der Menschheit hat sich zu jener hohen Entfaltungsstufe entwickelt, in welcher der Mensch der ihn zentrierenden Intelligenz *gewahr* geworden ist. Der überwiegende Teil der Menschheit denkt elektrisch mit den äußeren Sinnen und nicht innerlich durch den inneren Geist. Der Durchschnittsmensch nimmt nur die *Sinne* wahr. Ein Wort wie *Inspiration* hat für ihn nur oberflächliche Bedeutung.

Sinnesdenken ist rein elektrisch. Alle Körperwahrnehmungen sind rein elektrisch. Jemand, der elektrisch wahrnimmt, kann nur die Informationen sinnlich wahrgenommener WIRKUNGEN aufnehmen, die seine Sinne ihm von den Objekten seiner Beobachtung widerspiegeln. In seinen Schlussfolgerungen und Entscheidungen ist er auf das begrenzt, was seine Sinne ihm über Körper in Bewegung sagen. Er kann auf diese Weise niemals Wissen über die URSACHE erwerben. Er kann *Wissen* nur erwerben, indem er innerlich denkt und so unmittelbar mit Gott spricht.

VI

Die Beziehung des elektrischen Stromes zum Geist-Denken

Wir haben die Beziehung des Geistes zur Materie und seine Lokalisierung in Abbildung 48 dargestellt. Dieses Diagramm zeigt, wie Botschaften für lange Zeitalter elektrisch an schöpferische Körper ausgesendet werden, bevor die erwachende Intelligenz dafür sorgt, dass der Körper sich der Bedeutung dieser Botschaften und ihrer Herkunft aus der göttlichen Quelle aller Schöpfung, die »in« allen Dingen ist, bewusst wird.

Wir werden dieses Diagramm nun parallel zu einem anderen betrachten, um zu zeigen, dass Geist-Botschaften, die aus ihrer magnetischen Quelle universaler Intelligenz an schöpferische Körper gesandt werden, identisch sind mit der Natur des elektrischen Stromes. Bevor wir auf diesen Vergleich eingehen, der in Abbildung 49 dargestellt wird, möchten wir im Hinblick auf den Vorgang, den Gott bei der Konstruktion Seines elektrischen Körper-Universums benutzt, einen neuen Gedanken vorstellen. Anstatt die wissenschaftliche Lehrbuchsprache zu benutzen, werden wir in einfachen, vertrauten Ausdrücken beschreiben, was wir meinen: Gott erschafft Materie, indem Er sehr große elektrische Ringe aus sichtbarem Licht um ruhende Punkte aus unsichtbarem Magnetischem Licht projiziert. Dadurch erschafft Er große schwarze, kalte Löcher in Seinem bitterkalten Raum. Um in diesen kalten Löchern Körper aus fester Materie zu erschaffen, muss Er diese Löcher zur Weißglut erwärmen und dann die Weißglut einfrieren, indem Er sie mit Seiner universalen Grundkälte umgibt, um sie einzusperren, bis sie Seinen Zweck erfüllt hat. Dann benutzt Er Seine Grundkälte, um Reihen aus vier Paaren von Ringen zu Kugeln zu komprimieren, indem die kalten schwarzen Löcher herausgepresst und vier Paare komprimierter Ringkugeln aus Licht eingelassen werden. Dies stellt Sein gesamtes aufbauendes oder polarisierendes Schöpfungsprinzip dar, denn die einzigen erschaffenen Dinge sind Wärme und Bewegung.

Alle Wirkungen in der Schöpfung sind das Produkt von Wärme und Bewegung. Lebewesen sind das *Produkt* von Wärme und Bewegung. Aber Lebewesen müssen »sterben«. Um zu »sterben«, müssen sie ihre Wärme an die Kälte, die sie erschaffen hat, zurückgeben, und ihre Bewegung an die Ruhe, aus der sie hervorgegangen ist. Dies erfolgt in exakter Umkehrung des soeben beschriebenen Aufbaus. Allmählich kehren die kalten schwarzen Löcher in die heißen Kugeln zurück, indem ausgehend von den Äquatoren der Kugeln in Viererserien Ringe projiziert werden, bis die Kugeln vollkommen in ihre grundlegende, unwandelbare Kälte verschwunden sind. *Alle Materie beginnt also in Form von Lichtringen um schwarze Löcher und verschwindet schließlich in Form von Lichtringen um schwarze Löcher.*

Anhand dieser schlichten Beschreibung erkenne Sie mühelos, dass kein Vorgang in der Natur materielle Kerne im Zentrum von Atomen zulässt. Der Kern jeder atomaren Struktur ist das Magnetische Licht im Geiste ihres Schöpfers. Auch die Energie für die Konstruktion von Atomen liegt in diesem zentrierenden Magnetischen Licht. Das unsichtbare Licht bildet die Mitte des sichtbaren Lichtes. Die Energie von Gottes Allmacht bildet die Mitte der Bewegung, mit der diese Energie vorgetäuscht wird. *Die Idee von Gottes Wissen wird durch bewegliche Formen manifestiert, die Gottes Idee abbilden.* Schönheit, Rhythmus, Gleichgewicht und Ekstase von Gottes Denken manifestieren – durch Seine Eine Idee vom Geben und Zurückgeben Seiner Liebe an Seine Schöpfung – Seine Liebe in allen schöpferischen Dingen.

Schlussfolgerung

Inzwischen sollten Sie klar sehen, dass die Absicht der Schöpfung darin besteht, die Idee der Liebe zu dramatisieren, indem sie in Aktion und Reaktion ausgedrückt wird. Liebe ist eine Idee, die Eine Idee der Schöpfung. Um Liebe auszudrücken, muss die Idee in getrennte Hälften unterteilt werden. Um Liebe zu erfüllen, müssen die beiden Hälften zu Einem vereint werden. Die zwei Hälften des Einen müssen daher gleichwertig sein, ihre Aktionen und Reaktionen müssen gleichwertig und gleichzeitig erschaffen werden. Die einzige Aktivität, die Liebe zum Ausdruck bringen kann, ist der Vorgang des Gebens. Das einzige gleichwertige Gegenteil von Geben ist Zurückgeben. *Das Eine wird unterteilt – die beiden Unterteilungen existieren gleichzeitig.* Wenn die Aktivität des Gebens von der einen Hälfte ausgeht, geht sie gleichwertig und simultan auch von der anderen aus. Wenn gleichwertiges Geben und Zurückgeben jeder Hälfte gleichzeitig zum Ausdruck gebracht werden, ist das Produkt dieser Erfüllung Liebe.

Können Sie daher erkennen, dass die *einzige* Lektion des Lebens über Zeitalter hinweg darin besteht zu lernen, wie wir jede Transaktion des Lebens so ausgleichen, dass Geben und Zurückgeben zwischen Gegensatzpaaren gleichwertig ist? *Das ist alles, was es zu lernen gibt, denn es ist alles, was es in der Natur gibt.* Die Schöpfung besteht aus vielfachen Einheiten elektrischer Wellen. In jeder zyklischen Untereinheit der Schöpfung wird das Gesetz der Liebe in Vollkommenheit ausgedrückt, so wie es in einem Kreislauf des elektrischen Stromes deutlich wird.

Sehen Sie nun auch, dass sich die menschliche Welt deswegen in einem so chaotischen Zustand befindet, weil der Mensch gerade erst begonnen hat, diese äonenlange Lektion zu lernen? Er gibt wenig, nimmt jedoch viel. Seine Imperien sind aufgebaut auf dem, was er anderen genommen hat; er verliert sie nun und wird sie weiter verlieren, bis er durch seine Gaben den Ausgleich hergestellt hat.

Daher liegt die EINE WELT des FRIEDENS in weiter Ferne; vorher müssen die Menschen Generationen lang diese eine einfache Lektion des rhythmisch ausgewogenen Austausches in jeder Transaktion lernen, so wie er in der Natur stattfindet.

Das vom Menschen formulierte Gesetz »Aktionen und Reaktionen sind gleichwertig und entgegengesetzt«, sollte folgendermaßen umgeschrieben werden, damit es der Natur entspricht: »Gleichwertige und entgegengesetzte Aktionen und Reaktionen werden gleichzeitig erschaffen und in zeitlicher Abfolge wiederholt.« Zur Verdeutlichung dieses Gesetzes halten wir ein sorgfältiges Studium der Abbildungen 53–57 für notwendig. Jede Transaktion in der Natur wird in jedem dieser Beispiele wiederholt, ob es das Werfen einer Murmel oder die Erschaffung einer Sonne ist. Die ausgewogenen Transaktionen in einem Sonnensystem stehen so perfekt im Einklang mit dem Gesetz der Liebe, dass die Position jedes Planeten tausend Jahre im Voraus auf einen Sekundenbruchteil genau berechnet werden kann. Nur in Übereinstimmung mit diesem Einen Gesetz kann die Menschheit jemals Frieden, Glück und Wohlergehen in einer vereinten Welt finden. Wie lange wird es dauern, bevor Sie selbst dazu finden werden? Darin liegt die Antwort auf die Frage nach der Welteinheit, denn *Sie* sind die Saat der Welt. *Was Sie werden, wird die Welt – dank dessen, was Sie geben.*

VII

Wir erläutern das Prinzip des Geist-Kerns

Eine so radikal andere Vorstellung der Atomstruktur erfordert viele Erläuterungen, um das alte Modell durch das neue zu ersetzen. Aus diesem Grund zeigen wir zahlreiche Beispiele auf, um zu demonstrieren, dass alles Schöpferische, Wachsende, Lebende und Sterbende in der Natur nur eine Vielfalt sich langsam oder schnell bewegender Lichtringe ist; diese umkreisen dunkle Löcher mit niedrigem elektrischen Potenzial, in deren Mitte sich ein Nullpunkt der absoluten Ruhe und des unbegrenzten Geist-Potenzials befindet. Das neue Konzept ist eine Herausforderung für das alte, dem überzeugende Beweisen entgegengestellt werden müssen, bis das neue Konzept unstrittig ist.

Wir wollen den folgenden Beispielen Lehrbuchaussagen von Tatsachen voranstellen, die auch der Wissenschaft bekannt sind:

1. »Ein elektrischer Strom, der durch einen Draht gesandt wird, ist auf dessen Oberfläche beschränkt. In der Mitte gibt es keinen Strom.« Zitiert im Wesentlichen nach Tesla, Faraday, Pupin, Millikan und anderen.

2. »Lebendige Zellen zeigen einen Unterschied im elektrischen Potenzial zwischen ihrem Inneren und dem umgebenden Medium.« Dr. Louis N. Katz – Universität Chicago.[100]

Abbildung 49 demonstriert diese Tatsache in einem elektrischen Strom. Um den Schnitt durch eine lebende Zelle nachzuahmen, legen wir eine Salzlösung in einen Ring aus leitfähigem Material. Nun bringen wir zwei isolierte Drähte mit blanken Elektroden eng zusammen ins Zentrum dieses Ringes und verbinden die Drähte mit Batterien. So ahmen wir den aufgeladenen Zustand des lebenden Körpers nach, von dem die Zelle ein Teil ist.

Wenn wir den Strom einschalten, wird sich zeigen, dass der kleine Bereich zwischen den beiden Elektroden ein *Nullpotenzial* besitzt und dass viele Strahlungslinien von diesem Zentrum ausgehen. Sie sorgen dafür, dass um das Nullpunktzentrum des Angelpunktes, wo der Ring lokalisiert ist, ein elektrischer Strom wirbelt (engl. *to spin*). Außerdem wird eine Elektrode, die in Kontakt mit dem Ring gebracht wird, den Strom vom Zentrum fortleiten. Diese Wirkung des elektrischen Stromes, der von einem ruhenden Zentrum ausgeht und seine Kraft zum Ring und zu anderer leitfähiger Materie außerhalb leitet, ist identisch mit dem geistigen Beispiel, das wir in Abbildung 48 dargestellt haben.

Jeder, der diese Tatsache infrage stellt, kann sie nicht nur durch dieses einfache Experiment beweisen, sondern auch die beiden Elektroden aus dem Zentrum wegbewegen, so dass ihre zentrale Null eine exzentrische Position einnimmt, so wie das menschliche Herz in Relation zur Brust und das Nullzentrum des Herzens in Bezug auf dessen Masse exzentrisch platziert sind. Dann entsteht ein anderes Wellenmuster, aber die elektrischen Qualitäten werden dieselben bleiben. Es gibt immer einen Punkt der Ruhe, der die Mitte vom Geburtspunkt einer jeden Aktivität bildet. Die Bewegung dreht sich *um* diesen Ruhepunkt, aber *in* diesem Zentrum ist keine Bewegung.

Betrachten Sie Ihren eigenen Körper und jeden seiner Teile bis hin zur mikroskopisch kleinen Zelle. Jeder Teil ist im Querschnitt ein sich bewegender Ring und dreht sich um ein Loch, in dessen Mitte Ruhe herrscht.

Nun betrachten Sie jeden Teil Ihres Körpers, einen zur Zeit. Jeder Horizontalschnitt durch Ihren Kopf ist ein Ring aus Fleisch und Knochen um ein zentrales Loch, wo das Magnetische Licht Ihres Geistes lokalisiert ist. Der Raum dazwischen ist mit einem Material gefüllt, das ganz anders ist als das Fleisch Ihres Körpers. Dieses Material ist die Sende- und Empfangsstation, um Botschaften bis in den periphersten und kleinsten Teil Ihres Körpers zu überbringen.[101]

Betrachten Sie Ihr Rückenmark. Es ist ebenfalls in jedem seiner röhrenförmigen Abschnitte ein Ring; in der Mitte dieses Ringes befindet sich ein Hohlraum, und das Rückenmark wird durch einen weiteren Ring aus Knochen begrenzt, Ihre Wirbelsäule. Diese beiden Achsen bestehen aus Ringen, aber wir müssen daran denken, dass jede Achse im Körper, genauso wie jede Arterie und jede Vene, nur eine Aneinanderreihung oder Verlängerung von Ringen ist. Auch das Zentrum selbst ist eine kontinuierliche Achse mit *elektrischem* Null-Potenzial, umgeben von Gedankenringen mit unterschiedlichem Potenzial. Das Zentrum selbst besitzt ein *magnetisches* All-Potenzial, denn an diesem Punkt sind *Sie* EINS mit Gott.

Ihr Herz ist ein elektrischer Gedankenring aus Bewegung mit einem Hohlraum in der Mitte, wo Ihr unsichtbarer Geist lokalisiert ist. Von diesem Zentrum aus sendet der Geist seine komplexen Botschaften hinaus an den wunderbaren Mechanismus Ihres Herzens, damit jeder Teil Ihres Herzens seinen Zweck erfüllt.

Ihre Lungen und Ihre Brust sind Ringe aus Gedankenaufzeichnungen, in deren Mitte sich ebenfalls vier Hohlräume befinden, welche die vier unterschiedlichen Qualitäten von Botschaften aus Ihrem Geist an die Gedankenringe weitertragen, die Ihren gesamten Körper zusammensetzen. Wir werden darauf in diesem Kapitel noch zurückkommen.

Nun untersuchen Sie Ihre Finger und Zehen, Ihre Arme und Beine. Sie alle haben in der Mitte Hohlräume mit Null-Potenzial, um welche Ringe aus Knochen und Fleisch mit unterschiedlichem Potenzial liegen.

Bevor wir unsere kurze Analyse der Geist-Beziehung zum menschlichen Körper abschließen, wollen wir in den Wald gehen und eine beliebige dort wachsende Blume, einen Busch, einen Schössling oder Baum schneiden. Sie alle haben einen ringförmigen Querschnitt und sind entweder röhrenförmig oder scheinbar massiv. Selbst das Blatt am Baum hat in der Mitte eine Röhre, von der zahllose Röhren ausgehen; sie bilden die Mitte der zahllosen Millionen von Gedankenringen, die vom Magnetischem Licht erschaffen werden, das die Mitte jedes einzelnen von ihnen bildet.

Wenn Sie einen Schnitt durch eine ganz junge Eiche führen, werden Sie feststellen, dass diese in der Mitte eine Röhre hat, aber wenn Sie eine alte Eiche fällen, hat diese den Hohlraum scheinbar »herausgepresst«, um eine höhere Dichte zu erlangen, nach demselben Prinzip der Komprimierung, das einer Sonne Dichte gibt. Untersuchen Sie den Stamm, und Sie werden feststellen, dass eine Reihe von Ringen das Zentrum umgibt.

Auch die chemischen Elemente wie Sauerstoff, Fluor, Helium, Stickstoff, Schwefel, Phosphor, Natrium oder Kalium bestehen im Kern aus Löchern in verschiedener Größe, die von Ringen verschiedener Größe und Anzahl umgeben sind. Helium hat vier Ringe mit einem sehr großen Loch darin. Helium [als samenbildendes Edelgas] unterteilt sich in vier Paare und wird zu einer festen Kugel, aus der das Loch herausgepresst wurde [der Kohlenstoff auf der Amplitude der 4. Oktavwelle]. Fluor und Lithium haben nur einen Ring mit einem Loch in der Mitte, das kleiner ist als beim Helium. Sauerstoff und Beryllium haben zwei Ringe mit noch kleineren Löchern. Stickstoff und Bor haben drei Ringe fast ohne Löcher. Diese männlichen und weiblichen gleichwertigen Paare vereinen sich in der Ehe und werden zu zwei Hemisphären oder Halbkugeln, die rote und blaue Hälfte, jeweils von einem Äquator unterteilt.

Chemiker und Physiker haben etwas von dieser mathematischen Ordnung erkannt und ihr den Namen »Valenz«, Wertigkeit, gegeben. Sie sagen, Sauerstoff habe eine Valenz von zwei, Kohlenstoff von vier und so weiter, und sie gleichen ihre Mischungen aus und variieren sie im Verhältnis der Wertigkeit, indem sie zwei Atome mit einer Wertigkeit von zwei zu einem Atom fügen, das eine Wertigkeit von vier hat, so dass sich die Potenziale ausgleichen. So haben sie es immer getan, aber in den Lehrbüchern steht keine angemessene Erklärung dafür.[102]

Der eigentliche Grund ist, dass die sich drehenden Ringe, je näher sie an ihre Geist-Zentren im Geist-Kern ihres Atoms gelangen, immer mehr Kraft gewinnen.

Bevor wir zur Beziehung zwischen Geist und Körper beim Menschen zurückkehren, möchten wir Ihnen verdeutlichen, dass die chemischen Elemente in einer ganz anderen Weise betrachtet werden müssen als der Mensch. Alle haben ein Verhältnis zwischen Geist und Körper, aber Mineralstoffe und Gase stellen nur die erste Stufe der Schöpfung dar. Sie existieren als komprimierte Materie, bevor zwei von ihnen durch zu Wasser kombiniert werden und durch eine Kombination mit zwei weiteren Luft erschaffen wird. Die nächste Stufe ist eine Kombination dieser Elemente mit Wasser und Luft, durch die das Pflanzenreich erschaffen wird. Die Einfachheit des Mineralreiches wird durch die Hinzufügung von Wasser und Luft und weiteren »Kanälen« komplexer; diese werden in Kombinationen angeordnet, damit sie die Nullpunkt-Zentren der Geistkontrolle in ihren Schöpfungen bilden können. Das Pflanzenreich hat nur sehr wenig Spielraum, um im Hinblick auf sein Wohlergehen oder sein Schicksal eine Wahl zu treffen. In geringem Ausmaß besteht jedoch ein freier Wille.

Als Nächstes kommt in der Anordnung der immer komplexeren Kombinationen das Tierreich. Diese dritte Stufe beinhaltet mineralische und pflanzliche Materie in Kombination mit Wasser. Der tierische Körper ist ein komplexes Muster von unterschiedlich angeordnetem mineralischem und pflanzlichem Leben, also muss er beständig mit all den drei Stufen der Schöpfung erneuert werden, da seine verschiedenen Teile »sterben«. Aus diesem Grund wird dem Körper sehr viel mehr Raum für Geist-Kontrolle und für die Schöpfung ganz verschiedener Materieformen mit hoher Leitfähigkeit gegeben, um die Botschaften, die für die »Werkstatt« des Körpers und das körperliche Überleben bestimmt sind, zu transportieren. Gerichtete Botschaften wie der Instinkt wirken bei Tieren ganz anders als die automatischen Reflexe, und auch diese sind bei Tieren sehr viel ausgeprägter als bei Pflanzen.

Die vierte und letzte Stufe ist der Mensch. Der menschliche Körper ist ebenfalls eine Kombination aller drei Stufen, aber Geist-Gewahrsein beginnt erst auf der menschlichen Stufe. Das Tier hat viel Intelligenz, ist sich dieser aber als Qualität in seinem Inneren nicht bewusst.

Der Mensch wurde zunächst vom Instinkt gelenkt. Jahrmillionen hindurch hatte er kein Geist-Gewahrsein. Er hatte keine schöpferischen Fähigkeiten und nicht einmal genügend Sinn für Rhythmus, um den Wunsch zu verspüren, auf eine Trommel zu schlagen. Der Wunsch des Wilden, eine Trommel zu schlagen, ist das erste Anzeichen der geistigen Entfaltung im Menschen.

Der Mensch begann bei der Morgendämmerung des Bewusstseins vor ein paar tausend Jahren. Er wurde sich einer kreativen Kraft außerhalb seiner selbst bewusst, zunächst vage, dann immer mehr, über das Trommelstadium zur intensiveren Erkennung des universalen Rhythmus in der viersaitigen Leier bis hin zum Begreifen der diatonischen Tonskala[103] im 15. Jahrhundert. Der Sinn für optische Schönheit hatte sich schon viel früher entwickelt, aber der Urwaldinstinkt von Grausamkeit, Brutalität und Freude am Blutvergießen blieb bei den meisten Menschen erhalten, während sich die Kultur entfaltete. Dieser Instinkt lenkt selbst heute noch einen sehr großen Teil der Menschheit. Aus marodierenden Stämmen sind marodierende Nationen geworden, und das Abschlachten von Menschen ausschließlich aus Gier und Machtstreben geschieht immer noch in so riesigem Ausmaß, dass die Menschheit keinerlei Berechtigung hat, ihre gegenwärtige Zivilisation insgesamt für besser zu halten als diesen frühen, barbarischen Zustand. Viele Menschen haben allerdings ein sehr hohes intellektuelles Niveau erreicht, und einige Wenige haben fast dessen Gipfel erlangt. Durch diese Wenigen werden weitere Tausende zum Licht ihrer eigenen Einheit mit der Quelle erweckt, und durch diese wird die Menschheit endlich ein so intensives Gott-Gewahrsein erreichen, dass der mörderische Zustand von heute endgültig überwunden wird.

Eine umfassendere und ausführlichere Darstellung der frühen Entfaltung der Menschheit findet sich in »*God Will Work With You But Not For You*«. Das Obige wird hier nur zitiert, weil das in diesem Kapitel gegebene neue Wissen jedem Menschen ein besseres Verständnis dafür gibt, wie er sich über die gegenwärtige Stufe erheben kann. Nun kehren wir zu dem Höhepunkt des Wissens zurück, für den dieses Kapitel geschrieben wurde.

VII

Die Botschaft von Fleisch und Knochen

Es besteht die allgemeine Auffassung, der Mensch bestehe im Wesentlichen aus Fleisch und Knochen. Doch das ist noch nicht alles. Es gibt Muskelfleisch, und es gibt so genanntes neuromuskuläres Fleisch. Es gibt Knochen und Knochenmark. Fleisch und Knochen sind die Teile des Körpers, die physische Arbeit verrichten, aber im Körper gibt es vieles, was für den ausdrücklichen Zweck erschaffen wurde, Botschaften vom Geist *innerhalb* jeder Zelle zu dem sie umgebenden Ring zu transportieren, und das Nervengewebe selbst transportiert mit Lichtgeschwindigkeit Botschaften an alle Orte im Körper.[104]

Das Pflanzenreich besteht praktisch nur aus »Fleisch und Knochen«, aber selbst hier gibt es ein hoch verfeinertes Kommunikationssystem. Es ist aus einer ganz anderen Art von Gewebe zusammengesetzt, das dem Nervensystem bei Tieren und Menschen entspricht.

Das Gewebe von Muskeln und Knochen, das für Bewegungszwecke genutzt wird und das wir bei Geflügel und Rindern als Fleisch bezeichnen, ist völlig anders strukturiert als das Gewebe von Herz, Gehirn, Rückenmark und Nervensystem und auch von Arterien, Venen und Knochenmark. Das Blut gehört ebenfalls zu unserer Fleischlichkeit, wie andere Teile des Körpers auch; es kommt vom Geist-Zentrum der Gedankenringe, welche das Herz ausmachen. Auch dies ist ein Gewebe, das zum größten Teil mit seiner Aufgabe der Botschaftsübertragung befasst ist, sowohl zum Körperaufbau als auch zum Geist-Denken. Dieses Gewebe ist so empfindlich gegen die Spannungen und Dehnungen unausgewogener Aktionen und Emotionen, dass seine normalen Gedankenringzellen sich schnell verändern und ihre Zentren sich ganz schnell in Positionen außerhalb der Mitte verschieben. Die leichteste emotionale Störung wirkt auf sie, fast als hätten sie ein intelligentes Verstehen dieser Spannungen, denn sie leiten diese Spannung augenblicklich an Herz, Gehirn und Magen weiter, die darauf mit entsprechendem Aufruhr reagieren. Alles Botschaften übertragende Gewebe und das Knochenmark muss die Rhythmen von Fröhlichkeit und Freudigkeit haben, damit es seinen ausgewogenen elektrischen Zustand an die Zellen weiterleiten kann, die von diesem »Informationsgewebe« beständig erschaffen, gelenkt und mit Informationen versorgt werden.

Wenn die Menschen nur erkennen würden, dass ein glücklicher Körper ohne einen glücklichen Geistes-Zustand nicht existieren kann, gäbe es weder »Geisteskranke« noch Wahnsinn, Magengeschwüre oder Herzkrankheiten.

Das Blut hat von allen Elementen, die den Körper zusammensetzen, die größte Bedeutung. Das Nervensystem könnte vollkommen gelähmt sein, und der Körper würde trotzdem funktionieren, aber das Blut hat ein tiefes, instinktives Gewahrsein um seine Existenz, und ein Körper, dessen Blut nicht in einem glücklichen Rhythmus schwingt, kann unmöglich gesund bleiben. Das Blut fühlt jede geistige und körperliche Spannung, der es unterworfen ist, unmittelbar.

Das Herzgewebe ist ebenfalls sehr wichtig. Es gibt muskuläre Teile des Herzens, welche nur physikalische Arbeit leisten wie andere Muskeln auch, aber ein großer Teil des Herzens ist aus einer unabhängig lebendigen Art von »strömendem« Gewebe zusammengesetzt, das nicht wie alle anderen Teile vom Gesamtkörper abhängig ist. Das Blut ist der potenteste Geist-Botschaftsträger in unserem Körper.

Wenn Sie irgendeinen Teil Ihres Körpers herausschneiden und ihn in einer Salzlösung vor dem Zerfall bewahren würden, könnte er so für lange Zeit *erhalten* bleiben, *obwohl er so tot wäre wie das Fleisch in ihrer Gefriertruhe.* Dies geht allerdings nicht mit jenem Teil Ihres Herzens, das aus »autonomem, neuromuskulärem Gewebe« bezeichnen. Wenn Sie dieses in ein geeignetes elektrisches Leitmedium wie eine Salzlösung legen, wird es sehr lange Zeit *leben* – vielleicht ewig – so lange die Lösung angemessen leitfähig bleibt. Es stirbt nicht wie anderes Gewebe, so lange es sich in einem leitenden Medium befindet. Das Blut besitzt in Wirklichkeit keine eigene Intelligenz, aber es ist dem Geist als Träger von Macht und kreativen Botschaften so nahe, dass es eine eigene Intelligenz zu haben scheint.

Andere Teile des Herzens sind ebenfalls für den geistigen und physischen Zustand des Körpers zuständig. Sie fehlen bei allem pflanzlichen Leben völlig und sind bei niedrigerem tierischen Leben nur schwach entwickelt. Dazu gehören der Sinusknoten, der rechte und linke Kammerschenkel und die aufs Feinste miteinander verwobenen Nerven, Venen und Muskeln des unteren Herzens.[105]

Noch wichtiger ist die Tatsache, dass das Blut in Säulen oder Schäften im Körper verläuft, welche in allen Körperbereichen immer im Zentrum verlaufen; in diesen Zentren ist die magnetische Ruhe lokalisiert, und sie haben ein elektrisches Nullpotenzial.

Das Nächste in unserer Betrachtung ist das Gehirngewebe, welches die Gedankenringe der zentralen »Schalttafel« unseres gesamten körperlichen Nervensystems umgibt. Zusammen mit dem Knochenmark, welches Mitteilungen zwischen dem Schöpfergeist und den vorgestellten Formen, die dieser erschafft, ermöglicht, bedingt dieses Gewebe eine eigene neue Wissenschaft, auf die wir hier jedoch nicht näher eingehen, da sie in erster Linie für Mediziner relevant ist.[106]

Für unsere gegenwärtige Absicht reicht es, wenn wir klären, dass jede körperliche Krankheit ein Abbild unseres Denkens bildet sowie der Handlungen, die mentalen oder auf Sinneseindrücken basierenden Entscheidungen folgen. Wir können unsere körperliche Gesundheit aufrechterhalten, wir können sie aber auch leicht schädigen, indem wir zulassen, dass unser Denken und unsere normale Lebensführung aus dem Gleichgewicht geraten. Wenn jemand krank ist, sollte er daher zuerst in sich selbst nach der Ursache dafür schauen. Wenn die Menschen nur erkennen würden, dass ein glücklicher Körper nur mit einem glücklichen Geisteszustand existieren kann, gäbe es weder »Verrückte« noch Wahnsinn, viel weniger Kopfschmerzen und andere Beschwerden.

Neben den Arterien und Rückenwirbeln gibt es im Brustkorb noch weitere Achsen von Nullpotenzial. Es sind die röhrenförmigen Achsen, die Nahrung zum Magen und Luft in die Lungen befördern. Das membranöse Gewebe, das diese Röhren bildet, ist extrem empfindlich in Bezug auf die Leitfähigkeit. Es führt zwei getrennte und scheinbar unmögliche, entgegengesetzte Aufgaben durch, denn es trennt, was getrennt bleiben soll, und leitet weiter, was weitergeleitet werden soll.

Man täuscht sich oft in der Annahme, dass Magenprobleme immer auf falsche Ernährungsweise zurückgehen, denn die Ursachen sind in Wirklichkeit oft »unglückliche« Rhythmen, entstanden durch emotionalen Aufruhr, geschäftliche Sorgen, Gewissensnöte, Angst und viele andere Zuständen der Unausgewogenheit. Daher sollte auch unsere tägliche Nahrung »glücklich« sein. Sie sollte mit Liebe zubereitet und freudig gegessen werden, und während wir essen und die Nahrung in unserem Körper aufnehmen, sollten wir mit jedem tiefen Atemzug dankbar die Liebe in allem wahrnehmen. Die Nahrung, die wir essen, wird zu dem Blut und Fleisch unseres Körpers, und die Art und Weise, wie wir essen und unsere geistige Haltung dabei entscheiden über unser Blutbild, das Gleichgewicht zwischen sauren und basischen Stoffen in unserem Verdauungstrakt und über unseren gesamten Stoffwechsel.

Diese vier beschriebenen großen Körpersäulen haben viel eine umfassendere »Verantwortlichkeit«, als nur physischen, mechanischen Zwecken zu dienen. Bitte machen Sie sich dies ganz deutlich. Ihre Schreibmaschine ist ein Gerät, welches vermutlich genauso perfekt arbeiten wird, wenn Sie wütend sind, aber selbst Ihre Schreibmaschine könnte Ihren Ärger registrieren und durch ihn beschädigt werden. Ihr körperlicher Zustand zeichnet Ihre geistige Befindlichkeit auf und spiegelt sie so wahrheitsgetreu, wie ein Spiegel Ihr ärgerliches oder glückliches Ich abbildet.

Ihr Geist ist SIE, und Ihr Körper ist die Aufzeichnung Ihrer Gedanken und Handlungen. Ihr Körper ist, was Ihr Geist elektrisch ausweitet, damit Ihr Körper es aufzeichnet.

Zukünftige Generationen sollten lernen, in dieser Weise zu denken. Sie sollten das heutige Konzept von Geist und Materie verwerfen und durch die Dreigliederung in Geist, Gedanke und Aktivität ersetzen. Eines Tages wird der Mensch vollständig begreifen, dass *Materie nur die Bewegung von Gedanken ist.*

Der Inhalt dieses Kapitels dient dem Zweck, dass Sie erkennen, wie sehr Ihr Geist jeden Teil Ihres Körpers erreicht, nicht nur Arme, Beine, Finger und Zehen, sondern jede mikroskopisch kleine Zelle in Ihrem Körper.

Ihre Arme oder Fingern reagieren augenblicklich auf jeden Ihrer Befehle, denn die Nerven, die Ihre »Schalttafel« mit Ihren Fingern verbinden, sind groß genug. Es gibt nicht eine einzige Zelle in Ihrem Körper, die Ihr Geist nicht mit Befehlen erreichen kann. Sie müssen sich in manchen Bereichen vielleicht lange und immer wieder konzentrieren, aber es ist zu schaffen. Sie können sich dies mit einem einfachen Experiment verdeutlichen. Blicken Sie konzentriert auf eine Ihrer Fingerspitzen. Fordern Sie, dass sich dort warmes Blut sammelt, und dies wird – eventuell nach mehreren Versuchen – geschehen. Dies haben schon viele Menschen erfahren.[107] Sie können auch Ihren Ohren den Befehl geben, zu wackeln – und nach etwas Übung werden sie wackeln, und ein Pianist wie Paderewski kann seinen Fingern befehlen, sich fünfzig Mal so schnell zu bewegen, wie Ihre Finger es vermögen.

Nun wenden Sie dies auf Ihren Kopfschmerz an. Zuerst stellen Sie sicher, dass Sie »im Einklang mit dem Unendlichen« sind und dass Sie kein Gesetz der Natur verletzen und so die Ursache Ihres Kopfschmerzes fortsetzen, dann müssen Ihre Kopfschmerzen verschwinden. Sie können gar nicht anders. Die

Natur ist gesund. Sie gleicht alle unausgewogenen Wirkungen aus, wenn sie die Möglichkeit dazu erhält. Es ist allerdings nutzlos, einen unausgewogenen Zustand mental heilen zu wollen, ohne zuvor die unausgewogene *Ursache* durch die freudigen Rhythmen zu ersetzen, welche die Ekstase des Gott-Geistes begleiten.

Dieses Wissen über die Beziehung zwischen Ihrem Geist und Ihrem Körper ist die Grundlage dessen, was Jesus wusste, als er sein Gleichgewicht auf das unausgewogene Denken anderer Körper ausdehnte und sein Gleichgewicht an diese weitergab. Unausgewogene Körper können nicht unausgewogen bleiben, wenn unser Geist ausgewogen und freudig begeistert ist.

Wir hoffen, dass Sie die Bedeutung des Befehles Jesu, das Königreich des Himmels *in Ihrem Inneren* zu suchen, nun besser verstehen. Wir hoffen auch, dass dieses Wissen in der Medizin bald Anwendung findet, so dass nicht nur körperliche Unausgewogenheiten behandelt werden, sondern auch deren geistige Ursache berücksichtigt wird.

Der Arzt ist ein Geistheiler mit Logik, denn er weiß um die *Wirkungen*, was dem reinen Geistheiler so nicht möglich ist. Sie können nicht abstrakt zu Gott gehen. Sie müssen konkret wissen, was Sie wünschen und worum Sie bitten wollen, und Sie müssen wissen, wie Sie *Ihren* Anteil bei der Zusammenarbeit mit Gott zu tun haben.

Kapitel 10
Der materielle Kern des Atoms

I

Die vorausgegangenen Kapitel haben Sie allmählich darauf vorbereitet zu begreifen, dass das Atommodell nach Rutherford und Bohr, wie es in Abbildung 58 angedeutet ist, in der Natur keinen Platz hat. Dieses Kapitel wird Ihnen sagen, warum nicht eine einzige Tatsache der Natur für diese Struktur spricht und dieses Modell rechtfertigt. Wir haben bereits festgestellt, dass unser elektrisches Universum vollständig durch die elektrische Welle aufgebaut wird und daher jede Theorie von Bewegung und Materie, die *außerhalb* der Konstruktion und Mechanik der elektrischen Welle liegt, ungültig ist.

Da es jedoch die bedeutendsten Denker der Welt waren, die dieses unmögliche Konzept erdacht haben, muss dem Wissen um unser Universum etwas sehr Grundlegendes fehlen, so dass es denkenden Menschen möglich ist, ein solches Konzept zu entwickeln. Und tatsächlich gibt es viele grundlegende Fakten, *die der Mensch durch sinnesgestützte Beobachtung allein niemals herausfinden kann.* Wir werden diese Punkte Schritt für Schritt anführen:

1. Nirgendwo in der Natur gibt es in irgendeiner dreidimensionalen Masse eine Drehbewegung um ein gemeinsames Zentrum. Alle Masse besteht aus Paaren von Ring-Untereinheiten, die in parallelen Ebenen zusammengefügt werden und so Kugeln aus zwei Halbkugeln erschaffen. Jeder Ring hat sein Schwerkraftzentrum, und jede Masse hat ihren unterteilenden Äquator. Benachbarte Ringe reihen ihre kugelförmigen Massen aneinander, so dass die Schwerkraftzentren dieser Ringe scheinbar zu Schwerkraftachsen werden (siehe Abbildung 49 C). Alle Bewegung in jeder Halbkugelmasse erfolgt in parallelen Ebenen, die im rechten Winkel zur Schwerkraftachse dieser Masse stehen (siehe Abbildung 53). *Dies bedeutet, dass die gesamte Bewegung in jeder kugelförmigen Masse in parallelen Ebenen um ihre Schwerkraftachse herumwirbelt, und nicht um ein gemeinsames Zentrum der Schwerkraft, das angeblich die gesamte Masse lenkt. In Wirklichkeit steuert jedes Schwerkraftzentrum die Bewegung nur in der Ebene des Äquators* (siehe Abbildung 59). Dies bedeutet auch, dass die Natur zweiseitig [engl. *bilateral*] und nicht radial ist.

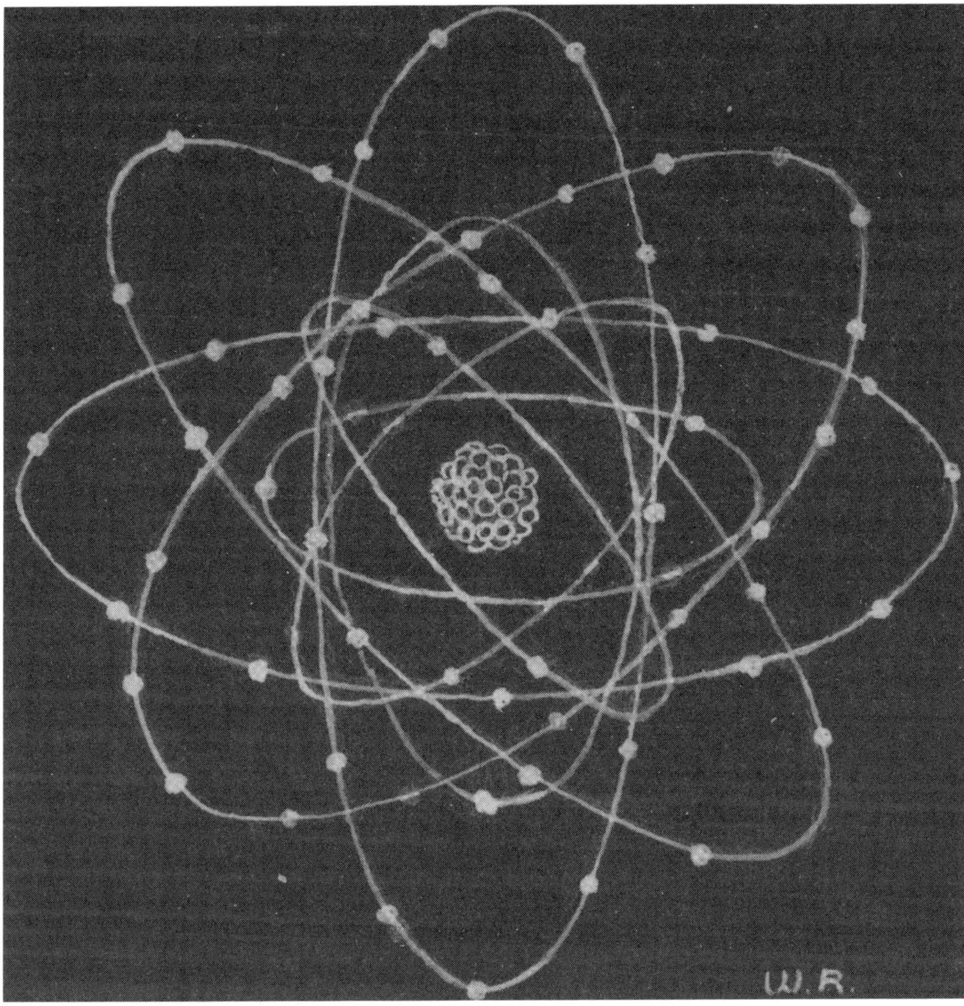

Abbildung 58:
Das Atommodell nach Rutherford und Bohr

Alle Masse wird durch einen Äquator unterteilt, und die vier Ringpaare, welche diese Masse bilden, sind scheibenförmig auf beiden Seiten des Äquators angeordnet (siehe Abbildung 45, S. 171). Alle Paare sind durch das unterteilte Spektrum in geschlechtlichen Zuständen, welche die roten Einheiten jedes Paares der einen Hemisphäre zuordnen und die blauen der anderen. Die roten Einheiten einer Masse drehen sich nicht um ein gemeinsames Schwerkraftzentrum und rotieren durch die blaue Seite, um ihre Umlaufbahn zu komplettieren, wie die Einheiten im Rutherford-Bohr-Atom es tun (siehe Abbildung 58), und die blauen Untereinheiten wirbeln nicht durch die roten. Das wäre so sehr gegen die Natur, wie es für Menschen gegen die Natur wäre, ihr Geschlecht jeden Tag zu ändern.

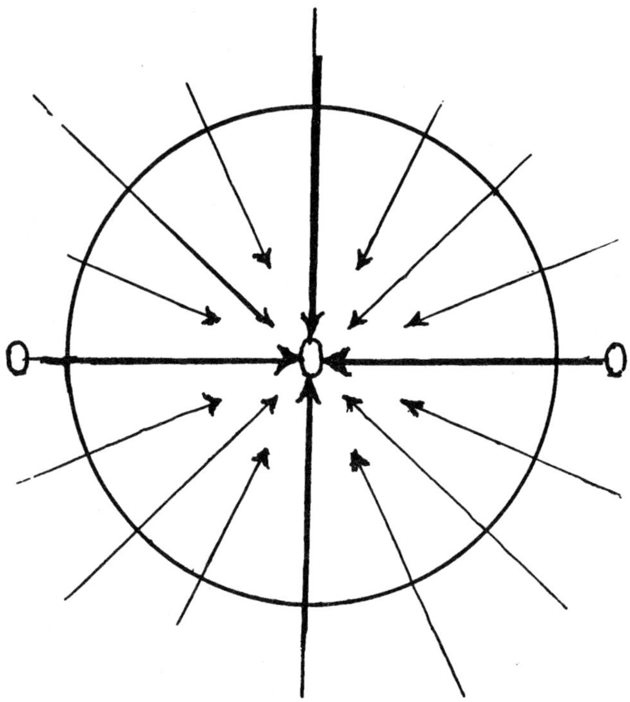

Abbildung 59:
Das Konzept des radialen Universums nach Russell

Das unsichtbare Universum beruht hinsichtlich der von ihm ausgehenden Lenkung der Bewegung [im sichtbaren Universum] auf dem Würfel. Die Ruhe der Schwerkraft steht daher, wenn ihre Punkte aneinandergereiht werden, so dass sie wie eine Achse wirken, immer in einem Winkel von neunzig Grad zu ihren elektrischen Erweiterungen von Gedankenringen. Nirgendwo in der Natur erreicht irgendein elektrischer Effekt ein anderes Zentrum als sein eigenes. Die drei sich senkrecht schneidenden inneren Ebenen des Würfels lassen ein solches Hinüberwechseln nicht zu (siehe Abbildung 23ff., Seite 116). Wenn Sie die Spaltungen in einem Würfelkristall untersuchen, werden Sie feststellen, dass diese nicht von einem Zentrum ausstrahlen. Die Sinne sind zu sehr von der Symmetrie der Lichtstrahlen eines Sterns beeinflusst, von den hexagonal ausstrahlenden Armen eines Schneekristalls und vieler ähnlicher Effekte, welche die Sinne nur zu bereitwillig akzeptieren. Es ist an der Zeit, dass wir endlich beginnen, den Wahrheitsgehalt unserer Sinneswahrnehmungen anzuzweifeln und keine voreiligen, vordergründigen Schlüsse mehr zu ziehen

Eine weitere Ursache für die Verwirrung durch die Sinne in dieser Hinsicht ist die Tatsache, dass alle Planeten in einem Sonnensystem sich um ein gemeinsames Schwerkraftzentrum drehen. Diese Umlaufbahnen sind aber Bewegungsringe, welche um Hohlräume wirbeln, in denen das sie lenkende Zentrum liegt. Jedes Masseteilchen eines jeden Planeten wirbelt allerdings auch noch um sein eigenes Zentrum herum, welches sich auf der Schwerkraftachse befindet, und zwar immer in *parallelen Ebenen,* die sich nicht überschneiden, wie es notwendig wäre, wenn alle Teile sich um ein gemeinsames Zentrum bewegen würden.

2. Wenn Sie einen elektrischen Strom in einer Vakuumröhre anschauen, sehen Sie die parallelen Ringe, die sich aus der Kathode zur Anode erstrecken wie auf einen Faden gezogene Knöpfe (siehe Abbildung 60). Jeder dieser Ringe wird von seinem eigenen Schwerkraftzentrum in seiner eigenen Ebene gesteuert. Jeder Ring ist eine Untereinheit eines Kreislaufs, und es ist für Kreislaufpaare notwendig, sich zu vereinen, um eine Masse zu bilden. Um eine Kugel zu bilden, müssen sich vier Paare vereinen. *Wenn auf diese Weise eine Kugel geformt wird, ist sie bilateral wie alles andere in der Natur auch.* Sie streckt ihre rechte und ihre linke Hälfte aus und bildet eine Achse. Jeder Schwerkraftpunkt auf dieser Achse ist auch der Angelpunkt eines Hebels, welchen der Ring darstellt. Der Angelpunkt ist in Ruhe, und in ihm liegt alle Kraft, die sein wirbelnder Hebelring zum Ausdruck bringt. *Die Energie, die in dieser Weise ausgedrückt wird, liegt nicht im sich bewegenden Ring, sondern im Angelpunkt der Schwerkraft in dessen Mitte.*

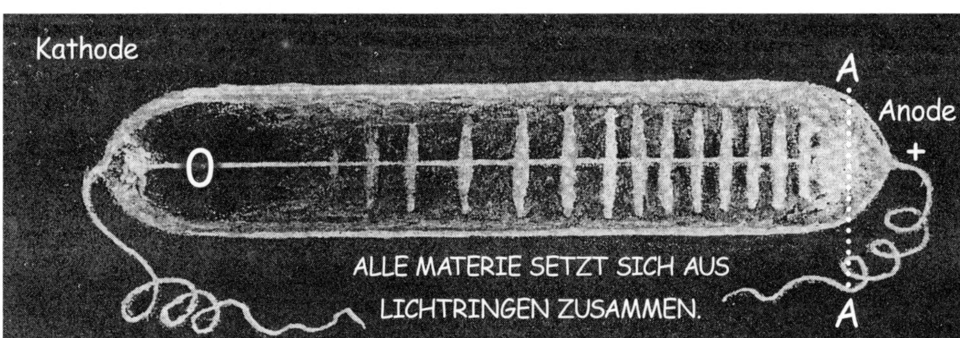

Abbildung 60:
Die Elektrizität zeichnet die Geist-Gedanken in Lichtringen auf, welche um ein magnetisches Zentrum aus ruhendem, unsichtbarem Licht wirbeln. Alle Bewegung im gesamten Universum wirbelt um Geist-Zentren, welche in dem Maße, wie sich die Bewegung weiter fortpflanzt, zu Achsen oder Schäften werden.

Wenn Sie nun vor diesem Hintergrund auf die Welle blicken, sehen Sie ebenfalls Ringpaare, aufgereiht auf der Wellenachse der Schwerkraft, die sich ausdehnt, so wie die Gedankenringe der Bewegung sich ausdehnen. Die Wellenachse der Schwerkraft bildet von diesem Zentrum aus die Mitte eines jeden Ringes und lenkt dessen Bewegung, und sie bildet eine Schwerkraftachse für jede Masse, die aus der Verschmelzung von Ringpaaren entsteht (siehe Abbildungen 9 bis 29).

Wenn wir den Aufbau eines elektrischen Stromes und einer elektrischen Welle sorgfältig untersuchen, finden wir keinen Teil darin, in dem die Umlaufbahnen von Untereinheiten die Umlaufbahnen von anderen Untereinheiten – oder von Massen, die durch die Vereinigung von Paaren geformt werden – schneiden. Es teilt auch keine Untereinheit ihr Schwerkraftzentrum mit einer anderen. Da es also in der Natur weder beim elektrischen Strom noch bei der Welle etwas gibt, was die Vorstellung vieler verschiedener Ebenen rechtfertigt (wie in Abbildung 58 dargestellt) und für die Gegenwart materieller Kerne in Atomeinheiten spricht, welche die Masse bilden, sollte ein solches unmögliches und unnatürliches Konzept aus dem menschlichen Denken getilgt werden.

3. Wir wollen nun dieses Prinzip auf einen Strom führenden Kupferdraht anwenden. Der Kupferdraht ist in Ruhe. Er bewegt sich nicht. Die Bewegung wirbelt in Form von Ringen auf seiner Oberfläche. In der Mitte der Ringe befinden sich Löcher, hier sitzt die Schwerkraft, die jeden Ring lenkt. Der Draht ist horizontal ausgerichtet, aber die Bewegung verläuft vertikal, in den Ebenen ihrer Umdrehung. Der Draht ist eine Reihe von Schwerkraftzentren, welche ihn als durchgehende Achse erscheinen lassen. Diese Achse aus Draht bewegt sich nicht, aber sie vollbringt die ungeheure Leistung, Tausende von Tonnen zu heben und Tausende von Maschinen und anderen Geräten anzutreiben. Dieser Draht könnte mit Leichtigkeit einen Menschen töten, wenn die Bewegung, die ihn umgibt, in Kontakt mit diesem Menschen käme.

Unsere Sinne sagen uns ganz direkt und wahrheitsgemäß, dass der Draht sich nicht bewegt, aber wenn ein sich beschleunigendes Geschoss den Pfad entlang rasen würde, der vom Draht eingenommen wird, sagen uns unsere Sinne – und das entspricht nicht der Wahrheit –, dass die Geschwindigkeit des sich horizontal bewegenden Geschosses den Menschen getötet habe. In Wirklichkeit war es die vertikal wirbelnde Bewegung. *Es mag in der Entfaltung des Menschen noch lange dauern, bevor er zwischen dem unterscheiden kann, was sein Geist weiß und dem, was seine Sinne zu wissen glauben, aber eines Tages muss das neue Denken zum Menschen kommen, das auf Geist-Wissen anstatt auf Körperwahrnehmung beruht.*

4. Nun wollen wir den Kupferdraht zu einem Halbkreis biegen, um eine Welle zu symbolisieren, und einen Strom hindurchsenden. Wir haben nun unsere Schwerkraftachse und auch unsere Bewegungsebenen gekrümmt, die in einem Winkel von neunzig Grad um die Achse herumwirbeln; sie verlaufen nicht länger parallel zueinander. Sie alle weisen zum Zentrum eines Kreises hin, und unsere Sinne sagen uns, dieses Zentrum sei das gemeinsame Schwerkraftzentrum für alle diese konvergierenden radialen Linien. Das ist eine weitere irreführende Illusion, die unsere Sinne vorbehaltlos glauben, aber es entspricht nicht den natürlichen Tatsachen. Wir möchten kurz darlegen, was der Geist im Hinblick auf die Krümmung der Schwerkraft weiß, ohne dass die Sinne es wahrnehmen können.

Damit wir uns dies besser vorstellen können, wollen wir zunächst eine glatte Wasserfläche aufstören und zu einer – dem gebogenen Draht entsprechenden – halbkreisförmigen Welle biegen. Bevor das Wasser aufgestört wurde, war der elektrische Kompressionsdruck überall gleich. Nun messen wir auf dem Wellenkamm einen niedrigeren und im Wellental einen höheren Druck. Die Schwerkraftachse krümmt sich ebenso wie die elektrischen Drücke. Unsere Sinne sagen uns, dass die Wellenachse sich nach oben und unten bewegt. Sie sagen uns auch, dass die Wellen sich nach rechts und links bewegen. Wir sprechen von Lichtgeschwindigkeit, weil wir glauben, Lichtwellen würden reisen, tatsächlich bewegen sie sich aber nur nach oben und unten. Lichtwellen *reproduzieren* sich mit großer Geschwindigkeit, sie *pflanzen sich fort*, aber Licht *wandert* nicht und hat somit auch keine Geschwindigkeit.

Entgegen dem, was unsere Sinne uns mitteilen, weiß unser Geist, dass die einzige Bewegungsrichtung die elektrische Richtung der Kreise ist, die um die Schwerkraftachsen herumwirbeln. Die von ihnen verursachten Wirkungen erscheinen unseren Sinnen vollkommen glaubhaft, obwohl wir sie falsch wahrnehmen. *Licht reist nicht. Es scheint nur so, und dieser Anschein ist auf die Grenzen seines eigenen elektrischen Wellenfeldes beschränkt.* Wir kennen das universale Radar-Prinzip noch nicht, das alles, was irgendwo geschieht, überallhin wiederholt. Unsere Sinne sind mächtig verwirrt zwischen der Null der *Ursache* und der Zwei der *Wirkung*.

5. Den größten und sichtbarsten Beweis für die Tatsache, dass unser Universum mit seinen Sonnen und Erden aus Paaren von Ringen besteht und dass diese zerfallen, indem sie Paare von Ringen abwerfen, liefert ein Blick auf die stark vergrößerten Bilder von Planeten wie Jupiter und Saturn und von Ringnebeln wie Lyra und anderen (siehe Abbildung 32, S. 129). Die großen Teleskope

zeigen sehr deutlich die parallelen Runzeln auf Jupiter, welche seine Oberfläche wie schweren Kordsamt erscheinen lassen.[108]

Die Tatsache, dass all diese Planeten und Sonnen sich abflachen, beweist, dass die Ringe sich nur in ihrer jeweiligen Ebene ausdehnen und nicht radial. Wenn ein Planet sich radial ausdehnen würde, wäre er immer noch eine Kugel, egal wie groß er werden würde, aber am Himmel sehen Sie überall Planeten und Sonnen, die sich in der Ebene parallel zu ihrem Äquator ausdehnen. Dies setzt sich fort, bis große Löcher durch sie hindurchgebohrt sind, genau in der Mitte, wo ihre Schwerkraftachse existiert und sie weiter lenkt, bis ihre Bewegung vollkommen zum Erliegen kommt. Der Dumbbell-Nebel (siehe Seite 126) ist ein ausgezeichnetes Beispiel für eine Sonne, die sich ausgedehnt hat, bis ein sehr großes Loch sich mitten durch sie hindurchgebohrt hat, während sie langsam explodiert. Aller Wahrscheinlichkeit nach wird sie in ihrem Zentrum eine neue Sonne regenerieren, wie der Ringnebel im Sternbild Leier und zahllose andere es getan haben.

6. Es gilt nun zu erklären, warum die Schwerkraft sich nicht in radialen Linien von der Oberfläche zum Zentrum einer Sonne oder eines Planeten ausdrückt, sondern nur in einer Ebene, wie in Abbildung 59 dargestellt. Mit diesem Wissen werden Sie besser verstehen, warum die Natur solche einander schneidenden Bewegungsebenen von Umlaufbahnen, wie die Theorie des nuklearen Atoms sie erfordert (siehe Abbildung 58), nicht zulässt.

Es gibt nur zwei Stellen auf der Oberfläche einer perfekt kugelförmigen Sonne, wo ein Stein, den man hineinwirft, seine elektrische Reise bis ins Zentrum fortsetzen würde. Diese beiden Stellen sind die zwei »magnetischen Pole«. Sie bilden die Enden der Schwerkraftachse, um die sich die gesamte Masse dreht. Genauso gibt es rund um diese perfekt kugelförmige Sonne nur eine Ebene, wo ein Stein, der fallengelassen würde, seine elektrische Reise bis zum Zentrum der Sonne fortsetzen würde. Diese Ebene ist der Äquator, welcher die beiden Hemisphären unterteilt.

Erinnern Sie sich: Sonnen bestehen ebenfalls aus Paaren von Ringen, die parallel zu ihren Äquatoren verlaufen, und bedenken Sie auch, dass jeder Ring eine Wirkung ist, deren Mitte die sie lenkende Ursache bildet. Behalten Sie auch im Hinterkopf, dass Schwerkraft allgegenwärtig ist und sich nicht bewegt.

So vorbereitet werfen wir nun zweitausend Kilometer vom Äquator entfernt einen Stein auf die Erde. (Zum Zweck dieser Demonstration werden wir ignorieren, dass die Erde heute keine echte Kugel mehr ist, wie sie es einmal war, und dass aus diesem Grund die Schwerkraftpole nicht mehr mit den Rotationspolen übereinstimmen.) Der Stein fliegt nun, wenn er fallengelassen wird, auf einer gekrümmten Bahn in Richtung auf den Pol und krümmt sich in Richtung zur zentralen Schwerpunktachse noch weiter, und zwar fort vom Schwerkraftzentrum der Erde, anstatt direkt darauf zu, wie unsere Sinne es uns lange weisgemacht haben (siehe Abbildung 61). Unsere abgeflachte Erde hat in Wirklichkeit zwei Schwerkraftzentren, aber auch dies ignorieren wir hier.

Wir lassen tausend Kilometer weiter nördlich einen weiteren Stein fallen und dann noch einen, mit demselben Ergebnis. Jede Ringebene gehört zu ihrem eigenen Schwerkraftzentrum in ihrer eigenen Ebene, aber da es zwischen der Oberfläche und der Schwerkraftachse zahllose Milliarden von Ringen innerhalb von Ringen gibt, krümmt sich die Linie der Schwerkraftlenkung immer weiter, bis der letzte Stein, der geworfen wird, dem Nordpol näher ist als dem Zentrum der Erde, wohin er ursprünglich gezielt wurde, und wohin er – wie unsere Sinne uns glauben machen –gehen würde. Abbildung 61 verdeutlicht diese Krümmung der elektrischen Potenzialdrücke, die den Eindruck erweckt, die Schwerkraft selbst wäre gekrümmt.

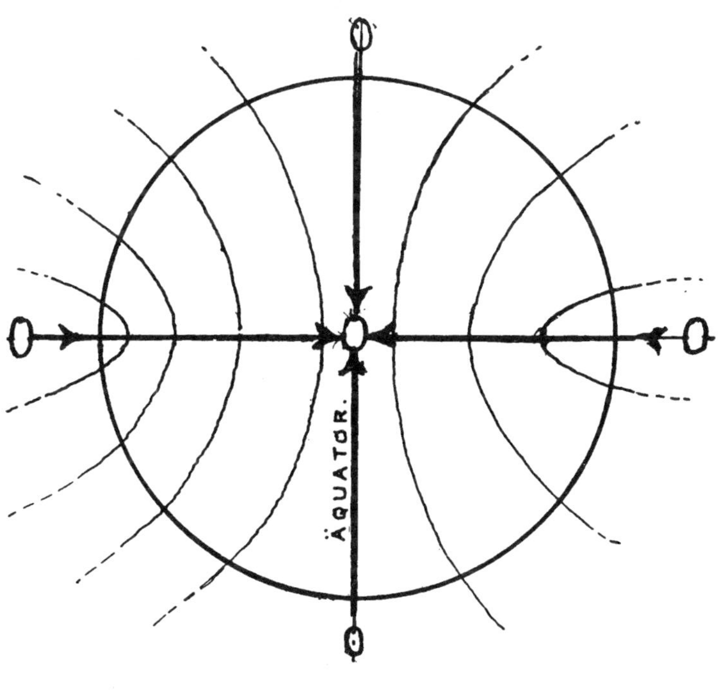

Abbildung 61:
Die bilaterale Natur der Materie und die scheinbare Krümmung der Schwerkraft.

Sie sind wahrscheinlich mit den Stabmagnet-Experimenten vertraut, bei denen Eisenspäne sich in gekrümmten Linien zwischen den Polen anordnen. Diese gekrümmten Linien sind als magnetische Kraftlinien bekannt. Sie kennen vielleicht auch die gekrümmten Linien, die sich vom Äquator der Erde bis zu den Polen ziehen und in den Lehrbüchern als magnetisches Feld der Erde bezeichnet werden. Diese gekrümmten Linien haben überhaupt nichts mit Magnetismus zu tun. Sie sind nur Linien und Ebenen elektrischer Drücke.

Abbildung 61 stellt diesen Effekt grafisch dar, und die Abbildungen 17–29 bieten beim genauen Studium und Vergleich untereinander noch weitere Verständnishilfe, besonders Abbildungen 17 und 18. Wenn Sie diese gründlich studiert haben, werden Sie die Möglichkeit eines wie in Abbildung 58 dargestellten Effektes in der Natur nicht länger akzeptieren. Auch werden Sie die Wunder der Elektronik besser verstehen, die gegen den Widerstand der Sinnesgläubigkeit an Dinge, von welchen der Geist weiß, das sie anders sind, solche wunderbaren Fortschritte macht.

II

Die Atomkerntheorie besagt, die Änderung der Stofflichkeit im Periodensystem der Elemente – vom Wasserstoff bis zum Uran – käme jeweils zustande durch die Addition eines um den Kern rotierenden Elektrons sowie einer ausgleichenden Zahl von Protonen im Kern. Daher wurden die Elemente beim Aufstellen dieser Theorie von 1–92 durchnummeriert. Das würde heißen, dass um den Wasserstoffkern ein Elektron rotiert, um den Heliumkern zwei, den Lithiumkern drei und so weiter bis zweiundneunzig beim Uran.

Diese Vorstellung hat mit den Vorgängen in der Natur nicht die geringste Ähnlichkeit. Sie geht davon aus, dass der Wasserstoff das erste Element der Schöpfung sei und nicht das achtzehnte und bezieht die Isotope, die nur Teiltöne sind, genauso in die Nummerierung mit ein wie die Volltöne. Die Theorie steht der Entdeckung neuer Elemente im Weg, weil sie für diese keine Nummern mehr zu vergeben hat. Diese peinliche Situation entstand tatsächlich, als entdeckt wurde, dass Wasserstoff nicht das erste Element war. Die Entdeckung von Deuterium und Tritium in der Wasserstoffoktave warf die ganze Theorie über den Haufen, aber die Wissenschaft reagierte auf diese Entdeckung, indem sie die neuen Töne Isotope[109] nannte. Für diese Isotope standen jedoch keine Ziffern mehr zur Verfügung; andererseits waren bereits neunundvierzig Isotope in die Nummerierung mit aufgenommen worden. Sie sehen diese Isotope in Abbildung 5 (Seite 62), wo sie sich auf jeder Seite der Wellenamplituden in der sechsten, siebten, achten und neunten Oktave anordnen.

Die zweiundneunzig aufeinander folgenden Multiplikationen dieses unnatürlichen Konzeptes, welche das pulsierende Prinzip der Oktavwelle ignorieren, können unmöglich mit dem chemischen Gesetz der Wertigkeit übereinstimmen, das den Paaren in jeder Oktave Gleichwertigkeit, Vervielfachung und Potenzial gibt. Wir wollen dies kurz analysieren.

Gott unterteilt jeden Bewegungseffekt auf neun aufeinander folgenden Wellen in gleichwertige Paare. Dies ist das grundlegende Schöpfungsprinzip, denn die Polarisierung beruht darauf. Durch alle neun Oktaven hindurch werden die Volltöne in *vier Paare aus gleichwertigen Partnern* unterteilt. Die ersten drei dieser Paare sind atomare Ringeinheiten von gleichem Wert, aber entgegengesetzter Polarisierung, die ihr Potenzial jeweils um eins erhöhen. Das vierte Paar in jeder Oktave, wie zum Beispiel der Kohlenstoff, ist zu einer Kugel aus zwei Hemisphären vereint und stellt das maximale Potenzial seiner Oktavwelle dar.

Das Gesetz der Wertigkeit berücksichtigt die fortschreitende Vervielfachung des Potenzials und klassifiziert diese Partnergleichwertigkeiten, indem sie dem ersten Paar, zum Beispiel Lithium und Fluor, eine Wertigkeit von eins gibt. Das zweite Paar, Beryllium und Sauerstoff, erhält die Wertigkeit zwei. Das dritte Paar hat einen anerkannten Zuwachs zum Potenzial und erhält eine Wertigkeit von drei – wie Bor und Stickstoff – und das vierte Paar, die beiden Kohlenstoffhemisphären, haben eine Wertigkeit von vier. In der Wissenschaft hingegen werden dem Lithium zum Beispiel drei Elektronen zugeordnet, seinem gleichwertigen Partner Fluor jedoch neun. Neun Elektronen zu drei gibt einem der Partner die Überhand und zerstört die Gleichwertigkeit der Polarität. Noch schlimmer ist jedoch, dass seine angeblich neun Elektronen das Fluor, welches ein ganz leichtes Gas mit einem Schmelzpunkt von unter Null °C ist, vom Potenzial her dem Kohlenstoff überlegen machen. Dieser hat angeblich nur sechs Elektronen, obwohl er eine große Dichte besitzt, welche eine Temperatur von 3.600 °C erforderlich macht, um ihn zu schmelzen.

Wenn wir diesen Vergleich weiter treiben, stellen wir fest, dass Kalium neunzehn Elektronen erhält und Brom, sein gleichwertiger Partner, fünfunddreißig, das ist ein fast sechs Mal so hohes Potenzial wie das, welches dem Kohlenstoff zugeordnet wird.[110] Es ist nicht schwierig, das Potenzial von Eisen mit dem von Blei zu vergleichen, aber die Anzahl der Elektronen, die dem Blei gegeben werden, beträgt zweiundachtzig, das sind fast drei Mal soviel wie beim Eisen mit der Ordnungszahl sechsundzwanzig. Diese Analyse noch weiter zu treiben hat keinen Sinn, denn weitere Vergleiche bestätigen nur den grundsätzlichen Fehler des Atomkern-Modells.

Mendelejew gab – diesem Modell folgend – den Atomgewichten immer weiter zunehmendes Potenzial und ordnete all den sterbenden Elementen größere Atomgewichte zu als den lebenden. So erhielt das weiche, sterbende Element Blei ein Atomgewicht von 206 oder mehr als sechzehn Mal soviel wie der Kohlenstoff, der nur bei zwölf liegt. Nach dieser Vorstellung von Atomgewichten erhielt das Eisen mit 55 viereinhalb Mal soviel Gewicht wie Kohlenstoff, und Wolfram erhielt 184 oder ungefähr fünfzehn Mal so viel wie das Gewicht des einen Elementes, das am lebendigsten und dichtesten ist und den höchsten Schmelzpunkt hat.

Genauso inkonsistent war die Annahme, alle Elemente seien fortschreitende Vervielfachungen von Wasserstoff und schuldeten ihre im Vergleich zum vorherigen Atom veränderten Eigenschaften dem jeweils hinzugekommenen weiteren Elektron und Proton. Bei keiner dieser Annahmen wurde die Oktavwelle in Betracht gezogen, die am Nullpunkt einer Kathode startet und bei ihren maximalen Potenzialen an den Anoden kollidiert. Noch dazu wurden auch den Umlaufbahnen der Edelgase Elektronen zugeordnet, obwohl alle Edelgase ein Potenzial von Null haben und überhaupt kein Atomgewicht besitzen, denn es gibt nichts, worauf sich ihr Gewicht beziehen könnte, und ihr Aufbau bleibt auf die vier unaufgespaltenen Ringe beschränkt.

III

Der letzte Schritt zu dem Beweis, dass ein Atomkern außerhalb der Naturgegebenheiten läge, ist die Tatsache, dass ein solches Gruppenkonzept notwendigerweise dreidimensional ist, denn das bedeutet Masse, und die Natur beginnt nicht dreidimensional. Sie ist zunächst zweidimensional, denn die Natur besteht aus einzelnen Flächeneinheiten, die zweidimensional sind. *In dem Augenblick, wo zweidimensionale Einheiten in Paare unterteilt werden und sich vereinen, um Masse zu werden, erscheint das bilaterale, dreidimensionale Universum.*

Wir wollen den Vorgang der Schöpfung kurz betrachten. *Zunächst muss die geistige Idee empfangen werden.* Die empfangene Idee wird in dem Edelgasring aufgezeichnet, welcher auf immer die Samenaufzeichnung jener Idee ist.

Dieser erste ungeteilte Ring ist zweidimensional. Er hat Länge und Tiefe, aber keine Breite. Ein solcher Ring ist die einzige Form in der Natur, die einheitlich, zweidimensional, in sich selbst ausgewogen sein kann, denn alle ihre Erweiterungen liegen in einer Ebene. In dem Moment, wo einem Ring irgendetwas hinzugefügt wird, muss es an *beiden* Seiten hinzugefügt werden, um den Ausgleich herzustellen. *Es kann nicht nur einer Seite hinzugefügt werden, denn die Natur erschafft keine Halbkugeln, sie erschafft Kugeln.* Die Hinzufügung eines Ringes auf jeder Seite bedeutet die Erweiterung eines Geist-Zentrums zu einer Geist-Achse aus drei Geist-Zentren, die nun drei Ideen statt einer lenkt und ausgleicht. Wenn nacheinander weitere Paare hinzukommen, bedeutet dies, dass die Masse zur Kugel erweitert wird, und das bedeutet Dreidimensionalität und die Schaffung einer bilateralen Masse. Ein dreidimensionales Universum ist nur das Ergebnis von Polarisierung. Polarisierung ist keine Erweiterung von Bewegung. Sie ist eine Erweiterung aus der allgegenwärtigen Ruhe *zur* allgegenwärtigen Ruhe. *Bewegung ist ein Hebel, der einen Angelpunkt haben muss.* Wenn sich Bewegung erweitert, gibt es immer einen Angelpunkt, der stets präsent ist, um die Mitte zu bilden. Eine Schwerkraftachse, die aus der polarisierten Unterteilung von Ruhe in bewegliche Paare resultiert, ist keine Bewegungsrichtung und auch kein Teil der Schöpfung. Sie ist nur eine identifizierbare Geistposition im unsichtbaren Null-Universum.

Der Schöpfer folgt der Vorstellung mit Aktion und Reaktion. Die Edelgase unterteilen und dehnen aus. Dann wird Bewegung zu dem Zweck erschaffen, einer Idee körperliche Form zu verleihen. Unterteilte und erweiterte Bewegung wird in Paaren aus Lichtringen ausgedrückt. Unterteilte Lichtringe müssen das weiße Licht des Geistes notwendigerweise in die Spannungen des Farbspektrums unterteilen, in die roten und blauen Seiten eines bilateralen Universums, das seine Seiten nicht austauschen kann, denn jede ist abwechselnd auf einen geschlechtlichen Zustand festgelegt. Die geschlechtlichen Spannungen werden in den unbeweglichen Ringen des Edelgases jeder Oktave aufgebaut, welche in Paare unterteilt ist. Bewegung, Spannung, Dehnung und Wärme beginnen mit der Ausdehnung von Bewegung in Ringpaaren, ausgehend von seiner Konzeption in den vier aufzeichnenden Ringen jeder Oktave. Diese vier Edelgasringe liegen innerhalb derselben Ebene ineinander. Sie sind daher zweidimensional. *In dem Moment, in dem sie sich unterteilen und in Paareinheiten erweitern, um Körperformen vorzutäuschen, beginnt die Existenz von Masse, und das dreidimensionale, bilaterale Universum aus Würfel und Kugel erscheint.* Mit anderen Worten: Erst muss das Geistbild einer Form vorhanden sein, bevor Gott oder Mensch dreidimensionale Körperformen erschaffen können. Geistbilder sind Gedanken. Körperbilder sind Aktionen, und Aktionen erfolgen immer paarweise. Gedankenkonzepte sind zweidimensional, Aktionen sind polarisierte Erweiterungen, also sind Aktionen notwendigerweise dreidimensional.

Das Bohrsche Atommodell ist ein dreidimensionales Ergebnis von Aktivität, welches seinem Konzept vorausgeht. Ein solcher Aufbau liegt vollkommen außerhalb der Natur; er gibt keinen Präzedenzfall dafür, und er ist auch kein Teil des elektrischen Vorgangs, der Masse aufbaut. Masse ist eine Erweiterung vieler Gedankenkonzepte in viele Ebenen und die Simulierung der Erweiterung des *einen* Geistzentrums zu einer Schwerkraftachse.

Zusammenfassung

Gott – der Wissende – ist nichtdimensional.
Gottes Denken ist zweidimensional.
Gottes schöpferische Aktionen sind dreidimensional.

Die Atomkerntheorie beginnt mit der dreidimensionalen Masse. Sie stellt sich vor, dass Gruppen von Neutronen und Protonen sich auf beiden Seiten des Spektrums auf verschiedenen Ebenen umeinander drehen. Jedes Neutron und Proton soll eine dreidimensionale sphärische eigene Masse haben, die sich zu einer größeren dreidimensionalen, sphärischen Gesamtmasse kombinieren.

Dreidimensionale Anfänge sind jedoch unmöglich. Die elektrische Natur unseres Universums erfordert eine Aufteilung, die von einer einzigen Ebene ausgeht, welche in einer Kathode lokalisiert ist. *Polarisierung ist das Ergebnis dieser Unterteilung auf einer einzigen Ebene. So kommen ausgewogene, gleichwertige und entgegengesetzte Paare ins Sein. Jedes vereinte Paar wird eine Anode, das bedeutet, eine heiße, verkörperte, dreidimensionale Masse, die sich explosiv ausdehnt, um zu ihrem nichtdimensionalen Anfang zurückzukehren; während und indem sie dies tut, lässt sie die Aufzeichnung ihrer Bewegung in zweidimensionalen Gedankenformen in ihrem Edelgas zurück.*

Teil III

Vorbemerkung

Gott-Bewusstsein, das kosmische Gewahrsein des Lichtes der göttlichen Allgegenwart in jedem Menschen, ist der nächste Schritt auf dem geistigen Weg der Menschheit. Immer mehr Menschen beginnen nun, die Innere Stimme ihres eigenen Geistes, die aus dem Inneren eines jeden Menschen kommt, zu verstehen. Die Menschheit befindet sich intellektuell noch in ihrer Kindheit. Das Heraufdämmern des Geist-Bewusstseins ist noch zu neu für alle Menschen, als dass sie mit ihrem Geist DENKEN könnten.

Der Durchschnittsmensch nimmt noch ausschließlich mit seinem Körper wahr. Seine Wünsche werden immer noch von seinen Sinnen beherrscht. Seine Vorstellungen basieren auf seinen Sinneswahrnehmungen. Er verletzt sich mit seinen eigenen Handlungen und nennt dies böse. Er stellt sich einen persönlichen Gott mit rachsüchtigen, menschlichen Gefühlen vor.

Was Jesus der Welt über die Einheit von Gott und Menschen und über das geistige Königreich in jedem Menschen mitgeteilt hat, gewinnt nur für die ganz wenigen Erleuchteten und die sehr Vielen, die sich jetzt so tief nach Erleuchtung sehnen, eine Bedeutung.

Ja – Gott-Bewusstsein greift allmählich Raum in der Menschheit, da der Mensch immer mehr erfährt, wie er mit seinem Geist DENKEN anstatt mit seinem Körper WAHRNEHMEN kann. Wir, die wir Gott in uns kennen, möchten gerne den Pfad für Sie erleuchten, damit Sie dieses Licht des inneren Wissens finden – und wenn Sie es finden, werden Sie in der Lage sein, mit tiefem Wissen zu sagen: »Ich und Mein Vater sind EINS.« – Und Sie werden alle Dinge wissen.

Kapitel 11
Die Brücke zwischen Mensch und Gott

I

»Der letzte Feind, der zerstört werden wird, ist der Tod.«

1. KORINTHER, 15:26

Das erste und letzte große Geheimnis der Schöpfung ist ihr Schöpfer. An zweiter Stelle steht die ewig gestellte Frage: »Woher sind wir gekommen, um zu leben, und wohin gehen wir, wenn wir sterben?« Diese ganz einfache Frage ist für jemanden, der geistig entfaltet ist und *weiß*, was er nicht *sehen* kann, leicht zu beantworten. Sie war jedoch schon immer unbeantwortbar für den von seinen Sinnen beherrschten Menschen, für den das unsichtbare Universum, wo Gott weilt und herrscht, keine Bedeutung hat, da er jenseits seiner Sinneswahrnehmung kein Wissen besitzt.

Es gibt eine fest umrissene Brücke zwischen Gott und dem Menschen. Sie liegt unsichtbar im Null-Vakuum der Stille von Gottes Reich, aber sie hat eine sichtbare Verbindung zu jedem Punkt, wo sie die Gestade des Universums von Bewegung und Aktivität berührt. Das ist etwas, was jeder Mensch verstehen kann, denn er kann das Symbol dieser großartigen WIRKLICHKEIT in der Form eines einfachen Samenkorns in seiner Hand halten. *Er hat jedoch noch nie gewusst, dass in dem unvergänglichen Samen im Inneren der vergänglichen Eichel, die er in seiner Hand hält, die umfassende Antwort darauf liegt, woher die Eiche kommt, um zu leben, und wohin sie geht, wenn sie stirbt.* Das ist etwas, was der Physiker einfacher verstehen kann, wenn Sie ihm sagen, dass der unvergängliche, unsichtbare Samen innerhalb der Eichel ein Edelgas ist, oder eine Kombination aus verschiedenen Oktaven von Edelgasen.

Wir verweisen nochmals auf Abbildung 5 (Seite 62). Sie werden feststellen, dass jede Oktave mit einem Edelgas (mit Null markiert) beginnt und endet. Die neun Edelgase sind die Gestade des sichtbaren Universums, wo die unsichtbaren Brücken, welche Geist und Bewegung verbinden, das Universum von Bewegung und Aktivität berühren. Es gibt neun, weil die Brücke neun Teile hat, die wir als Eingänge in die Sterblichkeit und Ausgänge in die Unsterblichkeit bezeichnen könnten.

Der Mensch hat sich sein periodisches Eintreten in die Sterblichkeit immer gedacht als ein Eintreten seiner Person – seines Wesens, seiner Individualität – in das Leben. Und der Ausgang seines Körpers in sein ewig lebendes Selbst war für ihn immer der Tod. Dieser Gedanke ist stets der große Feind des Menschen gewesen. Der Gedanke an den Tod wird durch das Wissen zerstört werden, dass es in der Natur keinen zerstörerischen Tod gibt. Es gibt in unserem Universum nur ewiges Leben. *In der gesamten Schöpfung gibt es nur Geist in Ruhe und Geist-Denken in Bewegung.* Eine solche Vorstellung wie die vom Tod muss sich allmählich verändern, während die sich im Menschen entfaltende Intelligenz ihm statt des ergebenen Glaubens an die *Vortäuschung*, welche von der Bewegung hervorgebracht wird, das höhere Wissen um die WIRKLICHKEIT gibt.

Die ewige Identität wird niemals erschaffen. Die IDEE, welche der Mensch ist, wird niemals erschaffen. Sie bleibt immer die dimensionslose Null in der Kathode ihrer selbst. Der physische Leib, den der Mensch mit sich selbst verwechselt, ist ein sich bewegendes Licht-Bild, das aus dem dimensionslosen Punkt des ewigen Selbst des Menschen projiziert wird. Dieses projizierte Licht ist eine Täuschung. Es ist eine Folge von Wiederholungen und Widerspiegelungen, die durch unsichtbare kubische Wellenfeldspiegel projiziert werden. Unser physischer Leib hat nicht mehr Wirklichkeit, mehr Wissen oder Intelligenz als ein Körper im Kinofilm. Er kann sich nicht einmal eigenständig bewegen, genauso wie ein Körper im Kinofilm sich nicht selbst bewegen kann. Eines Tages muss jeder Mensch erkennen, dass er NUR GEIST ist. Was er heute für sich selbst hält, sind nur Geist-Gedanken, elektrisch in zwei scheinbar entgegengesetzte Richtungen projiziert, um Druckspiegel aus unsichtbarem Licht zu liefern, die dann als Leinwand für seine Lichtprojektionen dienen. Er muss lernen, dass sein Körper nur ein geformtes, sich bewegendes Abbild seiner Geist-Vorstellungen ist. *Auch muss er lernen, dass es in Gottes Universum keinen Tod gibt, sondern nur beständige Wiedergeburt in endloser Wiederholung.* Aus jedem Paarling wird dessen Gegenteil geboren, das in zeitlicher Folge wieder sein eigenes Gegenteil wird. Gottes Worte, wie sie in Seiner *»Botschaft der Göttlichen Iliade«* mitgeteilt wurden, drücken diesen Gedanken folgendermaßen aus:

Wisse denn, dass nur Ich lebe. Ich sterbe nicht, sondern aus Mir kommen das scheinbare Leben und der scheinbare Tod.

Das Leben ist nur der Einwärtsfluss des unterteilten Pulsierens Meines Denkens, und der Tod ist sein Auswärtsfluss.

Wisse auch, dass die Unterteilungen Meines Denkens nur gleichwertige Hälften des Einen sind; denn wiederum sage Ich, dass Ich Eins bin; und alle Dinge, die von Mir kommen, sind Eins und werden unterteilt, um als zwei zu erscheinen.

Es wäre gut, unser Denken über das, was Schöpfung wirklich ist, zu vereinfachen, indem wir es in einfache Worte kleiden. *Die Schöpfung besteht aus dem unsichtbaren Universum des Geistes, das Jesus den Himmel nannte und das der Mensch Raum nennt, sowie dem sichtbaren Universum der Bewegung, das der Mensch Materie und Stoff nennt.* Es gibt allerdings einen großen Unterschied zwischen dem allgegenwärtigen Himmel, von dem Jesus sagte, er sei »im« Menschen und in allen Dingen, und dem Himmel, den der Mensch für einen Ort oberhalb und jenseits der Erde hält. Jahrtausendelang hat der Mensch sich den Himmel als einen Ort über der Erde vorgestellt, wohin tote Körper und Seelen aufsteigen. Literatur und Kunst stecken voller Symbolik, die diese primitive Vorstellung sehr anschaulich machen. Wenn wir jedoch unsere Vorstellung von der Bedeutung des Wortes Himmel dahingehend erweitern, dass es sich um das allgegenwärtige Null-Vakuum handelt, das überall in und außerhalb aller Dinge ist, wie es in Abbildung 6 symbolisiert wird, dann wird die Jahrhunderte alte Vorstellung, dass wir in den Himmel kommen, wenn wir sterben, buchstäblich wahr. Die Schwierigkeit für die menschliche Vorstellung liegt jedoch darin, dass wir ohne Dimensionen in den »Himmel« zurückkehren, genauso wie die dreidimensionale Eiche ihre riesigen Dimensionen in ultramikroskopische Nichtigkeit zurückzieht. Das ist die Schwierigkeit des Menschen. *Es würde ihm helfen, wenn er erkennen würde, dass sein Körper nur das projizierte Abbild einer Idee ist und dass Ideen dimensionslos sind.*

Wir müssen im Gedächtnis behalten, dass die primitive, heidnische Vorstellung die Erde für die gesamte Schöpfung hielt. Der Mensch dachte damals, der Himmel würde die Erde umgeben. Der Himmel hatte sogar eine Grenze, mit hineingestanzten Löchern für die Sterne. Der heidnische Mensch hatte keine Vorstellung von unbegrenztem Raum und Milliarden von Sonnen und Erden. Er dachte lokal. Selbst sein Gott existierte nur für diese eine Erde und sogar nur für bestimmte Völker. Die griechischen Götter hatten menschliche Gestalt sowie menschliche Gefühle und Wünsche. Dieser heidnische, menschenartige Gott überdauert immer noch, ein Gott nach dem Bildnis des Menschen, ein Gott mit Armen und Beinen – für die er in einer unbegrenzten Null-Ausdehnung keine Verwendung hat – ein Gott, der zornig und rachsüchtig sein konnte und dem aufgrund seiner definierten Grenzen Allgegenwart unmöglich war. Die Zeit muss kommen, wo der Mensch aufhört, zu einem Gott »oben im Himmel« *außerhalb* seiner selbst zu beten, und stattdessen mit Gott *in* sich spricht. *Der Tag einer geschwisterlich vereinten Menschheit mit Frieden auf Erden und Ekstase im Herzen des Menschen wird erst kommen, wenn der Mensch zu einem Gewahrsein seiner eigenen Göttlichkeit erwacht und Gott in dem Geisteslicht findet, das er selbst ist.* Möge dieser Tag für die Vielen, die bereit sind, bald kommen, und mögen sie dann das Nahen dieses Tages für die noch heidnisch gesonnenen Menschen beschleunigen, indem sie das Licht in ihnen erwecken.

Wir müssen uns nun mit Aufgabe, Zweck und Struktur der Edelgase besser vertraut machen, um ein klareres Wissen über unsere eigene unsterbliche Identität in diesem allgegenwärtigen Himmelreich in uns zu gewinnen. Der erste Schritt hierzu liegt im Begreifen der unsichtbaren Brücke zwischen Himmel und Erde sowie der sichtbaren Eingänge und Ausgänge durch die neun Edelgase. Dazu müssen wir zuvor den Zusammenhang zwischen den Abbildungen 6 und 7 verstehen und uns danach mit dem neunsaitigen Instrument vertraut machen, auf dem immerwährend die Sinfonie der Schöpfung gespielt wird. Abbildung 5 ist genau für diesen Zweck erstellt worden. Am Beginn und am Ende jeder Saite steht ein Edelgas.

Jedes Edelgas wird durch vier in einer Ebene liegende Ringe aufgebaut; in der Mitte ist ein Loch, das die unsichtbare Geist-Quelle dieser vier Ringe ist. Genau in der Mitte dieses Loches gibt es einen Punkt der Ruhe, in dem sich all das Leben, die Energie, das Wissen, die Idee und die anderen Qualitäten befinden, die ein Teil der nichtdimensionalen Gottnatur sind. Jeder Punkt im ganzen Universum ist wie dieser Punkt, aber wir befassen uns jetzt nur mit einem einzigen, denn das ist der Punkt, woher die Eiche ihre Identität und Kraft bezieht, um die Idee der Eiche – oder irgendeiner anderen Untereinheit der Schöpfung – in Form auszudrücken.

Dieser allgegenwärtige Punkt, aus dem auch Sie Ihren Körper bezogen haben, ist derselbe Punkt, an dem Ihr sichtbares, sterbliches Ich unsichtbar wird und wieder Unsterblichkeit annimmt. Dieser eine Punkt im ganzen Universum lenkt jede Ihrer Bewegungen, von Ihrer allerersten vor vielen Millionen Jahren bis zur letzten, welche die Idee des Menschen, wie sie von Ihnen ausgedrückt wird, vollendet. Dieser eine Punkt ist *Ihre* Seele in der Universalen Seele. Er ist *Ihr* Geist im Universalen Geist, *eine* Untereinheit der Schöpfung. Sie sind EINS mit diesem Geist – tatsächlich *sind* Sie dieser Geist. *Ihr Körper ist das Denken und Vorstellen dieses Geistes.* Ihr ewiges ICH ist dieses Zentrum und Ihr ewiger KÖRPER ist diese Reihe von vier Ringen aus fluoreszierendem Licht, das die zentrale Seele Ihres ewigen ICH auf ewig einhüllt. Diese vier Ringe sind die ewigen Aufzeichnungen Ihrer selbst; sie sind so unsterblich wie Sie; sie sind der Mikrofilm Ihrer Selbst.

Beginnen Sie die ungeheure Bedeutung dieser Vorstellung zu erfassen? Wenn Sie dies tun, ist Ihnen nun bewusst geworden, dass weder SIE noch IHR KÖRPER sterben können, denn dieser ewige Mikrofilm von Ihnen wird nach jeder Ruheperiode zwischen Aktion und Reaktion immer wieder in die dreidimensionale Vergrößerung projiziert. *Wenn Sie das wirklich verstehen, wissen Sie jetzt, dass Ihr Geist nicht sterben kann, denn Ihr Geist ist EINS mit Gottes Geist, und dieser kann nicht sterben.* Und auch Ihr Körper kann nicht sterben, denn er ist Geist-Denken, und die *Aufzeichnung* dieses Geist-Denkens ist für immer im Seelensamen Ihres Körpers eingefaltet und in diesen vier Ringen aufgezeichnet, die diesen umgeben, genau so, wie eine Beethovensinfonie auf der spiralförmigen Rille einer Schallplatte aufgezeichnet ist.

Sie selbst *sind* ewig, aber Ihr Körper *wiederholt* sich ewig. Ihr Geist schläft niemals, denn er ist unwandelbar, aber Ihr Geist-Denken ruht sich in zyklischen Intervallen zwischen seinem Pulsieren aus. Darum schläft Ihr Körper jede Nacht und verliert das Gewahrsein seiner Körperexistenz. Er muss dies tun, denn er braucht Erneuerung und Ersatz. Wir sind ganz vertraut mit diesem Phänomen. Es ist uns ganz verständlich, weil wir es schon so oft erlebt haben.

Das Ende eines Körperkreislaufs, wenn der Körper vollständig erschöpft ist oder sein Wachstum durch eine Krankheit, eine Schussverletzung oder den Sturz von einer Klippe einen Kurzschluss erleidet, stellt lediglich ein weiteres Intervall des Schlafes und der körperlichen Erneuerung durch Lichtprojektion aus seinen Samenaufzeichnungen dar. *Diese Tatsache verstehen Sie, wenn Sie hinreichend darüber meditieren und dieses Wissen tief in Ihr zentrales Bewusstsein sinken lassen, anstelle es nur oberflächlich in Ihr Gehirn aufzunehmen.* Wenn Sie diese Tatsache ganz und gar verstehen, wissen Sie: Das, wozu Sie sich gemacht haben, ist das, was Sie selbst in elektrischer Form in diesen vier Ringen, die ihre Seelenidentität umgeben, aufgezeichnet haben. Alles, was in diesen vier Ringen aufgezeichnet ist, wird von Ihnen beständig wieder neu aufgeführt, zu jeder Sekunde des Tages. Wenn Sie in den Spiegel blicken, sehen Sie, zu welcher Art Mensch Sie sich heute haben werden lassen – aufgrund Ihres Denkens und Handelns vor einer Million Jahre. Sie sind die Art von Mensch, die Sie sein wollten. *Sie sind die Gesamtsumme Ihrer eigenen Wünsche.*

Nun blicken Sie auf einen Menschen, der Ihnen unendlich viel bedeutender erscheint als Sie selbst. Welcher Unterschied besteht zwischen Ihnen beiden? *Der Unterschied liegt einzig in der Kraft Ihres Wünschens.* Wenn ein bedeutender Mensch Sie dazu inspiriert, so sein zu wollen wie er und Sie sich das mit aller Intensität wünschen, wird dieser Wunsch als geistiges »Vor-Bild« in Ihrer Seelenchronik aufgezeichnet; dieses Bild Ihres Geist-Wunsches wird zu Ihnen zurück projiziert und macht Sie Ihrem »Vor-Bild« gleich.

Wir wollen noch einmal in diesen neuen tiefen Brunnen blicken. Nehmen wir an, Sie seien körperlich krank, weil Sie es so gemacht haben, indem Sie wünschten, es so zu tun. Wenn Sie erkennen, dass Sie das Muster fehlerhaften Denkens genauso in Ihrer Seelenchronik aufzeichnen wie das Muster richtigen Denkens, können Sie stattdessen Ihre Wunschkraft darauf richten. Dann werden die gesunden Aufzeichnungen aus den langen Zeitaltern, in denen Sie einen gesunden Körper gebildet haben, Ihnen JETZT einen gesunden Körper zurückgeben, wenn Sie es nur zulassen. Ihre Krankheit wird aufgehoben und durch die Gesundheit des aus Licht gewobenen Bildes, aus dem Sie äonenlang Ihre Identität gebaut haben, ersetzt. Betrachten Sie wiederum Abbildung 6. Erkennen Sie den allgegenwärtigen, allwissenden, allmächtigen Geist des unsichtbaren Gottes-Lichtes, das in dieser Abbildung symbolisiert wird? Erkennen Sie, dass dieses Licht die absolute Herrschaft hat über das projizierte Licht Seines Denkens, wie es in Abbildung 7 symbolisiert wird? Dann werden Sie leichter verstehen, wieso Ihr unsichtbares, allmächtiges, allwissendes ICH ausgewogene oder unausgewogene Zustände in Ihren Körper projizieren kann und dies auch tut. *So erschaffen Sie sich selbst nach Ihrem eigenen Bilde.*

Alle Dinge, die von Gott erschaffen werden, werden in Seinem eigenen Bild erschaffen, daher sind Gottes Schöpfungen ausgewogen. Da Sie nun langsam zu dem Punkt gelangen, wo Sie um Gottes Gegenwart in sich wissen und sie fühlen, werden auch Ihre Schöpfungen – im Maße dieses Gewahrseins – die Ausgewogenheit und Meisterschaft göttlicher Schöpfungen in sich tragen.

Was für Sie wahr ist, gilt auch für die gesamte Zivilisation. Der Durchschnittsmensch ist der Gegenwart Gottes in sich noch nicht gewahr, und darum wird unsere Zivilisation nach dem Bilde des Menschen gebaut und nicht nach dem Bilde Gottes. Dies kommt in der »Botschaft der Göttlichen Iliade« in den folgenden Worten klar zum Ausdruck:

Denn fürwahr, der Mensch, der nur den Lehm der Erde in sich wahrnimmt, ist als ein irdenes Abbild seiner Erde an diese gefesselt.

Die irdenen Abbilder Meiner Vorstellungen, die Mich nicht in sich erkennen, wandeln in der Finsternis der Erde.

Der nur sinnlich wahrnehmende Mensch verstellt sich selbst so lange durch Dunkelheit die Tore zu Meinem Königreich, bis er Mein Licht in sich als Mich erkennt.

Bis dahin ist er nur wandelnder Lehm und manifestiert Mich nicht in sich, da er von sich selbst nichts als wandelnden Lehm wahrnimmt und die Glorie Meines Lichtes nicht in sich erkennt.

Deshalb sage Ich dir, erhebe dich über deine Sinne. Erkenne Mich als Angelpunkt deines Denkens. Sei Ich als tiefer Brunnen deines Wissens.[111]

II

Damit Sie die Tiefe dieser Idee noch besser begreifen können, geben wir Ihnen einfache und vertraute Beispiele, die sich darauf beziehen. Vielleicht ist es das Einfachste, wenn wir Sie an etwas erinnern, worüber Sie sich vermutlich schon oft gewundert haben. Wir wollen zum Beispiel des Samens zurückkehren, den Sie in Ihrer Hand halten – und darüber meditieren. Sie haben erkannt, dass der ultramikroskopische Samen, der in seiner ihn umgebenden Plazenta eingefaltet ist, in sich das Bild von jedem Zweig, jedem Blatt und jeder Faser dessen trägt, was ein Baum werden wird, der fünfzig Tonnen wiegt und dreißig Meter hoch ist. Sie haben sich daran erinnert, dass nicht zwei Blätter oder Zweige dieses Baumes genau gleich sind. Sie haben sich zweifellos an hundert wunderbare Eigenschaften dieses Baumes erinnert und sich gefragt, wie es möglich ist, dass dieser ganze große Baum in einen mikroskopisch kleinen Punkt eingefaltet ist. *Sie versuchen, das Ihnen noch unvertraute Null-Universum der Geist-Idee, welches keine Dimension hat, in das Universum der Dimension, mit dem Sie vertraut sind, zu übersetzen.* Wir wählen zum leichteren Verständnis ein vertrautes Bild.

Wenn Sie zum Beispiel im Kino ein fünf Meter hohes Lichtbild sehen, wissen Sie, dass es sich um eine Lichtprojektion aus einem winzig kleinen Filmbild handelt. Sie können das große Bild mit Leichtigkeit sehen, aber wenn Sie in dem Miniaturbild nach einem Gesicht suchen, das Sie auf der Leinwand in allen Einzelheiten sehen können, werden Sie nicht in der Lage sein, mehr zu lokalisieren als nur seine ungefähre Position auf dem Filmbild. Wir wollen diesen Vergleich noch einen Schritt weiterführen. Der menschliche Erfindungsgeist hat eine Technik entwickelt, um Mikrofilme herzustellen. Wenn Sie diese betrachten, werden Sie nicht in der Lage sein, die Position eines Menschen zu lokalisieren, noch viel weniger sein Gesicht, aber es kann aus diesem unsichtbaren Punkt zu klarer Sichtbarkeit vervielfacht werden, genauso wie die unsichtbare. So kann auch ohrenbetäubender Lärm verstummen, als Stille in ein Kästchen verschlossen werden und dort auf den Befehl Ihres Geistes warten, um sich wieder zu lauten Geräuschen zu »projizieren«.

Ein weiterer Schritt. Licht ist unbegrenzt, aber menschliche Techniken und Materialien sind es nicht. Wir wollen trotzdem annehmen, es sei möglich, ein Bild aus diesem Mikrofilm dreißig Meter hoch zu projizieren. Wenn Sie diesen Gedanken in tiefe Meditation nehmen, werden Sie verstehen, wie sich die Dimensionalität in der Samenaufzeichnung Ihres Selbst zur Null einfaltet, so wie es sich auf dem Mikrofilm fast zur Null einfaltet. Wenn wir nun zu der dreißig Meter hohen und fünfzig Tonnen schweren Eiche zurückkehren, verstehen Sie, dass dimensionierte, komplexe, geprägte Körper sich in großer Vielfalt mit detaillierten Wirkungen aus einem Geist-Konzept ohne Dimension entfalten können, und dass sie sich genauso wieder in die Dimensionslosigkeit einfalten können.

Ein weiterer Schritt verdeutlicht diese Idee noch genauer. Blicken Sie in Ihrer Vorstellung sorgfältig auf das große Lichtbild auf der Kinoleinwand und erkennen Sie, dass eine für das Verständnis entscheidende Bedingung dort nicht abgebildet ist. Dieser eine entscheidende Faktor ist die IDEE des Bildes. Die IDEE ist nicht fotografiert. *Sie ist überhaupt nicht da.* Sie können sie nicht *sehen*, wie genau Sie auch hinschauen – aber Sie WISSEN um diese Idee so gut, als wäre sie *sichtbar*. Die Idee wird niemals erschaffen. Nur ihr *Körper* wird erschaffen. Ideen haben keine Dimension. *Nur das projizierte Bild der Idee hat eine Dimension.* Die Idee wird niemals *erschaffen*. Sie wird nur *nachgeahmt.*

Kehren wir zurück zu der Beschreibung, die wir Ihnen von der Brücke zwischen Mensch und Gott gegeben haben, welche von den Edelgasen gebildet wird

Betrachten Sie bitte Abbildung 41 (Seite 148), welche eine Edelgaseinheit viele Millionen Mal vergrößert darstellt. Der zentrale Teil dieses Diagramms stellt den Geist innerhalb der Bewegung dar. In der Mitte herrscht absolute Ruhe, und dort ist in jedem schöpferischen Ding das Königreich des Himmels, von dem Jesus den Menschen zu erzählen versucht hat. Das ist Gottes Universum, aber es gehört auch dem Menschen, wenn er dessen gewahr wird.

Bis der Mensch in dieser Weise bewusst wird, ist er nur ein sterblicher Leib. Während der Äonen seines Nicht-Gewahrseins und ihm unbewusst reicht etwas in dieser Unsichtbarkeit, welche die Mitte des Ringes bildet, auf ewig zu ihm (und zu allen schöpferischen Dingen) hinaus und wird zunächst als Instinkt fühlbar. Das ist die erste Brücke des Menschen zu Gott. Betrachten Sie hierzu Abbildung 48 (Seite 198) und lesen Sie die Worte, die im Nullbereich gedruckt stehen.

Viele Zeitalter vergehen, bevor diese Brücke, die aus ihrer Dunkelheit zum Menschen hinausreicht, durch sein eigenes Magnetisches Licht des Geist-Wissens erleuchtet wird, welches dann als Inspiration zu ihm kommt. Selbst dann weiß der Mensch noch immer nicht, dass eigentlich Gott in Seiner Licht-Sprache zu ihm spricht. Dieser Funke des in ihm erwachten Lichtes kann viele Leben lang als Genie in ihm brennen, bevor er endlich ganz gewahr wird, dass er mit diesem Licht Eins ist. *Dann kommt dieser großartige, blendende Blitz des Magnetischen Lichtes zum genialen Menschen, das ihn umfängt und ihn über diese Brücke aus seiner Welt der Bewegung in die völlige Ruhe dieses Lichtes trägt.* Dann hört er wirklich Gottes Stimme, wie sie sagt: »Sieh Mich – Sei Ich – Sei du der Angelpunkt deiner eigener Kraft.« Das Genie hat dann die Brücke überschritten, die von der Bewegung in jene Ruhe des Einen führt und ihm die Tür zum ewigen, allmächtigen und allwissenden Geistes-Licht öffnet. Dann, und nicht vorher, kann der Mensch sagen: »Ich und Mein Vater sind EINS« – *und wissen, was das bedeutet.* Dies ist das Christusbewusstsein, das letzte Ziel aller Menschen. Das kann der Mensch noch nicht begreifen, denn er steckt geistig noch in seinen Kinderschuhen, und die Reise des Lebens währt lang. (Die fünf Entfaltungsstufen auf der langen Reise des Menschen vom Primaten zum Christusbewusstsein sind vielleicht noch nie umfassender erklärt worden als in *»God Will Work With You But Not For You«*.[112])

III

Auf dem Papier können wir nur Worte festhalten. Wir können anderen Menschen, die dieses Wissen nicht haben, mit diesen Worten jedoch nicht das Wissen selbst bringen. Eine Sinfonie kann von Menschen und Tieren gleichermaßen physisch gehört werden, aber die Seele des Komponisten in der Musik wird von manchen gar nicht wahrgenommen, bei anderen bewirkt sie eine große innere Bewegung. Für manche Menschen sind diese Worte, die wir gerade geschrieben habe, nur Worte – und werden es noch für Jahrtausende bleiben – aber nicht für alle. Manche werden verstehen und sehr bewegt sein. Ihnen allen können wir jedoch ein Verständnis nahe bringen, indem wir die

Türen zum Unsichtbaren, Unbekannten noch ein wenig weiter öffnen und die Aufgabe und den Zweck der Edelgase genauer erläutern.

Es wird Ihnen in dieser Hinsicht viel helfen, wenn Sie Ihre Vorstellungskraft in Bezug auf eine Wirkung in der Natur einsetzen, mit der sehr wenige vertraut sind: die Wirkung der ultramikroskopischen Kleinheit. Der Durchschnittsmensch denkt in großen Dimensionen. Seine Sinne sind auf Größe gerichtet. Er sieht Tausende von Objekten kilometerweit um sich her und Millionen von Kilometern weit in den Weltraum hinaus. Seine Sinne sind auch auf Bewegung gerichtet, auf die vielen Lichter und Klänge, die eins sind mit Bewegung, sowie auf Ausdehnung. Er sieht nur die sich entfaltenden Erweiterungen, die aus dem Samen projiziert werden. Er realisiert überhaupt nicht, dass alles, was er im großen Maßstab dort draußen sieht, in ihm eingefaltet ist, in seiner Winzigkeit der Null so nahe, dass die ganze große Welt in ein mikroskopisch kleines Bild in seinem Auge passt. Wird Ihnen das deutlich? Erkennen Sie, dass die *Größe da draußen* mit der Kleinheit in Ihrem Auge identisch ist? *Wenn ja, können Sie Ihr Denken daran gewöhnen, dass der gesamte Kegel des sichtbaren Universums im Inneren eingefaltet ist und von seiner Spitze ausgehend durch die rein geistigen Abläufe der kreativen Vorstellungskraft erweitert wird?*

Dann werden Sie bald bereit sein, sich die folgende Frage zu stellen: *Wenn Objektivität und Dimension nur Vorstellungen sind, was ist dann mit der Bewegung, die sie erschaffen hat?* All die Größe im Außen ist eine ausgedehnte radiale Vergrößerung der Nullpunkt-Kleinheit. Wenn Sie zu diesem Gedanken die Tatsache fügen, dass das kleine Bild eine Aufzeichnung des großen ist, kommen Sie einem Verständnis dieses großen Naturgeheimnisses näher. Nun bitten wir Sie, diesem Bild einen weiteren Gedanken hinzuzufügen, nämlich die Tatsache, dass das große und das kleine Bild nicht zwei sind. Sie sind eins. Dasselbe Licht, welches das eine erschuf, erschuf auch das andere, und die Strahlen dieses projizierten Lichtes verbinden die beiden so eng, wie Lichtwellen den Klang einer Menschenstimme mit dem Tonband verbinden, welches diese aufnimmt. Mit anderen Worten, alles, was scheinbar irgendwo dort draußen im ausgedehnten Raum geschieht, wird gleichzeitig im Null-Universum auf den vier Ringen der Edelgasreihe aufgezeichnet, welche die Brücke von Gottes Wissen zu seinem Denken bilden.

Nun verbinden Sie all dies mit der Tatsache, dass jeder Gedanke und jede Aktivität, die im ausgedehnten Bewegungsuniversum stattfindet, überall gleichzeitig stattfindet. Wenn das so ist – und Radio und Fernsehen zeigen Ihnen seit langem, dass es so ist – können Sie sich jemals das Universum anders vorstellen als eine EINHEIT? Wenn Sie nun die Eine Quelle jenes ausgedehnten Bildes einbeziehen, wissen Sie, dass Gott und der Mensch und alles andere EINS sind.

Das, was in der Bewegung vergänglich ist, existiert ewig im durchscheinenden Licht der Edelgase, welches das Magnetische Licht des Geistes unterteilt, um Paare aus elektrischen Körpern hervorzubringen. Diese Edelgase zeichnen alle Wirkungen des schöpferischen Denkens auf ihren vier Ringen so präzise auf, wie die Rillen einer Schallplatte ausgedehnte Wirkungen aufzeichnen. Und während die Eiche sich aus ihrem Nullpunkt-Samen entfaltet, um sich in den Raum auszudehnen, falten die alten und neuen Wachstumsmuster der Eiche sich gleichzeitig in deren Samen wieder ein. Jedes Blatt und jeder Zweig sind in der unsichtbaren Eiche genauso vollkommen wie in der sichtbaren. Das Wunderbare daran ist, dass die ausgedehnte Eiche vergänglich ist, die Samenaufzeichnung aber nicht. Nichts kann diesen Samen verletzen oder beeinträchtigen, auch wenn sein ausgedehntes »sterbliches« Abbild mitsamt dem Planeten, auf dem es wächst, zerstört werden kann. Mit anderen Worten, Gottes Gedanken sind unvergänglich. Sie sind unsterbliche Gedankenbilder unsterblicher Ideen. Sie wiederholen sich auf ewig in der Natur, und genau das ist die Natur. Natur ist eine Lichterweiterung aus dem All-Licht der Geist-Idee.

Der nächste Schritt bei Ihrer umfassenden Vorbereitung auf Kosmisches Wissen ist eine Übertragung der Verhältnisse von der Eiche auf den Menschen. Das projizierte Bild eines Babys beginnt mit der Entfaltung der ewigen Aufzeichnung seiner selbst, die auf ewig in Gottes Geist-Universum existiert. All die Tausende detaillierter Zellformen und Körperteile sind nur wiederholte Erweiterungen von ewig existierenden Gedankenkonzepten. *Wenn Sie deren Einheit in dem Licht, das sie sind, erkennen, werden Sie vollständig verstehen, dass der Menschenkörper nur ein Gedankenbild in Bewegung ist, projiziert aus einem ewigen Gedankenbild in Gottes Geist.* Verstehen Sie nun, dass der Mensch nicht sterben kann? Das Licht, das ihn abbildet, kann für eine Weile von seiner Quelle abgeschnitten sein, aber es wird von seiner ewigen Quelle aus immer wieder projiziert werden, bis der Zweck seiner scheinbaren Existenz erfüllt ist. *Das ist mit dem Vers aus dem ersten Korintherbrief gemeint, der diesem Kapitel vorangestellt ist.*

IV

An diesem Punkt ist es hilfreich, wenn wir das vorübergehende Abschneiden des Geist-Lichtes von dem projizierten Bild der Geist-Vorstellung erläutern. Wir meinen damit genau das, was Sie meinen, wenn Sie sagen: »John Smith wurde von einer Gewehrkugel getötet.«

Wenn im Kino das Licht des Projektors abgeschaltet wird, hört das projizierte Bild auf zu sein, aber die WIRKLICHKEIT dieses Bildes existiert als IDEE weiterhin und kann wiederholt werden. Die Gesamtheit unseres objektiven Universums aus sich bewegenden Körpern ist im Prinzip wie ein Kinofilm. Sie ist eine Reihe elektrisch projizierter Pulse von sich wandelnden Gedankenmustern mit schwarzen Lücken der Ruhe zwischen jedem Wechsel eines Gedankenmusters. Das Pulsieren ist so schnell, dass die sich ständig wandelnden Muster die Illusion der Bewegung und alle damit zusammenhängenden Wirkungen erzeugen. Die projizierten Pulse sind vorübergehende Wirkungen, die sich ständig ändern. *Die Quelle dieses Pulsierens ist ewig und ändert sich nie.*

Im kosmischen Kino gibt es keine Bewegung. Der ganze Film ist eine radiale Projektion aus einem Null-Angelpunkt der Ruhe. Dieser ist die Spitze eines ungeborenen Kegels. Eine radiale Projektion aus der Null erschafft die Illusion eines dreidimensionalen Universums. *Seine Pulsabfolgen erschaffen die Illusion der Zeit, und Ihr Körper ist eine Geist-Projektion Ihres Selbst.* Wir sind Gedanken des Geistes, nach dem Bild unserer Vorstellungen gemacht. Die ganze Vielfalt der Mathematik und die Dichte des konzentrierenden Denkens werden »da draußen« am anderen Ende der Lichtstrahlen in unendlichen Varianten und großer Komplexität ausgedruckt, aber in ihrer inneren Quelle sind sie Null. Das bringt uns zu John Smith zurück, der, wie Sie sagen, von einer Gewehrkugel *getötet* wurde. Es ist wahr, dass ein ganzes System des Wachstums von Gedankenmustern, die das projizierte Bild von John Smith ausmachten, unterbrochen wurde, aber es ist nicht richtig zu sagen, dass er getötet wurde, denn John Smith war nicht »da draußen«, wo er hätte getötet werden können. John Smith ist eine geistige Identität. Er ist nicht nur ein Gedanke des Kosmischen Denkers, sondern er ist auch EINS mit dem EINEN DENKER. Vergessen Sie das nie. John Smith und der Schöpfer unseres Universums sind EINS. Dieses EINE kann nicht getötet werden.

Wir wollen diesen Gedanken nochmals anders formulieren. Sagen wir, John Smith wurde nicht von einer Gewehrkugel getötet, sondern auf dem elektrischen Stuhl hingerichtet. Das bedeutet, sein Licht wurde abgeschaltet, indem ein Strom durch seine Projektionsdrähte geschickt wurde, der so stark war, dass sie ihn nicht befördern konnten. Wenn wir nun statt des Körpers von John Smith einen Wolframfaden nehmen und den Wolfram »elektrisch hinrichten«, würde auch der Wolframfaden einen Kurzschluss erleiden oder »getötet«

werden, wenn Sie lieber dieses Wort benutzen möchten. Wie wir auf den vorherigen Seiten beschrieben haben, lässt ein Wolframdraht, der in dieser Weise in einer Vakuumröhre »elektrisch hingerichtet« wird, einen Rest des Edelgases Helium zurück. Dieses Helium ist der beseelende Same des Wolframkörpers. Es ist die Seelenaufzeichnung dieses Körpers und seine Identität in einem einheitlichen Universum. Das Helium ist die Nullgrundlage in Bezug auf die Vielfalt des Wolframs. Diese Null kann nicht getötet und auch nicht davon abgehalten werden, ihr inneres Bild zu *reinkarnieren. Unser Universum besteht aus der ewigen Wiederholung von pulsierenden Gedanken, die auf ewig wiederholt werden.* Im kosmischen Sinne bedeuten Reinkarnation und Wiederholung dasselbe, denn die Natur ist ewig, sie ist *ohne Anfang und Ende*. Die Idee des Todes – oder einer Identität – oder der Ermordung – ist eine Schlussfolgerung der körperlichen Sinne. Für den wissenden Geist des kosmischen Mystikers ist ein solcher Gedanke unmöglich.

V

Warum wird Wolfram zu Helium? Es gibt schließlich neun die Seelen aufzeichnenden Edelgase, warum also gerade Helium? Das Edelgas für die Wolfram-Oktave ist Xenon. Warum faltet sich das Wolfram nicht im Xenon wieder ein? Die Antwort lautet, dass es sich sehr wohl wieder im Xenon einfaltet, aber alle Edelgase sind ineinander enthalten, und Helium ist das ausbalancierende Edelgas von den neunen. Xenon erweitert sich zu Krypton, Krypton erweitert sich zu Argon und dieses zu Neon, bis es sein Gleichgewicht im Kohlenstoff findet. Dies öffnet neue Welten für weitere Erklärungen, für die wir hier nicht genügend Raum haben. Wir können allerdings ein Beispiel geben, indem wir Sie bitten, beim Klavier das Forte-Pedal niederzudrücken, um die Dämpfer aufzuheben, und eine beliebige Note hart anzuschlagen. Wenn Sie dies tun, werden Sie auch jede andere Oktavnote darüber und darunter erklingen hören, und zwar in ihren jeweiligen eigenen Frequenzen. Einer dieser Töne wird jedoch über alle anderen dominieren, und das ist der Mittelton aller Oktaven. Dieser Mittelton ist der Kamm der universalen Welle. Alle Wirkungen der Natur erreichen einen Wellenkamm. Sie müssen dies tun oder vergehen, so wie die neunte Oktave vergeht, weil sie nicht in der Lage ist, durch die Vereinigung ausgewogener Paare einen Wellenkamm zu erschaffen,.

Kohlenstoff ist der Mittelton aller Oktaven der Elemente. Das Radarprinzip der Natur ist eine weitere Welt, auf die wir hier nicht eingehen können, aber Kohlenstoff ist der radiale Würfel des Null-Universums, und das Radarprinzip wird in seiner projizierten Wirkung vom Würfel beherrscht. Um das Radarprinzip vollständig zu verstehen, müssen wir die Bedeutung und den Zweck des Einen Lichtes im Geiste und der Lichtpaare im Körper verstehen; letztere agieren in dem System unterschiedlicher Lichtdrücke, welche unser Lichtwellenuniversum bilden, als Spiegel und Linsen. Schließlich braucht ein kosmisches Kino seine Projektionsmaschine, so wie der Projektor eines Menschen seine Spiegel und Linsen braucht. Der Würfel aus neun Lichtebenen mit Nullkrümmung ist dieser kosmische Projektor, und die gekrümmten Lichtdrücke mit gleichem Potenzial, die das Ergebnis dieser Projektion sind, stellen seine Linsen dar, welche die projizierte Wirkung unterteilen und vervielfachen. Durch diesen einfachen kosmischen Vorgang erscheint das gekrümmte Universum der Bewegung aus dem Innern seiner Würfelflächen mit Nullkrümmung. Dieses 0-1-2-3-4-0-4-3-2-1-0-Lichtwellenuniversum der scheinbaren Bewegung verleitet die Sinne der Menschheit – auf einer frühen Stufe ihrer sich entfaltenden Intelligenz, wie sie der unseren entspricht – zu dem Glauben, das projizierte Scheinbild sei der wirkliche Körper, der denkt und weiß, lebt und stirbt. Der frühe Mensch hat nie über die Tatsache nachgedacht, dass sein Körper nur ein Schauspieler im kosmischen Drama von Ursache und Wirkung ist, erschaffen vom Geist, der danach verlangt, die Idee der Liebe und des ausgewogenen Gleichgewichtes durch Lichtwellenprojektion in Gestalt beweglicher Bildformen nachzuahmen.

Es ist bedauerlich, dass wir diesen Gedanken nicht weiter klären können, indem wir die verschiedenen Kapitel schreiben, die notwendig wären, um die Lichtwelle, die dieses gesamte Universum bildet und das Radarprinzip, welches ihre scheinbaren Unterteilungen wiederholt, zu erklären. Wir finden jedoch, dass wir einen Absatz einfügen können, um zu erklären, warum sich die Wissenschaft dadurch verwirren lässt, dass Licht sich sowohl als *Welle* als auch als *Teilchen* zum Ausdruck bringt.

Die Grundlage dieser Erklärung beruht auf der Tatsache, dass die Welle in ihrer Gesamtheit zur Null der Schwerkraft gehört, während Materieteilchen zur elektrischen Bewegung gehören. Jede Oktavwelle ist eine Schwerkraftachse, um welche korpuskuläre Materie rotiert.

DIE IDEE IST EINS, muss aber in zwei aufgeteilt werden, um durch den Austausch zwischen diesen beiden Bewegung hervorzubringen. Wenn Sie bedenken, dass solche Unterteilungen die Idee nur nachahmen und dass die Idee nie erschaffen wird, werden Sie besser verstehen, warum John Smith nicht getötet werden konnte. John Smith, der Unsterbliche, wurde nämlich nie erschaffen. John Smith, die ewige Idee, ist göttlich. John Smith, das sich bewegende

Abbild, ist nur eine *Nachahmung*. Das führt uns zu den beiden Aussagen zurück, die wir oben getroffen haben und die hier deutlicher werden können, indem wir dem oben Gesagten noch etwas hinzufügen. Dort haben wir festgestellt, dass ein bestimmter Punkt im Null-Universum das Sie steuernde Zentrum oder die Quelle Ihrer Identität wurde. Das Null-Universum ist jedoch nicht unterteilbar. Das Geist-Denken an einem beliebigen Kathodenpunkt im Null-Universum wird universal an jedem anderen Punkt in diesem Universum wiederholt. Mit anderen Worten, *Ihre* Identität im Geist-Universum ist Gottes Identität. Ihre Identität ist universal in alle anderen Identitäten eingefaltet. Sie sind eine erschaffene Untereinheit, ein Gedankenkörper der universalen Idee Mensch. *Sie sind nicht ein Mensch, Sie sind alle Menschen. Alle diese Milliarden Menschen existieren in Ihnen, und Sie existieren in jedem von ihnen. Alles, was Sie glauben individuell zu tun, tun Sie universal. Ihre Gedanken sind die Gedanken aller Menschen, und deren Gedanken sind die Ihren. Alles, was irgendwo einem beliebigen Mensch oder Körper in der Natur geschieht, geschieht gleichzeitig überall im Universum, aber jedes Geschehnis in jedem Körper informiert alle anderen Körper in Lichtgeschwindigkeit über seinen neuen Zustand.*

Wir haben auch gesagt, dass es in der Natur keinen Tod gibt. Diese beiden Aussagen haben bei jenen, denen noch nicht vergönnt ist zu wissen, was sie nicht sehen können, für viel Verwirrung gesorgt. Ein verwirrender Gedanke wird von vielen zum Ausdruck gebracht, die um den Verlust eines geliebten Menschen trauern. Sie fragen beständig, warum sie – wenn es keinen Tod gibt – mit dem von ihnen Geliebten nicht kommunizieren können. Das erklärt sich ganz einfach selbst, wenn wir die Dinge auf Grundlage der oben festgestellten Tatsachen durchdenken. Wir wollen dies nun gemeinsam tun.

Wir werden ein einfaches und vertrautes Bild zeichnen. Sie sind beispielsweise eine Frau und sitzen am Bett Ihres Mannes Thomas. Er schläft tief und hat nicht das leiseste Bewusstsein von seiner körperlichen Existenz. Sie erwarten nicht, dass er Gedanken mit Ihnen austauscht, Sie in die Stadt begleitet oder über irgendetwas informiert. Ihre Gemeinsamkeit mit ihm ist, was seinen Körper angeht, so völlig zum Erliegen gekommen, als läge er im Grab. Es würde Ihnen niemals in den Sinn kommen, ein Medium zu engagieren, das schauen sollte, ob Sie mit dem – für die Welt vorübergehend toten – Körper Ihres Mannes kommunizieren könnten, wie viele es tun, deren Angehörige in einem ähnlichen Zustand sind, bloß dauerhaft. Jene, die dies tun, handeln so, weil sie fühlen, dass ihre Gemeinsamkeit mit ihren Angehörigen geendet hat. Aber sind Sie sich, während Sie so dasitzen, nicht der Gemeinschaft mit dem ewigen Thomas bewusst, der nicht sterben kann? Alles Geistige, was von ihm zu Ihnen gekommen ist, haben Sie noch immer. Dies alles ist Teil Ihrer Identität. Die Erinnerungen daran, die Ihnen geholfen haben, zu dem zu werden, was Sie sind, begleiten Sie nach wie vor. Sie sehen und hören die Gedanken Ihres Mannes in seinen Werken um Sie herum, in dem Haus, das er mit Ihnen gebaut hat, in den Kindern, die Sie gemeinsam aufgezogen haben. Was ist der Unterschied zwischen diesem schlafenden Körper und einem toten? *Der einzige Unterschied ist, dass der tote Körper von Thomas nicht aufwachen kann, aber der unsterbliche Thomas selbst lebt weiterhin und ist Teil von Ihnen und von allen Menschen im jedem Moment aller zukünftigen Zeiten.*

Wenn Sie dies nicht begreifen, fragen Sie sich, ob Ihr eigenes Leben nicht durch Beethoven, Wagner, Shakespeare und all die Dichter und Künstler, deren Gesellschaft Sie so innig lieben, bereichert wird. Wären Sie ohne diese Menschen dieselbe Frau? Sind diese also nicht ein Teil Ihrer Identität? Und wiederum, wenn es so ist, können Sie dann sagen, dass diese Wesen *tot* sind, wenn Sie doch ihre Gesellschaft haben können, wann immer Sie es wünschen? Können Sie von irgendwem sagen, dass er tot ist? Sein Körper wandelte einst über die Erde, damit er ein Schauspieler im Stück der Liebe sein konnte, das der Meisterdramaturg auf die Leinwand der Vorstellungen wirft, um Seine Eine Idee nachzuahmen. Mit ihm wird ein weiterer Stein zum Gebäude der Zivilisation gefügt, so wie eine Koralle im Meer ihr Kalkskelett mit anderen Kalkskeletten zurücklässt, um eine Insel im Meer zu erbauen.

Können Sie sagen, dass Laotse, Shakespeare, Sokrates, Homer, Newton und Luther tot sind, wenn sie doch täglich und stündlich dazu beitragen, gelehrte und kultivierte Bürger heranzubilden? Können Sie wirklich sagen, dass Jesus am Kreuz starb und wiederkommen wird, wenn er hier und jetzt Ihr Leben, unseres und das zahlloser anderer Menschen durch seine Lehren transformiert, die Sie so wirksam hören und lesen können, als ob er mit seiner körperlichen Stimme zu Ihnen sprechen würde?

Wer also sind Sie? Sind Sie nicht alles, was je gewesen ist? Und wird es jemals einen Augenblick in der Zukunft geben, wo Sie nicht ewig leben unter der ewig lebendigen Menschheit, um diese zu einem Teil von Ihnen zu machen? Wenn Sie so überlegen, sehen Sie dann die große Verwirrung, die im Geist des Menschen herrscht oder besser gesagt in seinen *Sinnen*, weil er Unsterblichkeit mit Sterblichkeit verwechselt? Sie können nun sehen und verstehen, dass materielle Körper und materielle Werte zum frühen Menschen gehören und dass wir in dem Maße, wie unsere geistige Natur sich von der körperlichen Wahrnehmung zum geistigen Wissen und Gewahrsein Gottes in uns entfaltet, allmählich materielle Werte gegen geistige Werte austauschen Der Mensch hat intellektuell noch kein fortgeschrittenes Alter erreicht, trotz der scheinbaren Wunder seines materiellen Fortschrittes, sondern verharrt im Gegenteil immer noch im barbarischen Zeitalter des Mordes an seinen Mitmenschen. *Er hat seine Einheit mit dem Menschen und mit Gott noch nicht entdeckt, denn wenn der Mensch wirklich um seine Einheit mit allen Menschen weiß, kann er unmöglich töten.* Unsere gegenwärtige Zivilisation ist auf Piraterie gegründet. Das, was ein Volk anderen Nationen geraubt hat, um sich zu bereichern, führte stattdessen zu seiner eigenen Verarmung. *Kein Mensch wird einen anderen Menschen töten, wenn er weiß, dass er sich selbst tötet.*

Der Mensch hat nicht einmal die Bedeutung der Liebe erkannt, denn Liebe bedeutet die Aktion und Reaktion von gleichwertigem Geben und Zurückgeben. Geben und Zurückgeben laufen unter dem Gesetz gleichzeitig ab, aber wenn der Mensch *nimmt,* anstatt zu *geben,* wirkt die Gleichzeitigkeit des *Nehmens* in Aktion und Reaktion in Umkehrung des Gesetzes der Liebe. Sehen Sie jetzt also auch klar, dass das Geist-Universum bislang für unsere Zivilisation insgesamt nur ein *Wort* ist, dessen Bedeutung nur ein kleiner Prozentsatz der Menschen erahnt? Die intellektuelle Welt bezeichnet mit »Bewusstsein« das elektrische Gewahrsein der Sinne und das göttliche Bewusstsein als »Unterbewusstsein«[113]. Viele unserer großen Intellektuellen glauben immer noch, das *Gehirn* sei der *Geist* und nicht nur ein Empfänger, Aufzeichner und Transmitter von Bewegungszuständen. Sie glauben auch, dass jedes Individuum sein eigenes individuelles Bewusstsein hat, welches stirbt, wenn das Individuum stirbt. Viele Menschen glauben tatsächlich, dass sich der Geist aus der Materie entwickelt hat.

Wie wunderbar ist es daher zu sehen, dass Wissenschaft auf lange Sicht nicht nur zu entdecken beginnt, dass es ein Null-Universum gibt, sondern auch die mathematische Notwendigkeit dieses Null-Universums erkannt hat. Die jüngsten Entdeckungen des Antiprotons und anderer Antimaterieteilchen sind der erste Einblick, den die Wissenschaft je in Gottes Null-Universum genommen hat. Seit vielen Jahren wird die Notwendigkeit einer Null in einem quantitativen Universum als genauso notwendig erachtet wie ein Angelpunkt der Bewegungslosigkeit für den Ausdruck von Bewegung. Wir gelangen zur Spitze des universalen Kegels, wenn wir in dieser Richtung so weit gehen wie irgend möglich. Alles, was an unendlicher Ausdehnung in diesem Universum existiert, liegt in Richtung der Kegelbasis.

Die Entdeckung der Antimaterie in den letzten beiden Jahren[114] wird zu einem bedeutenden Wissenschaftszweig werden, sobald die Aufgaben und Zwecke der Edelgase wirklich bekannt sind, denn diese sind der Schlüssel, der die lange verschlossenen Türen zu Gottes Null-Universum des Geist-Lichtes öffnet. Es ist allerdings nicht angemessen, im Hinblick auf den Seelensamen eines beliebigen Bewegungszustandes den Ausdruck Antiproton zu benutzen. Es wäre genauso unangemessen wie der Begriff Antimensch in Bezug auf seinen Seelensamen. Was die Wissenschaft tatsächlich entdeckt, ist die Wirklichkeit der nichtdimensionalen Kathode, aus der die elektrischen Unterteilungen erweitert werden zu dimensionalen Anoden in festgelegten Zuständen. *Die Wissenschaft realisiert endlich, dass unser Aktions-Universum der Bewegung einen Angelpunkt haben muss, der sich nicht bewegt. Dies wird zu der Entdeckung führen, dass die Energie in der Angelpunktquelle dieses universalen Bewegungstrugbildes liegt und nicht in der Trugbilderweiterung, wo die Naturwissenschaft sie jetzt ansiedelt.* Wenn dieser Tag kommt, wird die Naturwissenschaft das universale Vakuum zum ersten Mal eher nach der URSACHE fragen, anstatt innerhalb der *Wirkung* nach der *Ursache* zu suchen. *Wenn diese Transformation im Denken des Menschen stattfindet, wird die Wissenschaft an einem Tag einen Sprung von eintausend Jahren gemacht haben.*

VI

Wir betonen nochmals, dass diese Worte nicht als Lehrbuch geschrieben wurden, um die vor uns liegenden neuen Wissenswelten zu entfalten, es sei denn, dieses Wissen steht wirklich in Bezug zu dem einzigen Zweck, für den das Buch geschrieben wurde, nämlich die Weitergabe unseres Wissens über die Radioaktivität. Doch ein paar erläuternde Absätze können den Forschern, die nun in jenem angeblichen »Nichts« ein »Etwas« finden, aus dem »die Materie auftaucht, nur um wieder von ihm verschluckt zu werden«, vielleicht die Tore zu neuem Licht öffnen.

Die Forscher entdecken derzeit, dass die schöpferischen Untereinheiten von Materie zwei Enden haben. Das eine Ende ist der Null-Angelpunkt, welcher dimensionslose, vom Geist ersonnene Muster in paarweise Körper projiziert. Das andere Ende ist das vergrößerte Muster selbst – in Bewegung. Ihre Beziehung zueinander hat Kegelform. Das Ende der »Anti-Materie« ist die Spitze, und das projizierte Ende der »Pro-Materie« ist die Basis des Kegels. Um es elektrisch auszudrücken: Das Ende mit der Kegelspitze ist die Kathode, und das Ende mit der Kegelbasis ist das Anodenpaar. Das Anodenpaar bewegt sich immer in Form getrennter Untereinheiten eines Paares, bis diese zu einem vereint werden; genauso *scheinen* ihre Spitzen, die projizierenden Angelpunkte, sich zu bewegen, um ihre Gleichgewicht im Raum zu lenken. *Natürlich ist das Null-Universum bewegungslos, und im Null-Angelpunkt findet keine Bewegung statt, denn Bewegung beginnt erst dort, wo die Unterteilung des elektrischen Denkens aus dem Angelpunkt einen gegenläufigen Wellenhebel projiziert, um seine Energie und seine Idee zu manifestieren.* Es ist jedoch der Wellenhebel, der sich bewegt, und nicht der Angelpunkt, und wenn das Gleichgewicht sich in zwei Richtungen bewegt, gibt es immer eine einzige Mitte, egal wie es sich bewegt (siehe Abbildungen 17–29). Diese Thema ist zu umfangreich, um ausführlicher darauf einzugehen, aber es ist für unseren Zweck so wichtig, dass wir hier sieben Diagramme abdrucken. Sie verdeutlichen, wie der Schöpfer seine Vorstellungen in ihre Formen auf die dreidimensionale Leinwand des Raumes projiziert, die uns so real erscheint. Eines Tages wird die sich entfaltende Intelligenz und innersinnliche Wahrnehmung des Menschen ihm die Erkenntnis ermöglichen, dass es ein reales, materielles Universum und Dimensionen überhaupt nicht gibt. *Was es gibt, ist eine Illusion, welche für die Wirklichkeit des Stoffes steht, die sie nachahmt, und diese Nachahmung wird von unseren Sinnen als Bewegung gedeutet. Wenn der Mensch das verstehen kann, wird er wissen, dass alles, was er für Bewegung hält, nur Nachahmung ist, denn auch Bewegung ist nur Illusion.*

Die sieben Diagramme werden auch dazu beitragen, der neuen Idee der Antimaterie größere Bedeutung zu verleihen, die gerade in die wissenschaftliche Welt Einzug hält, und die Tür zum Herannahen der neuen »Wissenschaft der Raumgeometrie« öffnen[115].

In Abbildung 62 finden Sie einen zentralen Punkt, der mit Null markiert ist. Das ist der Anfangspunkt im Geist-Universum, der die ewige Identität der einen Untereinheit einer vielfach wiederholten Idee markiert. Dort beginnt und endet Ihre Identität und die Identität alles anderen Schöpferischen im Universum. Sie taucht aus diesem Punkt Millionen Male auf und kehrt Millionen Male zu ihm zurück, komplexer geworden durch die Vereinigung mit anderen Identitäten, die ein Teil seines Zweckes werden. Dieser Nullpunkt ist der Seelensamen der Eiche oder eines Blutkörperchens in Ihren Adern. Sie, das Teilchen und alle anderen Dinge, sind die geformten Bilder, welche die Vorstellung des Schöpfers nachahmen. Sie und die Eiche und alle anderen Dinge denken Gottes Vorstellung. Dieser Nullpunkt sind *Sie*. In ihm liegen Allwissen und die Allmacht zu jeder Ausdehnung, die Sie sich wünschen, in dem Ausmaß, wie Sie dieser Möglichkeiten im »himmlischen Königreich« in Ihrem Inneren gewahr

Abbildung 62
Die Materie beginnt durch Unterteilung der Ruhe in den Edelgasen. Diese Ruhe wird durch gegenläufige Bewegung zu Paaren aus Oktavwellentönen projiziert, die wir als Elemente bezeichnen. Das Prinzip der Projektion ist dasselbe, welches der Mensch dazu benutzt, um das Konzept seiner Idee in die bewegliche Form der Idee zu projizieren. Es ist das zweifache Radarprinzip der Natur. Reduziert auf ihre letztliche Einfachheit ist die Natur eine Reihe von Echos.

sind. Sie müssen das eines Tages lernen. Sie müssen rechtzeitig lernen, dass Ihr ewiges ICH am anderen Ende Ihres projizierten Körpers liegt. Wenn Sie heute auf Ihre Körperwahrnehmung begrenzt sind, liegt das nur daran, dass Sie nichts von der göttlichen, Ihre Mitte bildenden Quelle wissen. Viele Menschen haben nur ein sehr geringes Gewahrsein von Gott, der ihre Mitte bildet. Die Wissenschaft beginnt endlich zu realisieren, dass es ein Antiproton gibt und ein Antimeson[116], und sucht nach anderen Anti-Dingen. Das ist das wunderbarste, was der intellektuellen Welt seit Tausenden von Jahren geschehen ist. *Die intellektuelle Welt hat allerdings noch nicht gemerkt, dass dieses Universum der Antimaterie Gottes Universum ist.*

Abbildung 62 zeigt den Samen. Wenn er bereit ist, sich auszudehnen – das heißt, als Eiche, Mensch oder Kohlenstoffatom wiedergeboren zu werden – unterteilt er sich und wird der Angelpunkt seiner selbst. Die Spiegel der Geist-Projektion liefern dann ein würfelförmiges Wellenfeld, um die Idee in die ihnen zugemessene Form zu projizieren. Wenn Sie die Abbildungen 62–64 betrachten, erkennen Sie auch, warum die Natur in der Form niemals über die Kugel hinausgehen kann. Das ist das Ende ihrer Reise. Dort beginnt die Umkehrung der Polarisierung. Aus Aufladung wird dann Entladung. Kugeln flachen sich ab, indem sie Ringe abwerfen. In der Alltagssprache ist das Leben dort auf dem Höhepunkt, und der Tod übernimmt das Regiment. Leben und Tod liegen in derselben Wiege, aber an diesem Punkt begegnen sie sich gleich stark. Das ist die Grundlage des Radarprinzips. Das Ende der Reise des Klanges – wie aller anderen Dinge – liegt in einer der acht Ecken des würfelförmigen Wellenfeldes. Aus diesem Brennpunkt muss der Klang zurückkehren. Er wird von dort »reflektiert«. Elektroingenieure und Radartechniker kennen diese Tatsache. Sie haben den Begriff des »Eckreflektoren« dafür geprägt.

In Abbildung 62 sehen Sie acht Schnitte eines würfelförmigen Wellenfeldes, welche in jeder Oktave die vier Paare bilden. Jedes dieser Paare ist ein umgekehrter Radar-Eckreflektor. Die Umkehrung ist ein Eck*projektor*. Der Eck*reflektor* beim Radar ist ein gespiegeltes Abbild des Eck*projektors*. Die vier Paare bilden ein würfelförmiges Wellenfeld. Der Würfelprojektor erscheint erst mit dem Samen, wenn dieser »keimt«, was bedeutet, dass die Bedingungen für diese Wiedergeburt geeignet sind. Auch wenn er niemals wieder auf dieser Erde zum Keimen kommt, ist er trotzdem vorhanden und erhält seine Existenz auf einer einzigen Ebene ewig aufrecht. Er ist unzerstörbar, denn er ist die Geist-Idee des Geist-Denkens und damit das, was die gesamte Natur ausmacht.

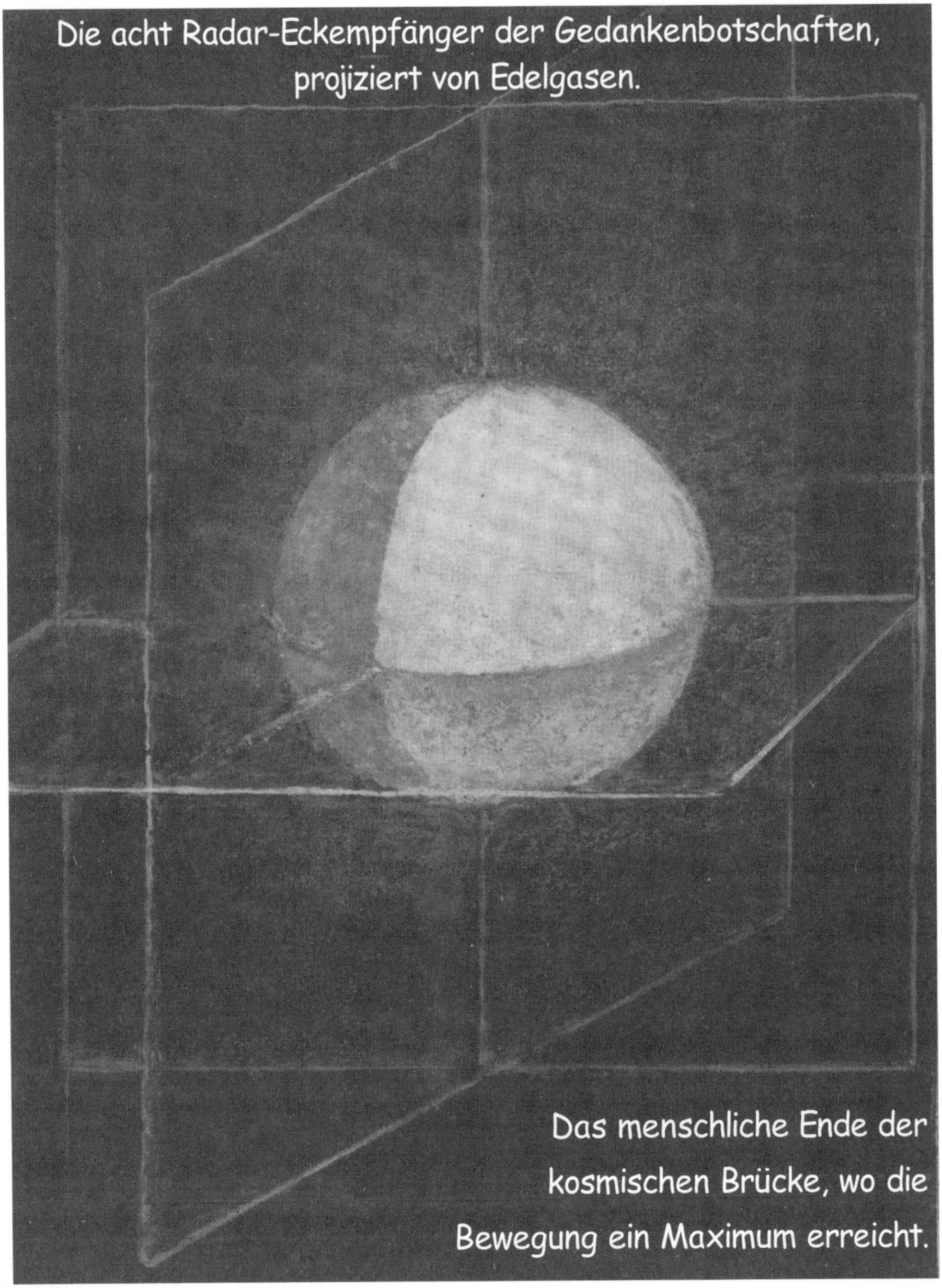

Abbildung 63

Der in Abbildung 62 gezeigte Würfel-Projektor wird im Würfel-Empfänger wiederholt, der hier gezeigt wird. Bewegung ist von dem Projektor in Paare unterteilt und in den Raum hinausgeworfen worden und wird jetzt in den Wirbeln des Empfängers vervielfacht, der den Eckreflektoren des Radar entspricht. Formen und Klänge, die im Raum geboren werden, werden so als Echo zurück in den Raum geworfen.

Abbildung 63 zeigt das leibliche Ende der kosmischen Brücke. Sie zeigt das, was projiziert wird. Sie zeigt Bewegung, komprimiert zu einem kugelförmigen Abbild der vergänglichen Form, die auf ewig in dem Hohlraum aufgezeichnet wird, der sich innerhalb der vier Ringe des Samens befindet. Diese Kugel besteht ebenfalls aus acht Teilen, und ihre Mitte bildet die Null ihrer Quelle.

Abbildung 64
Jede Materieform, die in den Raum projiziert wird, hat im Raum ihr antimaterielles Abbild, welches sie letztlich aufhebt und wieder neu gebiert. Vorstellungen von Antimaterie haben ihre eigene ausgleichende Beziehung zu ihren materiellen Abbildern in der Raumgeometrie.

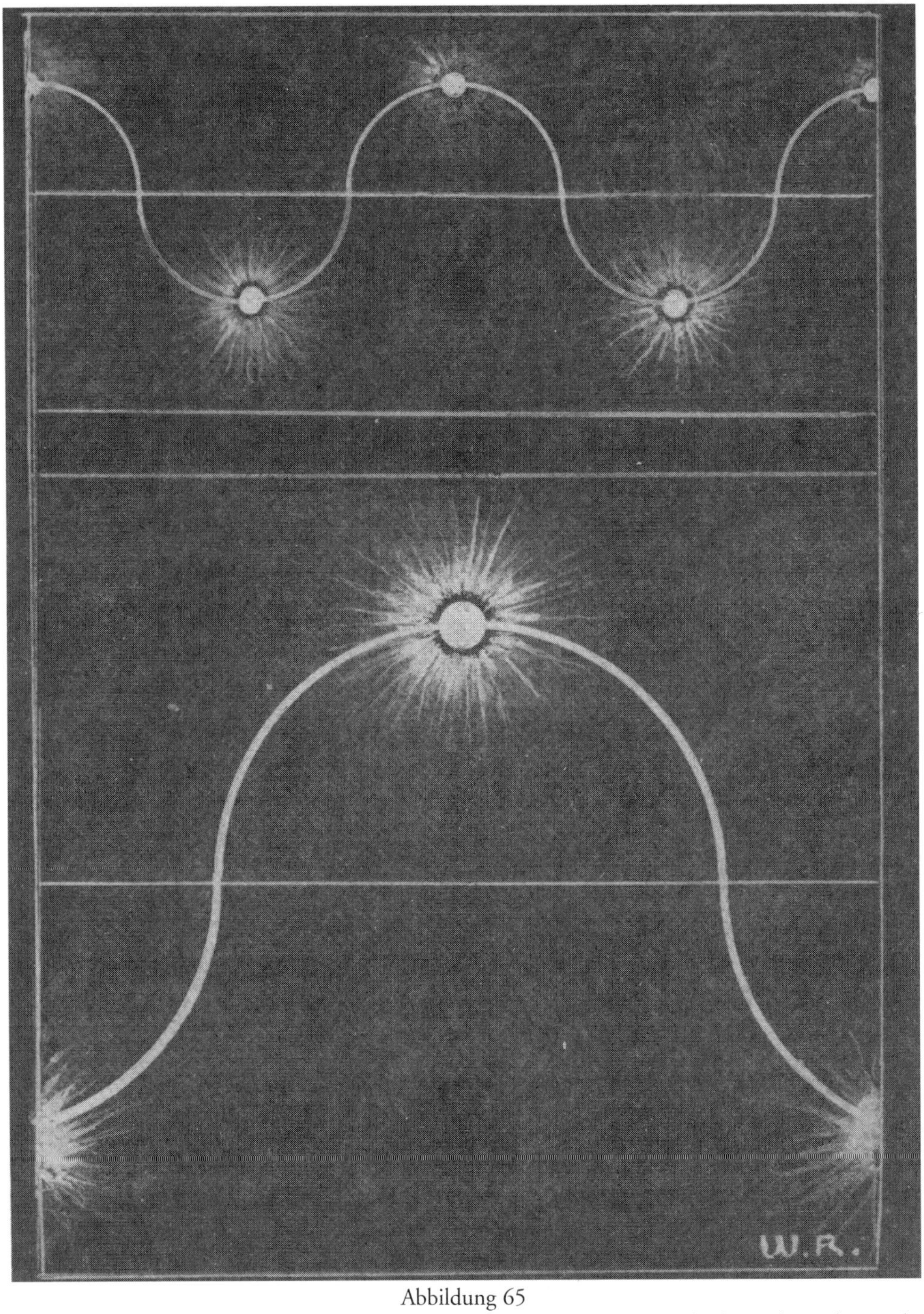

Abbildung 65

Das Pendel, das in eine Richtung schwingt, hat sein unsichtbares Gegenstück, das in die andere Richtung schwingt. Diese Zeichnung verdeutlicht eine Sonne auf dem Kamm ihrer Welle, die schließlich von ihrer Entsprechung aufgehoben wird, die im Wellental wartet, und vom selben Punkt wiedergeboren werden wird. Siehe Abbildung 66.

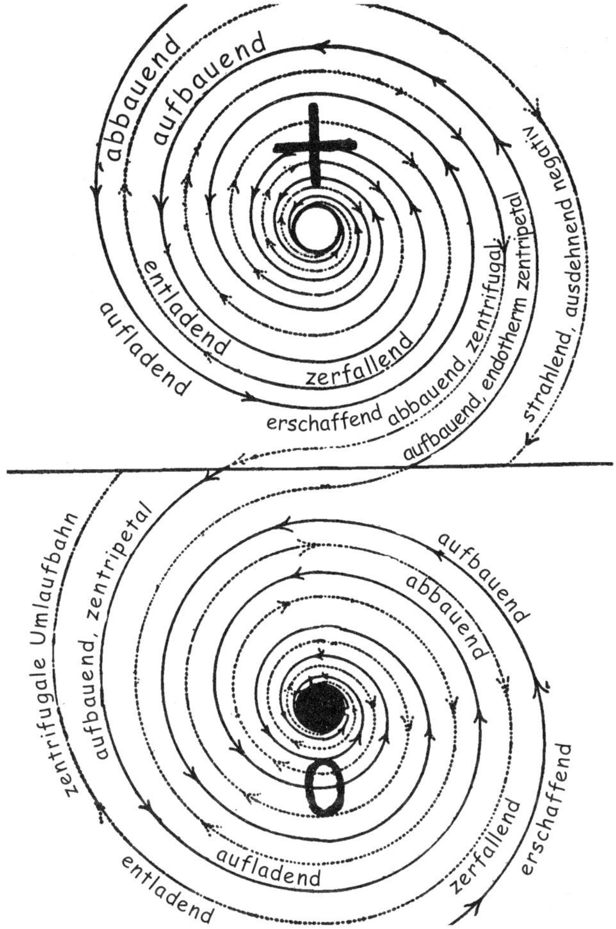

Abbildung 66
Veranschaulichung der ewigen Beziehung zwischen Materie und Antimaterie, wie in Abbildung 65 gezeigt. Beide stehen in einem Austausch von Geben und Zurückgeben und in einer beständigen Abfolge von Wiedergeburten ineinander. Das Hauptmerkmal der Natur ist Wiederholung. Andere Namen dafür sind Leben und Tod. Noch ein anderer Name dafür ist Reinkarnation.

Um unser allgegenwärtiges Radar-Universum aus reflektierenden Lichtspiegeln und Lichtlinsen vollständig zu verstehen, nehmen Sie einen der acht Reflektoren aus einem Würfel oder bauen Sie einen Reflektor, der aus drei Spiegeln zusammengesetzt ist, wie in der rechten unteren Ecke von Abbildung 62 gezeigt. Wenn Sie diese Form analysieren, sehen Sie, dass es sich um die eine Hälfte eines diagonal zerschnittenen Würfels handelt. Wenn Sie nun langsam ein auf eine lange Nadel gespießtes Objekt in Richtung auf die Spitze dieser Pyramide einführen, werden Sie es drei Mal reflektiert sehen, und diese Reflexionen kommen einander immer näher, während das Objekt sich der Spitze

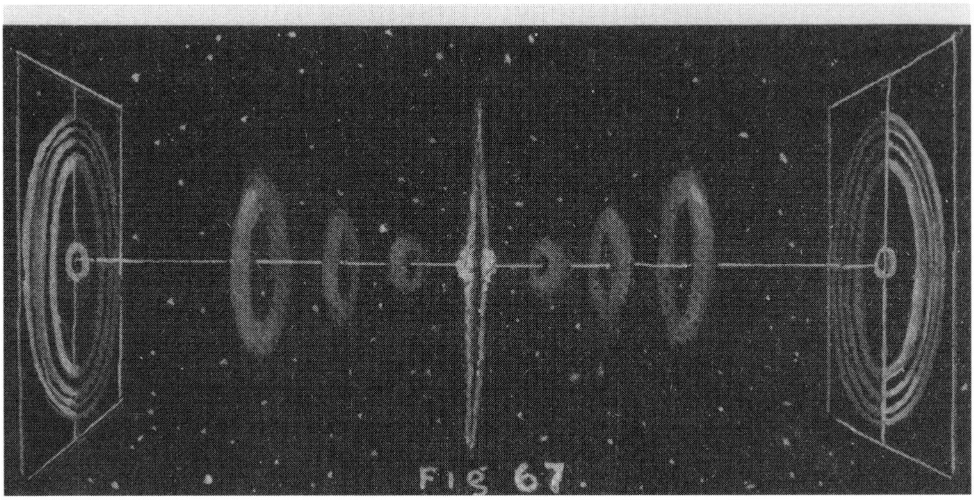

Abbildung 67
Die Projektion der Energie des Geist-Verlangens zu Paaren von Tönen. So entstehen die neun Ton-Oktaven, aus denen die Natur besteht. Der Spiralnebel – von der Seite gesehen – welcher in dem Wellenstrom die Amplitudenposition einnimmt, entspricht der Kraftschleife, welche die Mitte jeder polarisierten Untereinheit eines elektrischen Stromes bildet.

nähert. Dies illustriert die Vervielfachung, die komprimierende Kraft der Natur, die zentripetale Kraft und das höhere Potenzial. Außerdem zeigen sich hier drei der Oktavelemente auf der roten oder blauen Seite der gesamten Oktave, deren drei zugehörige Partner sich in dem Eckreflektor gegenüber befinden.

Das vierte Oktavpaar ist die Kugel selbst. Diese vier Paare und das Edelgas, das sie aufzeichnet, bilden das gesamte Prinzip des Oktavwellenfeldes. So ist Materie aufgebaut. Die ausgleichenden dunklen Löcher in Abbildung 64 und 65 zeigen, wie das Null-Universum jede Bewegung im Universum ausgleicht: Jede Untereinheit der Materie mit ihren angehäuften Potenzialen wird an einem inneren Nullpunkt zentriert, den wir Schwerkraft nennen, und mit einem anderen gleichwertigen Nullpunkt an den ausgewogenen Brennpunkten zwischen jedem Paar ins Gleichgewicht gebracht.

In Abbildung 62 sehen Sie Gottes Ende der Brücke zwischen dem Schöpfer und Seiner Schöpfung. In Abbildung 63 sehen Sie das menschliche Ende dieser Brücke. In Abbildung 64 sehen Sie, wie beide Enden durch die elektrische Welle vereint werden, und in Abbildung 67 durch den elektrischen Strom. In dieser Abbildung ist ein Sternennebel in die Position gebracht worden, wo im elektrischen Strom eine Kraftschleife auftreten würde und wo bei den chemischen Elementen ein Kohlenstoffatom zu finden wäre.

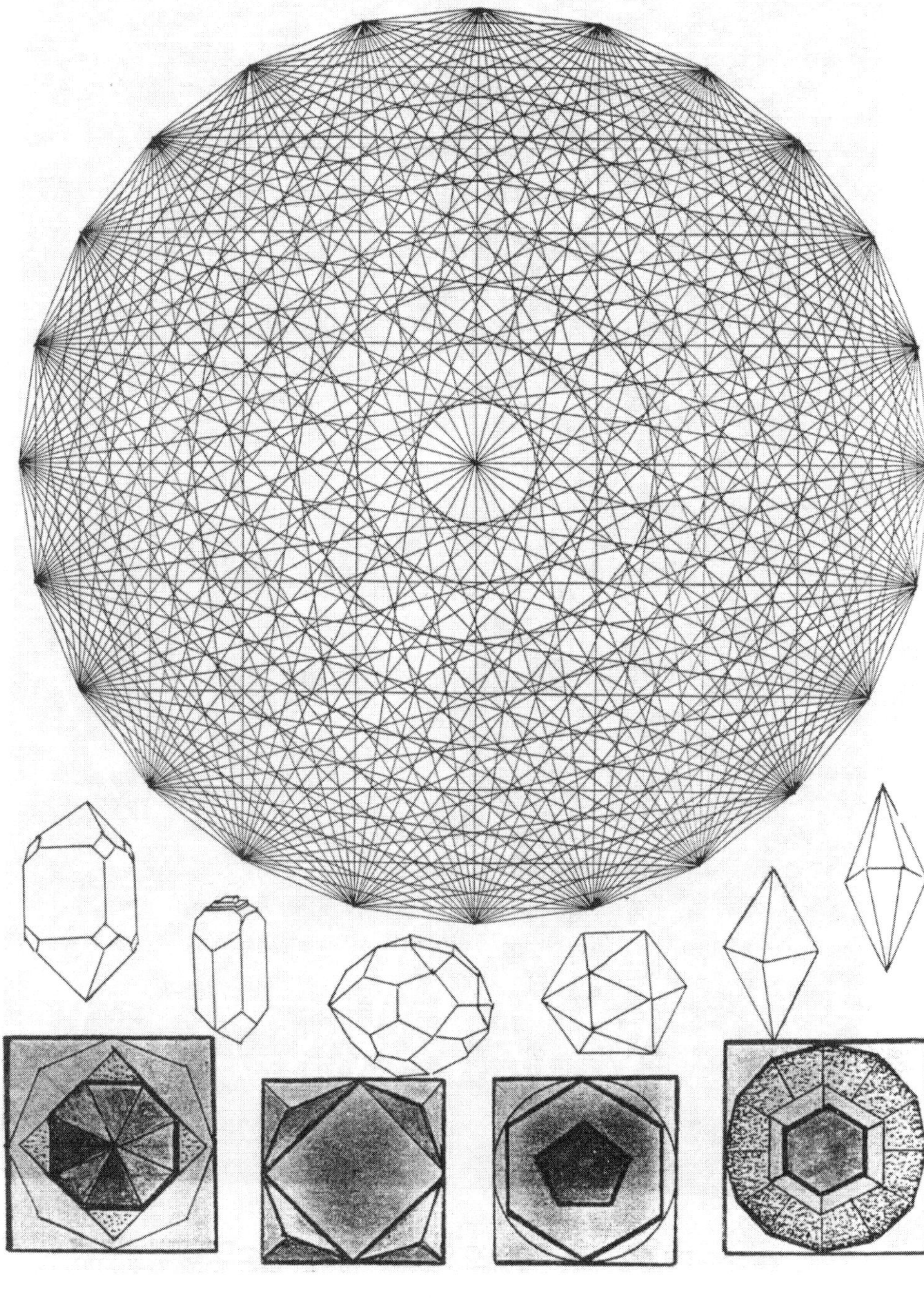

Abbildung 68
Eine Grundlage für den universalen Aufbau aus der zweidimensionalen Fläche zum dreidimensionalen Würfel und wieder zurück in das Verschwinden durch die zweidimensionale Fläche.

Diese Zeichnungen sollten klar demonstrieren, wie die Intelligenz des unsichtbaren Null-Universums das sichtbare Bewegungsuniversum so dynamisch und absolut steuert wie der Filmvorführer im Kino den Film, eine sichtbar gemachte Idee-in-Bewegung. Diese Lenkung des sichtbaren Universums durch das unsichtbare wird in Laboratorien und in den kreativen Bemühungen des Menschen auf dem Gebiet der Entdeckungen und Erfindungen immer dynamischer anwendbar werden, je besser der Mensch die Geometrie des Raumes begreift. Das ist ein gründliches Studium für sich, eine praktisch neue Wissenschaft, die in das alte Materiekonzept nicht eingepasst werden kann, aber sehr gut einem Universum entspricht, das auf neun Oktaven aus mathematisch-rhythmischen Tönen auf der Grundlage des Würfels beruht.[117]

VII

Seit langem wird von Forschern die Frage aufgeworfen, warum die Edelgase sich »mit keinem anderen Element« vermischen oder verbinden. Die erste Antwort lautet, dass die Edelgase nicht, wie alle anderen Elemente in den neun Oktaven, elektrisch unterteilte und elektrisch bedingte Elemente sind. Die Edelgase beginnen in der ersten Oktave als unsichtbares, weiß fluoreszierendes Licht der Null-Bewegung. Sie enden in der neunten Kathode in der neunten Oktave als sichtbares, weiß fluoreszierendes Licht, das eine Geschwindigkeit von fast dreihunderttausend Kilometern pro Sekunde erreicht hat. Fluoreszierendes Licht ist das Licht, das im ungeteilten elektrischen Spektrum beginnt. Es ist der Anfang und das Ende von Bewegung. Alle Bewegung ist entweder rot oder blau, je nach ihrem Geschlecht. Das Ende der Bewegung auf der Amplitude der neunten Oktave bedeutet, dass das unterteilte Spektrum zu einem einzigen farblosen, geschlechtslosen Licht vereint wurde, das unter solch hoher Kompression stand, dass es einen Grenzzustand der Bewegung erreicht hat und nun aus dem weißen Licht der sichtbaren Bewegung in das unsichtbare weiße Licht der Magnetischen Ruhe transformiert werden muss. Das fluoreszierende Licht ist das Ende der elektrischen Kraft, Bewegung in Paare zu unterteilen und die Paare in die entgegengesetzten geschlechtlichen Spannungen von elektrisch unterteilten Spektral-Gegensätzen zu bringen. Die Edelgase sind keine Paare. Sie sind nicht unterteilt. Unterteilung findet durch das Licht statt, das von ihnen projiziert wird, und dieses projizierte Licht von Spektral-Paaren ist die Grundlage der elektrochemischen Elemente, die vergleichsweise große Volumina und eine hohe Dichte haben.

Wir haben die »Geschosse« aus weißem Licht beschrieben, die vom Radium projiziert werden. Die Geschwindigkeit und das mikroskopisch kleine Volumen der weißen Strahlen aller transuranischen Elemente erlangen ihre maximale Fluoreszenz und ihre maximale Geschwindigkeit durch eine ungeheure Komprimierung, da sie sich in ihr Edelgas Radon zurückziehen und von dort die Reihe hinab bis zum Helium. Auf der Rückreise erwirbt diese maximale Fluoreszenz allerdings auch maximale Durchschlagskraft. Es ist diese Durchschlagskraft, welche die Zellen Ihres Körpers – dessen Drücke der vierten Oktave entsprechen – ausdehnt und Ihrem Körper sowie allen organischen Körpern der vierten Oktave den Tod bringt. Diese Durchschlagskraft und Geschwindigkeit der neunten Oktave entfesselt nicht nur – Oktave um Oktave – die Drücke der niedrigeren Edelgase, sondern auch die Drücke der achten, siebten, sechsten und fünften Oktaven mit ihren radioaktiven Elementen. Die tödlichsten dieser Elemente sind Radium, Thorium, Aktinium, Strontium, Barium, Kalzium, Kalium, Arsen und Phosphor.

Durch die Nutzung der Radioaktivität wurden diese Elemente in riesigen Mengen in der oberen Stratosphäre freigesetzt; sie könnten bald die niedrigeren atmosphärischen Schichten bevölkern und für eine solche Veränderung der Umweltbedingungen sorgen, dass sauerstoffabhängige Körper nicht länger leben können. Es mag Ihnen, da Sie an die Vorstellung von dichter Materie gewöhnt sind und daran, wie schwer normales Licht auch nur die obersten Schichten von Materie durchdringen kann, unglaublich erscheinen, dass die weiß fluoreszierenden Strahlen von Plutonium oder Neptunium meterweit in massives Blei eindringen können, nachdem sie durch ihren Zusammenstoß mit Radon »de-elektrolysiert« wurden.[118] Die gesamte wissenschaftliche Welt geht davon aus, dass Radium schließlich harmlos wird, indem es zu Blei »zerfällt«. Das ist eine naturgesetzliche Unmöglichkeit, denn von der sexuellen Unterteilung her ist Radium männlich und Blei weiblich. Ein solcher Übergang liegt vollkommen außerhalb der natürlichen Möglichkeiten.

Abschließend gesagt: Weißes Licht ist nicht nur der Beginn des unterteilten Spektrums, sondern auch dessen Ende. Das unterteilte Licht erreicht schließlich die Grenze seiner Kompressionsmöglichkeiten, und von diesem Punkt an ist die Kraft, mit der es in seinen Nullpunkt expandiert – oder explodiert –, mit Worten nicht mehr beschreibbar. Wenn solche Strahlen auf Ihren Körper treffen, können sie ohne Widerstand alles durchdringen. Sie können auch als Auslöser wirken und alle niedrigeren Oktaven freisetzen, die sie in sich gespeichert tragen. So haben Sie dann Uran in Blutzellen und Geweben, Strontium und Kalzium im Knochenmark und andere radioaktiv befreite Teilchen, die auf jeden Teil Ihres Körpers wirken, seine Gene, Hormone und selbst die Proteine Ihrer Haare und Ihrer Fingernägel zerstören, alles eingeschlossen in einem einzigen Teilchen.

Glücklicherweise kann der menschliche Körper eine nicht unerhebliche Dosis solcher Strahlen ertragen, bevor sie zu Knochenkrebs, Leukämie und anderen Erkrankungen führen, aber *leider* wirken diese Strahlen akkumulativ. *Sie verlassen den Körper nie wieder.* Die oben erwähnten Schäden, darunter auch Unfruchtbarkeit, sind unheilbare Vorboten der Tatsache, dass Ihre Kraft, noch mehr von diesen durchscheinenden Strahlen in Ihren Körper aufzunehmen, ihre Grenze erreicht hat. Sie können nicht mehr aufnehmen, aber was werden Sie dagegen tun, wenn Sie sich zwangsläufig in einer zunehmend radioaktiven Umgebung aufhalten müssen? Was können Tiere oder Pflanzen, was kann irgendein Lebewesen dagegen tun? *Das ist die Frage, die wir der Welt stellen. Wie lautet Ihre Antwort?*

VIII

Abschließend müssen wir wenigstens einige zusätzliche Absätze über den Aufbau der Edelgase hinzufügen, obwohl sich darüber Bände schreiben ließen:

Wenn Sie zu Abbildung 5 zurückgehen, welche das Universum als Harfe aus neun Oktaven darstellt, werden Sie feststellen, dass die Saiten in der Zeichnung alle dieselbe Länge haben. Es ist uns nicht möglich, ihre relativen Längen darzustellen und so das zugrunde liegende Prinzip zum Ausdruck zu bringen. Auch das Verhältnis der Ringe können wir nicht zeigen. Wir können in dieser kurzen Abhandlung nur darauf hinweisen, dass die vier Ringe in der ersten Oktave sehr groß sind und im weiteren Verlauf bis zur neunten Oktave immer kleiner werden. Auch ist die Saite der ersten Oktave so lang, dass ihre Schwingungen unmessbar und nicht nachweisbar sind. Das Einzige, was uns zum Vergleich mit dieser ersten Saite einfällt, ist die tiefste Saite einer Harfe. Sie erklingt so tief, dass ihre Schwingungen in den anderen Saiten keine Resonanz haben, aber sie sind nachweisbar. Wenn wir unter diese niedrigste nun ein oder zwei noch viel längere und dickere Saiten hinzufügen würden, wären sie unhörbar, denn es wäre unmöglich für sie, eine gemeinsame Wellenkamm-Amplitude zu erschaffen, wo ein Zusammenstoß auftreten könnte.

Der umgekehrte Zustand zeigt sich in den ganz kurzen Saiten der achten und neunten Oktaven. Diese sind durch maximale Kompression so straff gespannt, dass sie ebenfalls keine gemeinsame Amplitude erreichen können. Selbst in der siebten und achten Oktave, die auf die Siliziumoktave folgen, ist dieser Versuch, zusammenzustoßen und eine »Kraftschleife« zu bilden, in fünf Versuchspaare aufgespalten. In der achten Oktave gibt es dreizehn Paare, und in der neunten Oktave ist die Zahl unbekannt; auf der roten Seite sind es mindestens einundzwanzig. Die blaue Seite schafft es nicht, ausgewogene Paarlinge für die sechs Elemente der Transuraniumreihe zur Verfügung zu stellen, daher verschwindet alle Bewegung an dieser Position der neunten Oktave in der Null.

Sie können sich diesen Zustand vielleicht besser vorstellen, indem Sie den Stimmwirbel der höchsten Saite auf Ihrer Harfe so sehr spannen, dass diese keinen normalen Ton auf ihrem Wellenkamm mehr hervorbringt. Wenn der Draht nicht reißen würde, würden sie schließlich eine Position erreichen, wo Sie mit Ihren Sinnen überhaupt keinen Ton mehr wahrnehmen könnten. Wir vertrauen darauf, dass diese kurze Erklärung wenigstens Ihr Denken und Ihre Vorstellungskraft auf die unglaublich hohen Frequenzen eines solchen Elementes wie Plutonium lenkt sowie auf die unglaublich hohen Kernspaltungs-Temperaturen, die in extrem kurzen Perioden auftreten und es den radioaktiven Elementen durch ihre entsetzliche Explosivkraft auf der mikroskopischen Ebene ermöglichen, Humus und Alluvialböden[119] für organisches Leben vorzubereiten. Wir vertrauen auch darauf, dass unsere Beschreibung Ihnen vollständig erklärt, warum eine so außerordentliche Ausdehnungskraft nicht in Körperzellen freigesetzt werden sollte, die hart darum kämpfen, ausreichend komprimiert zu bleiben, damit sie leben können. Wenn Sie sich vorstellen, wie eine Zelle Ihres Körpers gegen einen radioaktiven Strahl kämpft, der sie ausdehnt, käme dies dem Kampf einer Maus gegen einen Elefanten gleich. Sie werden zugeben, dass eine solche Diskrepanz hoffnungslos wäre – und so ist es auch.

Abschluss

Wir schließen nun unseren Bericht, der hauptsächlich mit dem so genannten Leben und Tod von Körpern befasst war, denn wir wollen die Körper vor der Zerstörung bewahren, damit sie ihren Zweck erfüllen können, die göttliche Sinfonie der Schöpfung als Mitwirkende in dieser Sinfonie zu vervollkommnen. Um dies verständlich zu machen, mussten wir allerdings viel über die Göttlichkeit des Menschen als eines ewigen Wesens berichten, damit Sie dieses Universum und Seinen Schöpfer besser verstehen.

Wir wiederholen, was wir weiter oben schon einmal geschrieben haben: Unser Körper drückt Leben nur durch die Kraft der genero-aktiven, zentripetalen Bewegung aus, die auflädt und polarisiert, und er stirbt durch die schnelle, radioaktive, zentrifugale Bewegung, die entlädt und depolarisiert. Wir trafen diese Aussage, um zu demonstrieren, dass Radioaktivität ihre tödliche Geschwindigkeit in der jeweils höheren Oktave vervielfacht. Damit haben wir gezeigt, dass eine radioaktiv aufgeladene Atmosphäre früher oder später alle organische Materie von der Oberfläche unseres Planeten eliminieren und diesen zu einer brodelnden Wüste aus Fels und Sand mit einer Temperatur von mindestens 180 Grad[120] reduzieren würde.

Die Vermittlung dieses Wissens ist unser Hauptziel. Ein weiteres wichtiges Anliegen besteht darin, die geistige Entfaltung der Menschheit zu beschleunigen, indem wir neues Wissen über unsere enge Verwandtschaft mit unserem Schöpfer und der Schöpfung vermitteln. Dieses neue Wissen um die Beziehung zwischen Geist-Universum und Körper-Universum wird auch helfen, das Wesen der Radioaktivität in ihrer Wirkung auf organische Körper – und speziell auf den in ihnen enthaltenen Sauerstoff – deutlich zu machen. Da Sauerstoff nicht mit den freien Metallen oberhalb der Kohlenstoffoktave gemeinsam auf der roten Seite des Spektrums existieren kann, darf nicht zugelassen werden, dass Radioaktivität unsere atmosphärische Normalität verändert.

Diese Information ist Ihnen gegeben worden, damit Sie im Einklang mit Ihrer Entscheidung und Überzeugung entsprechend handeln können. Wenn Sie glauben, dass die Dinge, die wir in diesem Buch geschrieben haben, nicht den Tatsachen in der Natur entsprechen, können Sie nur beweisen, dass wir im Unrecht sind, indem die derzeitige Praxis fortgesetzt wird und wir alle den grässlichen Preis für ein solches Spiel zahlen; allerdings wurde dieses Buch geschrieben, um uns genau davor zu bewahren. Es wäre ein großer Jammer, denn die Menschheit steht gerade an der Schwelle eines ungeheuren geistigen Überganges zu weiterer intellektueller Entfaltung. Wenn ein weiterer, vernichtender dritter Weltkrieg vermieden werden kann, wird das sich allmählich entfaltende Geist-Gewahrseins den Menschen künftiger Generationen das Wissen um ihre Göttlichkeit bringen.

Solange der Mensch fortfährt, seinen *Körper* für seine Individualität zu halten, wird er individuell denken statt universal. Wenn er irgendwann entdeckt, dass sein ewiges Selbst der Projektor seines eigenen Körpers ist, und diesen nach seinem eigenen Bild erschafft, dann wird er seine Universalität, seine Einheit mit der ganzen Schöpfung erkennen. Danach kann er sich nie mehr für ein Individuum halten und wird so in all seinen Handlungen seine Einheit mit allen anderen Menschen berücksichtigen.

Dieser ideale höhere Zustand wird bald erreicht werden, während das Wissen der neuen Welt um die Geometrie des Raumes und um die Einheit alles Schöpferischen sich entfaltet. Dann wird das unsichtbare Null-Universum für den Intellekt so real sein, wie das Bewegungsuniversum heute für die Sinne real ist. Dieser Tag wird kommen, ob die Zivilisation ein weiteres Mal zugrunde geht oder nicht. Einige Jahrhunderte erneuten Mittelalters könnten diese Entwicklung nicht aufhalten, denn der physische Mensch wäre immer noch da. *Nur die Radioaktivität könnte dies aufhalten, denn es würde mindestens fünfzigtausend Jahre dauern, bis die Erde wieder zur Normalität zurückgekehrt wäre*, und dann noch Jahrmillionen, bis die Idee Mensch ihr Muster wieder entfaltet hätte. Sie müsste durch die vielen Körper aufbauenden Stufen hindurch, welche die Natur braucht, um durch Äonen hindurch aus der Amöbe den Menschen von heute zu entfalten.

Zivilisationen von Individuen mögen kommen und gehen, wie viele zuvor und wie diese eine, deren Stern gerade so rasch sinkt, aber die *Ursache* des Abstieges ist immer das individuelle Denken und liegt in der Verantwortung jedes Einzelnen. Auf ihre Individualität beschränkte Menschen glauben, sie könnten durch *Nehmen* etwas erlangen. Universalisten wissen, dass sie nur durch *Geben* etwas erlangen können. Wenn alle Menschen die Lektion der Liebe hinreichend gelernt haben, um in ihrem Denken EINS zu werden, werden sie eins werden in ihrem Geben an das GANZE anstatt an das Selbst. Wenn dieser Tag der Einheit kommt, werden wir eine Zivilisation haben, die von Dauer sein wird, vorher nicht.

OMEGA

Das höchste Wunder, das einem Menschen widerfahren kann,
ist die Entdeckung seiner eigenen Göttlichkeit in seiner
Einheit mit Gott. Wenn dieses Buch auch nur einen Menschen
zum Licht des Geistes geführt hat, das der Mensch in Gott
ist, und dieser Mensch mit dem Licht des Allwissens,
der Allkraft und der Allgegenwart erleuchtet wird,
was ihm die Herrschaft über die gesamte Erde gibt –
dann wird es den zweifachen Zweck, der in den Hoffnungen
seiner Autoren lag, erfüllt haben.

Anmerkungen

von Dagmar Neubronner

1. Heute: 1957. Walter Russell wurde am 19. Mai 1871 geboren und starb genau 92 Jahre später am 19. Mai 1963.
2. Ignacy Paderewski (1860–1941), polnischer Pianist, Komponist und Politiker, 1919 Ministerpräsident der Republik Polen
3. Mark Twain (1835–1910), eigentlich Samuel Langhorne Clemens, US-amerikanischer Schriftsteller, vor allem als Autor der Bücher über die Abenteuer von Tom Sawyer und Huckleberry Finn bekannt. Twain war einer der bedeutendsten Vertreter des amerikanischen Realismus.
4. Das Ladies Home Journal, das heute noch existiert, war damals die Zeitschrift mit der US-weit größten Auflage.
5. Herbert Spencer (1820–1903), englischer Philosoph und Sozialwissenschaftler, gründete 1870 in den USA den Twilight Club (siehe Anmerkung 43), um als Gegenbewegung zur ausbeuterischen Industrialisierung das ethische und moralische Denken und Handeln zu fördern.
6. Ralph Waldo Emerson (1803–1882), US-amerikanischer Philosoph und Dichter.
7. Walt Whitman (1819–1892), nordamerikanischer Dichter (»Grashalme«) mit bahnbrechender Wirkung für die moderne Lyrik in Amerika und Europa.
8. Edwin Markham (1852–1940), amerikanischer Lehrer und Dichter, der sich in seinem Werk besonders für die einfachen, armen Menschen engagierte.
9. John Burroughs (1837–1921), US-amerikanischer Essayist.
10. Oliver Wendell Holmes (1840–1932), US-amerikanischer Jurist, der dreißig Jahre lang dem Obersten Gerichtshof der USA angehörte.
11. Andrew Carnegie (1835–1919), seinerzeit reichster Mann der Welt, u. a. Sponsor der berühmten Carnegie Hall in New York.
12. Richard Watson Gilder (1844–1909), US-amerikanischer Herausgeber und Dichter.
13. Dr. Alexis Carrel (1873–1944), französischer Mediziner und Chirurg, lebte lange in den USA. 1912 Nobelpreis für Physiologie/Medizin, Pionier der Chirurgie, Gewebetransplantation. Prominentes Mitglied der Society of Arts and Sciences, deren Präsident Walter Russell lange Zeit war. Seine Anregung führte zur Gründung der University of Science and Philosophy durch Walter und Lao Russell.
14. Heute existiert unter der Schirmherrschaft der University of Science and Philosophy der »Twilight Club« wieder unter diesem Namen (www.twilightclub.org). Zusätzlich gibt es die Bestrebung des US-amerikanischen Russell-Experten Yasuhiko Kimura, die hinter dem Twilight-Club stehende Idee unter dem Namen VIA – Vision in Action – weiterzuführen (http://via-visioninaction.org).
15. Thomas J. Watson sen. (1874–1956), Gründer von IBM, gehörte zu den erfolgreichsten und berühmtesten Unternehmern in der ersten Hälfte des 20. Jahrhunderts.
16. Theodore Roosevelt, (1858–1919), von 1901–1909 der 26. Präsident der USA.

17. Daniel Carter Beard (1850–1941), US-amerikanischer Illustrator und Naturfreund, illustrierte viele Bücher und unterrichtete die Technik des Tierzeichnens. Er hatte maßgeblichen Anteil an der Entwicklung der amerikanischen Pfadfinderbewegung (»Boy Scouts«, gegründet 1910, die er bis zu seinem Lebensende unterstützte) und veröffentlichte 1882 ein »Handbuch für amerikanische Jungen«.
18. Rudyard Kipling (1865–1936), englischer Schriftsteller, Autor der »Dschungelbücher«, Nobelpreis 1907.
19. Sir Arthur Conan Doyle (1859–1930), britischer Arzt, Romanautor und Erfinder der Figur Sherlock Holmes.
20. Robert Stephenson Smyth Baden-Powell, 1. Baron Baden-Powell of Gilwell (1857–1941), der Gründer der britischen Pfadfinderbewegung. Zunächst hochrangiger Militär, wurde er später zum Pazifisten. Zwei Sätze von ihm sind bis heute die wichtigsten der Pfadfinderbewegung: »Versucht, die Welt ein bisschen besser zurückzulassen, als ihr sie vorgefunden habt.« »Der wahre Weg zum Glück besteht darin, andere Menschen glücklich zu machen.«
21. Religiös und politisch unabhängige Wohltätigkeitsclubs, in denen sich vornehmlich führende Persönlichkeiten aus Wirtschaft, Wissenschaft, Verwaltung und allen anderen Bereichen der Gesellschaft zusammenschließen.
22. Adolph Ochs (1858–1935), Zeitungsmacher, von 1896–1935 Herausgeber der New York Times.
23. Sweet Shop Elimination, eine von Walter Russell mit initiierte öffentliche Einrichtung zur Eindämmung des gesundheitsschädlichen Süßigkeitenkonsums besonders bei Kindern.
24. Compulsory Schooling: Schulpflicht. Trotz seiner Überzeugung, für ihn persönlich sei es ein Segen gewesen, dass er nur 3 Jahre zur Schule gegangen war und ansonsten eine »kosmische Erziehung« genossen hatte, setzte sich Walter Russell engagiert für eine Schulpflicht ein. Anders sah er keine Möglichkeit, das Recht auf Bildung auch für einkommensschwache Familien zu verwirklichen. Heute besuchen in den USA mehrere Millionen Kinder keine Schule, sondern lernen von Zuhause aus, und Studien zeigen, dass sie von intellektueller Leistung, Bildung, Selbständigkeit, sozialem Engagement und Lebenszufriedenheit her weit über dem Durchschnitt liegen. Informationen über »Homeschooling« z. B. unter www.netzwerk-homeschooling.de.
25. Advertising Censorship: Eine den heutigen Jugendschutz vorwegnehmende Aktivität zur Verhinderung unseriöser und nicht jugendfreier Werbung.
26. Better Business Bureau: Diese 1912 gegründete Verbraucher- und Arbeitnehmerschutzorganisation existiert heute noch und hat großen Einfluss; nähere Informationen unter www.bbb.org.
27. Auf der Homepage www.walter-russell.de ist eine Sammlung der Artikel verfügbar, in denen über Jahre hinweg die Russellsche Kosmologie diskutiert wurde.
28. Swannanoa: Die Residenz von Walter und Lao Russell und bis 1998 der Sitz der von Ihnen gegründeten University of Science and Philosophy. Der von Calvin Coolidge im Auftrag von Major James Dooley 1908–1912 erbaute Marmorpalast mit 52 Räumen und einem riesigen Garten liegt auf einem Hügel in der Nähe von Charlottesville in Virginia. Dooley nannte ihn wegen der Vorliebe seiner Frau für Schwäne »Swannanoa«. Das Wort bedeutet in Westindien »Land der Schönheit« und in Ostindien »Das Absolute, Mutter des Himmels«. Die Russells mieteten das Anwesen und verwandelten es ab November 1948 in eine Stätte der Schönheit und des Lernens. Weitere Bilder des Anwesens sind im Internet zu finden (z. B. www.philosophy.org unter History / Virtual Palace Tour).

29. Da Walter Russell mithin keine formale Zulassung als Architekt besaß, arbeitete er jeweils mit renommierten Architekturbüros zusammen. In dem Bildband »Luxury Appartments of Manhattan« von Andrew Alpern wird sein Name bei einigen bekannten Gebäuden genannt.
30. Duplex,- Triplex-Appartment: Wohnungen auf zwei und drei Ebenen. Penthouse: ein auf das Flachdach eines Hauses aufgesetztes separates Haus. Inwieweit Walter Russell wirklich der erste war, der so baute, lässt sich derzeit nicht belegen.
31. Periodensystem der Elemente nach Mendelejew: Dimitrij Iwanowitsch Mendelejew (1834–1907) war ein russischer Chemiker, der alle bekannten Elemente nach ihren Atomgewichten auf einer periodischen Tabelle anordnete, die er 1869 veröffentlichte.
32. Die American Academy of Sciences ist eine von der US-Regierung anerkannte gemeinnützige Organisation, die auch heute noch im Bereich der Wissenschaftsförderung aktiv ist, Symposien abhält und Preise vergibt.
33. Nikola Tesla (1856–1943), US-Physiker und Elektrotechniker kroatischer Herkunft, Wechselstrom-Pionier; heute finden vor allem seine Forschungen über »freie« Energie Interesse. Tesla erfand das Radio – auch wenn ihm diese Erfindung jahrelang nicht zugesprochen wurde –, den Tesla-Transformator, die Tesla-Turbine, baute die erste Fernsteuerung der Welt, den Tesla-Generator, eine Fortentwicklung der Tesla-Spule, eine Spule für Hochfrequenz-Einsatz-Zwecke mit Luft als Kernelement, und ist der Vater unseres heutigen Wechselstromsystems. Speziell gehen dabei das Mehrphasensystem bzw. das Drehstrom-Prinzip auf ihn zurück. Weiterhin wollte er eine Stromversorgung ohne elektrische Kabelverbindung aufbauen. Zum Zeitpunkt seines Todes hatte er weltweit über 700 Patente angemeldet.
    Um die Jahrhundertwende wurden viele Erfindungen fast zeitgleich von mehreren Menschen gemacht und wie im Falle von Tesla war es nicht immer der Patentinhaber, der sich schließlich durchsetzte. So verdiente er keine Lizenzgebühren am Radio. Seine Lizenzen für den Wechselstromgenerator hatte er George Westinghouse quasi geschenkt. Auch wenn er so kaum Geld verdiente, pflegte er dennoch weiterhin seinen teuren Lebensstil in den besten Hotels von New York. Mutmaßlich ist sein Involviertsein in damalige Regierungsprojekte unter anderem dafür mitverantwortlich, dass er sich gegen Ende seines erfindungsreichen Lebens mehr und mehr zurückzog und kaum Erwähnung in Lehrbüchern fand. (Quelle: Wikipedia)
34. US-Brigadegeneral Billy Mitchell (1879–1936) setzte sich frühzeitig für den Aufbau einer Luftwaffe ein und sah japanische Luftangriffe aus dem Pazifik auf die Flotte wie den von Pearl Harbour präzise voraus. Er wurde mit seinen Ideen als Spinner verlacht und erlebte die Umsetzung seiner Ideen selbst nicht mehr.
35. Charles Nelson Goodyear (1800–1860), US-amerikanischer Chemiker und Erfinder. Goodyear führte die Vulkanisation des Kautschuks ein und schuf damit die Grundlagen für die heutige Kautschukindustrie. Er ist der Erfinder des Hartgummis. 38 Jahre nach dem Tod Charles Goodyears gründeten zwei deutsche Einwanderer eine Firma mit dem Namen Goodyear Tire & Rubber Company, um Reifen herzustellen. Der Name wurde ihm zum Gedenken gewählt. Als Geschäftsmann war er wenig erfolgreich gewesen. Trotz der vor allem für die spätere Autoindustrie bedeutsamen Patente blieb Goodyear, der mehrmals zu Haftstrafen verurteilt wurde, weil er seine Schulden nicht zurückzahlen konnte, bis zu seinem Tod mittellos.
36. Richard M. Bucke: Autor von »Cosmic Consciousness«, ISBN: 0700412611, antiquarisch noch erhältlich.
37. Beim Genius Verlag kann »The Universal One« in der Originalfassung von 1927 bestellt werden.

38. Glenn Clark: Walter Russell – Vielfalt im Einklang, ISBN 3-9806106-6-7.
39. Swannanoa: siehe Anmerkung 28.
40. New York Times Artikel: Einige Artikel sind auf der Homepage www.walter-russell.de wiedergegeben.
41. Der vermögende britische Wissenschaftler James Smithson vermachte 1935 sein gesamtes Vermögen den »Vereinigten Staaten von Amerika, um unter dem Namen Smithsonian Institute in Washington eine Einrichtung zur Vermehrung und Verbreitung von Wissen einzurichten«. Aus diesem Vermächtnis entstanden zahlreiche wissenschaftliche und künstlerische Museen und Galerien.
42. Lao Russell: «Menschliche Beziehungen im Lichte wahrer Wissenschaft".
43. Gemeint ist The Twilight Club, welcher um 1870 vom englischen Philosophen und Sozialwissenschaftler Herbert Spencer in den USA gegründet wurde, um als Gegenbewegung zur ausbeuterischen Industrialisierung das ethische und moralische Denken und Handeln zu fördern. Zu den ursprünglichen Begründern des Twilight Clubs gehörten neben Herbert Spencer Ralph Waldo Emerson, Walt Whitman, Andrew Carnegie, Mark Twain, John Burroughs, Edwin Markham, Oliver Wendell Holmes Junior und andere bekannte Persönlichkeiten. Die Geschichte des Clubs wird in »A Vision Fulfilled« dargestellt, heute als Teil des Buches »The Twilight Manifesto« erhältlich bei der *University of Science and Philosophy.*
44. Abstand zur Sonne: Der heutige Abstand beträgt ca. 150 Millionen Kilometer
45. »Wohin Sie gehen, wenn Sie sterben«, Englisch »...where you go, when you die«, Anspielung auf den Titel einer Broschüre von Lao und Walter Russell »Where do I go when I die?«.
46. Diese Tatsache ist inzwischen zur traurigen Gewissheit geworden. Für uns ist heute in Russells Ausführungen nicht mehr der Beweis entscheidend, dass Radioaktivität gefährlich ist, sondern ein Begreifen der zugrundeliegenden Naturgesetze.
47. Dr. Ralph E. Lapp (1917–2004), US-amerikanischer Physiker, der 1949 mit seinem Kollegen Edward Teller die erste Wasserstoffbombe baute.
48. Den verschiedenen Druckzuständen einer Oktave ordnet Walter Russell verschiedene Farben zu. Aus dem »Fernstudienkurs Kosmisches Bewusstsein« stammt die folgende Erläuterung (S. 348):
    1. Während sich die kalten blauen Lichtfäden des Raumes spiralförmig über ihren Wellenfeldäquator hinweg auf ihren Nordpol zubewegen, der ihr Gravitationszentrum darstellt, verdichten sie sich und werden rot, dann orange, dann gelb-weiß, weil sie Kälte in Wärme verwandeln, während ihre einwärts gerichtete, spiralige Drehung das Licht zu komprimierten, weiß glühenden Kugeln mit hohem elektrischen Potenzial aufwindet.

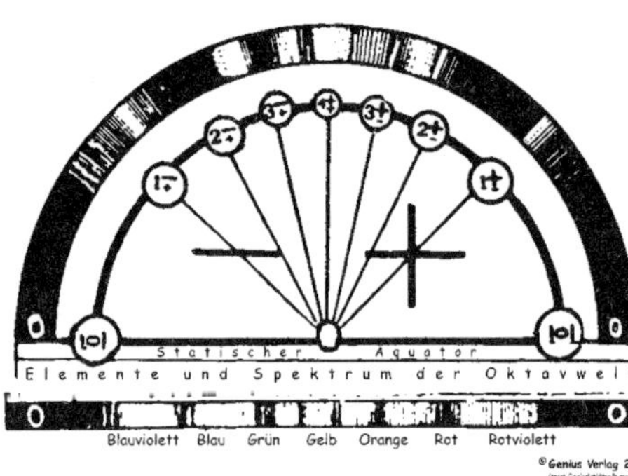

    2. Umgekehrt dehnen sich die roten Lichtfäden, während sie ihren Wellenfeldäquator erneut in spiraliger Bewegung in Richtung auf ihren Südpol, der ihr Strahlungszentrum darstellt, überqueren, von gelb zu grün aus, dann zu blau und blauviolett, denn sie strahlen Wärme ab zu Kälte, während ihre sich immer weiter öffnenden Spiralen jene heißen, sichtbaren Sphären zu kalten, unsichtbaren Kugeln entwinden, damit sie als sichtbare Kugeln wieder neu geboren werden können,

49. Einstein-Gleichung von 1905: E=mc?, von Einstein gefundene Energie-Masse-Relation, die den Zusammenhang zwischen Energie (E) und Masse (m) wiedergibt. (c=Lichtgeschwindigkeit).
50. Acetylen (heute auch: Ethin), farbloses Gas. Acetylenbrenner werden beim autogenen Schweißen benutzt, Oxy-Acetylen erzeugt aufgrund des Sauerstoffanteils eine noch höhere Verbrennungstemperatur.
51. Bei den unterirdischen Atombombenversuchen, die auch heute noch durchgeführt werden.
52. Diese Zahl ergibt sich, wenn der Ton am Ende der ersten Oktave, also die Acht, neunmal mit sich selbst multipliziert, also potenziert wird.
53. Es geht in diesem Rechenbeispiel nicht um absolute Zahlen, sondern um die Vervielfachung der Komprimierung (und damit des Ausdehnungspotenzials). Die Russells benutzen den Begriff »Drücke« in diesem weiteren Sinne. Die Komprimierung des Kohlenstoffs beträgt also ein 32.768-faches der Komprimierung des Athenons auf der Amplitude der 1. Oktave.
54. Die Russells benutzen für die aufbauende, komprimierende, zentripetale Kraft den Begriff *Generoactivity*, hier mit Aufbau-Aktivität übersetzt, und für die abbauende, expandierende, zentrifugale Kraft den Begriff *Radioactivity*, hier mit Strahlungsaktivität übersetzt. Dieser »Radioaktivitätsbegriff« ist zentral für die Russellsche Kosmologie und besitzt eine weit umfassendere Bedeutung als das Wort Radioaktivität im engeren Sinn, wie wir es sonst benutzen.
55. Potenzierung=Kubus=Würfel. Würfel heißt im Englischen »cube«, was auch Potenzierung bedeutet. Die Geometrie der Raum-Wellenfelder wird in »Geheimnis des Lichtes« von Walter Russell sowie im »Fernstudienkurs Kosmisches Bewusstsein« von Walter und Lao Russell eingehend erläutert.
56. Siehe Anmerkung 45.
57. Siehe Anmerkung 48.
58. Siehe Anmerkung 49.
59. Rote Seite: siehe Anmerkung 48.
60. Spinthariskop: Ein Instrument, in dem die von radioaktiven Substanzen emittierten Alphapartikel durch die Erzeugung winziger Leuchtspuren nachgewiesen werden, wenn die Partikel auf einen fluoreszierenden Bildschirm treffen (griechisch spintharís, Funke). Zu Russells Zeiten war dies bei jedem Optiker für etwa drei Dollar zu kaufen.
61. Collier's Weekly, gegründet 1888, war lange Zeit eine der größten und renommiertesten Wochenzeitschriften der USA.
62. Nach den zahlreichen Groß-Unfällen mit Atomkraftwerken, der bekannteste 1986 in Tschernobyl, sind solche Beispiele für uns im Grunde nicht mehr nötig. Zum Erscheinungsdatum des Buches 1956 stand die Welt bezüglich der auch zivilen Nutzung der Atomenergie noch am Scheideweg.
63. Heute werden für die gemeinten Elemente andere Werte angegeben: Tantal 3017 °C, Wolfram 3400 °C, Osmium 3045 °C, Iridium 2410 °C, Platin 1772 °C und Gold 1064 °C. Der Grund hierfür liegt vermutlich in größeren Messungenauigkeiten im hohen Temperaturbereich zu Russells Zeiten.
64. Die Halbwertszeit oder mittlere Lebensdauer einer radioaktiven Substanz ist die Zeit, nach der im Mittel die Hälfte der anfangs vorhandenen radioaktiven Teilchen zerfallen sind. Sie ist für jedes radioaktive Element eine feste Größe.
65. In der Originalausgabe von 1957 folgt hier ein Kapitel 3, in dem anhand von Presseberichten Mitteilungen kritischer Wissenschaftler und dem Appell zur Beendigung

von Atomversuchen von Albert Schweitzer Informationen zur gesundheitsschädigenden Wirkung von Radioaktivität zusammengestellt waren. Da die Berichte den Wissensstand von 1956 wiedergeben und spätestens seit Tschernobyl eine Grundkenntnis über die kurz- und langfristigen Auswirkungen von radioaktiver Kontamination vorausgesetzt werden kann, wurde Kapitel 3 nicht in die deutsche Fassung übernommen.

66. Siehe Anmerkung 48.
67. Das Coulombsche Gesetz wurde von dem französischen Physiker Charles Augustin de Coulomb formuliert. Es beschreibt die elektrostatische Kraft zwischen zwei Punktladungen, die »Coulombkraft«, und besagt, dass diese Kraft proportional zum Produkt dieser beiden Ladungen und umgekehrt proportional zum Quadrat ihres Abstandes ist: Nach diesem Gesetz stoßen sich zwei Ladungen mit gleichem Vorzeichen (gleichnamige) ab, solche mit verschiedenem Vorzeichen (ungleichnamige) ziehen sich an. In der Russellschen Kosmologie werden die entsprechenden Phänomene grundlegend anders interpretiert.
68. Siehe Anmerkung 49.
69. Wissen weitergeben: Dies erfolgt mit dem »Fernstudienkurs Kosmisches Bewusstsein«. Das vorliegende Buch ist das letzte, an dem Walter Russell als Autor beteiligt war. Die hier formulierte Absicht konnte also nicht mehr umgesetzt werden.
70. Das Wort »Elektrizität« kommt vom griechischen Wort für Bernstein, Elektron. Reibt man einen Bernstein, mit Wolle oder Glas mit Seide, erfolgt eine elektrische Aufladung, und Bernstein und Glas ziehen danach kleine leichte Teile, zum Beispiel Papierschnitzel, an. Dieses Phänomen nennt man statische Elektrizität, und aus der unterschiedlichen Spannung der Stoffe ergibt sich eine berührungselektrische Spannungsreihe, z. B. Bernstein, Leder, Glas, Haare, Wolle, Fell, Seide, Papier, Baumwolle, Hartgummi.
71. Zyklotron: Teilchenbeschleuniger.
72. Redundant, hier: überflüssig. Der Begriff Redundanz (v. lat. redundare – im Überfluss vorhanden sein) bezeichnet allgemein das mehrfache Vorhandensein funktions-, inhalts- oder wesensgleicher Objekte. Ausgehend von dieser Grundbegrifflichkeit haben einige Fachdisziplinen spezifische Bedeutungen des Redundanzbegriffs ausgeprägt.
73. Nach Russell bewegt sich also nicht das Licht selbst mit dieser »Lichtgeschwindigkeit« fort, sondern lediglich die Wellenpulsierungen, so wie sich auf dem Meer nicht das Wasser selbst bewegt, sondern die Wellenpulse weitergegeben werden.
74. Mit jedem Verdichtungsschritt verringert sich das Volumen, zum Beispiel vom 512fachen beim Lithium zum 64fachen beim Beryllium, zum 8fachen beim Bor bis hin zur 1 des Kohlenstoffs (siehe Abbildung 178 auf S. 442 im Fernstudienkurs Kosmisches Bewusstsein). Entsprechend dieser Verdichtung potenzieren sich Kraft und Geschwindigkeit.
75. Blau und rot: siehe Anmerkung 48.
76. Klebstoff: Abgeleitet vom engl. glue = Klebstoff werden in der modernen Physik neben vielen anderen Teilchen sogenannte Gluonen postuliert, die in komplexer Wechselwirkung mit zahlreichen verschiedenen anderen Teilchen stehen sollen. Das liest sich dann z. B. so: »Die Starke Wechselwirkung, eine der vier Grundkräfte der Physik, ist unter anderem für den Zusammenhalt der Quarks und aller daraus zusammengesetzter Teilchen, z.B. Nukleonen, d. h. Protonen und Neutronen, im Atomkern verantwortlich und wird in diesem Zusammenhang auch als Kernkraft bezeichnet. Sie ist deutlich stärker als die Elektromagnetische Wechselwirkung und

kann daher Atomkerne entgegen der gegenseitigen elektrischen Coulomb-Abstoßung der Protonen stabilisieren. Der Starken Wechselwirkung unterliegen alle Hadronen, d. h. Nukleonen, Mesonen, Baryonen und Hyperonen.
Wie die Elektromagnetische Wechselwirkung und die Schwache Wechselwirkung wird auch sie durch den Austausch von Bosonen (Austauschteilchen) beschrieben. Diese Austauschteilchen werden im Falle der Starken Wechselwirkung als, bezeichnet, von denen es acht verschiedene Sorten (unterschiedliche Ladungszustände) gibt. Die Gluonen übertragen eine so genannte Farbladung zwischen den Quarks. Ein Gluon kann dabei mit anderen Gluonen interagieren und Ladungen unterwegs austauschen.« (Quelle: Wikipedia)

77. Leider ist nicht klar, ob die Russells eine Stahl-, Eisen-, oder Kupfernadel verwendet haben. Da von einer ganz dünnen Nadel am Faden die Rede ist, könnte es sich um eine Stahl-Nähnadel gehandelt haben.
78. An dem Stahlstift, der durch die Spule gezogen wird, gibt es oben und unten je einen Wirbelnullpunkt genau in der Mitte des Stabquerschnitts und damit auch zwei Potenzialpunkte. Der anfangs bei nur einer Spiralwindung der Spule mehr oder weniger in der Mitte befindliche gemeinsame Nullpunkt wurde nun, weil die Spule durch die Vervielfachung der Windungen länger geworden ist, in zwei Punkte an den Enden des durch die Spule gezogenen Stabes unterteilt, die mit zunehmender Windungszahl, da die Spule immer länger wird, immer weiter auseinanderrücken.
79. Vermutlich ist hier Robert Hofstadter (1915–1990) gemeint, US-amerikanischer Physiker. Er erhielt 1961 den Nobelpreis für Physik für seine »Pionierarbeiten zur Elektronenstreuung an Atomkernen und seine dadurch gewonnen Entdeckungen, die die Struktur des Atomkerns betreffen«. Außerdem ist Robert Hofstadter der Vater des berühmten Philosophen und Mathematikers Douglas R. Hofstadter, der vor allem durch sein äußerst empfehlenswertes Werk Gödel, Escher, Bach bekannt wurde.
80. Siehe Anmerkung 49.
81. Krebsnebel: Planetarischer Nebel im Sternbild Stier, M1=NGC 1952, Rest eines Supernova-Ausbruches vom Juni 1054 n.Chr.
82. Bei der Homosexualität ist der Russellschen Kosmologie zufolge aus physikalischen Gründen kein vollständiger elektrischer Ausgleich zum gemeinsamen Nullpunkt möglich, und es kann daher – auf der physischen Ebene – nichts Neues daraus entstehen. Gleichgeschlechtliche Paare können keine Kinder bekommen. Es gibt jedoch zahlreiche Beispiele für ein jahrzehntelanges fruchtbares Zusammenwirken auf nichtphysischen Ebenen, zum Beispiel im künstlerischen Bereich. Da jeder Mensch beide Pole in sich trägt, verhindert die Gleichgeschlechtlichkeit den fruchtbaren Austausch auf diesen Ebenen nicht.
83. Electronic Tube: Gemeint ist wohl der Nachweis des sogenannten Edison-Effektes, auch Edison-Richardson-Effekt oder glühelektrischer Effekt genannt. Er weist nach Meinung der Schulwissenschaft die Emission (Aussendung) von Elektronen aus einer geheizten Kathode im Vakuum hin zur Anode nach. Der Effekt wurde erstmals 1883 von Thomas Alva Edison beobachtet.
84. Diese Anschauung ist auch heute noch Schulwissen. So findet sich in der Internet-Enzyklopädie Wikipedia folgende Aussage: »In den Atomen aller chemischen Elemente gibt es ›Elementarteilchen‹, nämlich Protonen und Elektronen, die anziehende oder abstoßende Kräfte aufeinander ausüben. Diese Kräfte werden als ‚elektrostatische Kräfte' bezeichnet. Ihre Ursache ist eine besondere Eigenschaft der Protonen und Elektronen, die man ‚elektrische Ladung' nennt. Es gibt genau zwei

Arten von elektrischer Ladung, die man positiv und negativ genannt hat, weil sie einander teilweise oder ganz kompensieren können (http://de.wikibooks.org).

85. Hier ist eine Fernsehsendung gemeint, die wir durch die winzigen, »nadelspitzengroßen« Pupillen unserer Augen wahrnehmen.

86. Vermutlich: Sir James Hopwood Jeans (1877- 1946), englischer Physiker, Astronom und Mathematiker.

87. Die Weltproduktion von Uran betrug im Jahr 2001 45.103 Tonnen, wovon 34 % in Kanada gewonnen wurden. Weitere wichtige Förderländer sind Australien, Niger, Namibia, Usbekistan, Kasachstan, Russland, die USA, Südafrika und Gabun. Aufgrund der intensiven Forschung nach Lagerstätten seit den 1960er Jahren hat sich bis heute ein Überangebot auf dem Weltmarkt entwickelt, der das sechsfache des Weltjahresverbrauchs beträgt. Der Weltmarktpreis für Uran liegt deshalb auf relativ niedrigem Niveau. Die größten Uranreserven nach Angaben der IAEA (Internationale Atomenergie-Behörde) gibt es in den USA, Niger, Australien, Kasachstan, Südafrika, Kanada, Brasilien, Russland, Ukraine und Usbekistan.

    Uran kommt in der Natur nicht als reines Metall vor, sondern in Form von über 200 Uranmineralen. Uraninit (Pechblende) und Coffinit (USiO4) sind die wichtigsten Lagerstätten bildenden Minerale. Uran kommt in drei Modifikationen vor: Natürliches Uran bzw. das am häufigsten vorkommende Isotop 238U hat eine Halbwertszeit (siehe Anmerkung 64) von 4,47 Milliarden Jahren und ist wie die anderen natürlichen Isotope (234U und 235U) ein ?-Strahler. Das Uranisotop 235U wird in Atomkraftwerken zur Energiegewinnung genutzt, das Isotop 238U kann in Brutreaktoren eingesetzt werden, um Plutonium herzustellen.

    Das Isotop 235U kommt in nur geringer Konzentration (etwa 0,72 %) im natürlichen Uran vor und wird durch Anreicherung konzentriert. Die übrig bleibende Fraktion wird auch abgereichertes Uran genannt.

    Uran-235 ist neben Plutonium der wichtigste Spaltstoff für den Bau von Atombomben, Kernsprengsätzen und Zündsätzen für Wasserstoffbomben.

    Aufgrund seiner hohen Dichte wird abgereichertes Uran (depleted uranium, DU) in einigen Ländern in Abschirmblechen in der Atomindustrie eingesetzt. Im Flugzeugmodell B-747 Jumbojet des Herstellers Boeing wurde es wegen der hohen Dichte als Gegengewicht im Heck eingesetzt. Einige Staaten (zum Beispiel USA, Russland) nutzen es auch als Projektilkernmaterial für panzerbrechende Munition (Uranmunition). Im großen Umfang wurde die DU-Munition erstmalig in den beiden Irak-Kriegen 1990 und 2003 und im Kosovo-Krieg 1999 seitens der USA zum Einsatz gebracht. Dementsprechend weisen diese Länder derzeit viele Fundorte verschossener DU-Munition auf.

    DU-Munition zerstäubt und verbrennt beim Aufprall teilweise; die entstehenden Stäube und Aerosole sind giftig und radioaktiv und führen durch Aufnahme in die Lunge zu schweren Gesundheits- und Erbschäden bei der Zivilbevölkerung und bei Soldaten.

    Abgereichertes Uran wird in amerikanischen Panzern (z.B. M1 Abrams) als Panzerung eingesetzt.

    Uran kommt in der Natur hauptsächlich in zwei Isotopen vor, U-238 (99,27 %) und U-235 (0,72 %). Mit angereichertem Uran wird Uran bezeichnet, dessen Anteil an (mit thermischen Neutronen spaltbarem) U-235 gegenüber dem (mit thermischen Neutronen nicht spaltbarem) U-238 durch Anreicherung erhöht wurde. Schwach angereichertes Uran (etwa 2-4 % U-235) wird in Kernkraftwerken, hoch angereichertes (typisch > 80 % U-235) zur Herstellung von Atomwaffen sowie zum Betrieb von

Schiffsreaktoren verwendet. Die kritische Masse von U-235, die zum Einsetzen einer Kettenreaktion und Explosion führt, beträgt etwa 49 kg.
In natürlichem Uran finden sich die Isotope 234^{U}, 235^{U} und 238^{U}. Wegen seiner relativ kurzen Halbwertszeit im Vergleich zu 238^{U} ist 234^{U} nur in Spuren vorhanden, liefert aber einen gleich großen Beitrag zur Radioaktivität wie 238^{U}. (Quelle: Wikipedia)

88. Ein Teilchenbeschleuniger ist ein Gerät, in dem geladene Teilchen (z.B. Elementarteilchen, Atomkerne oder ionisierte Atome, Moleküle und Molekül-Bruchstücke) durch elektrische Felder auf hohe Geschwindigkeiten beschleunigt werden. Im Europäischen Forschungsinstitut CERN bei Genf stehen einige der größten Beschleuniger. Beschleuniger werden häufig eingesetzt, um mit den dabei beschleunigten, hoch energetischen Teilchen Wechselwirkungen mit Materie zu erzeugen, die dem Teilchenstrom ausgesetzt wird. Bei dem Zusammenstoß geben die Teilchen ihre Energie an die Materie ab, wobei die Teilchen gestreut oder neue Teilchen oder sogar neue Elemente erzeugt werden. Aus den Russellschen Erkenntnissen ergibt sich die Möglichkeit wesentlich eleganterer und unaufwändigerer Methoden, um Elemente ineinander zu überführen.
89. »Gott arbeitet mit dir, aber nicht für dich« von Lao Russell. Eine deutsche Ausgabe dieses Buches ist für 2007 geplant.
90. Ein Spektroskop ist ein optisches Gerät, mit dem Licht in sein Spektrum zerlegt wird und visuell untersucht werden kann. Wird das Licht auf einen Empfänger geleitet (Fotoplatte, CCD-Sensor etc.), spricht man von einem Spektrometer. Ein modernes Spekroskop besitzt einen Eingangs-Spalt, ein Objektiv und ein geradsichtiges Prisma aus Glas. In das Gesichtsfeld wird meist auch eine Wellenlängenskala eingespiegelt. Seine (fast) moderne gradsichtige Form erhielt das Spektroskop durch Angelo Secchi SJ um 1870. Eine besonders vielseitige Anwendung fanden Spektroskope in der Astronomie. Durch Beobachtung des Spektrums und der Spektralklasse von Fixsternen, Galaxien oder anderer Himmelskörpern lassen sich einige von deren Eigenschaften bestimmen – z.B. chemische Zusammensetzung, Temperatur, Rotation oder Magnetfelder. Erfunden wurde die Spektroskopie vom deutschen Optiker Joseph von Fraunhofer, der 1814/15 dunkle Spektrallinien im Sonnenspektrum entdeckte. (Quelle: Wikipedia)
91. Michael Faraday (1791–1867), berühmter englischer Physiker und Chemiker. Die SI-Einheit Farad für die Kapazität eines Kondensators ist nach ihm benannt worden; sein Bildnis war auf den britischen 20-Pfund-Noten. Außerdem nach seinen Leistungen benannt sind die Faradaysche Gesetze, der Faraday-Effekt und der Faradaysche Käfig, mit dem er zeigte, dass die Ladung nur an der Außenseite eines geladenen Leiters konzentriert ist. Die Ladung außen hat keinen Einfluss auf Objekte, die sich innerhalb des vom Leiter umschlossenen Raumes befinden.
92. Pieter Zeeman (1865–1943), niederländischer Physiker, Nobelpreis für Physik 1902. Zeeman entdeckte 1896, dass sich die Spektrallinien einer Lichtquelle im starken Magnetfeld in mehrere polarisierte Komponenten aufspalten. Dieses Phänomen, der sogenannte Zeeman-Effekt, wird als Bestätigung für die elektromagnetische Theorie des Lichtes angesehen.
93. Siehe Seite 65 unten sowie Anmerkungen 74 und 53.
94. Die technische Entwicklung seit dem ersten Erscheinen dieses Buches 1957 hat bereits einiges der von den Russells hier vorausgesehenen Entwicklung verwirklicht, sowohl was »wireless« (drahtlose) Technik angeht als auch die zunehmende Verwendung von Chips anstatt von Spulen und Transistoren.

95. Ein Solenoid ist eine stromdurchflossene Spule, deren Abmessungen so sind, dass das Magnetfeld in der Spule homogen ist.
96. Mary Baker Eddy (1821–1910), fand im Jahr 1866 die später als »Christian Science« bezeichnete Methode des geistigen Heilens. Die Russells schätzten ihren Erkenntnisbeitrag sehr hoch ein, weniger jedoch die teilweise dogmatische Auslegung der von ihr gefundenen Heilmöglichkeiten über das Bewusstsein durch ihre Schüler.
97. Im Mai 1921 erlebte Walter Russell eine neununddreißig Tage dauernde Erleuchtung, während der er von seinem Körperbewusstsein nahezu vollständig getrennt war und die Struktur des Universums ihm deutlich wurde. In dieser Zeit schrieb er über 40 000 Worte, die zum Großteil in der »Botschaft der Göttlichen Iliade« veröffentlicht sind, und erstellte zahlreiche erläuternde Diagramme, die er zuerst (1927) in »The Universal One« und 1947 in »Geheimnis des Lichtes« zusammengestellt und kommentiert hat.
98. siehe Anmerkung 54.
99. Siehe Anmerkung 89.
100. Dr. Louis N. Katz (1897–1973), Physiologe, führender Kardiologe, Herzforscher und Hochschullehrer.
101. Dieses Material: Es handelt sich hier um das von der Schulmedizin als »Bindegewebe« bezeichnete Material, dessen überragende und informationstragende Funktion in der Alternativmedizin inzwischen zunehmend erkannt wird. In den 70er Jahren erkannte Prof. Alfred Pischinger, Ordinarius für Histologie und Embryologie in Wien, die überragende Bedeutung des Bindegewebes, das einen universellen »Umschlagplatz« für alle Stoffe, Energien und Informationen im Körper darstellt – egal, ob es sich dabei um lebenswichtige Nährstoffe, Stoffwechselreste oder Umweltgifte, um den Übergang von Blut und Lymphflüssigkeit aus und in die Gefäße oder um Impulse aus oder zu den Nerven handelt. Erstmals konnte anhand dieses sogenannten »Grundsystems« und der damit zusammenhängenden »Grundregulation« die Wirkungsweise einer Vielzahl von Therapien der Natur- und Erfahrungsheilkunde bis hin zu Säure-Basen-Diäten und Fasten wissenschaftlich erklärt werden.
102. Wertigkeit: Im Internet findet sich (ohne Erklärung) mehrfach folgende Definition: »Die Wertigkeit eines Elementes gibt an, wie viele Einfachbindungen es ausbilden müsste, um die nächste Edelgaskonfiguration zu erreichen.
Edelgase sind 0-wertig.«
103. Diatonik: (von griech. = »durch die Töne verlaufend«) Unterteilung der Oktave in fünf Ganzton- und zwei Halbtonschritte, wie sie der abendländischen Dur-/ Molltonalität bzw. den Kirchentonarten zugrunde liegt.
104. Da der Nervenleitungsprozess ein elektrischer Vorgang ist, erfolgt die Ausbreitung von Impulsen über die Nerven selbst zwar grundsätzlich mit Lichtgeschwindigkeit, wird jedoch durch die physiologischen Details des Weiterleitungsprozesses stark verlangsamt. Die entscheidende, schnelle Informationsweitergabe geschieht daher, wie der deutsche Biophysiker Fritz A. Popp als erster bewiesen hat, bei allen Lebewesen durch Licht. Dieses strahlt gebündelt wie das Licht eines Lasers, um Information zu übertragen. Das Laserlicht in unseren Körperzellen scheint einer Art Funkverkehr zu dienen, dessen Signale Informationen weit schneller und effizienter weitergeben und biologische Prozesse steuern können, als dies über biochemische Kanäle möglich ist. Das Licht steuert nicht nur die Vorgänge im Körper, es erreicht auch alle anderen Lebewesen und bildet mit ihnen gemeinsame »Felder des Informationsaustausches« (»Morphogenetische Felder« nach Rupert Sheldrake).

105. Herz: Damit der Herzzyklus mit koordinierter Anspannung und Erschlaffung der Vorhof- und Kammermuskulatur immer wiederkehrend ablaufen kann (100 000 x am Tag), wird der Herzmuskel durch elektrische Impulse gesteuert. Diese Impulse entstehen und verbreiten sich in speziellen Zellsystemen des Herzmuskels, die in der Lage sind, Erregungen zu bilden und diese weiterzuleiten.
106. In der von Dr. Ryke Geerd Hamer formulierten Biologischen Neuen Medizin spielen ringförmige Strukturen im Hirngewebe eine wichtige Rolle für die Diagnostik.
107. Dieser Gehorsam unserer Körperzellen gegenüber den Befehlen unseres Geistes ist die Grundlage zum Beispiel für autogenes Training.
108. Nachstehendes Detailfoto zeigt die Streifen noch deutlicher:

109. griech. iso – gleich, topos – Ort: »am gleichen Ort«.
110. Im Original werden an dieser Stelle versehentlich Brom und Jod als gleichwertige Partner genannt: »Wenn wir diesen Vergleich weiter treiben, stellen wir fest, dass Brom fünfunddreißig Elektronen erhält und Jod, sein gleichwertiger Partner, dreiundfünfzig, das ist ein fast neun Mal so hohes Potenzial wie das, welches dem Kohlenstoff zugeordnet wird.« Der gleichwertige Partner von Brom ist jedoch Kalium, das Jod nimmt die Position des Broms in der nächsthöheren Oktave ein. Vergleiche Abb. S. 17.
111. Die Botschaft der Göttlichen Iliade, S. 191.
112. Siehe Anmerkung 89.
113. Die grundlegende Einheit aller Menschen wird an dem von C. G. Jung zuerst beschriebenen »kollektiven Unbewussten« deutlich.
114. Geschichte der Antimaterie-Forschung:
1898: A. Schuster vermutet die Existenz von Antiatomen, die verglichen mit normalen Atomen exakt entgegengesetzte Eigenschaften haben sollen, sich untereinander gravitativ anziehen sollen, von normaler Materie aber abgestoßen werden könnten.
1928: P. A. M. Dirac sagt die Existenz eines positiv geladenen Elektrons voraus, heute Antielektron oder Positron genannt.
1932: C.D. Anderson entdeckt das »positive Elektron«.
1955: O. Chamberlain, E. Segrè, C.Wiegand, and T. Ypsilantis entdecken das Antiproton, auf diese Forschungen beziehen sich vermutlich die Russells in ihrem 1957 veröffentlichten Buch.
1995: Antiproton und Positron werden erstmals zu Antiwasserstoff kombiniert.
(Quelle: http://ikpe1101.ikp.kfa-juelich.de/ps210/AH_historyG.html)
115. Wissenschaft der Raumgeometrie: Vergleiche in diesem Zusammenhang auch die »Heilige Geometrie«, wie Drunvalo Melchizedek und andere sie lehren.
116. Die Schulwissenschaft prägte in den 1930er Jahren den Begriff Mesonen für Teilchen mittlerer Masse im Gegensatz zu leichten Leptonen, wie dem Elektron, und schweren Baryonen, wie dem Proton oder Neutron. Nach heutigem Stand der Schulphysik sind Mesonen Teilchen, die aus jeweils einem Quark und einem Antiquark, dem Antiteilchen eines Quarks, aufgebaut sind.

117. Siehe Anmerkung 55.
118. Für die schweren radioaktiven Elemente werden in der Schulwissenschaft sogenannte Zerfallsreihen angegeben, nach denen Uran über mehrere Zwischenstufen (verschiedene radioaktive Isotope von Uran, Radium Thallium, Radon, Blei) letztlich bis zum stabilen Blei 206 zerfallen soll.
119. Alluvialböden sind junge Schwemmböden, die von Flüssen oder anderen fließenden Gewässern abgelagert wurden. Auch Gletscher können solche Alluvialböden ablagern.
120. Leider ist nicht klar, ob die Russells hier Fahrenheit oder Celsius meinen und wie diese Zahl zustande kommt. 180º Fahrenheit entsprächen 82º Celsius, 180º Celsius 356º Fahrenheit. Organisches Leben in der uns bekannten Form ist in keinem Fall mehr möglich.

Abbildungsverzeichnis

Lao und Walter Russell

Fernstudienkurs Kosmisches Bewusstsein

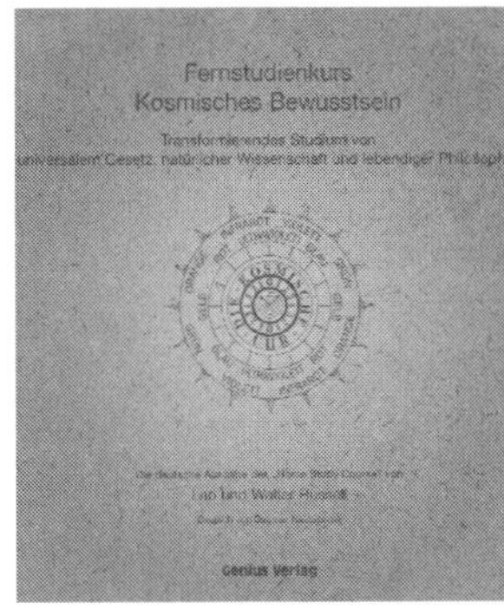

Format: DIN A4
Lose-Blatt-Sammlung • 520 Seiten
Zahlreiche Abbildungen
€ 130,00 (Deutschland) / € 145,00 (Ausland)
(inklusive Versandkosten)

Mit diesem legendären Fernstudienkurs, den weltweit seit 1950 schon zahlreiche Menschen absolviert haben, können Sie sich (erstmals in deutscher Sprache) in zwölf systematisch aufgebauten Kapiteln schulen, um Ihr ureigenes Potential zu verwirklichen. Die ganze Genialität der Russells ist in diese gründlichen Unterlagen zum Selbststudium geflossen.

Als Kursteilnehmer erhalten Sie monatlich je zwei Einheiten. Der Kurs ist auf eine Dauer von sechs Monaten angelegt.

Themen: Meditation, Gebet, Erleuchtung, Denken wissenschaftlich erklärt, Das geschlechtliche elektrische Universum, Der schöpferische Prozess, Das Wesen der Energie, Gleichgewicht, Leben und Tod, Meisterschaft durch Wissen, Das Geistige und das Physische, Schöpfung, Klang Stille und Wellenschwingungen, Wissen zur Selbstbestärkung, Elektrische Polarität, Reinkarnation, Transformation durch Kosmisches Wissen, Das Geheimnis der Zeitalter, Das kubische Wellenfeld, Die Würfelkugel des vierdimensionalen Universums, Der Schöpfungsprozess des Universums, Die Erschaffung von Materie, Das Wesen der Energie, Zivilisation und Charakter, Das Buch der Liebe, Fragen und Antworten.

Bestellung und Infos zu den Begleitseminaren nur beim Verlag:
info@genius-verlag.de • Tel.: +49 (0) 421 / 62 63 989 • Fax: 62 67 885

Vorträge für eine neue Welt

Hörbuch mit Originalaufnahmen der Vorträge von Walter und Lao Russell.

mp3-Dateien in gut verständlicher Qualität,
liebevoll tontechnisch aufbereitet.
Eine einzigartige Dokumentation. 470 Minuten

€ 19,80 (nur direkt beim Verlag)

Walter und Lao Russell haben ihr Wissen in zahllosen Vorträgen weitergegeben. Einige wenige wurden auf Tonband dokumentiert und liegen hier erstmals in digitalisierter Form vor.

Walter Russell: *Final Lecture Series (105 min) • Living a Cosmic Life from the Mind (90 min)*
Ressources and Ressourcefulness (90 min) • The Twilight Club Story (65 min)

Lao Russell: *Miracle of Love (35 min) • Life and Love Today (90 min) • Living Creatively (55)*

Walter Russell

Die Botschaft der Göttlichen Iliade

Von der ewigen Reise der Schöpfung

Format: 17 x 24 cm • gebunden
€ 25,00 / sFr 40,00 • ISBN 3-934719-18-X

Im Jahr 1921 erlebte der damals 49jährige, als Künstler und Architekt äußerst erfolgreiche Walter Russell eine 39tägige Periode der »Entrückung ins Licht«, in der ihm umfassendes Kosmisches Bewusstsein zuteil wurde. In diesem Zustand schrieb er über 30 000 Worte praktisch ohne Korrekturen.

Ein Teil der Texte wurde zusammen mit erläuternden Vorträgen und Fragenbeantwortungen zu einem der Hauptwerke Walter Russells zusammengefasst, der »Botschaft der Göttlichen Iliade«, auf die er sich in sämtlichen anderen Werken immer wieder bezieht.

Russell selbst schrieb zu diesem Buch: »Das Genie steckt in jedem. Nur kosmisches Wissen allein macht jedem Menschen sein ihm innewohnendes Genie bewusst, so dass er es in seinem eigenen Leben anwenden kann. Jeder Mensch kann werden, was er werden möchte. Ein Verständnis unserer Beziehung zu Gott und Seinem Universum ermöglicht es uns, jede Höhe zu erklimmen, die wir uns wünschen. Der Zweck dieser Botschaft der Göttlichen Iliade ist es, Ihnen dieses Verständnis vom Kosmos zu geben. Es ist mein tiefster Wunsch, dieses Wissen mit Ihnen zu teilen.«

Aus dem Inhalt: Das Buch des Verlangens I Das Buch der Ruhe I Das Buch der Liebe I Das Buch der Schönheit I Das Buch der Heilung I Der Sinn des menschlichen Erdenlebens I Das Prinzip der Reinkarnation I Think! I Sexuelle Promiskuität I Fragen u. Antworten u.v.m.

Walter Russell

Das Genie steckt in jedem

3. Auflage
Format: 12 x 18 cm
gebunden • Lesebändchen • 92 Seiten
€ 8,20 / sFr 12,90 • ISBN 3-9806106-0-8

In jedem Menschen steckt ein ungeheures Potenzial, das in dem Augenblick beginnen kann, sich zu entfalten, wo wir es anerkennen.

Wir brauchen nicht in der Angst zu leben, wir seien nur Massenware und nicht gut genug. Wir alle haben einzigartige Aufgaben, die nur wir auf dieser Erde und für diese Erde erfüllen können – und wir erkennen diese Aufgaben ganz einfach daran, dass sie uns Freude machen! Das Buch schenkt uns den Mut, unserer Herzensstimme zu folgen.

Ein wunderbares Geschenk für alle, die sich gern kleiner machen, als sie sind – und wir alle sind größer, als wir denken!

Walter Russell

Geheimnis des Lichtes

Format: 18 x 25 cm
gebunden • Lesebändchen • 264 Seiten • 80 Abb.
€ 25,00 / sFr 40,00 • ISBN 3-934719-07-4

Das universale Partnerprinzip:

Walter Russell stellt die Grundgesetze unseres Universums vor. »Die Wahrheit ist immer einfach.«

Im Anfang war die Liebe! In seinem berühmten Grundlagenwerk schildert Walter Russell, wie aus der All-Einheit unser Universum der Polaritäten entsteht, die ewig wieder zur Einheit streben. Dieses Streben bildet die Grundlage für das ewige »Stirb und Werde«, das Kosmische Kino der scheinbaren Bewegung, aus dem unser scheinbares Universum sich scheinbar aufbaut.

Das universale Partnerprinzip des rhythmischen, ausgewogenen Austauschs gilt für Naturwissenschaft und Technik ebenso wie für unser seelisches und geistiges Leben, es gilt für Galaxien, Menschen und Elementarteilchen, und die Eingeweihten aller Zeiten haben es immer schon gekannt. In unserer Zeit müssen wir alle zu Eingeweihten werden, denn die bewusste, freiwillige Anwendung der kosmischen Gesetze ist das Schulungsziel dieses Planeten.

Glenn Clark

Walter Russell – Vielfalt im Einklang

2. Auflage
Format: 12 x 18 cm
gebunden • Lesebändchen • 112 Seiten
mit zahlreichen Fotos
€ 12,80 / sFr 20,00 • ISBN 3-9806106-6-7

Die Biographie des berühmten Universalgenies

Nikola Tesla riet ihm, seine revolutionären wissenschaftlichen Erkenntnisse für 1000 Jahre wegzuschließen, bis die Menschheit reif genug sei. US-Präsidenten ließen sich von ihm porträtieren. Mit den bedeutendsten Denkern seiner Zeit stand er in geistigem Austausch. Er entwarf Gebäude, die heute noch berühmt sind und entwickelte ein geniales System der Eigentümerkooperative. Mit siebzig Jahren gewann er Preise im Eiskunstlauf...

Der faszinierende Weg und die wegweisenden Ansichten des Universalgenies Walter Russell (1871–1963) machen die geistigen Grundlagen seiner phänomenalen Leistungen nachvollziehbar - für jeden! Anhand dieses Buches wurde seine kongeniale Frau Lao Russell auf ihn aufmerksam.

Walter Russell

Kraft und Frieden

Zwei Vorträge von 1946 und 1951 -
hochaktuell und brisant.

Format: 10 x 15 cm • 60 Seiten • broschiert
€ 5,90 / sFr 9,20 • ISBN 3-934719-14-7

Die eigene Kraft potenzieren (1946):
Wie hat Walter Russell es eigentlich geschafft, eine so überwältigende Fülle genialer Leistungen zustande zu bringen? In seinem prägnanten Vortrag schildert er es detailliert und nachvollziehbar: Das können wir alle!

So schaffen wir Frieden (1951):
In seiner Rede vor hochrangigen Militärs, an seinem 80. Geburtstag gehalten, macht Walter Russell unmissverständlich deutlich, dass die »Goldene Regel« der Nächstenliebe, wie alle Menschheitslehrer sie bis heute verkünden, keine weltferne ethische Forderung ist, sondern ein Naturgesetz: einfach und klar in der Anwendung, unausweichlich wie die Schwerkraft in den Folgen.
»Kriege werden aufhören, wenn wir aufhören, sie zu führen.«

Walter Russell

Meditations-CD »Gruß an den Tag«

1. Naturklänge: Morgendämmerung an der Quelle
2. Walter Russell: Gruß an den Tag
3. Naturklänge: Quelle und Vögel am Morgen
4. Naturklänge: Das Meer am Abend
5. Walter Russell: Anrufung für die Nacht
6. Das Meer am Abend – mit Meditationsmusik

Sprecherin: Dagmar Neubronner

€ 12,80 , nur direkt beim Verlag.

Walter Russell

Hörbuch »Kraft und Frieden«

Die eigene Kraft potenzieren (1946)
So schaffen wir Frieden (1951)
(Inhalt siehe oben)

Sprecherin: Dagmar Neubronner

€ 12,80 , nur direkt beim Verlag.

Beide CDs erhalten sie zusammen für € 21,00

Das Thomas Evangelium

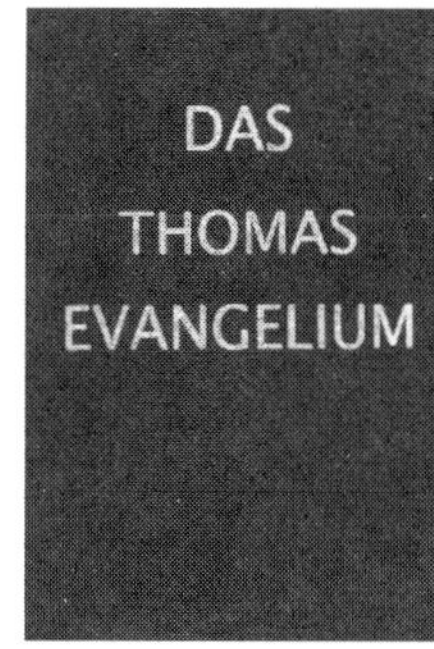

Neu übersetzt und mit einer Einleitung versehen
von Christoph Greiner.

4. Auflage
Leinen mit Prägung • Lesebändchen • 142 Seiten
€ 12,80 / sFr 20,00 • ISBN 3-9806106-1-6

Das Thomasevangelium ist in seinem Ursprung wahrscheinlich das älteste Zeugnis von Jesus. Es war von ca. 390 bis 1945 im Wüstensand Ägyptens bei Nag Hammadi verborgen und blieb so für lange Zeit dem Zugriff all derer, die in anderen Evangelien die Worte Jesu zensiert haben, entzogen. Viele der der hier enthaltenen Gleichnisse sind »neu« und weisen eine kristallklare Frische und Prägnanz auf, die zuweilen atemberaubend ist.

Dietmar Czycholl (Hg.)

Als ich am gestrigen Tag entschlief...

Erfahrungen Wiederbelebter in der Weltliteratur –
eine Anthologie aus drei Jahrtausenden

gebunden • Lesebändchen • 331 Seiten
€ 25,00 / sFr 40,00 • ISBN 3-934719-13-9

Eine beispiellose Sammlung von teilweise seit langem vergriffenen Jenseits-Erlebnissen aus der Weltliteratur. Wir lernen die individuell und kulturell geprägte Vielfalt solcher Erfahrungen kennen. Gleichzeitig werden in dieser Gesamtschau faszinierende Gemeinsamkeiten und Grundmuster deutlich. Der hohe literarische Rang der Autoren und die themenbezogenen Gemälde berühmter Meister machen diese Sammlung zu einem Juwel.

Clinton Callahan

Abenteuer Denken

52 Abenteuerreisen zu
größeren Möglichkeiten

gebunden • Lesebändchen • 136 Seiten
€ 12,80 / sFr 20,00 • ISBN 3-934719-16-3

Wir alle haben so unsere Vorstellungen im Kopf, und gemäß diesen Gedankenmustern erschaffen wir unsere Realität. Die klaren, erhellenden Übungen in diesem Buch geben uns die Möglichkeit, unsere Gedankenmuster und damit unsere Wirklichkeit zu erkennen und willentlich zu verändern.

So werden wir »Possibility Manager«. Clint Callahan lehrt uns mit Humor und Direktheit, uns selbst auf die Schliche zu kommen und neue, geniale Wege zu gehen.

Manfred Kyber

Das Land der Verheißung

Ein franziskanischer Weg zur Heilung der Erde

Format: 18 x 12 cm • gebunden • Lesebändchen • 129 Seiten
€ 10,00 / sFr 16,00 • ISBN 3-934719-11-2

Menschen in der Nachfolge des Franz von Assisi gehen Hand in Hand mit unseren »älteren Brüdern«, den aufgestiegenen Meistern, und unseren »jüngeren Brüdern«, den Tieren. Durch diese Bruderschaft werden wahrer Friede und konkrete Heilung der Erde möglich. Manfred Kybers stille, zutiefst anrührende Geschichte wirkt heute schon nicht mehr so utopisch wie noch vor wenigen Jahren, denn immer mehr Menschen erkennen, welche grauenvolle Sackgasse unser heutiger Umgang mit unseren »jüngeren Brüdern« darstellt.

Dr. Mansukh Patel
Rita Goswami

Der Tanz zwischen Freude und Schmerz

Format: 18 x 12 cm • broschiert • 288 Seiten • zahlreiche Abb.
€ 15,90 / sFr 25,00 • ISBN 3-9806106-7-5

Wir alle kennen Gefühle von Wut, Angst, Einsamkeit, Unzulänglichkeit, Hass, Verurteilung, Zurückweisung, Trauer, Schuld und Eifersucht. Wenn wir diese »dunklen« Gefühle annehmen, gewinnen wir die Freiheit, sie mit der Kraft unseres Herzens aufzulösen. In den schlichten Übungen der Body-Heard-Mind-Technik sind östliche und westliche Weisheiten eine geniale Synthese eingegangen.

Petra Schulze

Singen ist einfach - auch für Sänger

Format: 12 x 18 cm • gebunden • Lesebändchen • 80 Seiten
€ 10,00 / sFr 16,00 • ISBN 3-934719-05-8

Die Leiterin der international renommierten »Schule für Gesang« in Essen stellt hier in ihrer gewohnten Klarheit und Präzision die Grundlagen ihres Erfolges dar. Der geistige Hintergrund ihrer Arbeit mit bekannten Gesangssolisten, mit Chorsängern, Laien und chronisch kranken Menschen weist den Weg zur Heilung von Mensch und Stimme.

Mit anschaulichen Fallbeispielen.